典型元素						
0	11	12	13	14	15	16	17	18	最外殻
								2He ヘリウム 4.003	K
			5B ホウ素 10.81	6C 炭素 12.01	7N 窒素 14.01	8O 酸素 16.00	9F フッ素 19.00	10Ne ネオン 20.18	L
			13Al アルミニウム 26.98	14Si ケイ素 28.09	15P リン 30.97	16S 硫黄 32.07	17Cl 塩素 35.45	18Ar アルゴン 39.95	M
Ni ケル 69	29Cu 銅 63.55	30Zn 亜鉛 65.38	31Ga ガリウム 69.72	32Ge ゲルマニウム 72.63	33As ヒ素 74.92	34Se セレン 78.97	35Br 臭素 79.90	36Kr クリプトン 83.80	N
d ウム .4	47Ag 銀 107.9	48Cd カドミウム 112.4	49In インジウム 114.8	50Sn スズ 118.7	51Sb アンチモン 121.8	52Te テルル 127.6	53I ヨウ素 126.9	54Xe キセノン 131.3	O
t 金 .1	79Au 金 197.0	80Hg 水銀 200.6	81Tl タリウム 204.4	82Pb 鉛 207.2	83Bi ビスマス 209.0	84Po ポロニウム (210)	85At アスタチン (210)	86Rn ラドン (222)	P
Ds チウム 1)	111Rg レントゲニウム (280)	112Cn コペルニシウム (285)	113Nh ニホニウム (278)	114Fl フレロビウム (289)	115Mc モスコビウム (289)	116Lv リバモリウム (293)	117Ts テネシン (293)	118Og オガネソン (294)	Q
			3	4	5	6	7	0	
							ハロゲン	貴ガス (希ガス)	

体　気体

非金属　金属

遷移元素

u ピウム .0	64Gd ガドリニウム 157.3	65Tb テルビウム 158.9	66Dy ジスプロシウム 162.5	67Ho ホルミウム 164.9	68Er エルビウム 167.3	69Tm ツリウム 168.9	70Yb イッテルビウム 173.0	71Lu ルテチウム 175.0
m シウム 3)	96Cm キュリウム (247)	97Bk バークリウム (247)	98Cf カリホルニウム (252)	99Es アインスタイニウム (252)	100Fm フェルミウム (257)	101Md メンデレビウム (258)	102No ノーベリウム (259)	103Lr ローレンシウム (262)

重要数値

原子量概数値

元素	概数
H	1.0
He	4.0
Li	7.0
C	12
N	14
O	16
F	19
Na	23
Mg	24
Al	27
Si	28
P	31
S	32
Cl	35.5
K	39
Ca	40
Cr	52
Mn	55
Fe	56
Ni	59
Cu	63.5
Zn	65.4
Br	80
Ag	108
I	127
Ba	137
Pb	207

アボガドロ定数
6.0×10^{23} /mol
気体 1mol の体積
22.4 L(標準状態)
ファラデー定数
9.65×10^{4} C/mol

本書の特徴と利用法

本書は，高校化学「化学基礎」の学習内容の定着をはかり，理解を深める目的で編修された問題集です。基礎から応用まで段階をおった構成になっており，授業・教科書との併用により，学習効果を高めることができます。

まとめ　豊富な図版を用いて，学習事項をわかりやすく整理しています。

ウォーミングアップ　問題を解くうえでの基礎知識を確認します。解けない場合は，「まとめ」の学習事項を読みましょう。

基本例題　教科書を理解するための基本問題と解答・解説で構成しています。解法のポイントを「エクセル」で示しています。（31 題）

基本問題　教科書を理解するための基本問題で構成しています。基本例題レベルの問題演習に適しています。（121 題）

標準例題　大学入試問題を解くための典型的な問題と解答・解説で構成しています。解法のポイントを「エクセル」で示しています。（13 題）

標準問題　大学入試問題を解くための典型的な問題で構成しています。標準例題レベルの問題演習に適しています。（45 題）

発展問題　難関大学の入試問題です。標準問題が解けたらチャレンジしてみてください。(8 題)

エクササイズ　おさえておきたい物質量の計算や各種反応式などを確認します。繰り返しチャレンジしてみてください。

check!　左の重要数値を用いて解く問題。

実験・論述・新傾向の問題については，問題文頭に 実験 論述 新傾向 を示した。「化学基礎」での学習指導要領の範囲外の内容（発展的な学習内容）については， 化学 をつけた。

別冊解答

2 色刷りの詳しい解答・解説です。「エクセル」を設けて，図解と解法のポイントを多く掲載しています。

エクセル化学基礎

contents
目次

答案を作成するにあたって

10進法の接頭語

k	h	d	c	m	μ	n
キロ	ヘクト	デシ	センチ	ミリ	マイクロ	ナノ
(kilo)	(hecto)	(deci)	(centi)	(milli)	(micro)	(nano)
1000倍	100倍	1/10倍	1/100倍	1/1000倍	1/1000000倍	1/1000000000倍

単位

● 長さ　$1\,\mathrm{m} = 100\,\mathrm{cm} = 1000\,\mathrm{mm}$

$0.0000000001\,\mathrm{m} = 10^{-10}\,\mathrm{m} = 1\,\text{Å}$（オングストローム）

$0.000000001\,\mathrm{m} = 10^{-9}\,\mathrm{m} = 1\,\mathrm{nm}$（ナノメートル）

● 質量　$1\,\mathrm{kg} = 1000\,\mathrm{g}$，$1\,\mathrm{g} = 1000\,\mathrm{mg}$，$1000\,\mathrm{kg} = 1\,\mathrm{t}$（トン）

● 体積　$1\,\mathrm{L} = 1000\,\mathrm{mL} = 1000\,\mathrm{cm}^3$

● 圧力　$1\,\mathrm{hPa} = 100\,\mathrm{Pa}$

指数表示

● 表記法　$\underbrace{10 \times 10 \times \cdots \times 10}_{n\text{個}} = 10^n$，$1/1\underbrace{000 \cdots 0}_{n\text{個}} = 1/10^n = 10^{-n}$

● 計算　$10^a \times 10^b = 10^{a+b}$，$10^a \div 10^b = 10^a / 10^b = 10^{a-b}$

例1　縦$3.0 \times 10^2\,\mathrm{mm}$，横$4.0 \times 10^3\,\mathrm{mm}$の四角形の面積〔$\mathrm{mm}^2$〕

$$(3.0 \times 10^2) \times (4.0 \times 10^3) = 12 \times 10^5 = 1.2 \times 10 \times 10^5 = 1.2 \times 10^6$$

例2　質量$1.0 \times 10^3\,\mathrm{g}$，体積$4.0 \times 10^6\,\mathrm{cm}^3$の物質の密度〔$\mathrm{g/cm}^3$〕

$$\frac{1.0 \times 10^3\ \mathrm{g}}{4.0 \times 10^6\ \mathrm{cm}^3} = 0.25 \times 10^{-3} = 2.5 \times 0.1 \times 10^{-3} = 2.5 \times 10^{-4}$$

対数計算

$10^x = y$のとき，$x = \log_{10} y$（底が10の対数を常用対数といい，10は省略することが多い）

$\log 10^a = a$　　例　$\log 10 = 1$，$\log 10^2 = 2$，$\log 10^{-3} = -3$

$\log(a \times b) = \log a + \log b$　　例　$\log 6 = \log(2 \times 3) = \log 2 + \log 3$

$\log \dfrac{a}{b} = \log a - \log b$　　例　$\log 5 = \log \dfrac{10}{2} = \log 10 - \log 2 = 1 - \log 2$

比の計算

$a : b = c : d$のとき，$b \times c = a \times d$

例　酸素の質量が32 gあったときに体積が22.4 Lだったとすると，16 gでは何 Lになるか。

$$32\,\mathrm{g} : 22.4\,\mathrm{L} = 16\,\mathrm{g} : x\,〔\mathrm{L}〕$$

$$x = \frac{22.4 \times 16}{32} = 11.2\,\mathrm{L}$$

有効数字

● 測定値と有効数字という考え方

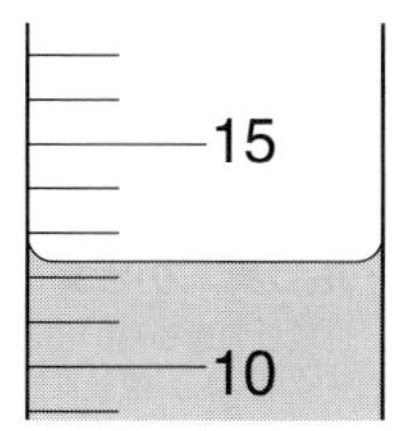

メスシリンダーの目盛りの読みは，通常最小目盛りの1/10まで目分量で読むことになっている。右のような場合，その読みは「12.3」になる。この測定値は本当の値(「真の値」とよぶ)に近い数値であり,「有効数字」とよばれる。このとき有効数字は3桁である。しかし，この数値には誤差が含まれているため，正確な体積は，12.3 − 0.05(12.25) ≦ 真の値 ＜ 12.3 + 0.05(12.35)になる。

● 有効数字の表記法

・12.3と12.30の違い

上の例の測定値は有効数字3桁であった。これがもし12.30と書かれると，有効数字4桁になり，12.295≦真の値＜12.305ということを意味する(精度が10倍高くなる)。したがって，有効数字の桁数を考えることは大切なことである。

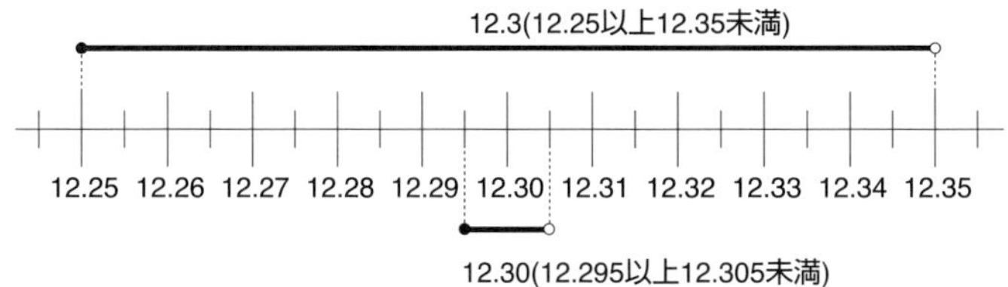

・小数表記と有効数字

小さな値を小数で表すとき，位取りを表す前の0は有効数字の桁数に含めない。ただし，後ろに続く0は有効数字の桁数に含める。

0.027　→有効数字は2と7の2桁
0.160　→有効数字は1と6と右端の0の3桁

・とても大きな値や小さな値の科学的な表記法

一般に，有効数字の科学的な表記法として，$a \times 10^n$ $(1 \leqq a < 10)$の形で表す。また,「有効数字が○桁である」というときには，末尾の位の一つ下の位を四捨五入して○桁にする。

整数　340　(有効数字3桁)　→　3.40×10^2
小数　0.082　(有効数字2桁)　→　8.2×10^{-2}

例 有効数字の科学的な表記法を使って，53519050を次の有効数字で表せ。

(1) 有効数字5桁…5.3519×10^7　(6桁目を四捨五入)
(2) 有効数字4桁…5.352×10^7　(5桁目を四捨五入)
(3) 有効数字3桁…5.35×10^7　(4桁目を四捨五入)

答案を作成するにあたって

● 問題の解答を作成するにあたって

測定値を使った計算結果の精度は，いくつか与えられた測定値(問題文では与えられた数値)の中で最も精度の低い(有効数字の桁数の少ない)値で決められてしまう。

なぜ有効数字にこだわるのかは，かけ算や割り算などの計算によって，実際の測定値よりも精度の高い結果が出てくることなどありえないということを考えればわかるだろう。

・足し算，引き算の時

位取りの最も高い値よりも１桁多く計算し，最後に四捨五入して最も高い位取りにしたものを答えにする。

例 17.6 ＋ 0.29 ＝ 17.89 ≒ 17.9

小数第２位を四捨五入

17.6は小数第1位までで0.29の第2位よりも高い。したがって，小数第1位まで求める。

・かけ算，割り算の時

有効数字の桁数が最も少ない値よりも１桁多く計算し，その結果を四捨五入して桁数の最も少ない値の桁数に合わせて答えにする。

例 4.38 × 0.72 ＝ 3.15… ≒ 3.2

有効数字3桁目を四捨五入

0.72は有効数字2桁で4.38の3桁より少ない。したがって，答えは有効数字2桁まで求めればよい。その場合，有効数字3桁まで計算し，3桁目を四捨五入して2桁まで求める。

※連続してかけ算，割り算をする場合は，大きな分数をつくってできるだけ約分しながら計算する。

例 解答を有効数字2桁で指定されていた場合

$$\frac{2.47 \times \overset{1.50}{\cancel{4.50}} \times \overset{2.21}{\cancel{4.42}}}{\cancel{3.00} \times \underset{7.00}{\cancel{14.0}}}$$

約分して残った計算を進める場合，本書では途中の計算結果は「切り捨て」て次の計算に続ける。

→ 2.47 × 1.50 ＝ 3.705 (切り捨て，次の式へ) 3.70 × 2.21 ＝ 8.177 (切り捨て)

$$\frac{8.17}{7.00} = 1.167\cdots \fallingdotseq 1.2$$ (四捨五入)

※前問の答えを次の問いに使用する場合は，最後の四捨五入の前の値を使う。

実際の問題では……

・有効数字の桁数が指定されていた場合

その指定された桁数の1桁多く計算し，最後に四捨五入して指定された桁数に合わせる。

・有効数字の桁数が指定されていない場合

問題文中の測定値の桁数のうちで，最も桁数の少ない値に，最後の結果を合わせる。

※問題文に個数などが1桁の数値で与えられた場合は，一般に有効数字1桁とは考えず，有効数字の考慮に入れない。

※測定値でない値(誤差を含まない数値)は有効数字の考慮に入れない。
(本書では，例えば次のような数値は問題文中にあっても，有効数字の考慮に入れない。反応式の係数，原子量，アボガドロ定数，気体定数，水のイオン積，標準状態での1molの体積など)

練習問題

1 次の数値の有効数字の桁数を答えよ。

(1) 22.4　(2) 1.013　(3) 0.025　(4) 1.0　(5) 6.02×10^{23}

2 次の数値を[　]の中の単位に変えよ。

(1) 22.4 L　[mL]　(2) 5.24 nm　[m]　(3) 0.24 g　[mg]
(4) 1013 hPa　[Pa]　(5) 4.2 J　[kJ]

3 次の数値を$a \times 10^n$の形で表せ。

(1) 141.4　(2) 0.0073　(3) 0.230　(4) 96500[有効数字3桁]
(5) 1000[有効数字2桁]

4 次の計算結果を有効数字2桁で答えよ。

(1) $1.4 \times 10^3 \times 5.0 \times 10^2$　(2) $3.0 \times 10^2 \times 4.2 \times 10^{-5}$
(3) $162 \times 55 \div 20$　(4) $(3.05 + 2.42) \times 4.63$
(5) $(0.164 + 1.36) \times 2.46$

5 次の計算を有効数字を考えて答えよ。

(1) $45.27 + 66.8$　(2) $4.264 - 1.8$
(3) $6.82 \times 10^3 + 2.41 \times 10^2$　(4) $22.4 - 16.04 + 8.524 - 26.32$

6 次の計算を有効数字を考えて答えよ。

(1) 1.46×0.53　(2) $6.24 \div 0.21$　(3) $1.254 \times 10^3 \times 2.5 \times 10^2$

7 5.5 cm^3で7.095 gの液体がある。

(1) この液体の密度を求めよ。
(2) この液体が2.05 cm^3で何 gになるかを求めよ。
　① (1)の結果を使って求めよ。
　② 5.5 cm^3で7.095 gになる事実とともに比例式を立てて，分数にしてから分子分母を約分して求めよ。

8 直径12.0 cmの円周に1回巻きつけたひもを15等分にしたい。ただし，円周率は3.141592…である。

(1) 円周率πはどこまで使えばよいか。
(2) 1本は何 cmになるか。有効数字2桁で答えよ。

1 物質の探究

1 物質の種類と性質

◆1 物質

物質
- 純物質　他の物質が混じっていない単一の物質。融点・沸点・密度は一定。
  - 例：酸素，窒素，水，塩化ナトリウム，エタノール，二酸化炭素
- 混合物　2種類以上の物質が混じった物質。融点・沸点・密度は一定でない。
  - 例：空気，海水，石油，牛乳，土，岩石，天然ガス

◆2 混合物の分離方法　ろ過，再結晶，蒸留，分留，抽出，昇華法などがある。

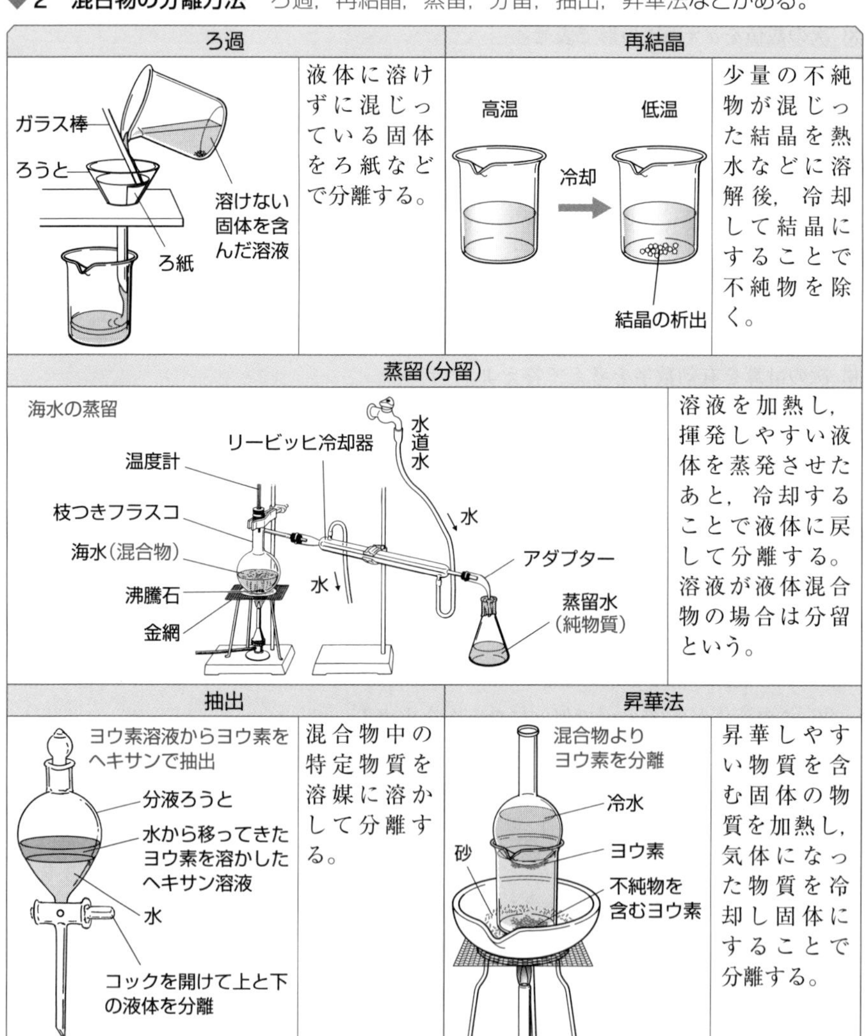

ろ過
ガラス棒
ろうと
溶けない固体を含んだ溶液
ろ紙
液体に溶けずに混じっている固体をろ紙などで分離する。
再結晶
高温
低温
冷却
結晶の析出
少量の不純物が混じった結晶を熱水などに溶解後，冷却して結晶にすることで不純物を除く。
蒸留(分留)
海水の蒸留
リービッヒ冷却器
水道水
温度計
枝つきフラスコ
海水(混合物)
沸騰石
金網
水
アダプター
蒸留水(純物質)
溶液を加熱し，揮発しやすい液体を蒸発させたあと，冷却することで液体に戻して分離する。溶液が液体混合物の場合は分留という。
抽出
ヨウ素溶液からヨウ素をヘキサンで抽出
分液ろうと
水から移ってきたヨウ素を溶かしたヘキサン溶液
水
コックを開けて上と下の液体を分離
混合物中の特定物質を溶媒に溶かして分離する。
昇華法
混合物よりヨウ素を分離
冷水
砂
ヨウ素
不純物を含むヨウ素
昇華しやすい物質を含む固体の物質を加熱し，気体になった物質を冷却し固体にすることで分離する。

❷ 物質と元素

◆1　元素・単体・化合物

①**元素**　物質を構成する基本的な成分で元素は110種余りが知られている。

例：水は水素と酸素からできている。このときの水素と酸素は元素の意味。

②**元素記号**　元素を表す記号：英語やラテン語の元素名からとった大文字1文字，または，大文字と小文字の2文字で表す。

例：水素H，ヘリウムHe，窒素N，ナトリウムNa

③**単体と化合物**　純物質は単体と化合物に分けられる。

純物質
- 単体　1種類の元素からできた物質
  - 例：酸素 O_2，窒素 N_2，炭素C，ナトリウムNa，鉄Feなど
- 化合物　2種類以上の元素からできた物質
  - 例：水 H_2O，二酸化炭素 CO_2，塩化ナトリウムNaCl，エタノール C_2H_6O など

◆2　同素体　同じ元素の単体で性質の異なる物質

元素名	元素記号	同素体の例
硫黄	S	斜方硫黄 S_8，単斜硫黄 S_8，ゴム状硫黄 S_x
炭素	C	黒鉛，ダイヤモンド，フラーレン C_{60}，C_{70} など
酸素	O	酸素 O_2，オゾン O_3
リン	P	黄リン P_4，赤リン P_x

◆3　成分元素の検出　単体や化合物を構成する元素を知る。

①**炎色反応**　化合物を外炎に入れると元素によっては特有の炎の色を示す。

元素	色	元素	色
リチウムLi	赤	カルシウムCa	橙赤
ナトリウムNa	黄	ストロンチウムSr	深赤
カリウムK	赤紫	バリウムBa	黄緑
ルビジウムRb	紅紫	銅Cu	青緑

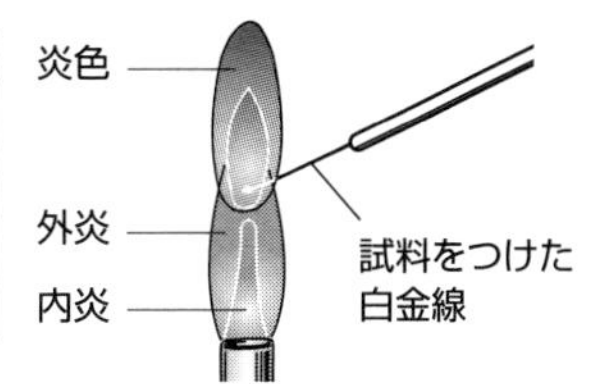

②**沈殿反応**　水溶液中に不溶な固体物質(沈殿)を生成させる。

例：塩素が含まれる水溶液⟶硝酸銀水溶液を加えると白色沈殿（AgCl）
炭素を含む化合物である二酸化炭素⟶石灰水に吹き込むと白色沈殿($CaCO_3$)

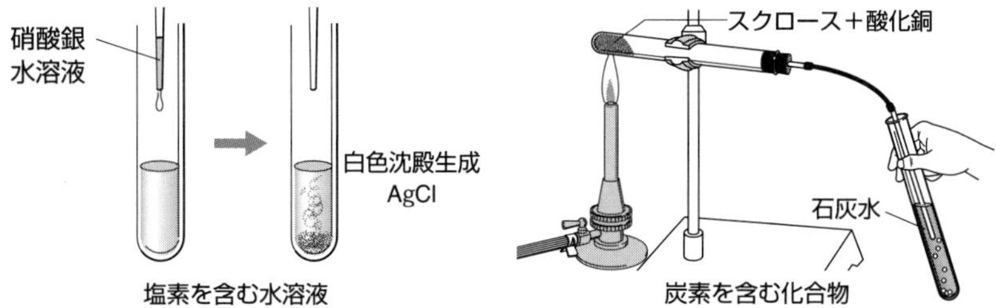

3 物質の三態と熱運動

◆1　粒子の熱運動

①**熱運動**　物質を構成する粒子は常に運動している。

②**拡散**　粒子は熱運動により自然に散らばって広がる。

例　臭素が熱運動により拡散して，集気びん全体に均一に広がる。

臭素の拡散

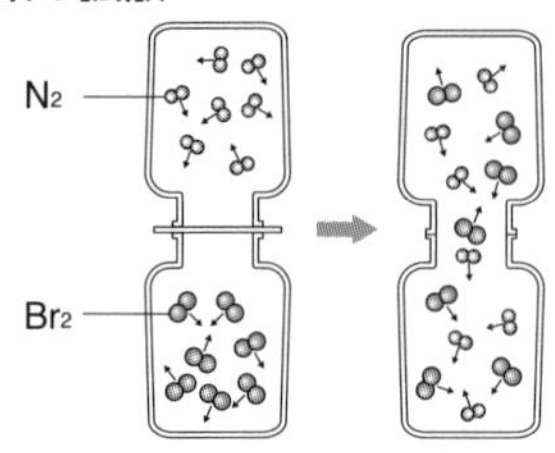

◆2　物質の三態と状態変化

固体，液体，気体を物質の三態といい，三態間の変化を状態変化という。

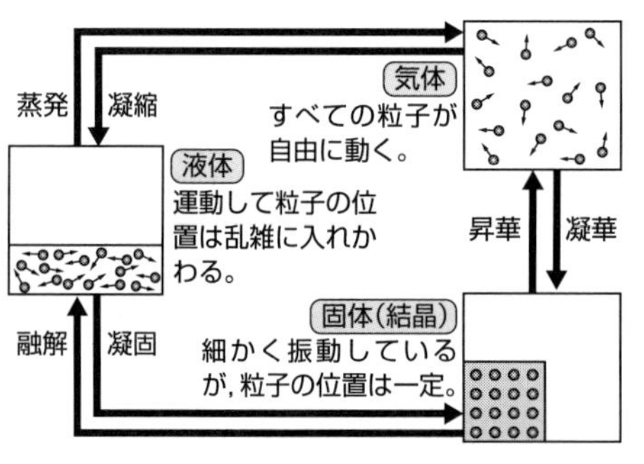

◆3　状態変化と温度

固体から液体になる温度を融点(凝固点)，液体が沸騰する温度を沸点という。

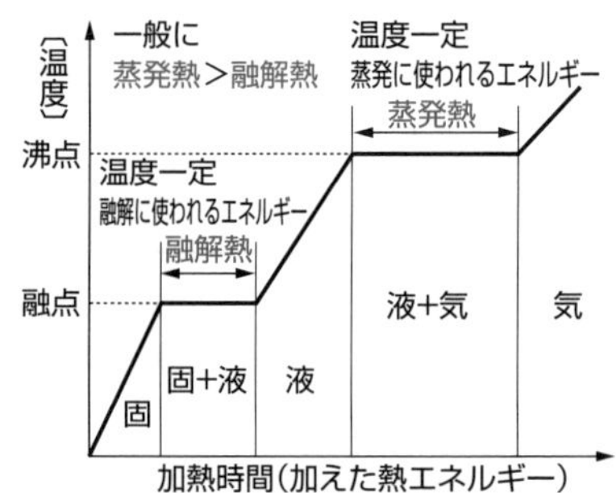

◆4　化学変化

物質そのものが変化する。

例　炭素 C ⟶ 二酸化炭素 CO_2

◆5　物理変化

物質の状態が変化する。

例　固体の水(氷) ⟶ 液体の水 ⟶ 水蒸気

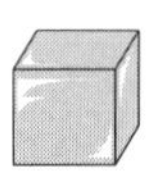
氷(固体)

水(液体)

水蒸気(気体)

WARMING UP／ウォーミングアップ

次の文中の(　　)に適当な語句・数値・記号を入れよ。

1 物質の種類と分離

1種類だけの物質を(ア)，2種類以上の物質が混じり合ったものを(イ)という。(イ)はさまざまな方法で分離できる。混じり合った固体物質を熱水に溶かしたあと，冷却して純度の高い結晶を分離する操作を(ウ)，2種類以上の物質を含む液体を加熱して生じた蒸気を冷却し，蒸発のしやすい物質を取り出す操作を(エ)，水溶液中の不溶物を(オ)を用いて分離する操作を(カ)という。

2 単体と化合物

物質を構成する基本的な成分を(ア)といい，アルファベットを使った(イ)で表される。1種類の(ア)からなる物質を(ウ)，2種類以上の(ア)からなる物質を(エ)という。同じ(ア)の(ウ)で性質の異なる物質は(オ)といい，炭素では(カ)や(キ)などがある。

3 成分元素の検出

物質の構成元素はさまざまな方法でわかる。(ア)を含む水溶液に硝酸銀水溶液を加えると白色沈殿が生成する。バーナーの(イ)に化合物を入れて加熱すると炎が元素に特有な色を示すことがある。これは(ウ)とよばれ炎が橙赤色のときは(エ)を含む。

4 物質の状態と状態変化

物質の状態において，構成粒子が自由に動き一定の形や体積をもたない状態が(ア)，その位置を変えずに一定の形や体積をもつ状態が(イ)，位置が入れかわる程度に動き一定の形をもたないが一定の体積をもつ状態が(ウ)である。(イ)→(ウ)の変化を(エ)，(ウ)→(ア)の変化を(オ)という。

1

(ア) 純物質
(イ) 混合物
(ウ) 再結晶
(エ) 蒸留
(オ) ろ紙
(カ) ろ過

2

(ア) 元素
(イ) 元素記号
(ウ) 単体
(エ) 化合物
(オ) 同素体
(カ)・(キ) 黒鉛・ダイヤモンドなど

3

(ア) 塩素
(イ) 外炎
(ウ) 炎色反応
(エ) カルシウム

4

(ア) 気体
(イ) 固体
(ウ) 液体
(エ) 融解
(オ) 蒸発

基本例題 1　純物質と混合物　基本➡1,2

(ア)〜(カ)の物質について，次の(1)〜(3)に答えよ。

(ア)　水　　(イ)　食塩水　　(ウ)　ダイヤモンド

(エ)　二酸化炭素　　(オ)　石油　　(カ)　泥水

(1)　純物質と混合物に分類せよ。

(2)　(1)の混合物について，適当な分離操作をそれぞれあげよ。

(3)　25℃ において，液体であり，その密度が一定の物質を(ア)〜(カ)より選べ。

●エクセル　純物質は単一物質よりなり，融点・沸点・密度は一定である。

考え方

(1)　石油はナフサ，軽油，重油などの液体混合物。

(2)　水と水に不溶な物質の分離はろ過，水に可溶な物質の分離は蒸留で行う。液体混合物の分離は分留で行う。

(3)　純物質は同温・同圧で密度が一定。

解答

(1)　食塩水は，水に食塩が混じっているものであり，石油はナフサ，軽油，重油などの液体の混合物である。ダイヤモンドは炭素のみでできた純物質である。

答　**純物質　(ア)，(ウ)，(エ)　　混合物　(イ)，(オ)，(カ)**

(2)　食塩水を加熱すると，水は容易に気体となり溶けている食塩と分離できる。　答　**(イ)　蒸留**

石油は液体の混合物なので，沸点の差を利用した分留で分離する。　答　**(オ)　分留**

泥水はろ紙に通すことにより，水と泥を分離できる。

答　**(カ)　ろ過**

(3)　25℃ で液体の純物質は水である。　答　**(ア)**

基本例題 2　元素と単体　基本➡6

次の文中の下線部は元素と単体のどちらの意味か。

(1)　空気の約 20％は<u>酸素</u>である。

(2)　水を電気分解すると<u>水素</u>と<u>酸素</u>になる。

(3)　地殻の質量の約 46％は<u>酸素</u>である。

(4)　人間のからだには<u>カルシウム</u>が必要である。

(5)　温度計には<u>水銀</u>が使われている。

●エクセル　元素は成分，単体は物質である。

考え方

物質と考えて文章の意味が通るかどうかを基準にして判断する。

解答

(1)　空気は，酸素とさまざまな気体の混合気体。答　**単体**

(2)　気体の酸素と水素が生じる。　答　**両方単体**

(3)　地殻は酸素の化合物を多く含む。　答　**元素**

(4)　人間のからだをつくる成分としてカルシウムは必要である。　答　**元素**

(5)　温度は水銀（液体）の体積の増減で測定する。答　**単体**

基本問題

1 ▶純物質と混合物　次にあげた物質を純物質と混合物に分類せよ。
海水，黒鉛，ドライアイス，牛乳，砂，塩化ナトリウム，土，銅

2 ▶物質の分離　次の(1)〜(6)について，適当な分離操作を(ア)〜(カ)より選べ。
(1)　少量の硫酸銅(Ⅱ)の青色結晶を含む硝酸カリウムの結晶を純粋にする。
(2)　塩化銀の沈殿を水溶液から分離する。
(3)　砂に混じったヨウ素を取り出す。
(4)　水にわずかに溶けているヨウ素を，ヨウ素をよく溶かす灯油に溶かして取り出す。
(5)　海水から純水を得る。
(6)　葉緑体中に含まれる色素を分離する。
(ア)　ろ過　(イ)　蒸留　(ウ)　再結晶　(エ)　抽出　(オ)　昇華法
(カ)　クロマトグラフィー

実験 **3 ▶ろ過**　ろ過の操作を正しく示したものを，次の図の(1)〜(5)から１つ選べ。ただし，図ではろうと台などを省略している。

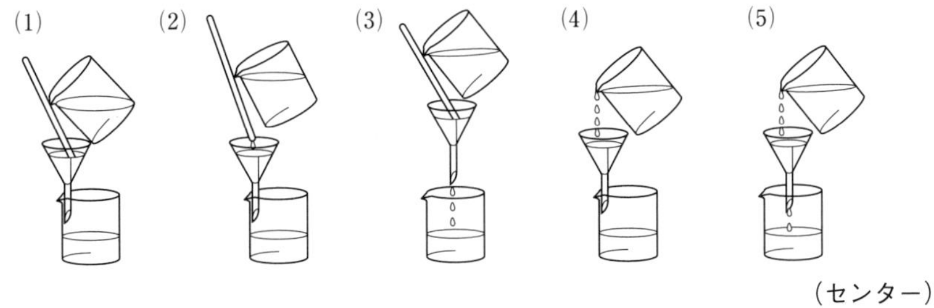

（センター）

実験 **4 ▶物質の分離操作**　右図の実験装置について，次の(1)〜(3)に答えよ。
(1)　この実験装置は何という分離操作を行うものか。
(2)　(ア)〜(ウ)の器具名を答えよ。
(3)　(ア)に海水を入れて実験すると器具(ウ)に留出してくる物質名を答えよ。

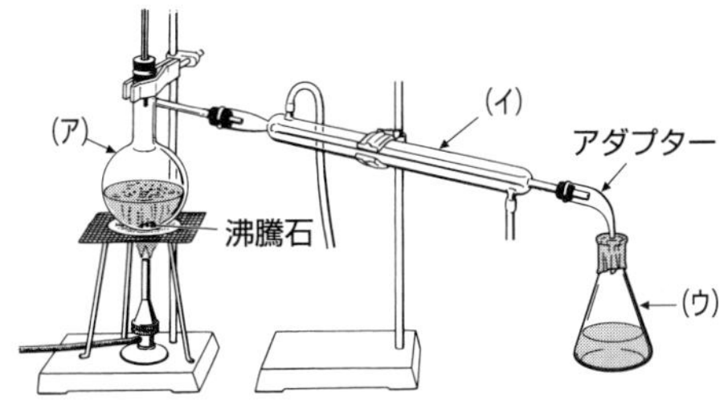

5 ▶単体と化合物　次にあげた物質を単体と化合物に分類せよ。
酸素 O_2，水 H_2O，塩化ナトリウム NaCl，水素 H_2，オゾン O_3，過酸化水素 H_2O_2

6▶元素と単体　次の文章の中で使われている鉄という言葉が，元素の意味で使われているときはA，単体の意味で使われているときはBを記せ。

(1)　貧血の人は，鉄分を含んだものを食べるとよい。

(2)　赤鉄鉱は鉄を含んだ鉱石である。

(3)　釘は鉄でできている。

(4)　あの建物には鉄筋コンクリートが使われている。

7▶同素体　次にあげた物質が互いに同素体の関係にあるものを選べ。

(1)　酸素と窒素　　(2)　水と氷　　(3)　黄リンと赤リン

(4)　水と過酸化水素　　(5)　黒鉛とダイヤモンド　　(6)　斜方硫黄とゴム状硫黄

8▶混合物・単体・化合物・同素体　次の物質の組み合わせで，混合物にはA，異なる元素の単体にはB，化合物にはC，同素体にはDを記せ。

(1)　水と二酸化炭素　　(2)　酸素とオゾン　　(3)　海水と空気　　(4)　水素と窒素

(5)　石油と砂　　(6)　アンモニアと塩化ナトリウム

(7)　フラーレンとカーボンナノチューブ

9▶炎色反応　次の化合物をバーナーの外炎に入れたときの炎の色を(ア)～(カ)より選べ。

化合物　(1)　塩化カリウム　　(2)　塩化ナトリウム　　(3)　塩化バリウム

　　　　(4)　塩化リチウム　　(5)　塩化カルシウム

炎の色　(ア)　赤　　(イ)　黄　　(ウ)　赤紫　　(エ)　橙赤　　(オ)　黄緑　　(カ)　青緑

10▶元素の確認　元素の確認方法について，次の(1)～(3)に答えよ。

(1)　ある化合物をバーナーの外炎に入れたところ，炎の色が青緑色になった。この化合物に含まれる金属の元素名と元素記号を記せ。

(2)　水溶液に硝酸銀水溶液を加えたら，白く濁った。最初の水溶液にはどのような元素を含む物質が溶けていたか。元素名と元素記号を記せ。

(3)　二酸化炭素を水溶液中に吹き込んだら，白く濁った。この水溶液を(ア)～(エ)より選べ。

(ア)　塩化ナトリウム水溶液　　(イ)　ショ糖水溶液　　(ウ)　硝酸銀水溶液

(エ)　石灰水（水酸化カルシウム水溶液）

11▶粒子の熱運動　次の文中の(ア)～(エ)に適当な語句を入れよ。

　身のまわりの物質は非常に小さな粒子からできている。この粒子は静止することなく，常に運動している。このような粒子の運動を（ ア ）という。固体を形成している粒子でも，その位置は変化しないが，その位置を中心として（ イ ）による運動をしている。また，物質の状態が（ ウ ）のときは，粒子は自由に空間を飛び回って運動している。これにより粒子が運動しながら，自然に散らばっていく現象を（ エ ）という。

12▶拡散　右図のように，空気中で水素を満たした集気びんに他の集気びんを重ねた。次に，二つの集気びんの境にあるふたをそっとはずしてしばらく放置した。その後，二つの集気びんにふたをして離した。それぞれの集気びんのふたを取って，気体に点火してみた。どのような現象が見られるか。次の(1)～(4)より選べ。

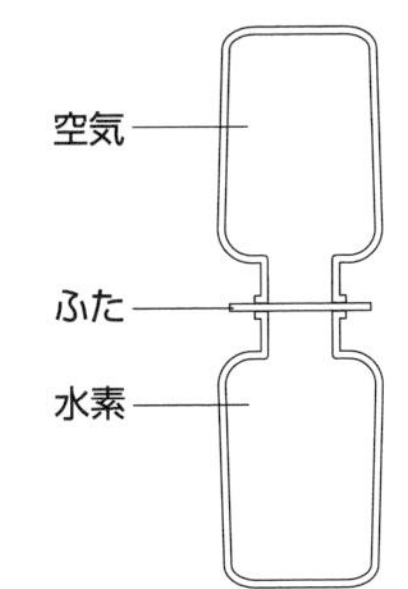

(1)　両方の集気びんとも，中の気体は爆発的に反応した。

(2)　上からかぶせた集気びんの気体は爆発的に反応したが，下の集気びんの気体は反応しなかった。

(3)　下の集気びんの気体は反応したが，上からかぶせた集気びんの気体は反応しなかった。

(4)　両方の集気びんとも，中の気体は反応しなかった。

13▶状態変化　右図はある物質の状態変化を示している。(ア)～(カ)の変化はそれぞれ何とよばれるか。その名称を記せ。

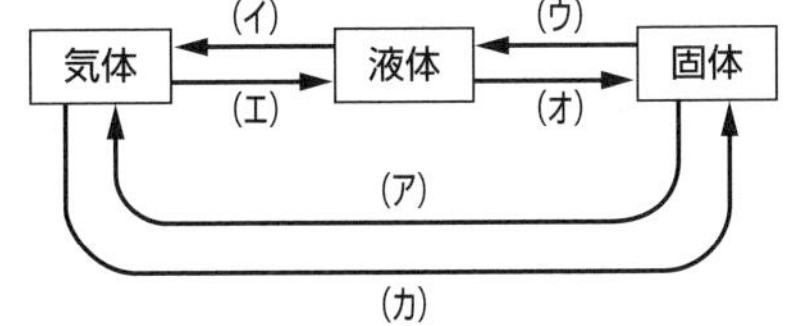

14▶物質の三態　次の現象はどのような状態変化によるものか答えよ。

(1)　タンスに入れていた防虫剤の中身がなくなっていた。

(2)　池の水が冬になると凍る。

(3)　ぬれた洗濯物を干して乾かした。

15▶状態変化と温度　次の(1)～(4)の記述について，正誤を調べよ。

(1)　圧力が一定のとき，氷が融解しはじめてからすべて水になるまでの温度は一定に保たれる。

(2)　通常，物質が液体から固体になる温度と固体から液体になる温度は異なる。

(3)　液体は，沸騰しながらも温度は上昇していく。

(4)　大気圧のもとでは，水蒸気の温度は100℃である。

16▶物理変化と化学変化　次の現象は物理変化と化学変化のどちらか。

(1)　風呂場の鏡がくもる。

(2)　寒いとき，水道管が破裂することがある。

(3)　銀食器の表面が黒くなる。

(4)　お湯が沸騰する。

(5)　ドライアイスを机の上に置いておくと，小さくなっていく。

(6)　卵や肉類が腐る。

標準例題 3　状態変化とそのエネルギー　標準➡20

右図は，水の加熱時間と温度との関係を示したものである。次の(1)，(2)に答えよ。

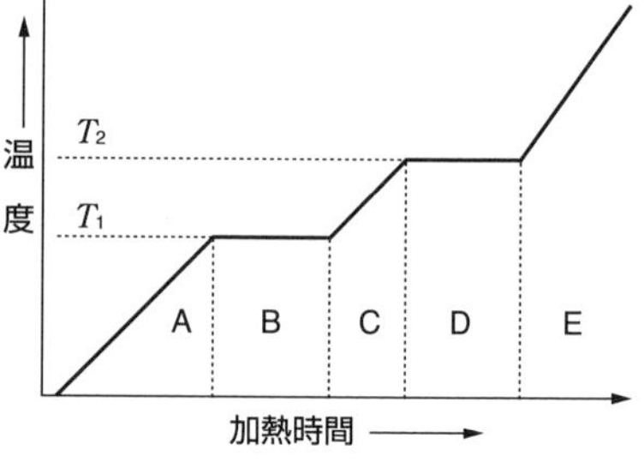

(1)　図中のB，D，Eでは，水はどのような状態で存在しているか。次の(ア)〜(オ)より選べ。

(ア)　氷　　(イ)　液体の水　　(ウ)　水蒸気

(エ)　氷と液体の水が混在

(オ)　水蒸気と液体の水が混在

(2)　温度 T_1，T_2 はそれぞれ何とよばれるか。

●エクセル　状態変化が起きているとき，物質の状態は混在し，温度上昇は見られない。

考え方

(1)　加熱により温度上昇が見られれば単一の状態，見られなければ2つの状態が混在。

(2)　Bでは融解，Dでは沸騰の現象が見られる。

解答

(1)　図から，A，C，Eの状態では温度上昇が見られるので，単一の状態である。B，Dは温度上昇が見られないので，状態変化が起きており，状態が混在している。

答　**B (エ)　D (オ)　E (ウ)**

(2)　融解をしているときの温度は融点，沸騰しているときの温度は沸点である。　**答**　T_1　**融点**　T_2　**沸点**

標準問題

実験　論述　**17▶物質の精製**　水道水から純水を得るために，右図の装置を組み立てた。器具Aは(　ア　)といい，破線部分は下の①〜④のうち(　イ　)である。

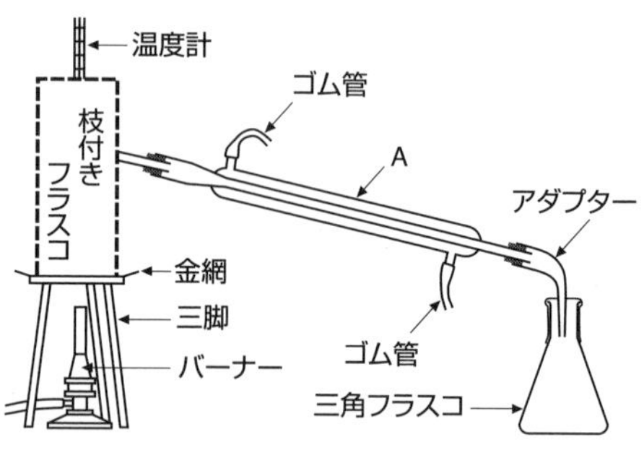

(1)　(ア)，(イ)に適当な語句・番号を入れよ。

(2)　器具Aにあるゴム管は水を流すためのものであるが，水をどのように流すか。また，何のために水を流すか。

(3)　純水はどの器具に得られるか。

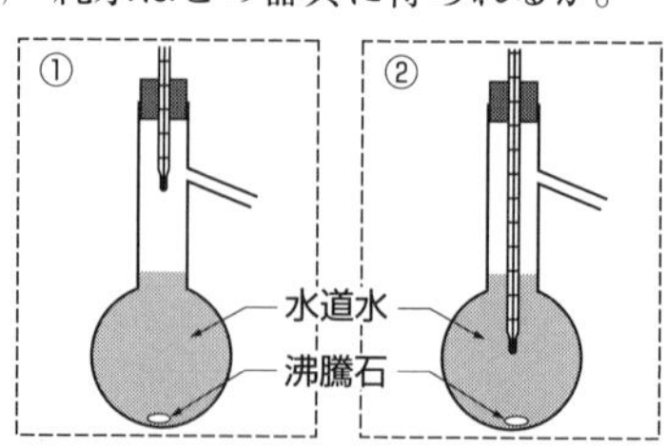

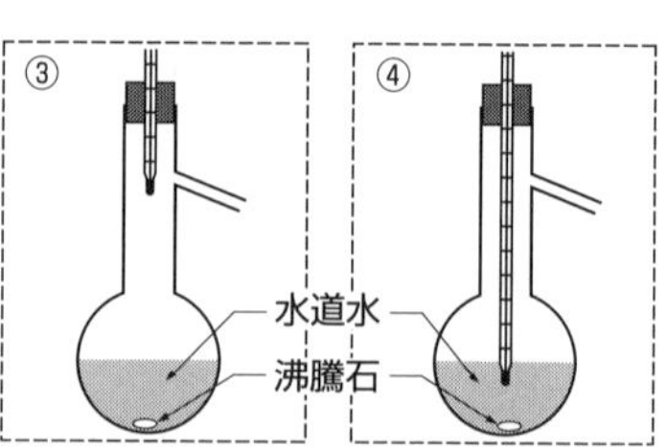

実験 論述 **18▶混合物の分離** 砂1g，硝酸カリウム10g，塩化ナトリウム1g，水20gを混合した混合物がある。混合物中の各物質を分離して取り出すために①～③の操作をした。次の(1)～(3)に答えよ。

① 混合物を加熱しながらガラス棒を使ってよくかき混ぜたら，沈殿物を含んだ水溶液ができた。

② ①の沈殿物を除いたあと，水溶液を冷却していくと白い結晶が析出してきた。

③ ②でできた白い結晶を取り除いたあとの水溶液を加熱して，生じる気体を冷却した。

(1) ①で生じた沈殿は何か。また，この沈殿物を取り除くにはどのような分離方法が考えられるか。

(2) ②で生じた白い結晶は何か。また，②では結晶が水に溶ける量の違いを利用して結晶を取り出している。このような分離方法を何とよぶか。

(3) ③で生じた気体を冷却して得られる物質は何か。このような分離方法を何とよぶか。また，これは物質のどのような性質を利用しているのか。

実験 **19▶元素の確認** 物質を構成する元素はさまざまな方法で確認することができる。例えば，塩化リチウムの水溶液に白金線をつけ，その白金線をガスバーナーの外炎に入れると，炎が(ア)色になり，リチウムを検出することができる。このような元素特有の発色を炎色反応といい，他に沈殿，変色などを利用して物質を構成する成分元素を確認することができる。いま，名前がわからない白色粉末状の試薬がある。以下の実験で調べたところ，その白色粉末の試薬名が明らかとなった。

実験①：粉末状の試薬は水に溶け，その水溶液の炎色反応を調べた結果，黄色に発色した。また，試薬は塩酸と反応して二酸化炭素を発生し，塩化ナトリウムが生成した。

実験②：この粉末を加熱すると，別の化合物に変化するとともに気体が発生した。この気体を石灰水に通じると，(イ)。

実験③：実験②では液体も生成しているので，その液体を無水硫酸銅(Ⅱ)の粉末につけると，その粉末は青色に変わった。

(1) (ア)，(イ)に適当な語句を入れよ。

(2) これらの実験からこの試薬は何か。試薬名を答えよ。 (大阪電通大 改)

20▶物質の三態 次の(1)～(3)に答えよ。

(1) 次の(ア)，(イ)に適当な語句を入れよ。

物質を構成する粒子の集合状態の違いは，粒子の(ア)の激しさと粒子間にはたらく(イ)により決まる。

(2) 多くの物質での三態における密度を大きい順に並べよ。

(3) 通常，一定の圧力で温度を変化させたときの三態の体積変化を大きい順に並べよ。

2 物質の構成粒子

❶ 原子の構造

◆1 原子と分子

①**原子**　物質を構成する基本粒子。
原子は元素記号で表す。

②**分子**　原子が結びついた粒子。
分子は分子式で表す。

H は水素原子を表す。
O は酸素原子を表す。
C は炭素原子を表す。

	酸素分子	水分子	二酸化炭素分子
分子式	O_2	H_2O	CO_2

酸素原子　酸素原子　水素原子　炭素原子　酸素原子

◆2 原子の構造

原子
- 原子核
  - 陽子……正の電荷をもつ粒子。
  - 中性子…電荷をもたない粒子。陽子とほぼ同じ質量。
- 電子…負の電荷をもつ粒子で質量は陽子の $\frac{1}{1840}$。

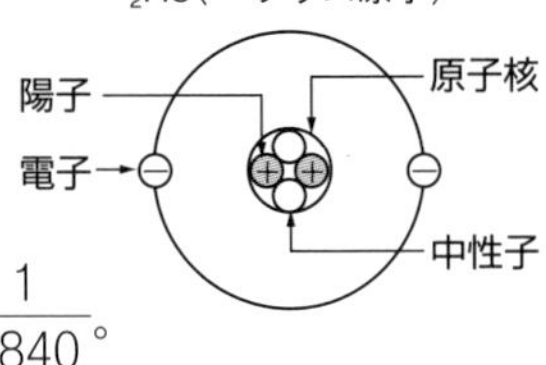

◆3 原子番号と質量数

質量数＝陽子の数＋中性子の数 ⟶ 4
原子番号＝陽子の数＝電子の数 ⟶ 2

$^{4}_{2}He$ ⟵ 元素記号 (中性子＝4－2＝2)

原子番号と質量数がわかると陽子，中性子，電子の数がわかる。

◆4 同位体(アイソトープ)

原子番号が同じ(同じ元素)で，質量数が異なる(中性子数が異なる)原子を互いに同位体という。

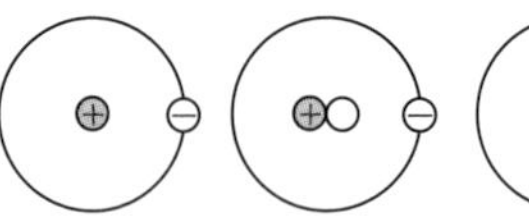

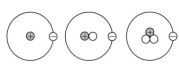

$^{1}_{1}H$(水素)　$^{2}_{1}H$(重水素)　$^{3}_{1}H$(三重水素)

同位体の存在比　天然では，数種類の同位体が一定の割合で存在。

同位体	$^{1}_{1}H$	$^{2}_{1}H$	$^{12}_{6}C$	$^{13}_{6}C$	$^{16}_{8}O$	$^{17}_{8}O$	$^{18}_{8}O$
原子番号	1	1	6	6	8	8	8
質量数	1	2	12	13	16	17	18
中性子数	0	1	6	7	8	9	10
存在比%	99.9885	0.0115	98.93	1.07	99.757	0.038	0.205

◆5 放射性同位体(ラジオアイソトープ)

放射線を放出して他の原子に変わる同位体。

放射線
- α 線…$^{4}_{2}He$ の原子核 $^{4}_{2}He^{2+}$
- β 線…原子核から出る電子 e^-
- γ 線…電磁波

❷ 電子配置

◆1　**電子殻**　原子中の電子は電子殻中を運動している。
電子殻は原子核から近い順に，K 殻，L 殻，M 殻，N 殻，…という。内側から n 番目の電子殻には，最大 $2n^2$ 個の電子まで入る。
（K 殻　$2\times1^2=2$ 個，L 殻　$2\times2^2=8$ 個，
M 殻　$2\times3^2=18$ 個，N 殻　$2\times4^2=32$ 個，…）

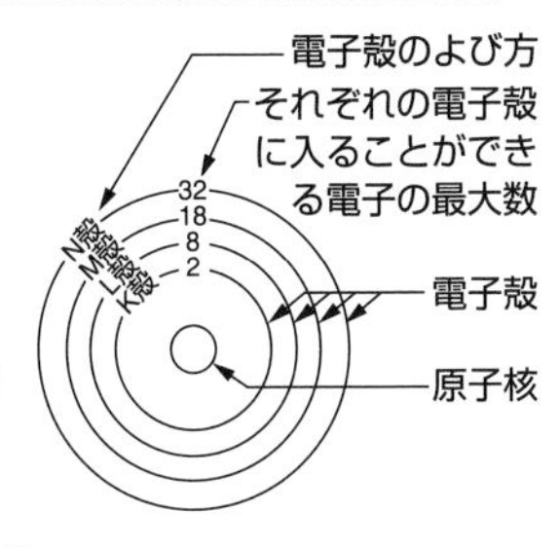

◆2　**電子配置**　電子は K 殻から順に入っていく。
最も外側の電子殻の電子を最外殻電子（価電子）という。

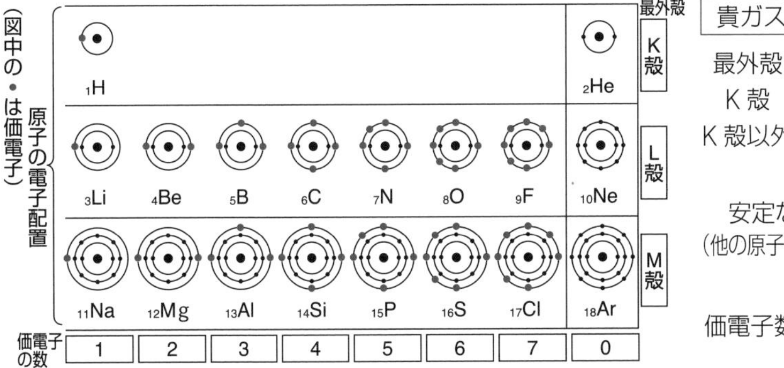

貴ガスの電子配置

最外殻	最外殻電子数
K 殻	2 個
K 殻以外	8 個

↓
安定な電子配置
（他の原子と結合しにくい）
↓
価電子数 0 とみなす

◆3　**イオン**　電荷をもつ粒子。正電荷をもつ陽イオンと負電荷をもつ陰イオンがある。

①**イオンの生成**　原子が原子番号の近い貴ガスと同じ安定な電子配置になり生成。

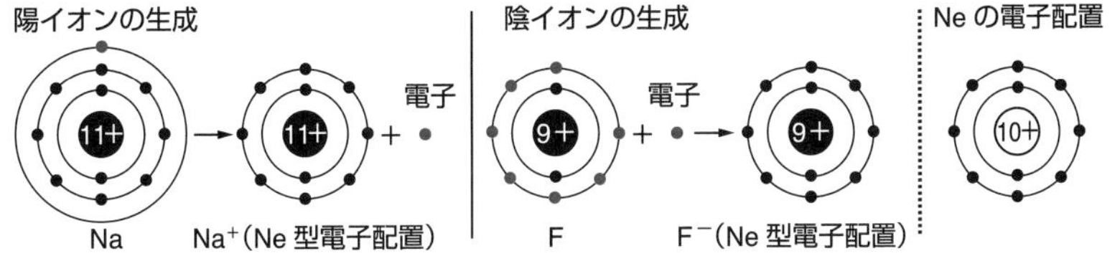

②**イオンの化学式**　電子が陽子より n 個少ない。n 価陽イオン A^{n+}
電子が陽子より n 個多い。　n 価陰イオン B^{n-}

	1価		2価		3価	
陽イオン	水素イオン ナトリウムイオン アンモニウムイオン	H^+ Na^+ NH_4^+	カルシウムイオン 鉄（Ⅱ）イオン 亜鉛イオン	Ca^{2+} Fe^{2+} Zn^{2+}	アルミニウムイオン 鉄（Ⅲ）イオン	Al^{3+} Fe^{3+}
陰イオン	塩化物イオン 水酸化物イオン 硝酸イオン	Cl^- OH^- NO_3^-	酸化物イオン 硫酸イオン 炭酸イオン	O^{2-} SO_4^{2-} CO_3^{2-}	リン酸イオン	PO_4^{3-}

❸ 元素の周期律・周期表

◆1　**周期律**　元素を原子番号順に並べると，性質のよく似た元素が周期的に表れる。この元素の周期的な性質の変化を周期律という。

◆2　**周期表**　元素を原子番号の順に並べ，性質の似た元素が同じ縦の列に並ぶように配列した表。1869 年にロシアの科学者メンデレーエフが，元素を原子量の小さいものから並べた周期表の原型を発表した。

◆3　**周期**　横の行，1 行目から順に第 1 周期から第 7 周期まで。

◆4　**族**　縦の列，左から順に 1 族から 18 族まで。

◆5　**同族元素**　同じ族の元素。

アルカリ金属元素(H を除く 1 族の元素，価電子数 1)

アルカリ土類金属元素*[1](2 族の元素，価電子数 2)

ハロゲン(17 族の元素，価電子数 7)

貴ガス(希ガス)(18 族の元素，価電子数 0)

*[1] Be，Mg を除く場合がある。

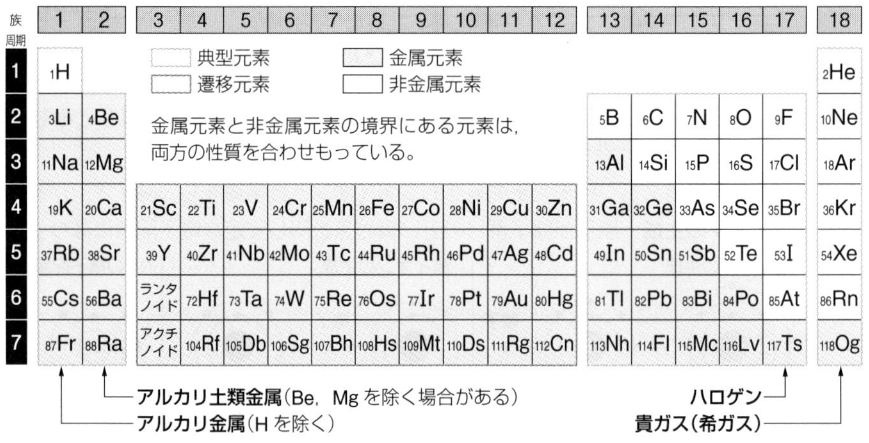

周期＼族	1	2	3	4	5	6	7	8	9	10	11	12	13	14	15	16	17	18
1	$_{1}$H																	$_{2}$He
2	$_{3}$Li	$_{4}$Be											$_{5}$B	$_{6}$C	$_{7}$N	$_{8}$O	$_{9}$F	$_{10}$Ne
3	$_{11}$Na	$_{12}$Mg											$_{13}$Al	$_{14}$Si	$_{15}$P	$_{16}$S	$_{17}$Cl	$_{18}$Ar
4	$_{19}$K	$_{20}$Ca	$_{21}$Sc	$_{22}$Ti	$_{23}$V	$_{24}$Cr	$_{25}$Mn	$_{26}$Fe	$_{27}$Co	$_{28}$Ni	$_{29}$Cu	$_{30}$Zn	$_{31}$Ga	$_{32}$Ge	$_{33}$As	$_{34}$Se	$_{35}$Br	$_{36}$Kr
5	$_{37}$Rb	$_{38}$Sr	$_{39}$Y	$_{40}$Zr	$_{41}$Nb	$_{42}$Mo	$_{43}$Tc	$_{44}$Ru	$_{45}$Rh	$_{46}$Pd	$_{47}$Ag	$_{48}$Cd	$_{49}$In	$_{50}$Sn	$_{51}$Sb	$_{52}$Te	$_{53}$I	$_{54}$Xe
6	$_{55}$Cs	$_{56}$Ba	ランタノイド	$_{72}$Hf	$_{73}$Ta	$_{74}$W	$_{75}$Re	$_{76}$Os	$_{77}$Ir	$_{78}$Pt	$_{79}$Au	$_{80}$Hg	$_{81}$Tl	$_{82}$Pb	$_{83}$Bi	$_{84}$Po	$_{85}$At	$_{86}$Rn
7	$_{87}$Fr	$_{88}$Ra	アクチノイド	$_{104}$Rf	$_{105}$Db	$_{106}$Sg	$_{107}$Bh	$_{108}$Hs	$_{109}$Mt	$_{110}$Ds	$_{111}$Rg	$_{112}$Cn	$_{113}$Nh	$_{114}$Fl	$_{115}$Mc	$_{116}$Lv	$_{117}$Ts	$_{118}$Og

❹ 元素の分類

◆1　**典型元素**　同族元素は，価電子の数が同じであるため，化学的性質が似ている。

◆2　**遷移元素**　周期表で隣り合った元素どうしの性質が似ている場合が多い。価電子の数は周期的に変化せず，1 または 2 のものが多い。

◆3　**金属元素**　単体は金属の性質(金属光沢がある・熱伝導性・電気伝導性・展性・延性)をもち，一般的に陽イオンになりやすい。

◆4　**非金属元素**　金属元素以外の元素。18 族以外の非金属元素は陰イオンになりやすいものが多い。

5 元素の性質

◆1　金属元素と非金属元素の分布

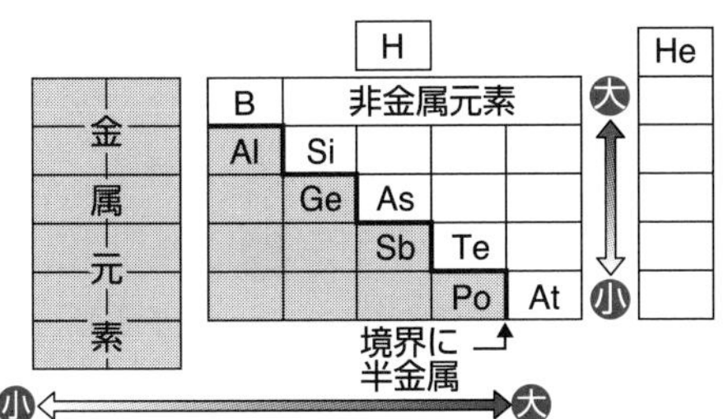

右上にいくほど大きくなるもの

(a)　非金属性，陰性

(b)　イオン化エネルギー(He が最大)

$A \longrightarrow A^+ + e^- - Q$ kJ(吸熱)

(c)　電子親和力

$A + e^- \longrightarrow A^- + Q$ kJ(発熱)

◆2　陽性

原子核が電子を引きつける力が小さく，陽イオンになりやすい性質。

◆3　陰性

原子核が電子を引きつける力が大きく，陰イオンになりやすい性質。

◆4　イオン化エネルギー

原子から電子 1 個を取り去って 1 価の陽イオンにするために必要なエネルギー(He が最大)。小さいほど陽イオンになりやすい。

◆5　電子親和力

原子が電子 1 個を受け取って，1 価の陰イオンになるときに放出するエネルギー。大きいほど陰イオンになりやすい。

◆6　元素の性質と周期律

①価電子の数と原子番号

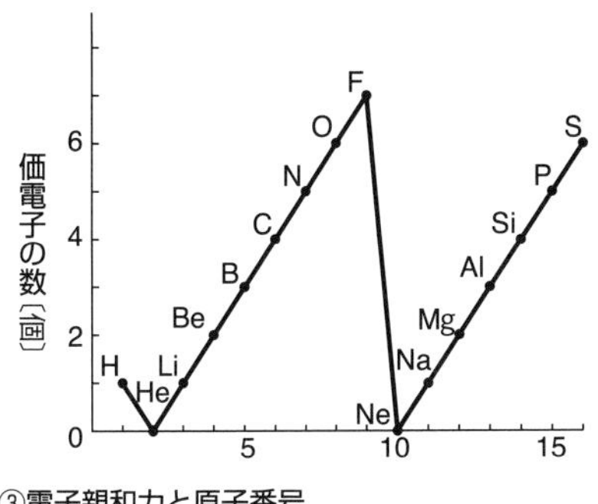

②イオン化エネルギーと原子番号

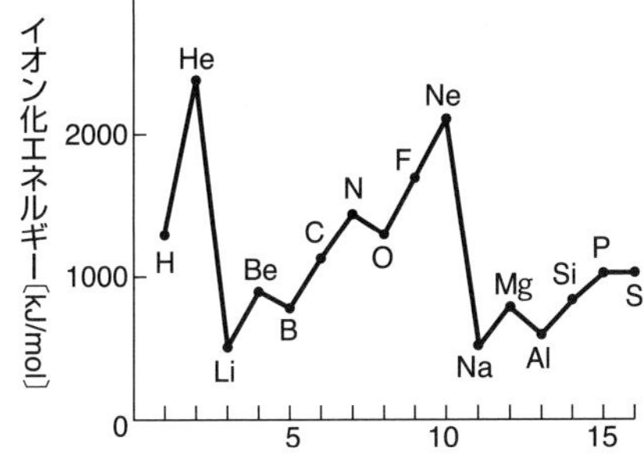

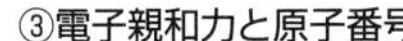

③電子親和力と原子番号

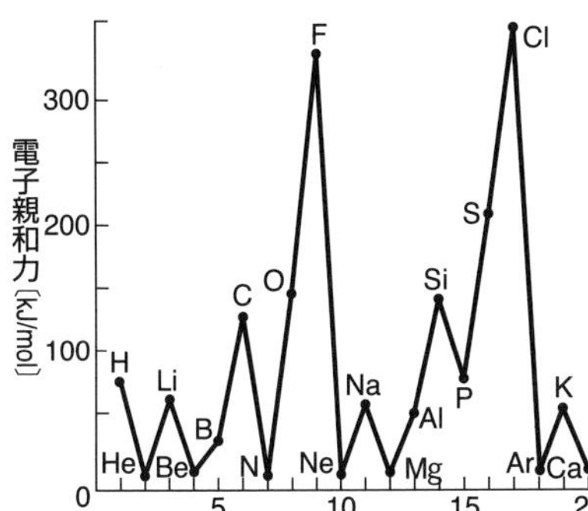

④電気陰性度と原子番号

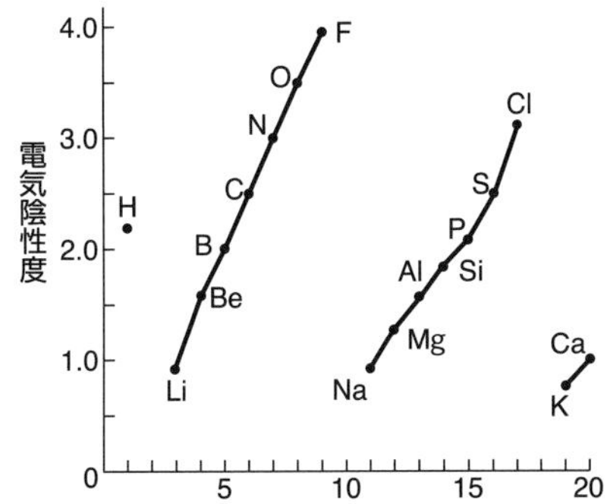

WARMING UP／ウォーミングアップ

次の文中の(　　)に適当な語句・数値・記号を入れよ。

1 原子構造

原子はその中心に正の電荷をもつ(ア)があり，そのまわりを負の電荷をもつ(イ)が回っている。(ア)は正電荷をもつ(ウ)と電荷をもたない(エ)からなる。

2 原子番号・質量数

原子核に含まれる陽子数は元素ごとに決まっており，その数を(ア)という。陽子がもつ電気量は電子と同じで符号が反対であり，原子では陽子の数は(イ)の数と同じである。また，原子核には，陽子と中性子があり，陽子数＋中性子数を(ウ)という。原子が $^{12}_{6}C$ と表されるとき，(ア)は(エ)であり，(ウ)は(オ)である。

3 同位体

原子には原子番号が同じ，つまり同じ(ア)の原子であるが(イ)の数が違うために質量数が異なる原子が存在する。これらを互いに(ウ)という。(ウ)で放射線やエネルギーを出して，他の原子に変わるものを(エ)という。

4 電子殻と電子配置

電子殻は原子核に近い方から，(ア)，(イ)，(ウ)とよばれる。電子はエネルギーの低い，原子核に近い電子殻から順に収容されるが，各電子殻に収容される数は決まっている。(ア)では(エ)個，(イ)では(オ)個が最大である。電子は(ア)→(イ)→(ウ)の順に収容される。最も外側の電子殻の電子を(カ)または(キ)とよぶ。ただし，貴ガスの(キ)の数は0とする。

5 イオン

電子配置は最外殻の電子が8個(K殻では2個)が安定である。そのため原子は価電子が1個または2個のとき，これを放出して(ア)の電荷をもつ(イ)になりやすい。価電子が6個または7個のときは，原子は電子を2個または1個受け取って(ウ)の電荷をもつ(エ)になろうとする。価電子を1個放出すれば(オ)価，2個放出すれば(カ)価の(イ)に，電子を1個受け取れば(キ)価の(エ)になる。

1

(ア)　原子核
(イ)　電子　(ウ)　陽子
(エ)　中性子

2

(ア)　原子番号
(イ)　電子
(ウ)　質量数
(エ)　6
(オ)　12

3

(ア)　元素
(イ)　中性子
(ウ)　同位体
(エ)　放射性同位体

4

(ア)　K殻
(イ)　L殻
(ウ)　M殻
(エ)　2　(オ)　8
(カ)　最外殻電子
(キ)　価電子

5

(ア)　正または＋
(イ)　陽イオン
(ウ)　負または－
(エ)　陰イオン
(オ)　1
(カ)　2
(キ)　1

6 元素の周期律と周期表

元素を(ア)の順番に並べて，性質のよく似た元素を同じ縦の列に並ぶようにした表を(イ)という。この原型になる表は1869年にロシアの科学者(ウ)が発表した。この表に並んだ縦の列は(エ)，横の行は(オ)とよばれている。

7 元素の分類

次の元素を3つの元素のグループに分け，その族の名称を答えよ。

Na　Cl　Ne　F　Li　Ar
Br　He　K

8 元素の性質

第3周期の元素の中で，次の記述に当てはまるものをすべて選び，元素記号で答えよ。

(1) 金属元素に属する元素
(2) イオン化エネルギーが最大な元素
(3) 最も陽性が強い元素

9 イオン化エネルギー

元素の陽性の強弱は，原子から電子を1個取り去るのに必要なエネルギーの大きさで比較する。エネルギーが大きい元素は取り去られる電子が原子核と電気的引力で強く引きつけられており，原子半径の小さい原子ほどそのエネルギーは(ア)くなる。したがって周期表の(イ)にいくほどエネルギーが大きくなる。このエネルギーを(ウ)とよび(エ)が最大を示す。

10 電子親和力

原子が電子1個を受け取って陰イオンになるとき，放出するエネルギーを(ア)という。原子は，このエネルギーを放出してより安定な陰イオンになるので，(ア)の大きい原子はより陰イオンになり(イ)い。F，Cl，Brなど(ウ)個の価電子をもつ原子は(ア)が(エ)い。

6
(ア) 原子番号
(イ) 周期表
(ウ) メンデレーエフ
(エ) 族
(オ) 周期

7
Na，Li，K
……アルカリ金属
Cl，F，Br
……ハロゲン
Ne，Ar，He
……貴ガス

8
(1) Na，Mg，Al
(2) Ar
(3) Na

9
(ア) 大き
(イ) 右上
(ウ) イオン化エネルギー
(エ) He

10
(ア) 電子親和力
(イ) やす
(ウ) 7
(エ) 大き

基本例題 4　原子の構造　基本➡22,23

$^{17}_{8}O$ 原子について，次の(1)～(4)に答えよ。

(1)　この原子の原子番号と質量数はそれぞれいくらか。

(2)　この原子の陽子数，中性子数，電子数はそれぞれいくらか。

(3)　この原子と同位体の関係にある質量数16の原子を元素記号を使って示せ。

(4)　この原子の質量は，質量数16の原子の何倍か。

●エクセル　原子番号＝陽子数　　質量数＝陽子数＋中性子数

考え方

(1), (3)　下図のように，元素記号の左下に原子番号，左上に質量数を書く。また，原子番号が同じで，質量数の異なる原子を互いに同位体という。

質量数……12
原子番号…　6 C

(2)　エクセル参照。

解答

(1)　原子番号は元素記号の左下，質量数は左上に書く。

答　原子番号8，質量数17

(2)　陽子数＝原子番号，また，中性子数＝質量数－陽子数から求められる。原子は電気を帯びていないので，陽子数＝電子数になっている。

答　陽子数8，中性子数9，電子数8

(3)　同位体は同じ元素の原子である。質量数が16であるから，次のように表される。　**答**　$^{16}_{8}O$

(4)　これらの原子の質量の比は質量数から，17：16だとわかる。

答　$\frac{17}{16}$ **倍**

基本例題 5　電子配置とイオン　基本➡27,28

下図は原子の電子配置が示してある。これについて，次の(1)～(3)に答えよ。

(ア)　(イ)　(ウ)
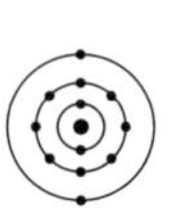
(エ)
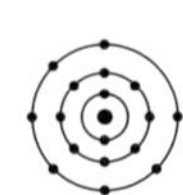
(オ)

(1)　$_{4}Be$ は(ア)～(オ)のどれか。

(2)　価電子の数が等しいものを答えよ。

(3)　(オ)がイオンになったときの化学式を示せ。

●エクセル　原子では陽子数＝電子数　　価電子は最外殻の電子(貴ガスは0とみなす)

考え方

(1)　電子の数が4の電子配置を選ぶ。

(2)　原子核から最も外側の電子殻(最外殻)の電子数が等しいものを選ぶ。

(3)　(オ)は価電子数が7で電子を1個受け取る。

解答

(1)　各原子の電子配置より，電子数が4になるのは(ア)である。　**答　(ア)**

(2)　最外殻の電子数は，(ア)が2，(イ)が4，(ウ)が6，(エ)が2，(オ)は7である。最外殻電子数が等しいものを選ぶ。

答　(ア)と(エ)

(3)　最外殻が電子を1個得て，価電子数が0になる。(オ)は原子番号17の塩素原子の電子配置である。　**答**　Cl^-

基本例題 6　元素の周期表　基本➡33,34

下図は，周期表における元素を分類したものである。次の(1)，(2)に答えよ。

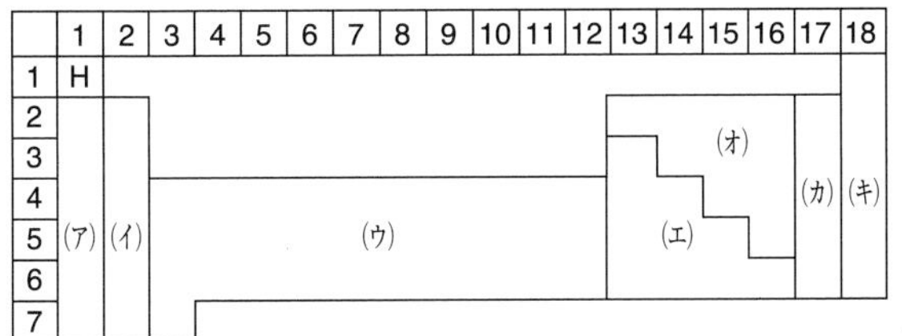

(1) 次の性質をもっている元素のグループを(ア)～(キ)から選び，その名称を答えよ。

① 最外殻に電子が1個しかなく，イオン化エネルギーの小さな元素のグループ。

② 最外殻が安定な型になっており，化合物をつくりにくい元素のグループ。

③ 最外殻に電子が7個あり，陰性の大きい元素のグループ。

④ 最外殻に電子が2個ある元素のグループ。

(2) (ウ)のグループは何とよばれているか。また，そのグループの性質として正しい記述は次のうちのどれか。

① 同族元素は，価電子の数が同じであるため，化学的性質が似ている。

② 周期表で隣り合った元素どうしの性質が似ている。

●**エクセル** まずは典型元素の性質を，その後，遷移元素の性質を覚える。

考え方

「イオン化エネルギー」や「電子親和力」は18族を除いて周期表の右上ほど大きい。

解答

(1) 答 ① (ア) **アルカリ金属** ② (キ) **貴ガス**
③ (カ) **ハロゲン** ④ (イ) **アルカリ土類金属**

(2) 答 **遷移元素** ②

基本問題

21▶原子の構造 次の(1)～(5)の記述について，誤っているものを選べ。

(1) 電気的に中性な原子中の陽子の数と電子の数は等しい。

(2) 原子中の陽子の数と中性子の数の和を質量数という。

(3) 陽子の数を原子番号という。

(4) 陽子の数と中性子の数は等しい。

(5) 炭素原子の陽子の数はすべて6である。

22▶原子の構造 次の(ア)～(ク)に適当な数値・記号を入れよ。

元素名	原子の記号	原子番号	質量数	陽子の数	中性子の数	電子の数
窒素	(ア)	7	(イ)	(ウ)	8	(エ)
硫黄	$_{16}S$	(オ)	33	(カ)	(キ)	(ク)

23▶同位体　次の文中の(ア)〜(キ)に適当な語句・数値・記号を入れよ。

酸素の原子では，陽子の数はすべて(ア)個である。しかし，中性子の数はすべて同じではなく，8個，9個，10個のものがあり，質量数はそれぞれ(イ)，(ウ)，(エ)である。質量数(イ)の原子は ^{16}O と表され，質量数(ウ)の原子は(オ)と表される。

これらの原子は互いに(カ)の関係にあるという。天然では，酸素原子10000個あたり，^{16}O が9976個ある。したがって，^{16}O の存在比は(キ)%である。

24▶放射性同位体　放射性同位体は不安定で，原子核が放射線を放出して別の原子に変化する。この変化を(ア)とよぶ。放射線には，α 線や β 線，γ 線などがある。放射性同位体が壊れてその量が半分になる時間を(イ)という。年代測定などに使われる放射性同位体 ^{14}C の(イ)は5730年である。

(1)　(ア)，(イ)に適当な語句を入れよ。

(2)　$^{14}_{6}C$ が β 線を放出して他の原子に変わった場合，原子番号と質量数はどのように変化するか。

(3)　地中から発見されたある植物のもつ ^{14}C の濃度が大気中の濃度の6.25%であった。この植物は枯れてからおよそ何年経っていると推定されるか。　（金沢医科大　改）

25▶電子配置　右表は原子の電子配置を表している。表の数値は電子殻に含まれる電子の数である。表の(ア)〜(カ)に適当な数値を入れよ。

原子	K殻	L殻	M殻
F	2	(ア)	0
Ar	2	(イ)	(ウ)
Mg	(エ)	(オ)	(カ)

26▶価電子　次の(1)〜(5)の記述について，正しいものを2つ選べ。

(1)　原子番号8の酸素原子と原子番号16の硫黄原子の価電子数は等しい。

(2)　原子番号10のネオン原子の価電子数は8である。

(3)　原子核に最も近い電子殻にある電子を価電子という。

(4)　価電子は原子どうしが結合するとき，重要な役割をはたす。

(5)　価電子はエネルギー的に安定で，原子から放出されることはない。

27▶貴ガス　貴ガスについて，次の(1)〜(3)に答えよ。

(1)　原子番号が18までの元素で，貴ガスに属するものを元素記号ですべて記せ。

(2)　Al^{3+} と同じ電子配置の貴ガスの元素記号を記せ。

(3)　S^{2-} と同じ電子配置の貴ガスの元素記号を記せ。

28▶イオンの化学式　(1)〜(3)の原子からできるイオンと(4)のイオンの化学式を記せ。

(1)　原子番号 17 の塩素原子

(2)　原子番号 8 の酸素原子

(3)　原子番号 20 のカルシウム原子

(4)　窒素原子 1 個と酸素原子 3 個からなる原子団で 1 価の陰イオン

29▶イオンと電子数　次の(1), (2)に答えよ。

(1)　次の組み合わせの中で，電子数の等しいものを選べ。

(ア)　Na^{+}　O^{2-}　　(イ)　K^{+}　Mg^{2+}　　(ウ)　Cl^{-}　Ne　　(エ)　Li^{+}　F^{-}

(2)　次のイオンの電子の総数はそれぞれいくつか。

(ア)　OH^{-}　　(イ)　NH_4^{+}　　(ウ)　SO_4^{2-}

30▶イオン化エネルギーとグラフ

右図は，横軸が原子番号，縦軸がイオン化エネルギーを示したグラフである。次の(1), (2)に答えよ。

(1)　(ア)〜(カ)で貴ガスに属するものをすべて選べ。

(2)　(ア)〜(カ)で最も陽イオンになりやすいものを選べ。

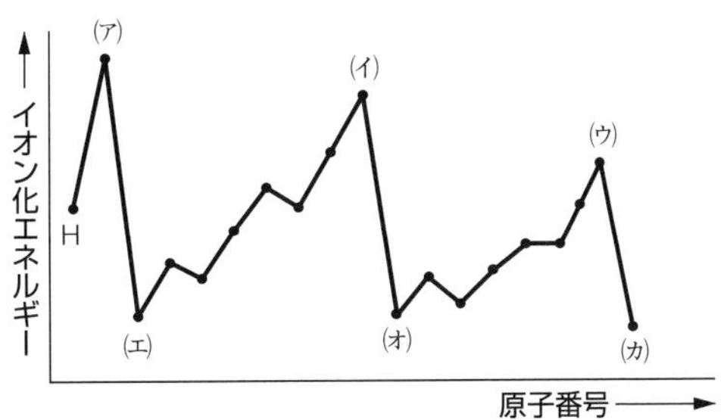

31▶イオン化エネルギーと電子親和力　次の(1)〜(5)の記述のうち，誤っているものを 2 つ選べ。

(1)　原子から電子を取り去って，陽イオンにするために必要なエネルギーをイオン化エネルギーという。

(2)　原子が電子を受け取って，陰イオンになるときに吸収するエネルギーを電子親和力という。

(3)　同じ周期では，イオン化エネルギーは原子番号とともに増加する傾向を示す。

(4)　同じ周期の元素で，17 族元素の電子親和力は，18 族元素の電子親和力よりも大きい。

(5)　第 3 周期のアルカリ金属原子のイオン化エネルギーは，第 2 周期の貴ガス原子のイオン化エネルギーより大きい。

32▶イオンの大きさ　イオン半径が大きい順に並べられている組み合わせとして，最も適切なものはどれか。

(1)　$Li^{+} > Na^{+} > K^{+}$　　(2)　$Al^{3+} > Mg^{2+} > Na^{+}$　　(3)　$Ca^{2+} > K^{+} > Cl^{-}$

(4)　$Na^{+} > F^{-} > O^{2-}$　　(5)　$O^{2-} > F^{-} > Na^{+}$　　(6)　$K^{+} > Cl^{-} > S^{2-}$

(7)　$O^{2-} > S^{2-} > Se^{2-}$　　(8)　$F^{-} > Cl^{-} > Br^{-}$　　(9)　$I^{-} > Cl^{-} > Br^{-}$　　(北里大)

33▶周期表　次の文中の(ア)〜(エ)に適当な語句を入れよ。

元素は周期表という表により，18のグループに分けられている。このグループは，周期表では縦の列に並んでおり族とよばれ，同じ縦の列にある元素は(　ア　)とよばれる。1族，2族と13族から18族の元素は(　イ　)とよばれており，中でも17族は(　ウ　)とよばれて1価の陰イオンになりやすい性質をもつ。3族から12族までの元素は，隣り合った元素どうしの性質が似ており，明確な周期性が見られないためこの元素は(　エ　)とよばれている。

34▶典型元素の性質　次の記述は典型元素(18族を除く)の性質を説明したものである。(　　)のうちから適当なものを選べ。

同じ族の元素は，原子番号が大きくなるほど原子半径は(1)(大きく・小さく)なる。そしてイオン化エネルギーは(2)(大きく・小さく)なり，(3)(陰性・陽性)は大きくなる。

同じ周期の元素は，18族を除いて原子番号が大きくなるほど原子半径は(4)(大きく・小さく)なる。そしてイオン化エネルギーは(5)(大きく・小さく)なり，(6)(陰性・陽性)は大きくなる。

35▶元素の性質　次の(1)〜(5)の記述について，誤っているものを1つ選べ。

(1)　2族の元素は，典型元素である。
(2)　ハロゲンは陰イオンになりやすい。
(3)　遷移元素の単体は，すべて金属である。
(4)　貴ガスの単体は，すべて単原子分子である。
(5)　14族に属する元素の単体は，すべて非金属である。

標準例題 7　**原子の電子配置**　標準➡38

下記に原子の電子配置を示してある。K，L，Mは電子殻で，(　　)内の数字は電子数である。次の(1)〜(3)に答えよ。

(ア)　K(2)L(5)　　(イ)　K(2)L(6)　　(ウ)　K(2)L(8)M(1)　　(エ)　K(2)L(8)M(3)
(オ)　K(2)L(8)M(4)　　(カ)　K(2)L(8)M(7)　　(キ)　K(2)L(8)M(8)

(1)　3価の陽イオンになりやすいものはどれか。
(2)　価電子数の最も多いものはどれか。
(3)　他の原子と結合しないものはどれか。

●エクセル　貴ガスの価電子数は0

考え方

最外殻電子は価電子といい，8個あると安定で価電子数は0となり，他の原子と結合しない。

解 答

(1)　価電子が3個であればよい。　**答**　(エ)
(2)　最外殻電子の多いものを選ぶ。ただし，8個のとき，価電子数は0である。　**答**　(カ)
(3)　価電子数が0のものを選ぶ。　**答**　(キ)

標準問題

36▶原子の構造　次の文中の(ア)～(サ)に適当な語句・数字・式を入れよ。

原子はその中心に存在する(　ア　)と，そのまわりを取りまく(　イ　)から構成されている。(　ア　)はさらに，正の電荷をもつ(　ウ　)と電荷をもたない(　エ　)からできている。各原子の(　ア　)中の(　ウ　)の数は決まっており，その数を(　オ　)という。また，(　ウ　)と(　エ　)の数の和を(　カ　)という。ある原子の(　オ　)がZ，(　カ　)がAであるとすると(　エ　)の数Nは，ZおよびAを用いて，(　キ　)と表せる。(　オ　)が同じで(　カ　)が異なる原子を互いに(　ク　)であるという。例えば，天然に存在する水素原子には，3種類の(　ク　)が存在する。したがって，(　ク　)まで区別して考えると，(　ケ　)種類の異なった水素分子と思われる分子が存在することになる。水素原子の(　ク　)のうち，(　ウ　)1個と(　エ　)2個からなる(　コ　)は，天然にはごく微量しか存在しない。(　コ　)は弱い放射線を放出しており，このような(　ク　)をとくに(　サ　)という。(東京農工大)

37▶同位体の存在比　天然の塩素Clには，質量数35の塩素 ^{35}Cl が75％，質量数37の塩素 ^{37}Cl が25％の割合で存在する。質量数の和が74の塩素分子は，全体の塩素分子の何％を占めるか。

38▶原子とイオンの電子配置　次の電子配置をもつ原子およびイオンの元素記号を記せ。

(1)　中性原子のとき最外殻M殻に3個の電子をもつ。

(2)　2価の陽イオンのとき最外殻M殻に8個の電子をもつ。

(3)　1価の陰イオンのとき最外殻N殻に8個の電子をもつ。(早大)

39▶周期表と電子配置　右表は第3周期までの元素を族ごとに元素記号とカタカナで示した周期表である。また，下図は周期表の中の(ア)～(カ)の元素の電子配置を模式的に示したものである。次の(1)～(3)に答えよ。

周　期　表

周期＼族	1	2	13	14	15	16	17	18
1	(ア)							He
2	Li	Be	B	(イ)	(ウ)	(エ)	F	(オ)
3	Na	Mg	Al	Si	P	S	(カ)	Ar

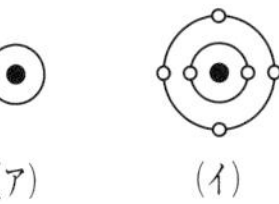

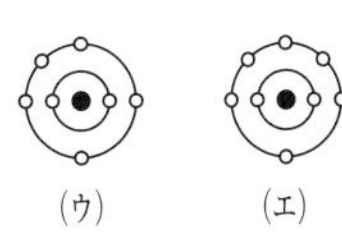

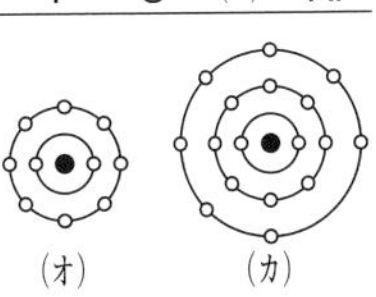

● 原子核　○ 電子

(1)　(イ)，(ウ)，(エ)，(カ)の電子配置に相当する元素は何か，元素記号で答えよ。

(2)　第3周期に属する元素のなかで，同素体をもつ2つの元素の元素記号とそれぞれの元素について同素体の物質名を書け。

(3)　次の各原子の組み合わせでできる化合物の名称と化学式を書け。

(i)　(ア)3個と(ウ)1個　　(ii)　(イ)1個と(エ)2個　　(iii)　(ア)4個と(イ)1個と(エ)1個

40▶周期表　右表は元素の周期表の一部である。周期表の①～⑩の元素について，次の(1)～(5)に当てはまるものを選べ。

1族	2族	12族	13族	14族	15族	16族	17族	18族
H								He
Li	Be		B	C	N	O	F	Ne
Na	Mg		Al	Si	P	S	Cl	Ar
K	Ca	Zn	①	②	③	④	⑤	⑥
⑦	⑧	Cd	⑨	⑩				

(1)　2価の陽イオンになりやすいもの。
(2)　化学的に反応性を示さないもの。
(3)　2価の陰イオンになりやすいもの。
(4)　イオン化エネルギーが最も小さいもの。
(5)　ハロゲンに属するもの。

41▶周期表と元素の性質　右図は，原子番号1～20の元素のイオン化エネルギーと原子番号との関係を示したものである。次の文中の(ア)～(ク)に適当な語句・数字を入れよ。

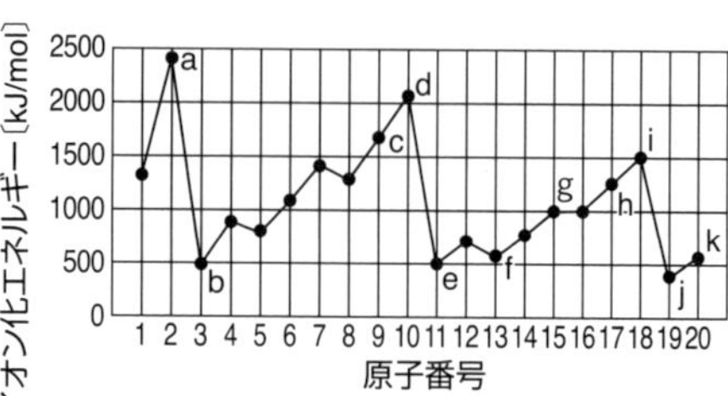

元素b，e，jは(　ア　)元素に属する。(　ア　)の原子は，価電子を(　イ　)個もっており，価電子を放出して(　イ　)価の陽イオンになりやすい。(　ア　)の単体は常温の水と激しく反応して(　ウ　)を発生する。元素a，d，iは(　エ　)元素に属する。(　エ　)は原子の価電子の数が(　オ　)であり，化学結合をつくりにくい。元素c，hは(　カ　)元素に属する。(　カ　)の原子は価電子を(　キ　)個もち，電子(　イ　)個を取り入れて(　イ　)価の陰イオンになりやすい。このとき放出されるエネルギーを原子の(　ク　)力という。

（日本女子大　改）

発展問題

論述 **42▶原子核の発見**　1909年，ガイガーとマースデンは放射性元素から出てくるα線の粒子を原子約1000個分の厚さしかない非常に薄い金箔に打ち込み，金原子との衝突により，α線の粒子の向きが変わる角度の分布を調べた。その結果，ほとんどのα線の粒子の進路は1°以内の角度しか曲がらないが，およそ20000個に1個の割合で90°以上も曲がることがわかった。1911年，ラザフォードはこれらの実験事実を説明するために，原子の構造を次のように推定した。

蛍光スクリーン
金箔
スリット
α線

ガイガーとマースデンの実験装置

①　原子の大部分は，空の空間である。
②　原子の質量のほとんどと正電荷は，原子の中心の核にある。

(1)　ラザフォードはなぜ①のように考えたか。
(2)　ラザフォードはなぜ②のように考えたか。

（静岡大　改）

43 ▶副殻　原子の電子殻は原子核に近いものからK殻，L殻，M殻などがある。それぞれの電子殻には，さらにエネルギーの異なる電子軌道(副殻)があり，1つのs軌道，3つのp軌道，5つのd軌道，7つのf軌道などがある。1つの電子軌道には最大で2個の電子が入る。M殻にはs軌道，p軌道，d軌道があり，N殻にはs軌道，p軌道，d軌道, f軌道がある。これらのことから，それぞれの電子殻に入る電子の最大数が定まっていることがわかる。内側からn番目の電子殻(K殻は$n=1$，L殻は$n=2$)に入る電子の最大数をnを用いて表すと$2n^2$となる。

一般に電子は内側の電子殻から順に配置されていくが，$_a$元素によってはM殻のd軌道よりも先にN殻のs軌道に入るものがある。$_b$第4周期の遷移元素の原子の場合，N殻に1個または2個の電子があり，M殻には，5つのd軌道をひとまとめにして数えると，1個以上10個以下の電子がある。

(1)　第4周期1族の元素の原子は下線部aの性質をもつ。この原子のM殻とN殻にある電子数を書け。

(2)　下線部bの性質をもつ第4周期の遷移元素の原子で，N殻に2個，M殻のd軌道に2個の電子をもつ遷移元素は何か。元素記号で書け。

(3)　第4周期10族の元素の原子(N殻の電子は2個)は，K殻，L殻，M殻にそれぞれ何個の電子をもつか。また，この元素名を元素記号で書け。　(早大)

論述 **44 ▶周期表と元素の性質**　メンデレーエフは，すべての元素について，その当時知られていた原子量をもとに小さいものから順番に並べていくと，同じような性質をもった元素が同じ列に配列できることに気がついた。次の(1)，(2)に答えよ。

表　メンデレーエフの周期表の一部

	Ⅰ族	Ⅱ族	Ⅲ族	Ⅳ族	Ⅴ族	Ⅵ族	Ⅶ族	Ⅷ族
1	H=1							
2	Li=7	Be=9.4	B=11	C=12	N=14	O=16	F=19	
3	Na=23	Mg=24	Al=27.3	Si=28	P=31	S=32	Cl=35.5	
4	K=39	Ca=40	___=44	Ti=48	V=51	Cr=52	Mn=55	Fe=56, Co=59 Ni=59, Cu=63
5	(Cu=63)	Zn=65	___=68	E=□	As=75	Se=78	Br=80	
6	Rb=85	Sr=87	?Yt=88	Zr=90	Nb=94	Mo=96	___=100	Ru=104, Rh=104 Pd=106, Ag=108
7	(Ag=108)	Cd=112	In=113	Sn=118	Sb=122	Te=128	I=127	
8	Cs=133	Ba=137	?Di=138	?Ce=140	—	—	—	—

(注)　?および＿＿の空欄はメンデレーエフが当時まだ発見されていなかった元素を予測したものである。また，一部の元素記号は現在の元素記号と異なる。なお，周期表の一部は改訂してある。

(1)　メンデレーエフが予測した表中の□で囲んだ未知の元素Eの酸化物および塩化物の一般式を記せ。なお，例として，酸化物の場合は，E_2O_3のように記せ。

(2)　原子量の順番から考えると，テルル(Te)とヨウ素(I)の順番は逆転している。しかし，メンデレーエフは，元素の化学的な性質の類似性から，テルルはⅥ族，ヨウ素はⅦ族に配列されると考えた。原子量の順番が逆転している理由を記せ。

(中央大　改)

3 物質と化学結合

❶ イオンとイオン結合

◆1 **イオン結合** 陽イオンの正電荷と陰イオンの負電荷間の静電気的引力による結合。

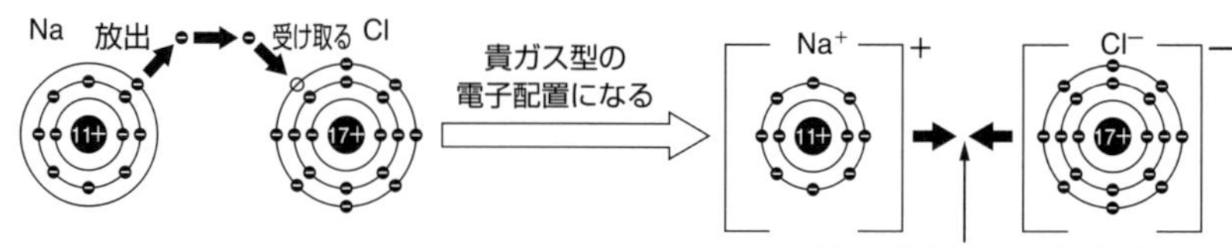

◆2 **イオン結晶** 陽イオンと陰イオンのみからできており，陽イオンと陰イオンの数の比で表した組成式で表す。

陽イオンの正電荷と陰イオンの負電荷が打ち消されるような個数の割合で存在。

（陽イオンの価数）×（陽イオンの個数）＝（陰イオンの価数）×（陰イオンの個数）

化合物名	組成式	個数比	電荷
塩化ナトリウム	$NaCl$	Na^{+} ：Cl^{-} ＝1：1	(＋1)×1＋(−1)×1＝0
塩化カルシウム	$CaCl_2$	Ca^{2+} ：Cl^{-} ＝1：2	(＋2)×1＋(−1)×2＝0
硫酸アンモニウム	$(NH_4)_2SO_4$	NH_4^{+} ：SO_4^{2-} ＝2：1	(＋1)×2＋(−2)×1＝0

組成式は陽イオン→陰イオンの順に書く。化合物名は陰イオン→陽イオンの順に読む。

結晶格子

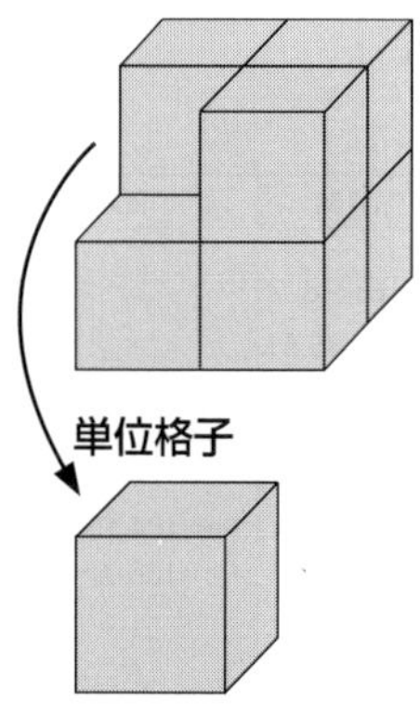

単位格子

結晶の並び方を表したものを結晶格子という。結晶格子の繰り返しの最小単位を単位格子とよぶ。

結晶格子

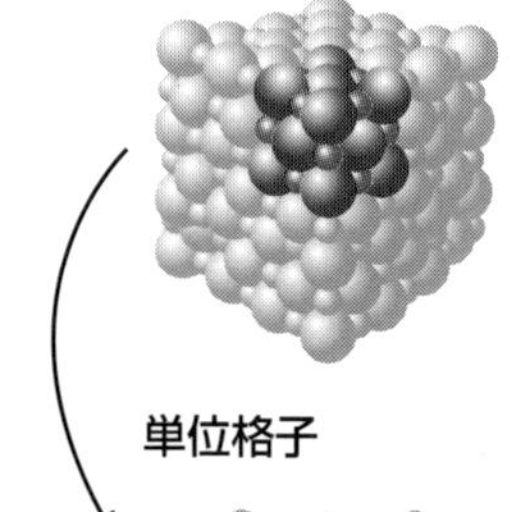

塩化ナトリウム（NaCl 型）

単位格子

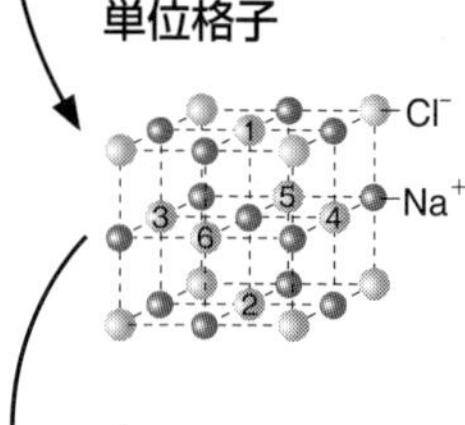

配位数 1 個の粒子に隣り合って接している粒子の数 6

面で切断

$\frac{1}{4}$個

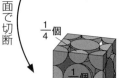

$\frac{1}{2}$個

$\frac{1}{8}$個

イオンの数

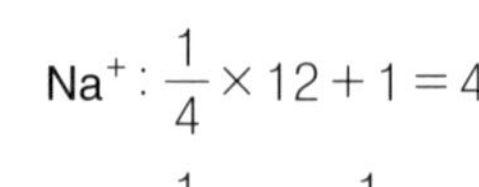

Na^{+}：$\frac{1}{4}\times12+1=4$

Cl^{-}：$\frac{1}{8}\times8+\frac{1}{2}\times6=4$

2 分子と共有結合

◆1　電子式　最外殻電子(下表中・または•)を用いて表した式

最外殻電子の数	1	2	3	4	5	6	7	8
電子式	Li·	Be·	·B·	·C·	·N:	·O:	:F:	:Ne:

・不対電子
•非共有電子対
·O· と表してもよい

◆2　共有結合

①**共有結合**　原子が互いに不対電子を出し合い電子対を共有して生じる結合。

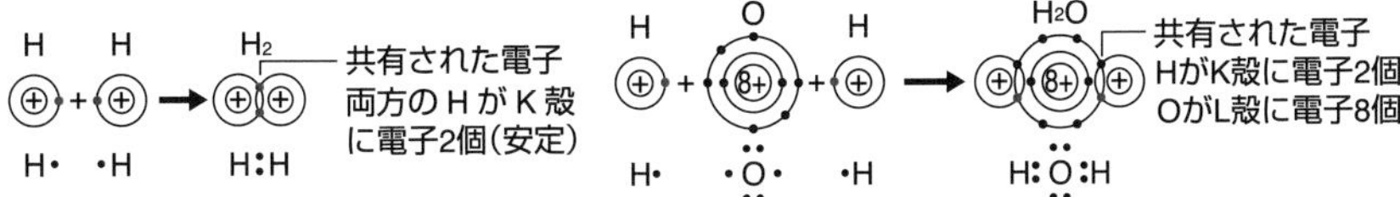

②**共有電子対**　原子が不対電子を1個ずつ出し合い共有電子対を1組(単結合)つくる。2個ずつ出し合えば2組(二重結合), 3個ずつなら3組(三重結合)つくる。

H·+·Cl: ⟶ H:Cl:	:O·+·C·+·O: ⟶ :O::C::O:	:N·+·N: ⟶ :N⋮N:
共有電子対1組で結合	共有電子対2組で結合	共有電子対3組で結合

・不対電子　•• 共有電子対　•• 非共有電子対を表す

◆3　構造式と分子の形

①**構造式**　共有電子対1組を1本線で表した式。

分子式	HCl	H_2O	NH_3	CH_4	CO_2	N_2
電子式	H:Cl:	H:O:H	H:N:H H	H H:C:H H	:O::C::O:	:N⋮N:
構造式	H—Cl	H—O—H	H—N—H | H	H | H—C—H | H	O=C=O	N≡N
立体形						

②**原子価**　構造式で1つの原子がつくる結合の数。原子の不対電子数に一致。

原子	H	Cl	O	N	C
不対電子数	1	1	2	3	4
原子価	1 H—	1 Cl—	2 —O—	3 —N—	4 —C—

③**結合距離と結合角**

結合距離　結合している原子の中心間を結ぶ距離。

結合角　分子中の隣り合う2つの結合のなす角。

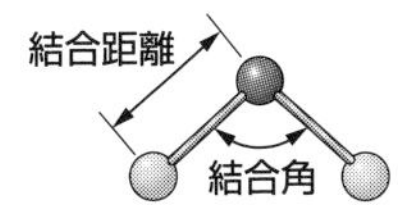

◆ 4　配位結合

①**配位結合**　一方の原子の非共有電子対が他の原子に与えられて生じる共有結合。

アンモニウムイオン　　　　オキソニウムイオン

②**錯イオン**　中心の金属イオンに非共有電子対をもつ分子または陰イオンが配位結合してできたイオン。

化学

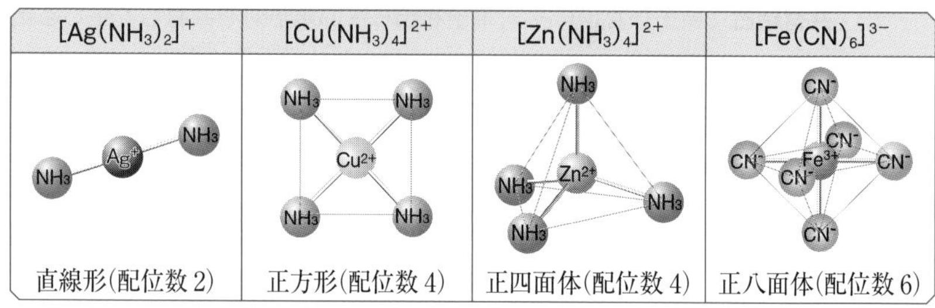

$[Ag(NH_3)_2]^+$	$[Cu(NH_3)_4]^{2+}$	$[Zn(NH_3)_4]^{2+}$	$[Fe(CN)_6]^{3-}$
直線形(配位数 2)	正方形(配位数 4)	正四面体(配位数 4)	正八面体(配位数 6)

配位子　結合している分子またはイオン → $[Ag(NH_3)_2]^+$ ← **配位数**　結合している数

◆ 5　高分子化合物

高分子化合物　分子が共有結合により繰り返しつながり，分子量がおよそ１万以上になった物質。

①**単量体(モノマー)と重合体(ポリマー)**　繰り返し単位の低分子量の化合物を単量体(モノマー)といい，単量体が繰り返し結合(重合)することにより生成した高分子化合物を重合体(ポリマー)という。

②**付加重合**　炭素間の二重結合や三重結合を切って次々と重合。

例　[モノマー]　エチレン　⟶　[ポリマー]　ポリエチレン
　　　　　　　塩化ビニル　⟶　　　　　　ポリ塩化ビニル

③**縮合重合**　分子間で水などの簡単な分子がとれて次々と重合。

例　[モノマー]　エチレングリコール　＋　テレフタル酸　⟶　[ポリマー]　ポリエチレンテレフタラート(PET)

3　分子間にはたらく力

◆1　電気陰性度と極性

①**電気陰性度**　共有電子対が原子に引き寄せられる度合の数値。貴ガスは除く。

②**極性**　原子の電気陰性度の違いにより，共有結合に電荷のかたよりが生じること。

結合の極性

塩素原子の方へかたよる

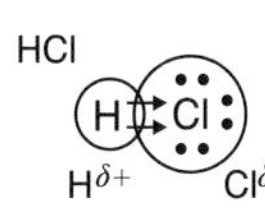

無極性分子

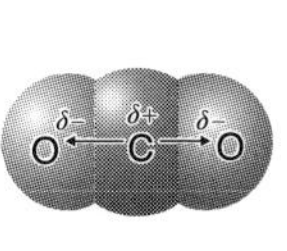

二酸化炭素
（直線形）

Hδ+　δ−C　Hδ+　Hδ+　Hδ+

メタン
（正四面体形）

極性分子

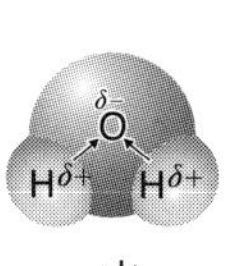

水
（折れ線形）

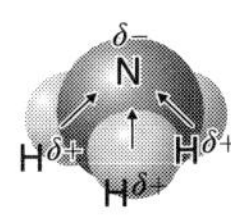

アンモニア
（三角錐形）

→は共有結合の極性（電子対は，→の方向にかたよっている）

◆2　分子間力　分子間にはたらく弱い力。

ファンデルワールス力＝全分子間にはたらく引力＋極性による静電気的引力

分子間力＝ファンデルワールス力＋水素結合など

化学 ◆3　水素結合

電気陰性度の大きい原子（F，O，N）に結合した水素原子と他の分子中の電気陰性度の大きい原子との結合。極性分子のファンデルワールス力より強い。

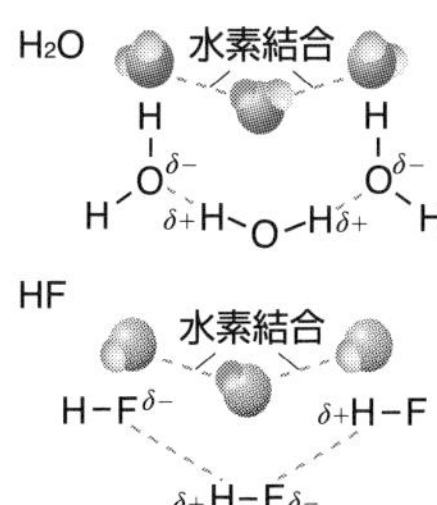

氷の結晶構造と水素結合

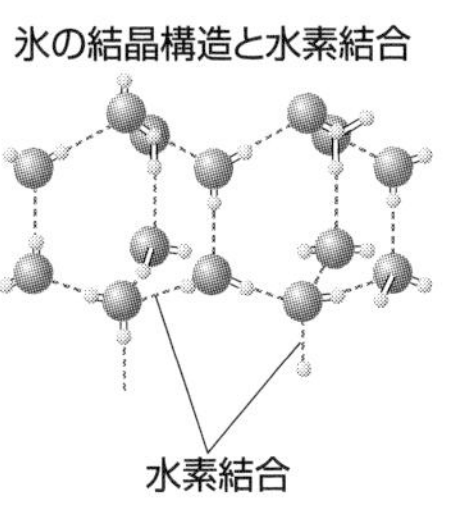

水素結合と沸点

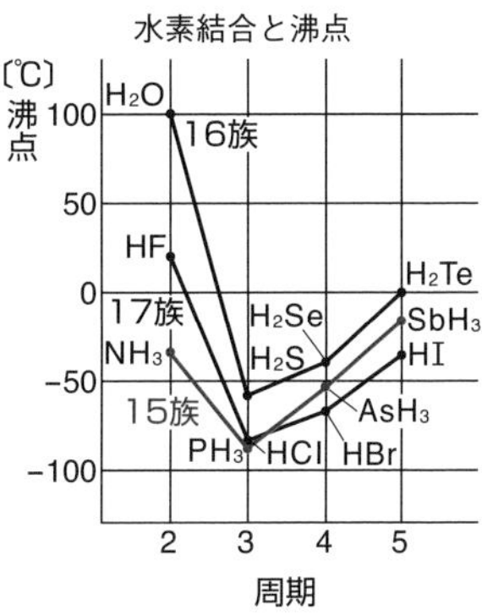

分子量が大きいと沸点は高い。水素結合があると沸点は異常に高い。

◆4　共有結合の結晶と分子結晶

①**共有結合の結晶**

原子が共有結合により規則的に結合してできた結晶

ダイヤモンド

0.15nm
C原子
共有結合

黒鉛

共有結合
C原子
0.33nm
0.14 nm

②**分子結晶**

原子が共有結合してできた分子が分子間力により配列した結晶

ドライアイス（CO_2の結晶）

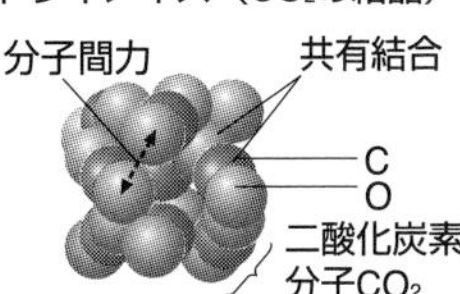

❹ 金属と金属結合

◆1　**自由電子**　原子核との間の引力から離れ，金属全体を自由に動き回る金属原子の価電子。

◆2　**金属結合**　金属原子が自由電子を共有してできる結合。

金属は元素記号を使った組成式で表される。鉄は Fe，銅は Cu，銀は Ag など。

◆3　**金属の特徴**　①金属光沢がある。

②電気伝導性や熱伝導性が大きい。

③薄く広がる性質（展性），線状に延びる性質（延性）がある。

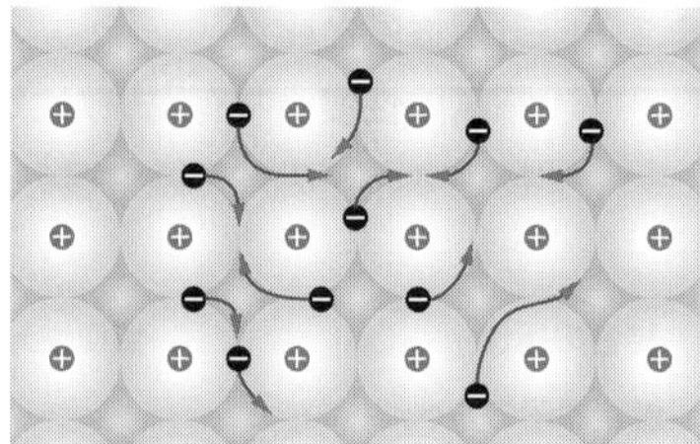

⊕は金属イオンを，⊖は自由電子を表す。自由電子は電子殻の重なりを伝って金属全体を移動する。

化学 ◆4　**金属の結晶格子**　金属原子の規則的な配列（結晶格子）には次の３つの型がある。

	体心立方格子	面心立方格子	六方最密構造
単位格子の構造			
単位格子中に含まれる原子の数	$1(\text{中心})+\frac{1}{8}(\text{頂点})\times 8$ $=1+1=2$	$\frac{1}{2}(\text{面})\times 6+\frac{1}{8}(\text{頂点})\times 8$ $=3+1=4$	$1(\text{中心付近})+$ $\left(\frac{1}{12}+\frac{1}{6}\right)(\text{頂点})\times 4$ $=1+1=2$
結晶の例	Na，Fe	Al，Cu，Ag	Mg，Zn
原子半径 r と立方格子の辺の長さ a の関係	A, B, C, D, a, r, $\sqrt{3}a$, $\sqrt{2}a$ $r=\frac{\sqrt{3}}{4}a$	A, B, C, D, a, r, $\sqrt{2}a$ $r=\frac{\sqrt{2}}{4}a$	

5 物質の分類

◆1　結晶の種類とその性質

	イオン結晶	共有結合の結晶	金属結晶	分子結晶
モデル	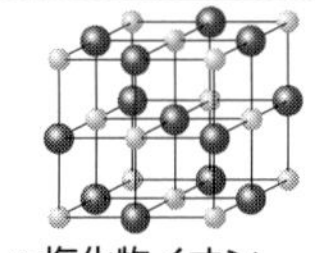 塩化物イオン ナトリウムイオン	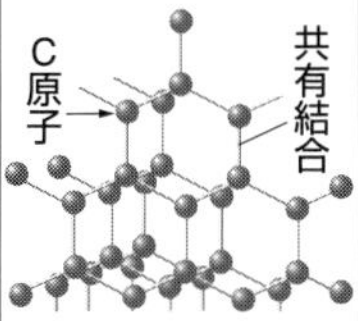 C原子 共有結合	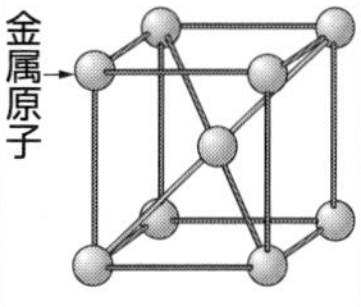 金属原子	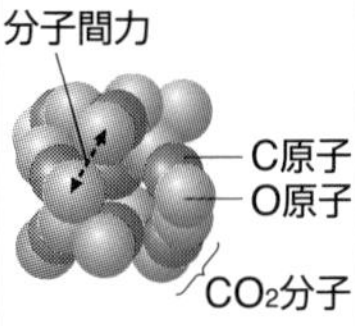 分子間力 C原子 O原子 CO_2分子
構成粒子	陽イオンと陰イオン	原子	金属原子 (自由電子を含む)	分子
結合の種類	イオン結合	共有結合	金属結合	分子間力
融点・沸点	高い	きわめて高い	種々の値	低い・昇華性
機械的性質	かたくてもろい	非常にかたい	展性・延性がある	やわらかい
電気の伝導性	通さない*1	通さない*2	通す	通さない
例	NaCl, $Al_2(SO_4)_3$	SiO_2, ダイヤモンド	Fe, Na	CO_2, N_2, Ar

*1 融解したり水溶液にすると通す。　*2 黒鉛は例外として通す。

◆2　身のまわりの物質

①イオン結合からなる物質

名称	化学式	用途
塩化ナトリウム	NaCl	食塩
炭酸水素ナトリウム	$NaHCO_3$	ベーキングパウダー
水酸化ナトリウム	NaOH	パイプ用洗剤
塩化カルシウム	$CaCl_2$	乾燥剤
炭酸カルシウム	$CaCO_3$	チョーク
硫酸カルシウム	$CaSO_4$	焼セッコウ

②共有結合からなる物質(無機物質)

名称	化学式	用途
水素	H_2	燃料
酸素	O_2	酸化剤
窒素	N_2	菓子袋への封入
二酸化炭素	CO_2	炭酸飲料
水	H_2O	飲料水
アンモニア	NH_3	虫さされ薬
塩化水素	HCl	トイレ用洗剤
硫酸	H_2SO_4	
硝酸	HNO_3	火薬・医薬品

③共有結合からなる物質(共有結合の結晶)

名称	化学式	用途
黒鉛	C	鉛筆
ダイヤモンド	C	宝石
ケイ素	Si	半導体材料
二酸化ケイ素	SiO_2	水晶

④共有結合からなる物質(有機化合物)

名称	化学式	用途
メタン	CH_4	都市ガス
エチレン	C_2H_4	エチレンガス
エタノール	C_2H_5OH	消毒薬
酢酸	CH_3COOH	食酢
ベンゼン	C_6H_6	工業製品の原料
アセトン	CH_3COCH_3	リムーバー

⑤金属結合からなる物質

名称	化学式	用途
鉄	Fe	化学カイロ
アルミニウム	Al	アルミニウム箔
銅	Cu	銅線
水銀	Hg	温度計

WARMING UP／ウォーミングアップ

次の文中の(　　)に適当な語句・数値・記号を入れよ。

1 イオン結合とイオン結晶

塩化ナトリウムでは，ナトリウム原子は最外殻電子を放出して(ア)電荷をもった(イ)に，放出された電子は塩素原子が受け取り，(ウ)電荷をもった(エ)になる。(イ)と(エ)は静電気的に引き合い結合する。この結合を(オ)という。塩化ナトリウムでは分子は存在せずに，(カ)[化学式]と(キ)[化学式]が規則的に配列している。このように(オ)でできた結晶を(ク)結晶という。

(ク)結晶は，一般に沸点や融点が(ケ)く，かたいが(コ)性質がある。固体のままでは電気を(サ)，融解したり水に溶かしたりすると電気を(シ)。

2 組成式

イオンからなる物質は陽イオンと陰イオンのイオン数の比で表される。このようにして表した式を(ア)とよぶ。(イ)～(カ)に適当な数値を入れ，結晶 A ～ D の(ア)を記せ。

結晶	陽イオンと陰イオンの数の比
(A)	Ca^{2+} : Cl^- ＝1 : (イ)
(B)	Na^+ : S^{2-} ＝(ウ) : (エ)
(C)	Ca^{2+} : CO_3^{2-} ＝1 : 1
(D)	NH_4^+ : SO_4^{2-} ＝(オ) : (カ)

3 共有結合

分子では構成原子が互いに電子を出し合い，それを共有して結合する。この結合が(ア)である。2つの水素原子がK殻の電子を互いに共有し，それぞれK殻に(イ)個の電子をもった状態で分子をつくる。分子式は(ウ)で表される。

4 電子式

元素記号のまわりに最外殻電子を点で表した式を電子式という。例えば，電子式で原子と分子を表すと次のようになる。(ア)，(イ)，(ウ)はそれぞれ何とよばれるか。

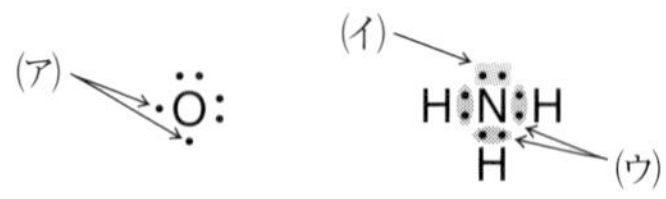

1

(ア) 正
(イ) 陽イオン
(ウ) 負
(エ) 陰イオン
(オ) イオン結合
(カ) Na^+　(キ) Cl^-
(ク) イオン
(ケ) 高
(コ) もろい
(サ) 通さず
(シ) 通す

2

(ア) 組成式　(イ) 2
(ウ) 2　(エ) 1
(オ) 2　(カ) 1
(A) $CaCl_2$
(B) Na_2S
(C) $CaCO_3$
(D) $(NH_4)_2SO_4$

3

(ア) 共有結合
(イ) 2　(ウ) H_2

4

(ア) 不対電子
(イ) 非共有電子対
(ウ) 共有電子対

5 構造式

原子間で共有した電子 2 個を 1 本の線で表した式を(ア)という。電子を 4 個共有したとき二重線，6 個共有したとき三重線で表し，前者を(イ)結合，後者を(ウ)結合という。

5
(ア) 構造式
(イ) 二重
(ウ) 三重

6 配位結合

分子内の原子の(ア)が他方の原子やイオンに提供されてできる(イ)を配位結合という。アンモニア分子 NH_3 には(ウ)組の(ア)があり，それが水素イオン H^+ に提供されて配位結合をつくると(エ)[化学式]のアンモニウムイオンが生じる。

6
(ア) 非共有電子対
(イ) 共有結合
(ウ) 1
(エ) NH_4^+

7 錯イオン

中心の金属イオンに(ア)で分子やイオンが結合してできるイオンを(イ)という。また，金属イオンに結合した分子やイオンを(ウ)といい，結合した(ウ)の数を(エ)という。

7
(ア) 配位結合
(イ) 錯イオン
(ウ) 配位子
(エ) 配位数

8 電気陰性度と極性

共有結合している原子間で，共有電子対を引き寄せる程度を数値で表したものを(ア)という。2 原子間の共有結合では，結合する原子の(ア)が異なると結合に電荷のかたよりが生じる。これを結合の(イ)といい，このため分子に電荷のかたよりがある(ウ)と，分子全体として電荷のかたよりが打ち消される(エ)がある。

8
(ア) 電気陰性度
(イ) 極性
(ウ) 極性分子
(エ) 無極性分子

9 分子結晶

(ア)力により，分子が規則正しく配列してできた結晶を(イ)という。(イ)は，やわらかく，融点が(ウ)ものが多い。また，結晶，水溶液，液体のいずれの状態でも電気伝導性は(エ)。

9
(ア) 分子間
(イ) 分子結晶
(ウ) 低い　(エ) ない

10 金属結合と金属の性質

金属中の原子では，その価電子が原子を離れて，結晶全体を動き回るため(ア)とよばれ，(ア)により金属原子が結びつけられる。この結合を(イ)という。金属にはたたくと薄く広がる(ウ)という性質と，延ばすと長く延びる(エ)という性質がある。

10
(ア) 自由電子
(イ) 金属結合
(ウ) 展性　(エ) 延性

化学 11 金属結晶

金属原子は金属結合によって規則的に配列し結晶格子をつくっている。また，結晶の繰り返し単位を(ア)という。金属の結晶格子は六方最密構造，(イ)，(ウ)のいずれかに分類される。

11
(ア) 単位格子
(イ) 体心立方格子
(ウ) 面心立方格子

基本例題 8　組成式　基本➡47

次の陽イオンと陰イオンの組み合わせでできる化合物の組成式と名称を答えよ。

	Cl^-	O^{2-}	SO_4^{2-}
Na^+	(ア)	(イ)	(ウ)
Ca^{2+}	(エ)	(オ)	(カ)
Al^{3+}	(キ)	(ク)	(ケ)

●エクセル　陽イオンの価数×陽イオンの数＝陰イオンの価数×陰イオンの数

考え方

・＋の数(左辺)と－の数(右辺)が等しくなる数をさがす。
・組成式の書き方は，陽イオン→陰イオンの順。
・組成式の読み方は，陰イオン→陽イオンの順。
・多原子イオンが複数あるときはかっこで示す。

解 答

(ア)　$NaCl$　塩化ナトリウム　(イ)　Na_2O　酸化ナトリウム
(ウ)　Na_2SO_4　硫酸ナトリウム　(エ)　$CaCl_2$　塩化カルシウム
(オ)　CaO　酸化カルシウム　(カ)　$CaSO_4$　硫酸カルシウム
(キ)　$AlCl_3$　塩化アルミニウム　(ク)　Al_2O_3　酸化アルミニウム
(ケ)　$Al_2(SO_4)_3$　硫酸アルミニウム

基本例題 9　電子式と構造式　基本➡49,50

二酸化炭素 CO_2，窒素 N_2，水 H_2O，メタン CH_4 について，その電子式を下に示してある。それぞれの構造式を記せ。

二酸化炭素 CO_2　窒素 N_2　水 H_2O　メタン CH_4

O::C::O　N⋮⋮N　H:O:H　H:C:H（上下にH）

●エクセル　構造式は，共有電子対 1 対を 1 本の線で示した化学式

考え方

・2 個ずつ出し合って共有→二重結合
・3 個ずつ出し合って共有→三重結合
・構造式は分子の形まで表しているわけではない。

解 答

CO_2　O=C=O

N_2　N≡N

H_2O　H−O−H

CH_4

```
    H
    |
H — C — H
    |
    H
```

基本例題 10　極性　基本➡52,53,54

次の(ア)，(イ)に極性あるいは無極性を入れ，文章を完成させよ。

分子の極性は，結合の極性と分子の立体構造によって決まる。メタン，二酸化炭素は，結合には極性があるが，分子が正四面体形，直線形であるため（ ア ）分子となる。

一方，水は結合に極性があり，分子が折れ線形であるため（ イ ）分子となる。

●エクセル　原子の電気陰性度の違いにより，異なる2原子からなる結合には極性がある。

考え方

分子全体の極性は，分子の立体構造に基づいて判断する。

解 答

メタン，二酸化炭素は，それぞれ分子内の結合の極性の大きさは等しく，正四面体形，直線形という構造から，極性を打ち消し合う。一方，水は折れ線形であり，極性は打ち消し合わず極性分子となる。

答　(ア)　**無極性**　(イ)　**極性**

基本例題 11　結合と物質の性質　基本➡59,60

(ア)～(ウ)の物質について，物質を構成する原子間の結合を［A群］，物質の性質を［B群］よりそれぞれ選べ。

(ア)　鉄　　(イ)　塩化ナトリウム　　(ウ)　水

［A群］　(a)　イオン結合　　(b)　共有結合　　(c)　金属結合

［B群］　(a)　固体の状態で，熱や電気を通す。

(b)　固体の状態では電気を通さないが，液体になると電気を通す。

(c)　常温で液体であり，電気は通しにくい。

●エクセル
金属原子＋非金属原子　⇒　イオン結合
非金属原子＋非金属原子　⇒　共有結合
金属原子＋金属原子　⇒　金属結合

考え方

物質を構成する元素が，周期表のどの位置にあるかで，おおよそどの結合をするかがわかる。

解 答

［A］　(ア)　鉄は金属原子なので，鉄原子どうしの結合は金属結合である。　**答**　(c)

(イ)　ナトリウムは金属原子，塩素は非金属原子であるので，2原子間の結合はイオン結合である。　**答**　(a)

(ウ)　水素も酸素も非金属原子なので，その2つの間の結合は共有結合である。　**答**　(b)

［B］　(ア)　自由電子のため，熱や電気を通しやすい。　**答**　(a)

(イ)　イオンは電荷をもつ粒子であり，その粒子が動けば電気を通す。　**答**　(b)

(ウ)　結合をつくる際に電荷のやりとりがないため，粒子に電荷が無く，電気は通さない。　**答**　(c)

基本問題

45▶イオン結合の生成　次の文中の(　　)には語句・数字，〔　　〕には化学式を入れよ。また，①と②では適当なものを選べ。

原子番号 12 のマグネシウム Mg は価電子の数が(ア)個の①{(a)金属原子，(b)非金属原子} である。また，原子番号 17 の塩素 Cl は価電子の数が(イ)個の②{(a)金属原子，(b)非金属原子} である。マグネシウムと塩素の結合を考えてみる。マグネシウムはその価電子を放出して〔 1 〕という陽イオンになり，塩素はその放出された電子を受け取って〔 2 〕という陰イオンになる。生じたイオンの正電荷と負電荷の間に，静電気的な引力が生じ，これによって結合をつくる。ここで生じた生成物の化学式は〔 3 〕で，名称は(ウ)とよばれる。

46▶イオン結合　価電子の少ない金属原子と価電子の多い非金属原子の結合はイオン結合と考えられる。次にあげる原子の組み合わせで，その原子間の結合がイオン結合となるものを選べ。

(1)　C と H　　(2)　S と O　　(3)　Zn と Cu　　(4)　C と O　　(5)　Na と S

47▶組成式　次の陽イオンと陰イオンの組み合わせによってできる化合物の組成式と名称を答えよ。

(1)　Al^{3+} と O^{2-}　　(2)　K^{+} と $SO_4{}^{2-}$　　(3)　Cu^{2+} と $NO_3{}^{-}$
(4)　$NH_4{}^{+}$ と $NO_3{}^{-}$　　(5)　$NH_4{}^{+}$ と $SO_4{}^{2-}$

48▶共有結合　次の文中の(ア)〜(オ)に適当な語句を入れよ。

共有結合では，原子が(ア)を1個ずつ出し合って(イ)を1組つくる。1組の(イ)で生じる結合を(ウ)結合，2組のときは(エ)結合という。(オ)原子どうしが結合すると分子ができる。

49▶構造式　エタン C_2H_6 とエチレン C_2H_4 の電子式は下図に示される。それぞれの構造式を記せ。

エタン

```
   H H
   ‥ ‥
H:C:C:H
   ‥ ‥
   H H
```

エチレン

```
H   H
‥   ‥
C::C
‥   ‥
H   H
```

50▶電子式と構造式　次の分子式で表される物質の電子式と構造式を記せ。

(1)　Cl_2　(2)　H_2S　(3)　CO_2　(4)　C_2H_6　(5)　N_2

51▶原子価　原子価は，Hは1，Oは2，Nは3，Cは4である。このことを参考に，次の化学式で表される物質の構造式をかけ。

(1)　メタン CH_4　(2)　アンモニア NH_3　(3)　二酸化炭素 CO_2

52▶極性　次の文中の(ア)～(オ)に適当な語句を入れよ。

共有結合をしている原子が共有電子対を引き寄せる強さの尺度を(　ア　)という。典型元素では，貴ガスを除き，周期表を右にいくほど，また，上にいくほど(　ア　)は(　イ　)なる。異なる種類の原子が共有結合をつくるとき，(　ア　)の差が大きいほど原子間の電荷のかたよりが大きくなる。このとき，結合は(　ウ　)をもつという。結合に(　ウ　)があるため，分子全体に電荷のかたよりができる分子を(　エ　)という。一方，結合に(　ウ　)があるが分子全体では電荷のかたよりが打ち消された分子を(　オ　)という。

論述 **53▶電気陰性度**　各原子の電気陰性度は以下のようである。これを参考にして，次の(1)～(3)に答えよ。

H　2.2　　C　2.6　　N　3.0　　O　3.4　　F　4.0　　Cl　3.2

(1)　電気陰性度とはどのようなことを表す数値か説明せよ。

(2)　次の原子で共有結合を生じるとき，負電荷を帯びる原子はどちらの原子か。

(ア)　CとO　(イ)　CとH　(ウ)　ClとO

(3)　次の(ア)～(エ)の分子の構造式をかき，共有電子対のかたよりを$\delta+$と$\delta-$の記号を用いて図示せよ。ただし，$\delta+$は微小な正の電気量，$\delta-$は微小な負の電気量を表す。

(ア)　HF　(イ)　CO_2　(ウ)　NH_3　(エ)　H_2O

54▶立体構造　次に分子の立体模型を示してある。これについて，次の(1)，(2)に答えよ。

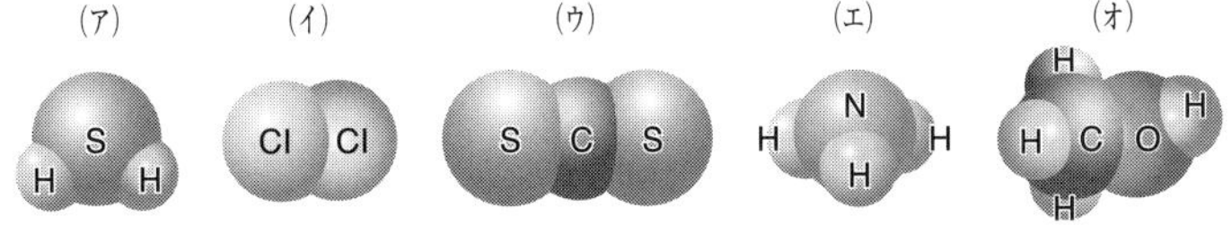

(1)　(ア)～(オ)の構造式を示せ。

(2)　(ア)～(オ)を極性分子と無極性分子に分けよ。

55▶配位結合と電子式　アンモニア NH_3 がフッ化ホウ素 BF_3 に配位結合して，1つの分子Aをつくる。フッ化ホウ素とAの電子式を記せ。

化学 **56▶錯イオンの構造と名称**　次の化学式で表される錯イオンについて，下の(1)，(2)に答えよ。

(ア)　$[Ag(NH_3)_2]^+$　　(イ)　$[Zn(NH_3)_4]^{2+}$　　(ウ)　$[Fe(CN)_6]^{3-}$

(1)　(ア)〜(ウ)の名称を記せ。

(2)　(ア)〜(ウ)の構造はそれぞれ下のどれに相当するか。

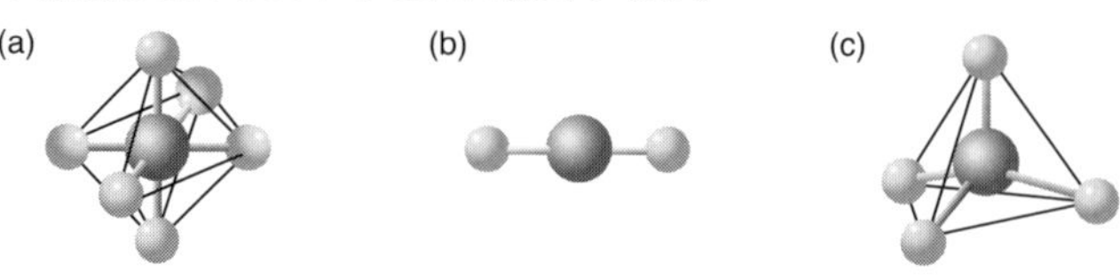

57▶高分子化合物　次の文中の(ア)〜(オ)に適当な語句を入れよ。

分子が共有結合によって繰り返しつながることで，とても大きな分子になった物質を（ ア ）化合物という。（ ア ）化合物は繰り返し単位に相当する低分子の化合物である（ イ ）からできており，その生成する過程を（ ウ ）という。（ ウ ）の種類には分子内の二重結合が次々に開いて結合する（ エ ）と，分子間で水などの分子が取れて次々に結合ができる（ オ ）がある。

化学 **58▶金属の結晶格子**　右図に２種類の金属の結晶格子が示してある。これについて，次の(1)〜(3)に答えよ。

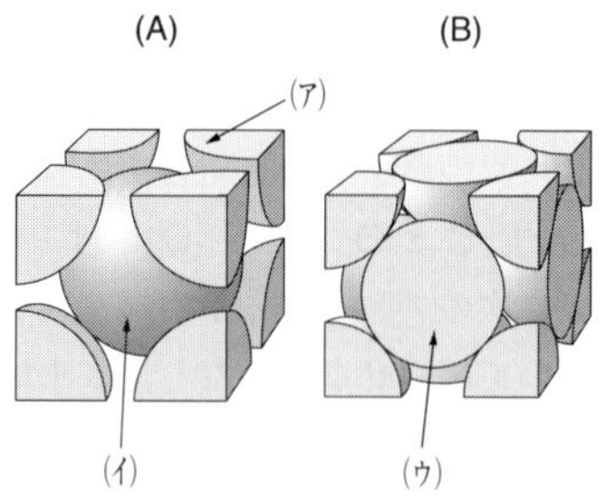

(1)　結晶格子(A)，(B)はそれぞれ何というか。

(2)　図の(ア)，(イ)，(ウ)の金属原子はそれぞれ，原子の何分の１が単位格子中に存在しているか。

(3)　結晶の単位格子(A)，(B)にはそれぞれ金属原子がいくつ存在しているか。

59▶物質とその結合　次の(1)〜(6)の物質の原子間の結合が，イオン結合であるものはA，共有結合であるものはB，金属結合であるものはCを記入せよ。

(1)　ナトリウム Na　　(2)　塩化カルシウム $CaCl_2$　　(3)　酸化ナトリウム Na_2O

(4)　塩化水素 HCl　　(5)　青銅（銅とスズの合金）　　(6)　酸素 O_2

60▶物質の性質　次の(1)〜(3)の物質の性質を(ア)〜(ウ)より選べ。

(1)　金 Au　　(2)　塩化カリウム KCl　　(3)　ヨウ素 I_2

(ア)　加熱すると容易に気体になる。

(イ)　たたいて薄く広げることができる。

(ウ)　常温では固体で電気を通さないが，加熱して液体になると電気を導くようになる。

61▶身のまわりのイオン結合からなる物質　次の(1)〜(6)の記述が塩化ナトリウムの説明になっているものにはA，炭酸カルシウムの説明になっているものにはB，塩化カルシウムの説明になっているものにはCを記せ。

(1)　自然界では，海水に多く含まれている。

(2)　サンゴや貝殻のおもな成分である。

(3)　吸湿性が高く，乾燥剤に用いられる。

(4)　水に溶けにくく，セメントの原料になる。

(5)　消費量の多くは，ソーダ工業や調味料として使われている。

(6)　潮解性をもち，道路の凍結防止剤に使われている。

62▶身のまわりの共有結合からなる物質　次の(1)〜(5)の記述は，下の選択肢のいずれかを説明したものである。それぞれ最も正しいものを選べ。

(1)　同一の原子が共有結合により正四面体形の立体構造になった結晶で，非常にかたくて電気を通さない。

(2)　自然界では石英として存在し，デジタル機器の電子部品として使われている。

(3)　一般には液体だが，気温が低いと固体になっている。弱酸性の化合物で，医薬品や合成繊維などの原料になるほか，食品としても利用されている。

(4)　6個の炭素原子が環状の六角形の構造をしており，有機化合物をよく溶かし，引火しやすく大量のすすを出して燃える。

(5)　エチレングリコールとテレフタル酸からつくられる，ペットボトルなどに使われる高分子化合物。

［選択肢］

ダイヤモンド，ポリエチレンテレフタラート，ベンゼン，二酸化ケイ素，酢酸

63▶身のまわりの金属　次の(1)〜(4)の記述は，下の選択肢のいずれかを説明したものである。それぞれ最も正しいものを選べ。

(1)　銀白色の軽金属で，展性・延性に優れ，空気中に放置すると金属表面に無色透明な酸化物が被膜になって，金属内部を保護するため，食品の包装に用いられる。

(2)　電気伝導性が高いため，導線などに使われるほか，熱伝導性も高く，調理器具などにも使われる。

(3)　常温で唯一液体の金属で，蒸気は蛍光灯などに封入されている。

(4)　最も生産量の多い金属で，純度を高めたものは強度も高く弾性もあるため，鉄道レールや建築材に利用されている。

［選択肢］　鉄，アルミニウム，水銀，銅

標準例題 12　結晶の分類と性質

下表は6種類の物質(A)〜(F)の性質を示している。この表を見て，(1)，(2)に答えよ。

物質	融点〔℃〕	沸点〔℃〕	固体状態での電気伝導性	液体状態での電気伝導性	水溶液での電気伝導性	その他の特徴
(A)	660	2470	良	良		
(B)	801	1413	不良	良	良	
(C)	114	184	不良	不良		加熱すると容易に気体となる。
(D)	1540	2750	良	良		室温で磁石につく。
(E)	0	100	不良	不良		
(F)	1550	2950	不良	不良		

(1)　(A)〜(F)は次の6種の物質のいずれかである。それぞれの物質を化学式で答えよ。

［物質］　アルミニウム，鉄，塩化ナトリウム，水，ヨウ素，石英(二酸化ケイ素)

(2)　(A)〜(F)が結晶になったとき，以下のどれに分類されるか。

(ア)　イオン結晶　　(イ)　分子結晶　　(ウ)　共有結合の結晶　　(エ)　金属結晶

●エクセル

種類	イオン結晶	分子結晶	共有結合の結晶	金属結晶
構成粒子	陽イオンと陰イオン	分子	多数の原子が共有結合	金属原子(自由電子を含む)
特徴	液体や水溶液では通電する。融点・沸点は高い。	固体・液体では通電しない。融点・沸点は低い。	黒鉛以外の固体は通電しない。融点・沸点は非常に高い。	固体・液体は通電する。融点・沸点は非常に低いものから高いものまであり，熱もよく通す。

考え方

固体で電気を通す。
→金属結晶と黒鉛
液体でのみ電気を通す。
→イオン結晶
固体・液体で電気を通さない。
→分子結晶
→共有結合の結晶

解 答

固体で電気を通すのは，金属と黒鉛である。(A)と(D)は金属であり，磁性があることから(D)は鉄。また，固体では通電性がないが，液体では通電性があるのはイオン結晶であり，この物質は水に溶け，水溶液は電気を通すことより，(B)は塩化ナトリウム。融点・沸点が低く，固体でも液体でも通電性がないのは分子結晶であり，容易に気体になるため，蒸発や昇華しやすい(C)はヨウ素。融点が0℃，沸点が100℃であることより，(E)は水と考えられる。多数の原子が共有結合している共有結合の結晶は，かたく，融点・沸点も非常に高く，黒鉛以外の固体では電気を通さないので，石英(二酸化ケイ素)がこれらの性質に相当する。

答　(1)　(A)　Al　(B)　NaCl　(C)　I_2　(D)　Fe　(E)　H_2O　(F)　SiO_2

(2)　(A)−(エ)　(B)−(ア)　(C)−(イ)　(D)−(エ)　(E)−(イ)　(F)−(ウ)

化学 標準例題 13 結晶格子と組成式

次の(1)〜(5)の図は，A 原子(●)と B 原子(○)からなる結晶の構造を示したものである。それぞれの結晶の組成式を A_2B_3 のように示せ。

(1)
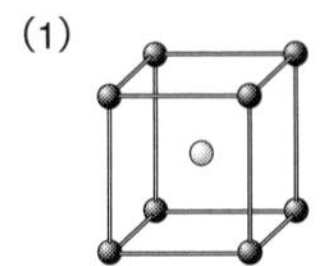
(2)
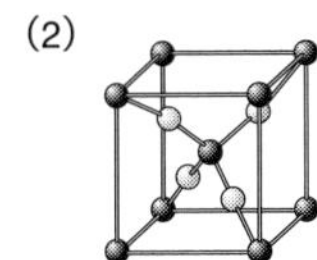
(3)
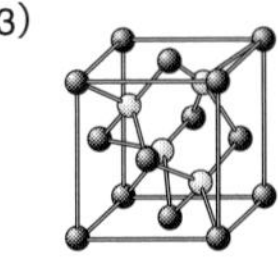
(4)
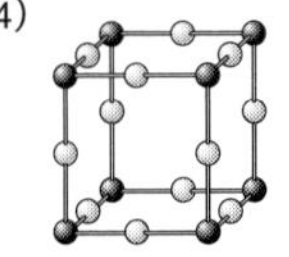
(5)
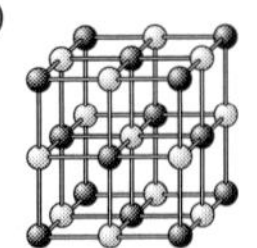

●エクセル 立方体の頂点の原子は $\frac{1}{8}$ 個，面の中心の原子は $\frac{1}{2}$ 個，辺の中心の原子は $\frac{1}{4}$ 個。

考え方

各立方体中に属する原子の数を A，B について，それぞれ求める。

解答

	A の数	B の数		A の数	B の数
(1)	$\frac{1}{8}\times8=1$	1	(4)	$\frac{1}{8}\times8=1$	$\frac{1}{4}\times12=3$
(2)	$\frac{1}{8}\times8+1=2$	$1\times4=4$	(5)	$\frac{1}{8}\times8+\frac{1}{2}\times6=4$	$\frac{1}{4}\times12+1=4$
(3)	$\frac{1}{8}\times8+\frac{1}{2}\times6=4$	$1\times4=4$			

答 (1) AB (2) AB_2 (3) AB (4) AB_3 (5) AB

化学 標準例題 14 分子間にはたらく力

標準➡65

次の文中の(ア)〜(エ)に最も適する語句を，(A)〜(C)に適当な化学式を入れよ。

右図は，いろいろな水素化合物の分子量と 1.01×10^5 Pa における沸点との関係を示したものである。一般に，分子構造が似ている物質では，分子量が大きいほど分子間力が(ア)く，沸点は(イ)くなる。

水素化合物(A)，(B)および(C)の沸点が異常に高いのは，水素原子と水素原子に結合している原子との(ウ)の差が大きく，分子間に(エ)結合が形成されるためである。

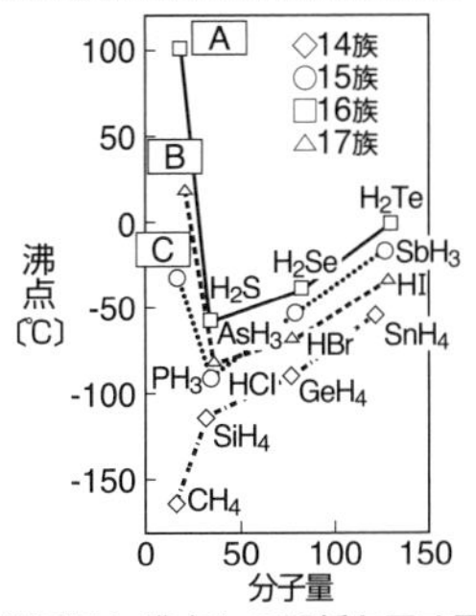

分子量と沸点との関係を示す図

●エクセル 分子間にはたらく力が大きいほど沸点は高い。

考え方

結合する原子間の電気陰性度の差が大きくなると結合の極性も大きくなる。

解答

グラフから 1.01×10^5 Pa で 100℃ の沸点である(A)は H_2O と推定される。分子間力は分子量が大きいほど大きいため，沸点が高くなる。(B)は 17 族の F の水素化物 HF，(C)は 15 族の水素化物 NH_3 になる。

答 (ア) **大き** (イ) **高** (ウ) **電気陰性度** (エ) **水素**
(A) H_2O (B) HF (C) NH_3

標準問題

64▶化学結合　次の(1)～(5)の記述について，誤っているものを選べ。

(1)　貴ガスの第一イオン化エネルギーは，原子番号が大きくなるにつれて小さくなる。

(2)　K^+とCl^-は同じ電子配置をもつが，イオンの大きさはK^+の方が小さい。

(3)　NH_3にH^+が配位した$NH_4{}^+$では，四つのN—H結合エネルギーはすべて等しい。

(4)　分子内に極性をもつ共有結合がある場合，その分子は極性分子である。

(5)　銀が特有の光沢をもつのは自由電子のはたらきによる。

化学 **65▶水素結合**　右図に，水素化合物の分子量と沸点の関係を示した。次の文の(A)と(B)に該当する化合物の分子式，(ア)と(イ)に適当な整数，①～⑧に適当な語句を入れよ。

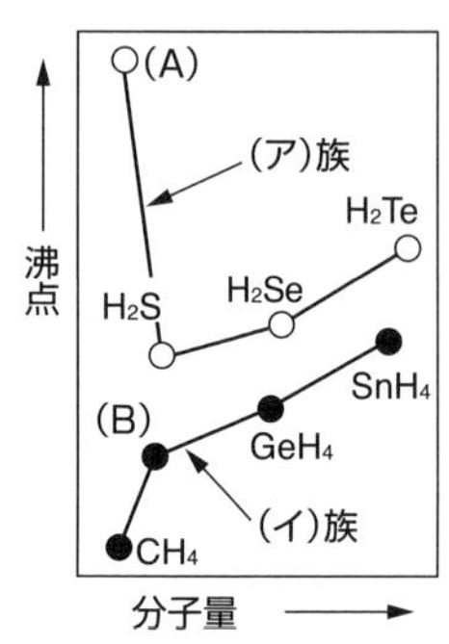

一般に2個の原子が最外殻にある(①)を1個ずつ出し合って(②)をつくってできる結合を共有結合という。異なる種類の原子間に形成された共有結合では(②)はどちらかの原子に引き寄せられ電荷のかたよりができる。このとき結合は(③)をもつといい，原子が電子を引きつける強さの尺度を(④)という。図では，水素化合物(A)は，同族や(イ)族元素の水素化合物より極端に沸点が高い。(A)では(④)の大きい原子が水素と共有結合しており，(A)分子間に(⑤)が形成されるため，他の水素化合物より沸点が高くなる。(イ)族元素の水素化合物の沸点は，分子量の増大とともに高くなる。これは分子間にはたらく(⑥)力が，分子量の増大とともに強くなるためである。一方，ほぼ同じ分子量の(ア)族と(イ)族元素の水素化合物では，その沸点は(ア)族の方が高い。例えば，H_2Sの沸点は(B)より高いが，H_2Sのような(⑦)分子間には(⑦)による(⑧)力がはたらくからである。

66▶周期表と結合　右表は周期表の一部である。a～rは表に入るべき元素を記号で示したものである。次の(1)～(5)に答えよ。

周期＼族	1	2	13	14	15	16	17	18
1	a							b
2	c	d	e	f	g	h	i	j
3	k	l	m	n	o	p	q	r

(1)　次の(ア)～(エ)の原子が結合するとき，その結合はそれぞれ，イオン結合，共有結合，金属結合のどれに相当するか。

(ア)　fとp　(イ)　cとc　(ウ)　aとi　(エ)　hとl

(2)　電気陰性度が最も大きい元素は表の中のどれか。表中の記号で示せ。

(3)　aとpからできる化合物では，非共有電子対が何組あるか。

(4)　fとhからできる化合物の一例を電子式で示せ。fとhを元素記号として示せ。

例　a:q̤̈:

(5)　nとhが結合してできた化合物を次の(ア)～(エ)より選べ。

(ア)　イオン結晶　(イ)　分子結晶　(ウ)　共有結合の結晶　(エ)　金属

発展問題

67▶電子対反発則　次の文章を読み，(ア)～(オ)に適当な数値・語句を入れよ。

分子の立体構造について，価電子の数から推定する方法がある。これは，価電子が2個で1つの対(電子対)をつくり，電子対どうしの反発を最小にするように分子の構造が決まるという考え方である。メタン分子の場合，炭素原子の価電子の数は(　ア　)個であり，4個の水素原子から，それぞれ1個の電子を受け取って共有結合を形成する。等価な共有電子対が，炭素原子と水素原子の間に主に分布し，これらの電子対が互いに最も遠くなるように配置される。そのためメタン分子は，(　イ　)形構造である。

アンモニア分子の場合，窒素原子の価電子の数は(　ウ　)個であり，このうち3個は，水素原子からそれぞれ1個の電子を受け取って共有電子対をつくる。残りの電子は，水素原子との結合には関与しておらず，非共有電子対をつくる。よって，アンモニア分子は，合計(　エ　)組の電子対をもち(　オ　)形構造となる。

化学　論述　check!
68▶イオン結晶　塩化ナトリウムの結晶の単位格子は右図に示すとおりである。次の(1)～(4)に答えよ。

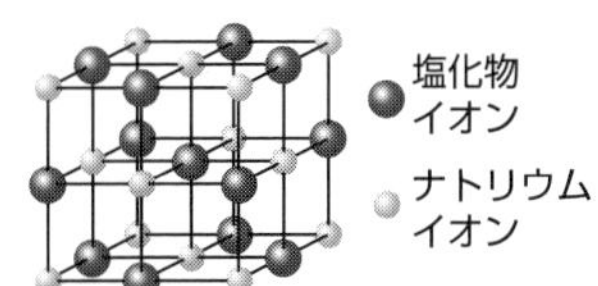

(1)　塩化ナトリウム単位格子中に含まれるNa^+の数およびCl^-の数をそれぞれ整数値で答えよ。

(2)　塩化ナトリウム結晶1.0cm^{3}の中に含まれるNa^+の数を有効数字2桁で求めよ。ただし，$5.6^3 = 180$とする。

(3)　フッ化ナトリウム，塩化ナトリウムおよび臭化ナトリウムはすべて同じ結晶構造をもつ。それぞれの物質でのイオンの半径比(F^-/Na^+，Cl^-/Na^+およびBr^-/Na^+)はそれぞれ1.03，1.44および1.57である。結晶の密度が大きい順に化学式で答えよ。

(4)　(3)で示した物質の化学式を融点の高い順に並べ，その理由を簡潔に記せ。

化学
69▶金属結晶　次の記述(1)，(2)を読み，(ア)～(オ)には適当な語句を，(a)～(d)に適当な数字を入れよ。

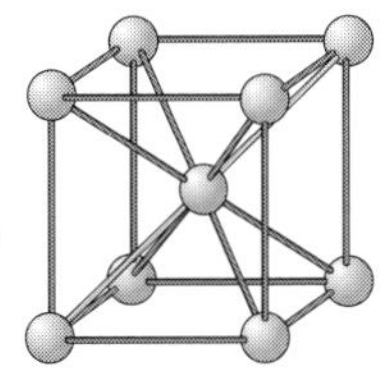

(1)　周期表第1族のLi，Na，Kなどは(　ア　)と総称され，(　a　)個の電子を放出して(　b　)族の元素と同じ安定な電子配置をとる。これらの原子の結晶は右図で模式的に示される単位格子をもち，(　イ　)格子とよばれる。原子どうしを結びつけている動きやすい電子は(　ウ　)電子とよばれ，この電子のために，これらの元素の結晶は金属光沢をもち，電気や(　エ　)をよく伝え，展性や(　オ　)をもつ。

(2)　図の単位格子の一辺の長さをlとすると充塡率は次式で表される。ただし，結晶中では，金属原子は球形で，互いに接しているものとする。

$$充塡率〔\%〕 = \frac{\frac{4}{3}\pi \times \left(\frac{(\ \mathrm{c}\ )}{4}l\right)^3 \times (\ \mathrm{d}\ )}{l^3} \times 100$$

論述問題

70▶蒸留　蒸留の実験装置で，温度計について注意しなければならない点を記せ。

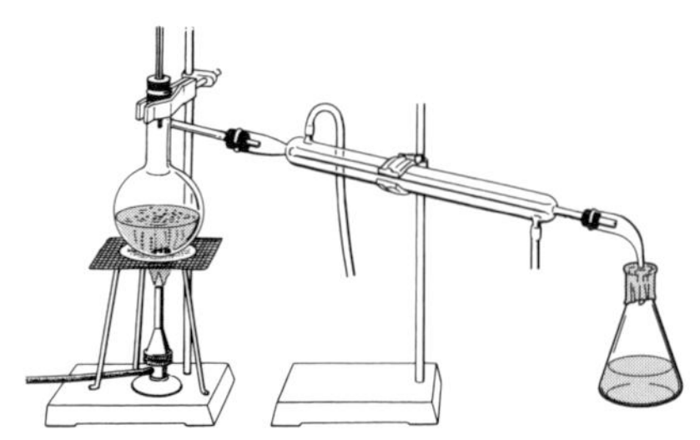

71▶昇華　右図に示したように，ビーカーに少量のヨウ素の固体を入れ，これに氷水の入った丸底フラスコをかぶせ，ビーカーを 90℃ の温水につけた。このあとヨウ素にどのような変化が観察されるか，結果を図示するとともに，60 字程度で簡潔に説明せよ。　（東大）

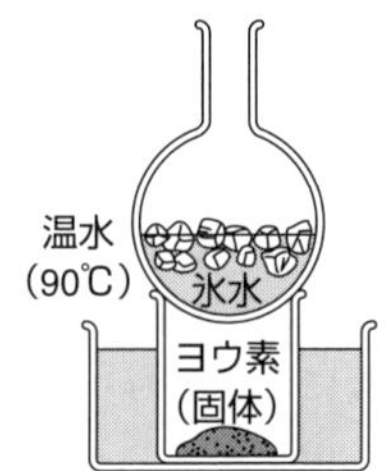

72▶同素体・同位体　同素体と同位体の違いを簡潔に述べよ。

73▶年代測定法　遺跡や土器に含まれる ^{14}C の濃度を測定すると，これらが使われていた時代を推定することができる理由を説明せよ。

74▶イオン化エネルギーの周期性　第一イオン化エネルギーは原子番号の増加に伴い周期的に変化している。その理由を 40 字以内で書け。　（岩手大）

75▶第一イオン化エネルギー　第 1 周期から第 4 周期までの 1 族の元素について，原子から価電子 1 つを取り去るのに必要なエネルギーが大きい順に並べよ。また，そのような順になると考えた理由を述べよ。　（東京都立大　改）

76▶元素の周期律　典型元素と遷移元素の周期性の違いを説明せよ。

77▶イオン半径　イオン半径が S^{2-} ＞ K^{+} ＞ Ca^{2+} となる理由を簡潔に述べよ。（千葉大）

78▶イオン結晶の融点　フッ化ナトリウム NaF とフッ化セシウム CsF は，塩化ナトリウムと同様の結晶構造をとる。それぞれの融点は NaF で 993℃，CsF で 684℃ である。CsF の融点が NaF に比べて低くなる理由を 60 字以内で述べよ。　（10　東北大）

79▶配位結合　水やアンモニアが金属イオンと配位結合して錯イオンを形成しやすい理由を説明せよ。　（神戸大　改）

80▶電気陰性度　18族の元素を除くと，周期表の右上側ほど「電気陰性度」の値が大きくなる傾向が見られる。この理由を述べよ。

81▶分子の極性　水分子が分子全体として電荷のかたよりをもっている理由を，二酸化炭素の場合と比較しながら説明せよ。　（10　弘前大）

82▶分子の極性と分子間力　下に示したハロゲン化水素化合物のなかで，最も高い沸点をもつ化合物名を答え，その理由を20字以内で説明せよ。

ハロゲン化水素：HF，HCl，HBr，HI

（10　大阪大）

83▶分子結晶　ドライアイスがすぐに気体になる理由を説明せよ。

84▶黒鉛の構造　炭素の価電子の状態を考慮して，黒鉛の構造から黒鉛が電気の良導体である理由を45字以内で説明せよ。　（10　東北大）

85▶金属の結晶格子　体心立方格子と面心立方格子について，対比して説明せよ。

（愛媛大）

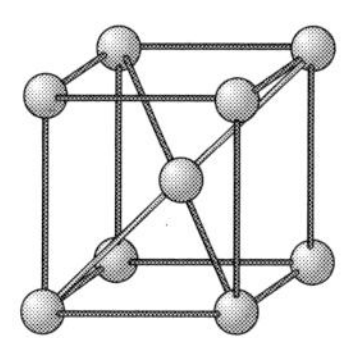
体心立方格子

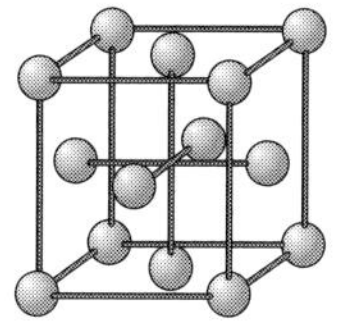
面心立方格子

86▶金属結晶とイオン結晶　一般に，金属結晶とは異なり，イオン結晶はたたくとすぐに割れてしまう。その理由について簡潔に説明せよ。

87▶化学結合　結合の仕方を表す「共有結合」，「イオン結合」，「金属結合」について，それぞれ分かりやすく説明せよ。　（愛媛大）

エクササイズ

◆元素記号を覚えよう

原子番号 1 ～ 20 までの元素の元素記号と名称

H　水素　He　ヘリウム　Li　リチウム　Be　ベリリウム
B　ホウ素　C　炭素　N　窒素　O　酸素
F　フッ素　Ne　ネオン　Na　ナトリウム　Mg　マグネシウム
Al　アルミニウム　Si　ケイ素　P　リン　S　硫黄
Cl　塩素　Ar　アルゴン　K　カリウム　Ca　カルシウム

他の金属元素　Zn　亜鉛　Cu　銅　Fe　鉄　Ag　銀　Au　金　Pt　白金
Hg　水銀　Cr　クロム　Mn　マンガン　Pb　鉛

非金属元素　17 族(ハロゲン)　F　フッ素　Cl　塩素　Br　臭素　I　ヨウ素
18 族(貴ガス)　He　ヘリウム　Ne　ネオン　Ar　アルゴン
Kr　クリプトン　Xe　キセノン

◆イオンの化学式を覚えよう

	陽イオン		陰イオン	
	化学式	名称	化学式	名称
1 価	H^+	水素イオン	F^-	フッ化物イオン
	Li^+	リチウムイオン	Cl^-	塩化物イオン
	Na^+	ナトリウムイオン	Br^-	臭化物イオン
	K^+	カリウムイオン	OH^-	水酸化物イオン
	Ag^+	銀イオン	NO_3^-	硝酸イオン
	NH_4^+	アンモニウムイオン	HCO_3^-	炭酸水素イオン
	H_3O^+	オキソニウムイオン	MnO_4^-	過マンガン酸イオン
2 価	Mg^{2+}	マグネシウムイオン	O^{2-}	酸化物イオン
	Ca^{2+}	カルシウムイオン	S^{2-}	硫化物イオン
	Ba^{2+}	バリウムイオン	CO_3^{2-}	炭酸イオン
	Cu^{2+}	銅(Ⅱ)イオン	SO_4^{2-}	硫酸イオン
	Fe^{2+}	鉄(Ⅱ)イオン	SO_3^{2-}	亜硫酸イオン
3 価	Al^{3+}	アルミニウムイオン	PO_4^{3-}	リン酸イオン
	Fe^{3+}	鉄(Ⅲ)イオン		

◆分子式を覚えよう

単体　H_2　水素　O_2　酸素　O_3　オゾン　N_2　窒素

化合物　H_2O　水　H_2O_2　過酸化水素　HCl　塩化水素(塩酸)
HF　フッ化水素　HNO_3　硝酸　H_2SO_4　硫酸
H_2S　硫化水素　NH_3　アンモニア　NO_2　二酸化窒素
SO_2　二酸化硫黄　CO_2　二酸化炭素　CH_4　メタン
CH_3OH　メタノール　C_2H_5OH　エタノール　C_2H_2　アセチレン
CH_3COOH　酢酸　$C_6H_{12}O_6$　グルコース

◆組成式を覚えよう

塩化物

$NaCl$ 塩化ナトリウム　KCl 塩化カリウム　$MgCl_2$ 塩化マグネシウム
$CaCl_2$ 塩化カルシウム　$BaCl_2$ 塩化バリウム　$AlCl_3$ 塩化アルミニウム
$AgCl$ 塩化銀　$CuCl_2$ 塩化銅(Ⅱ)　$ZnCl_2$ 塩化亜鉛
$FeCl_2$ 塩化鉄(Ⅱ)　$FeCl_3$ 塩化鉄(Ⅲ)　NH_4Cl 塩化アンモニウム

酸化物

Na_2O 酸化ナトリウム　MgO 酸化マグネシウム　CaO 酸化カルシウム
Al_2O_3 酸化アルミニウム　CuO 酸化銅(Ⅱ)　ZnO 酸化亜鉛
FeO 酸化鉄(Ⅱ)　Fe_2O_3 酸化鉄(Ⅲ)　MnO_2 酸化マンガン(Ⅳ)

硫化物

Na_2S 硫化ナトリウム　CaS 硫化カルシウム　Al_2S_3 硫化アルミニウム
ZnS 硫化亜鉛　CuS 硫化銅(Ⅱ)　FeS 硫化鉄(Ⅱ)

水酸化物

$NaOH$ 水酸化ナトリウム　KOH 水酸化カリウム　$Ca(OH)_2$ 水酸化カルシウム
$Ba(OH)_2$ 水酸化バリウム　$Al(OH)_3$ 水酸化アルミニウム　$Zn(OH)_2$ 水酸化亜鉛
$Cu(OH)_2$ 水酸化銅(Ⅱ)　$Fe(OH)_2$ 水酸化鉄(Ⅱ)　$Fe(OH)_3$ 水酸化鉄(Ⅲ)

硝酸塩

$NaNO_3$ 硝酸ナトリウム　KNO_3 硝酸カリウム　$Mg(NO_3)_2$ 硝酸マグネシウム
$Ca(NO_3)_2$ 硝酸カルシウム　$Ba(NO_3)_2$ 硝酸バリウム　$Al(NO_3)_3$ 硝酸アルミニウム
$Cu(NO_3)_2$ 硝酸銅(Ⅱ)　$Fe(NO_3)_3$ 硝酸鉄(Ⅲ)　NH_4NO_3 硝酸アンモニウム

硫酸塩

Na_2SO_4 硫酸ナトリウム　K_2SO_4 硫酸カリウム　$MgSO_4$ 硫酸マグネシウム
$CaSO_4$ 硫酸カルシウム　$BaSO_4$ 硫酸バリウム　$Al_2(SO_4)_3$ 硫酸アルミニウム
$CuSO_4$ 硫酸銅(Ⅱ)　$Fe_2(SO_4)_3$ 硫酸鉄(Ⅲ)　$(NH_4)_2SO_4$ 硫酸アンモニウム

炭酸塩

Na_2CO_3 炭酸ナトリウム　K_2CO_3 炭酸カリウム　$MgCO_3$ 炭酸マグネシウム
$CaCO_3$ 炭酸カルシウム　$BaCO_3$ 炭酸バリウム　$(NH_4)_2CO_3$ 炭酸アンモニウム

リン酸塩

Na_3PO_4 リン酸ナトリウム　K_3PO_4 リン酸カリウム　$Ca_3(PO_4)_2$ リン酸カルシウム
$Fe_3(PO_4)_2$ リン酸鉄(Ⅱ)　$(NH_4)_3PO_4$ リン酸アンモニウム

その他の塩

$NaHSO_4$ 硫酸水素ナトリウム　$NaHCO_3$ 炭酸水素ナトリウム
Na_2HPO_4 リン酸水素二ナトリウム　NaH_2PO_4 リン酸二水素ナトリウム
CH_3COONa 酢酸ナトリウム　Na_2SO_3 亜硫酸ナトリウム　$NaNO_2$ 亜硝酸ナトリウム

その他の組成式

金属　Fe 鉄　Cu 銅　非金属　C ダイヤモンド　SiO_2 二酸化ケイ素

4 物質量

① 原子量・分子量・式量

◆1 原子の相対質量

^{12}C の質量を 12 とし，これを基準に各原子の質量を相対的に求めた値。

	1 個の質量〔g〕	相対質量
^{12}C	1.9926×10^{-23}	12
^{1}H	1.6735×10^{-24}	1.0078

^{1}H の相対質量の求め方

$$1.9926 \times 10^{-23} : 1.6735 \times 10^{-24} = 12 : x$$
$$x = 1.0078$$

◆2 原子量

多くの元素は天然で，相対質量の異なる同位体が混合して存在している。各元素の原子量は，同位体の相対質量を存在比から平均して求めた数値。

同位体	相対質量	存在比〔%〕	原子量
^{12}C	12	98.93	12.01
^{13}C	13.0034	1.07	

炭素の原子量

$$= 12 \times \frac{98.93}{100} + 13.003 \times \frac{1.07}{100}$$
$$= 12.01$$

◆3 分子量

原子量と同様 ^{12}C を基準とした分子の相対質量が分子量である。

◆4 分子量と式量

分子式や組成式から，次のようにして求められる。

分子量＝構成原子の原子量の総和

式量＝組成式やイオン式に含まれる原子の原子量の総和

CO_2：
O C O CO_2
分子量=16+12+16=44

NO_3^-：
N O O O NO_3
式量＝14＋16＋16＋16＝ 62

電子の質量は原子に比べて非常に小さいので無視できる。

② 物質量

◆1 物質量

単位 mol（モル）で表される物質の量

① 1 mol　原子・分子・イオンなどの粒子が 6.0×10^{23} 個集まった集団。

② **アボガドロ定数**　1 mol あたりの単位粒子の数。

アボガドロ定数　$N_A = 6.0 \times 10^{23}$/mol。

粒子の数より，物質量は次のようにして求められる。

$$\text{物質量〔mol〕} = \frac{\text{粒子の数}}{6.0 \times 10^{23}/\text{mol}}$$

◆2　物質量と質量・体積

①**物質量と質量**　原子・分子・イオンなどの粒子 1 mol の質量は，それぞれ原子量・分子量・式量にグラム単位をつけた量となる。

②**モル質量〔g/mol〕**　1 mol あたりの原子・分子・イオンなどの質量。

	炭素原子 C	水分子 H_2O	ナトリウム Na	塩化ナトリウム NaCl
原子量・分子量・式量	12	1.0×2＋16＝18	23	23＋35.5＝58.5
1 mol の粒子の数と質量	6.0×10^{23} 個 12 g	6.0×10^{23} 個 18 g	6.0×10^{23} 個 23 g	6.0×10^{23} 個 58.5 g
モル質量	12 g/mol	18 g/mol	23 g/mol	58.5 g/mol

質量より，物質量は次のようにして求められる。

$$物質量〔mol〕=\frac{質量〔g〕}{モル質量〔g/mol〕}$$

③**物質量と気体の体積**　気体の体積は温度と圧力で変わる。「同温・同圧のもとでは，気体の種類によらず，同体積中に同数の分子を含む(アボガドロの法則)」によると，0℃，1.013×10^5 Pa(この条件を標準状態ということがある)で気体 1 mol は 22.4 L の体積を占める。

標準状態における気体の体積より，物質量は次のようにして求められる。

$$物質量〔mol〕=\frac{標準状態の気体の体積〔L〕}{22.4\,L/mol}$$

◆3　物質量の関係と単位の換算

①**物質 1mol の量**

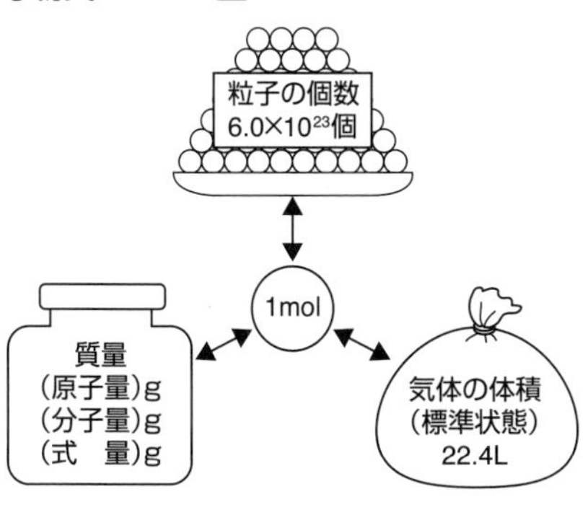

②**単位の換算**

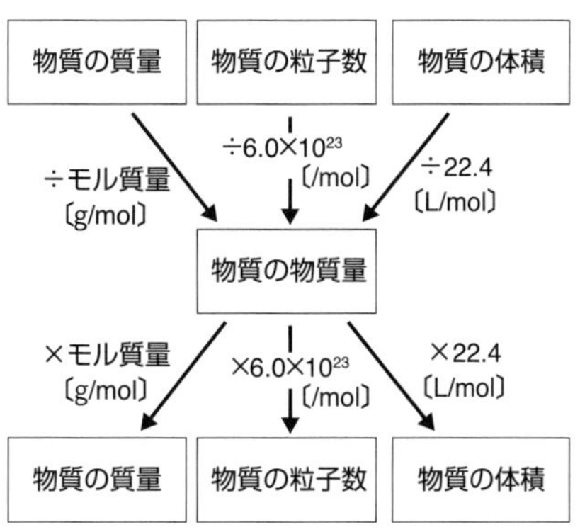

3 溶液の濃度

◆1　溶液

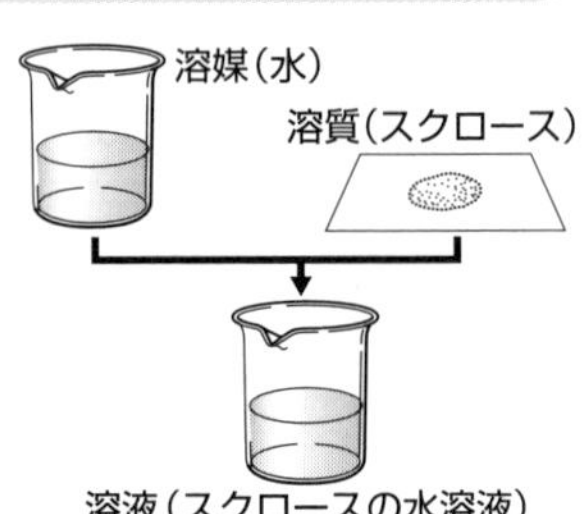

①**溶解**　液体に他の物質が溶けて均一に混じり合うこと。

②**溶媒**　物質を溶かしている液体。

③**溶質**　溶けている物質。

④**溶液**　溶解によってできた液体。溶媒が水の場合を水溶液という。

◆2　質量パーセント濃度　溶液 100g 中に含まれる溶質の質量で表す。記号%をつける。

$$質量パーセント濃度〔\%〕=\frac{溶質の質量〔g〕}{溶液の質量〔g〕}\times 100$$

例　スクロース 20g を水 100g に溶かした溶液は，$\frac{20\,g}{(100+20)\,g}\times 100 \fallingdotseq 17\%$

◆3　モル濃度　溶液 1L 中に含まれる溶質の物質量で表す。単位は mol/L。

$$モル濃度〔mol/L〕=\frac{溶質の物質量〔mol〕}{溶液の体積〔L〕}$$

例　塩化ナトリウム 0.2mol を溶かした 0.5L の溶液では，$\frac{0.2\,mol}{0.5\,L}=0.4\,mol/L$

①**目的のモル濃度の溶液の調製方法の例**

0.1mol/L 水酸化ナトリウム水溶液 200mL のつくり方

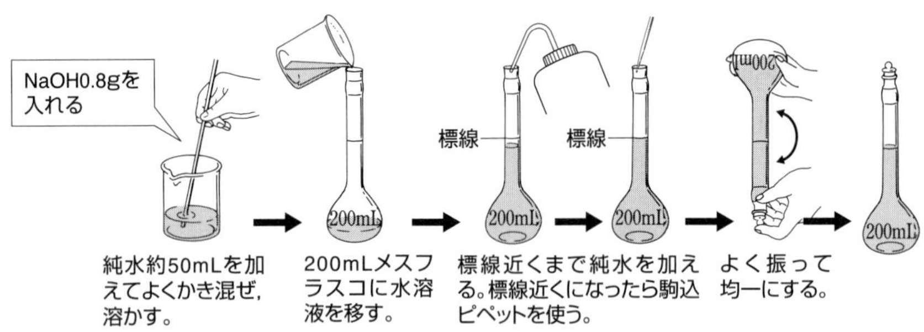

NaOH0.8gを入れる
200mL
標線
標線
200mL
200mL
200mL
200mL
純水約50mLを加えてよくかき混ぜ，溶かす。
200mLメスフラスコに水溶液を移す。
標線近くまで純水を加える。標線近くになったら駒込ピペットを使う。
よく振って均一にする。

②**モル濃度と溶質の物質量**　溶液の体積より，溶質の物質量は次のようにして求められる。

溶質の物質量〔mol〕＝モル濃度〔mol/L〕×溶液の体積〔L〕

例　0.1mol/L 水酸化ナトリウム水溶液 200mL では，$0.1\,mol/L\times\frac{200}{1000}\,L=0.02\,mol$

4 固体の溶解度

◆1　**溶解度**　溶媒100gに溶かすことができる溶質のg単位の質量の数値で表す。

◆2　**飽和溶液**　ある温度で溶けることができる最大量の溶質を溶かした溶液を飽和溶液という。

◆3　**溶解度曲線**　温度と溶解度の関係を示す曲線(右図)。

◆4　**溶解度と温度**　一般に固体では，温度が高いほど溶解度も大きい。
(NaClは温度によってあまり変わらず，$Ca(OH)_2$は温度が高いほど溶解度は減少)

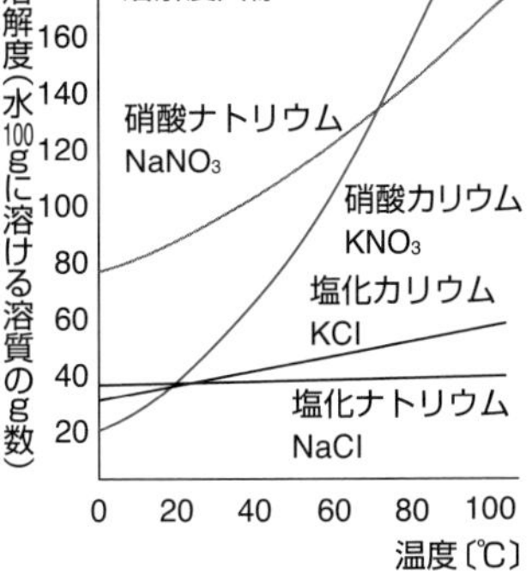

◆5　**水和物の溶解度**　結晶水をもった結晶では，水100gに溶ける無水物(結晶水をもたない結晶)のg単位の質量の数値で表す。

例　硫酸銅(Ⅱ)五水和物の結晶$CuSO_4\cdot5H_2O$において，$5H_2O$は結晶水，$CuSO_4$は無水物を表す。硫酸銅(Ⅱ)五水和物の結晶の溶解度は水100g(結晶を溶かしたとき，結晶から出てくる結晶水も含む)に$CuSO_4$無水物が何g溶けるかで考える。
$CuSO_4\cdot5H_2O$ x〔g〕に含まれる水H_2Oおよび硫酸銅(Ⅱ)無水物$CuSO_4$の質量は次のようにして求められる。

水の質量

$$x \times \frac{5H_2O\text{ 分子量}}{CuSO_4\cdot5H_2O\text{ 式量}} = \frac{90}{250}x$$

硫酸銅(Ⅱ)無水物の質量

$$x \times \frac{CuSO_4\text{ 式量}}{CuSO_4\cdot5H_2O\text{ 式量}} = \frac{160}{250}x$$

◆6　**結晶の析出**　温度により溶解度が著しく変わる物質の場合，結晶を高温で溶かし，冷却すると結晶が析出してくる。

硝酸カリウムKNO_3は温度により，溶解度が著しく変わる。右のグラフでは，50℃で水100gにKNO_3 85.2gが溶けている。これを25℃まで冷やすと，水100gにKNO_3は37.9gしか溶けないので，溶けきれない結晶が(85.2－37.9＝)47.3g析出する。

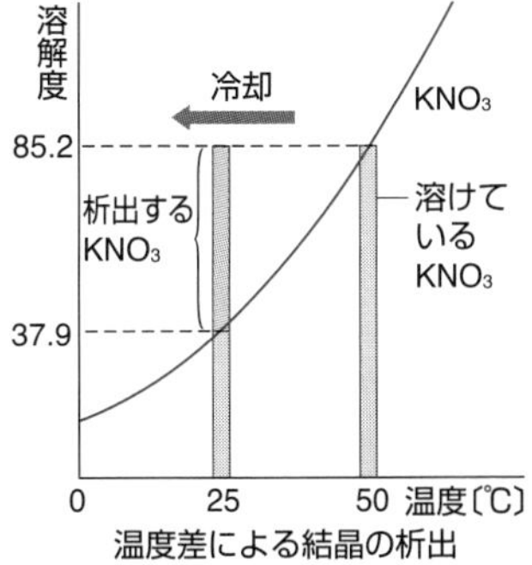

温度差による結晶の析出

◆7　**再結晶**　少量の不純物を含む固体結晶に，溶媒を加え，高温にして溶かし，冷却すると不純物は溶媒に溶けた状態で純度の高い結晶が析出する。この操作を繰り返すことにより，結晶を精製する操作を再結晶という。

WARMING UP／ウォーミングアップ

次の文中の(　　)に適当な語句・数値・記号を入れよ。

1 原子の相対質量・原子量

原子1個の質量はきわめて小さく，g単位で扱うには適さない。そこで ^{12}C 原子1個の質量を基準とし，この原子との質量の比で原子の質量を表す。^{12}C の質量を(ア)とし，これを基準として表した質量を原子の(イ)という。(イ)は，質量そのものではなく質量の比なので，単位は(ウ)。ほとんどの元素に同位体があり，天然ではその存在比がほぼ一定であり，同位体の(イ)とその存在比の平均値を元素の(エ)という。

1
(ア)　12
(イ)　相対質量
(ウ)　ない
(エ)　原子量

2 分子量・式量

分子1個が ^{12}C の $\frac{1}{12}$ の質量の何倍の質量をもつかを表す数を(ア)という。(ア)は分子を構成する原子の(イ)の総和になる。金属やイオンでできた物質では組成式に含まれる原子の(イ)の総和を同様に扱い，これを(ウ)という。

2
(ア)　分子量
(イ)　原子量
(ウ)　式量

3 物質量

6.0×10^{23} 個の粒子の集団を1(ア)という。1(ア)を単位として表した物質の量を(イ)という。1(ア)あたりの粒子の数を(ウ)といい，その数は 6.0×10^{23}，その単位は(エ)である。

3
(ア)　mol
(イ)　物質量
(ウ)　アボガドロ定数
(エ)　/mol

4 物質量と質量・気体の体積

原子1molの質量は(ア)にg単位をつけた量になり，分子1molの質量は(イ)にg単位をつけた量になる。この1molあたりの質量を(ウ)といい，その単位は(エ)である。標準状態(0℃，1.013×10^5 Pa(1atm))のとき，気体1molの体積は，気体の種類によらず，(オ)Lを占める。標準状態の気体(オ)Lには，分子が(カ)個含まれる。

4
(ア)　原子量
(イ)　分子量
(ウ)　モル質量
(エ)　g/mol
(オ)　22.4
(カ)　6.0×10^{23}

5 溶液

液体中に他の物質が溶けて均一に混じり合い，透明になることを(ア)という。他の物質を溶かしている液体を(イ)，溶け込んだ物質を(ウ)という。また，溶解によってできた液体を(エ)といい，水が溶媒の場合はとくに(オ)という。

5
(ア)　溶解
(イ)　溶媒
(ウ)　溶質
(エ)　溶液
(オ)　水溶液

6 濃度

質量パーセント濃度は，(ア)の100gあたりに含まれる(イ)の質量で表され，単位はなく，記号(ウ)を使う。粒子の数に着目したモル濃度では，(ア)の(エ)Lあたりに含まれる(イ)の(オ)で表し，その単位は(カ)である。

6
(ア) 溶液 (イ) 溶質
(ウ) % (エ) 1
(オ) 物質量
(カ) mol/L

7 溶解度

溶媒(ア)gに溶かすことができる溶質のg単位の質量の数値を(イ)という。また，温度と(イ)の関係を示す曲線を(ウ)という。一般に，固体の(イ)は温度が高くなるほど，(エ)くなる。ある温度で溶けることができる最大量の溶質を溶かした溶液を(オ)という。温度による溶解度の違いを利用して，混合物を精製する方法を(カ)という。

7
(ア) 100
(イ) 溶解度
(ウ) 溶解度曲線
(エ) 大き
(オ) 飽和溶液
(カ) 再結晶

8 水和物

硫酸銅(Ⅱ)$CuSO_4$は硫酸銅(Ⅱ)五水和物$CuSO_4 \cdot 5H_2O$のようにある一定の割合で水分子を含んだ結晶となる。この水分子のことを(ア)，水分子を含んだ結晶を(イ)とよぶ。

8
(ア) 結晶水(水和水)
(イ) 水和物

基本例題 15 相対質量と原子量

基本➡91

炭素には，相対質量が12.0の^{12}Cと13.0の^{13}Cの同位体があり，存在比はそれぞれ98.93%と1.07%である。炭素の原子量を小数点以下第2位まで求めよ。

●エクセル 原子量＝同位体の相対質量と存在比から求めた，元素の相対質量の平均値

考え方

多くの元素には，質量の異なる数種類の同位体が存在する。

原子量は，
各同位体の相対質量×存在比
の総和として求めることができる。

解答

$$12.0 \times \frac{98.93}{100} + 13.0 \times \frac{1.07}{100} = 12.010 \fallingdotseq 12.01$$

答 **12.01**

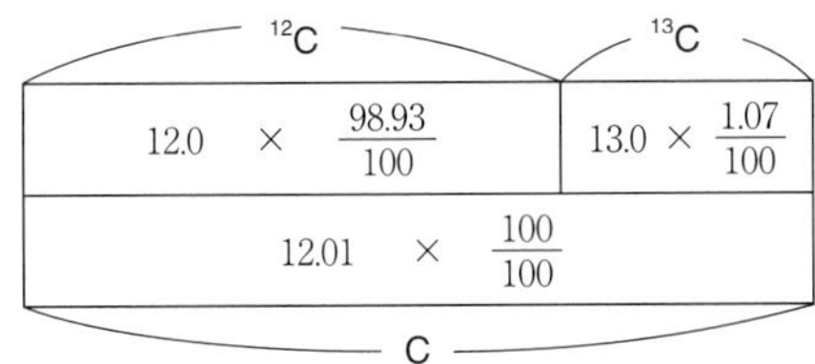

基本例題 16　分子量・式量

基本➡93,94

次の分子量・式量を求めよ。ただし，Cu＝64 とする。

(1)　酸素 O_2　(2)　水 H_2O　(3)　塩化カルシウム $CaCl_2$

(4)　炭酸イオン CO_3^{2-}　(5)　硫酸銅(Ⅱ)五水和物 $CuSO_4 \cdot 5H_2O$

●エクセル　分子量＝構成原子の原子量の総和
式　量＝組成式に含まれる元素の原子量の総和

考え方

(4)　電子の質量は原子に比べて非常に小さく無視できる。

(5)　結晶水も式量に加える。

解答

(1)　16×2＝32　**答 32**

(2)　1.0×2＋16＝18　**答 18**

(3)　40＋35.5×2＝111　**答 111**

(4)　12＋16×3＝60　**答 60**

(5)　64＋32＋16×4＋5×(1.0×2＋16)＝250　**答 250**

基本例題 17　物質量と粒子数・質量・体積

基本➡97,99

(1)　アンモニア NH_3 3.0×10^{23} 個の物質量は何 mol か。

(2)　水 H_2O 0.20 mol の質量は何 g か。

(3)　窒素 N_2 0.50 mol は，標準状態で何 L の体積を占めるか。

(4)　メタン CH_4 が標準状態で 5.6 L のとき，物質量は何 mol か。

●エクセル
①　分子 1 mol の質量〔g〕＝分子量に g 単位をつけた量
②　1 mol の粒子数＝アボガドロ数個＝6.0×10^{23} 個
③　気体 1 mol の体積〔L〕＝標準状態で 22.4 L

考え方

(1)　6.0×10^{23} 個の粒子の集団が 1 mol。

(2)　モル質量〔g/mol〕をまず求める。

(3)(4)　標準状態では 1 mol の気体の体積は気体の種類によらず 22.4 L。

解答

(1)　$\dfrac{3.0\times10^{23}}{6.0\times10^{23}/\text{mol}}=0.50\,\text{mol}$　**答 0.50 mol**

(2)　H_2O＝1.0×2＋16＝18 より，水分子は 1 mol で 18 g。つまり，モル質量は 18 g/mol。
質量＝18 g/mol×0.20 mol＝3.6 g　**答 3.6 g**

(3)　22.4 L/mol×0.50 mol＝11.2 L ≒ 11 L　**答 11 L**

(4)　$\dfrac{5.6\,\text{L}}{22.4\,\text{L/mol}}=0.25\,\text{mol}$　**答 0.25 mol**

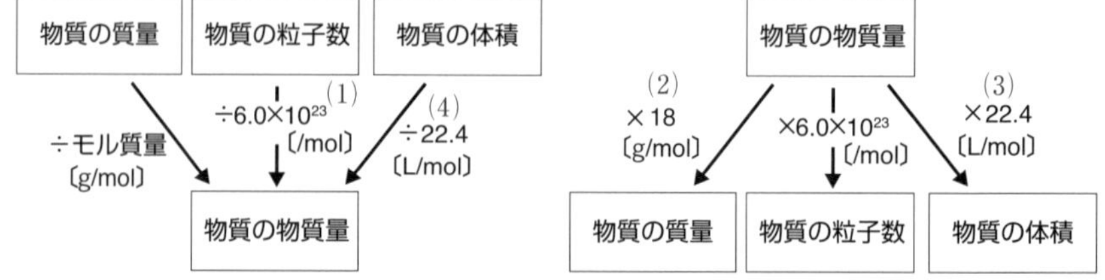

基本例題 18　物質量と質量・体積・粒子数　基本➡99

(1)　酸素分子 O_2 1.5×10^{23} 個の質量はいくらか。

(2)　アンモニア NH_3 の 5.1 g は，標準状態では何 L の体積を占めるか。

(3)　窒素分子 N_2 5.6 g と酸素分子 9.6 g の混合気体中の分子数はいくらか。

●エクセル　まず，物質量〔mol〕を求めて，その物質量から粒子数や質量，体積を計算する。

考え方

(1)　まず，酸素の物質量を求め，その物質量から酸素の質量を求める。

(2)　標準状態で気体 1 mol の体積は気体の種類によらず 22.4 L。

(3)　混合気体の総物質量＝窒素の物質量＋酸素の物質量。混合気体の総物質量より求める。

解答

(1)　酸素の物質量は $\dfrac{1.5\times10^{23}}{6.0\times10^{23}/\text{mol}}=0.25\,\text{mol}$。

酸素のモル質量は 32 g/mol。酸素分子 0.25 mol の質量は，

$32\,\text{g/mol}\times0.25\,\text{mol}=8.0\,\text{g}$　　答　**8.0 g**

(2)　NH_3 は $\dfrac{5.1\,\text{g}}{17\,\text{g/mol}}=0.30\,\text{mol}$，求める NH_3 の体積は，

$22.4\,\text{L/mol}\times0.30\,\text{mol}=6.72\fallingdotseq6.7\,\text{L}$　　答　**6.7 L**

(3)　混合気体の総物質量 $=\dfrac{5.6\,\text{g}}{28\,\text{g/mol}}+\dfrac{9.6\,\text{g}}{32\,\text{g/mol}}=0.50\,\text{mol}$

混合気体の分子数 $=6.0\times10^{23}/\text{mol}\times0.50\,\text{mol}=3.0\times10^{23}$

答　**3.0×10^{23} 個**

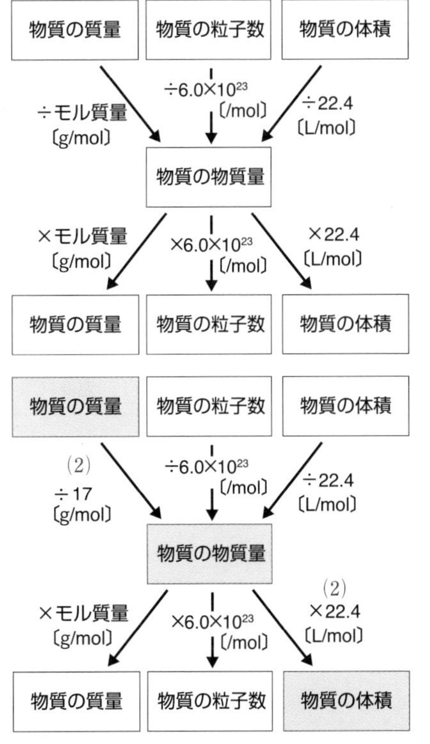

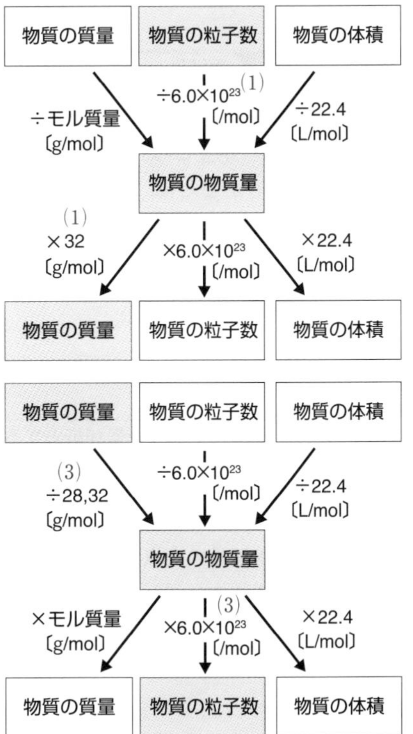

基本例題 19　濃度　基本➡109,110

水酸化ナトリウム NaOH の 10%水溶液がある。この溶液について，次の(1)〜(3)に答えよ。

(1)　この水溶液 100g には水酸化ナトリウムと水がそれぞれ何 g ずつ含まれているか。

(2)　この水溶液 1.0mL の質量は 1.0g であるとすると，水溶液 1.0L 中には NaOH が何 g 溶けているか。

(3)　この水溶液のモル濃度を求めよ。

●エクセル　a〔%〕→溶液 100g に溶質 a〔g〕，a〔mol/L〕→溶液 1L に溶質 a〔mol〕

考え方

(1)　10%水溶液は水溶液 100g 中に溶質 10g。

(2)　水溶液 1kg 中の溶質の質量を求める。

(3)　水溶液 1.0L 中の溶質の物質量を質量から求める。

解答

(1)　水溶液 100g に NaOH が 10g 溶解。したがって，水は 100g − 10g = 90g である。　答　**NaOH 10g，水 90g**

(2)　水溶液 1.0L の質量は 1.0kg = 1000g，NaOH は

$$1000\,\text{g} \times \frac{10}{100} = 1.0 \times 10^2\,\text{g}$$ 溶解。　答　**1.0×10^2g**

(3)　NaOH の式量は 40，NaOH 100g の物質量は，

$$\frac{100\,\text{g}}{40\,\text{g/mol}} = 2.5\,\text{mol}$$。水溶液 1.0L 中に NaOH が 2.5mol 溶解している。　答　**2.5mol/L**

基本例題 20　再結晶　基本➡113,115

次の文章を読み，(ア)，(イ)に適当な数値を入れよ。

硝酸カリウム 64g と塩化ナトリウム 10g の混合物を，50℃ の水 100g に溶かした後，冷却する。硝酸カリウムは(ア)℃ で飽和水溶液になり，結晶が析出しはじめる。10℃ まで冷却すると，(イ)g 析出する。塩化ナトリウムは飽和に達しないので，溶けたままである。

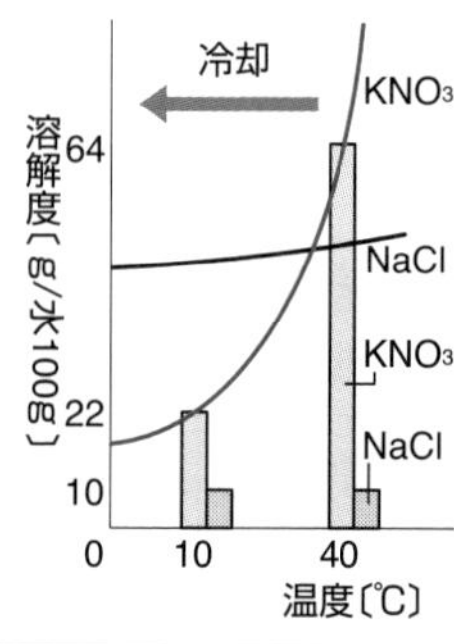

●エクセル　溶解度を超えた量が析出する。

考え方

(ア)　各温度における溶解度曲線と溶解量の交点を読み取る。

解答

(ア)　溶解度の限度まで溶質が溶けた溶液を飽和溶液とよぶ。KNO_3 が飽和水溶液になるのは 40℃ である。　答　**40℃**

(イ)　10℃ で KNO_3 は 22g しか溶けることができないので，析出量は

64g − 22g = 42g　　答　**42g**

基本問題

88▶原子・分子・イオンの相対質量　下図において，質量がつり合っているとき，(ア)～(ウ)に入る数値はいくつか。ただし，$^{12}C = 12$ とする。

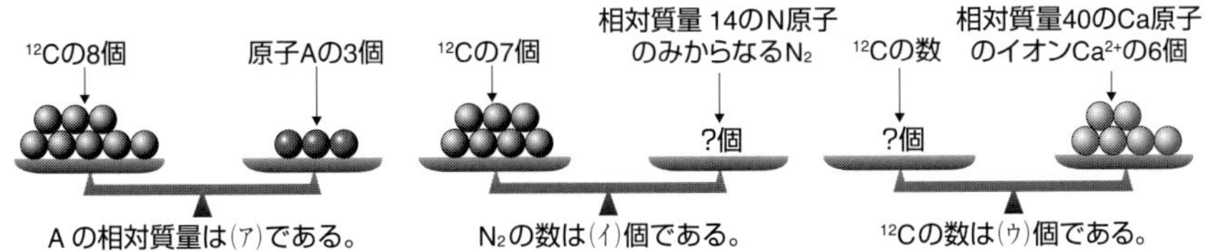

89▶原子量と物質量　次の文中の(ア)～(キ)に適当な語句を入れよ。

原子核に含まれる陽子の数をその原子の(　ア　)という。原子の質量は陽子と中性子の数でほぼ決まり，陽子と中性子の数の和を(　イ　)という。多くの元素は，陽子の数が同じで(　イ　)の異なる原子すなわち(　ウ　)が存在する。(　ウ　)の相対質量と存在比から求めた元素の相対質量の平均値を，その元素の(　エ　)という。また，分子を構成するすべての原子の(　エ　)の和を(　オ　)という。

6.0×10^{23} 個の粒子の集団を1(　カ　)といい，原子量12の炭素原子1mol分の質量はおよそ12gとなる。また，6.02×10^{23} 個の数を(　キ　)数という。

90▶原子量　次の(1)，(2)に答えよ。

(1)　ある原子の質量は，窒素原子の2倍であることがわかった。この原子の原子量を求めよ。

(2)　窒素原子1個の質量は何gか。

91▶同位体と原子量　次の(1)，(2)に答えよ。

(1)　天然の銅には，相対質量62.9の ^{63}Cu が69.2%，相対質量64.9の ^{65}Cu が30.8%含まれている。銅の原子量を求めよ。

(2)　天然の塩素には，相対質量が35.0の ^{35}Cl と37.0の ^{37}Cl の同位体があり，原子量は35.5である。^{35}Cl と ^{37}Cl の存在比は，それぞれ何%か。

92▶物質量と粒子数　次の(1)，(2)に答えよ。

(1)　二酸化炭素分子 CO_2 が0.20molある。二酸化炭素分子は何個あるか。また，その中に含まれる炭素原子の数と酸素原子の数はそれぞれ何個か。

(2)　鉄原子が 1.5×10^{24} 個集まってできている結晶がある。この鉄の物質量は何molか。

93▶分子量　次の分子の分子量を求めよ。

(1)　O_2　　(2)　H_2O　　(3)　NH_3　　(4)　H_2SO_4　　(5)　CH_3COOH　　(6)　$C_6H_{12}O_6$

94 ▶式量　次の物質の式量を求めよ。

(1)　KCl　(2)　NaOH　(3)　$MgCl_2$　(4)　$Ca(OH)_2$　(5)　$Al_2(SO_4)_3$

95 ▶物質量と質量　次の(1)～(4)に答えよ。

(1)　H_2O 7.2 g の物質量は何 mol か。

(2)　H_2SO_4 0.50 mol の質量は何 g か。

(3)　$Al_2(SO_4)_3$ 0.200 mol の質量は何 g か。

(4)　$MgCl_2$ 0.10 mol の中には塩化物イオン Cl^- が何 g 含まれるか。

96 ▶物質量と質量・粒子数　下図において質量がそれぞれつり合っているとき，次の(1)～(3)に答えよ。

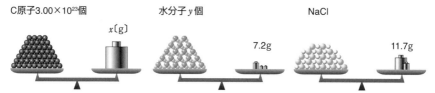

C原子 3.00×10^{23} 個　　x〔g〕

水分子 y 個　　7.2g

NaCl　　11.7g

(1)　おもりの質量は何 g か。

(2)　水分子の数は何個か。

(3)　Na^+ と Cl^- はそれぞれ何個あるか。

97 ▶粒子の数と質量　次の(1)，(2)に答えよ。

(1)　アルミニウム原子 3.6×10^{24} 個の質量は何 g か。

(2)　塩化ナトリウム NaCl 11.7 g に含まれるイオンの総数と同じ数の水素分子を集めると，その質量は何 g か。

98 ▶イオンの式量と粒子の数　水酸化カルシウム $Ca(OH)_2$ が 3.7 g ある。これについて，次の(1)，(2)に答えよ。

(1)　水酸化カルシウムの物質量は何 mol か。

(2)　カルシウムイオン Ca^{2+} と水酸化物イオン OH^- はそれぞれ何個ずつあるか。

99 ▶物質量と気体の体積　次の(1)～(3)に答えよ。ただし，気体の体積はすべて標準状態で考えるものとする。

(1)　5.6 L の酸素 O_2 がある。この酸素の質量は何 g か。

(2)　28.0 g の窒素 N_2 がある。この窒素の体積は何 L か。

(3)　体積が 67.2 L の水素 H_2 がある。この中に水素分子は何個あるか。

100▶気体の分子数・質量　酸素 O_2 9.6g がある。この酸素分子と同じ数の窒素分子 N_2 を集めると，その質量は何 g か。

101▶分子量・式量と物質量　次の物質の分子量・式量を求めよ。

(1)　窒素 35g の標準状態での体積は 28L である。窒素の分子量を求めよ。

(2)　同温・同圧のもとで，ある気体の質量は，同じ体積のメタン CH_4 の質量の 4.0 倍であった。この気体の分子量を求めよ。

(3)　鉄 1.12g 中には鉄原子 Fe が 1.2×10^{22} 個含まれている。鉄の式量を求めよ。

102▶組成式と原子量　ある金属 M 2.6g を完全に酸化したところ，組成式が M_2O_3 で表される金属の酸化物が 3.8g 得られた。この金属元素の原子量として最も適当なものはどれか。

(1)　26　　(2)　38　　(3)　40　　(4)　52　　(5)　76　　（東邦大　改）

103▶気体の密度　次の(1)～(3)に答えよ。

(1)　窒素 N_2 の密度は標準状態で何 g/L か。

(2)　標準状態で密度が 0.76g/L の気体の分子量はいくらか。

(3)　次の気体をそれぞれ 10g ずつとったとき，標準状態において体積が最も大きいものはどれか。

(ア)　水素　　(イ)　アンモニア　　(ウ)　窒素　　(エ)　塩化水素　　(オ)　二酸化炭素

104▶空気の平均分子量　空気の平均分子量はいくらか。ただし，空気は窒素 N_2 と酸素 O_2 の体積比 4：1 の混合気体とする。有効数字 3 桁で答えよ。

105▶物質量と単位の換算　下表の(1)～(15)に適当な化学式や数値を入れよ。

物質	化学式	物質量〔mol〕	粒子数	質量〔g〕	標準状態での体積〔L〕
ヘリウム	(1)	2.0	(2)	(3)	(4)
窒素	(5)	(6)	(7)	7.0	(8)
ナトリウムイオン	(9)	(10)	2.4×10^{23}	(11)	—
二酸化炭素	(12)	(13)	(14)	(15)	4.48

106▶溶液を希釈したときの質量パーセント濃度　20%の塩化ナトリウム NaCl 水溶液 100g がある。これに水を 100g 加えたときできる水溶液の質量パーセント濃度を求めよ。

107▶混合溶液の質量パーセント濃度　10%塩化ナトリウム NaCl 水溶液 150g と，15%塩化ナトリウム水溶液 100g を混合するときにできる塩化ナトリウム水溶液の質量パーセント濃度を求めよ。

108▶溶液の調製　1.0mol/L の水酸化ナトリウム NaOH 水溶液をつくりたい。次のどの方法が正しいか。(1)〜(4)より 1 つ選べ。ただし，NaOH の式量は 40 とする。

(1)　水 1000mL をとり，NaOH 40g を加える。

(2)　水 1000g をとり，NaOH 40g を加える。

(3)　水 960g をとり，NaOH 40g を加える。

(4)　NaOH 40g を水に溶かし，さらに水を加えて体積を 1000mL にする。

109▶物質量と濃度　2.0mol/L の水酸化ナトリウム NaOH 水溶液について，次の(1)〜(3)に答えよ。ただし，NaOH の式量は 40 とする。

(1)　この水溶液 50mL 中に存在する NaOH の物質量は何 mol か。

(2)　この水溶液 1L 中に存在する NaOH の質量は何 g か。

(3)　この水溶液 1mL の質量が 1.05g(密度が 1.05g/mL)であるとき，この水溶液の質量パーセント濃度を求めよ。

110▶質量パーセント濃度とモル濃度　密度が 1.83g/cm^3 の 97.0%硫酸 H_2SO_4 水溶液がある。H_2SO_4 の分子量を 98.0 として，次の(1)〜(3)に答えよ。

(1)　この硫酸水溶液 1.00L の質量はいくらか。

(2)　この硫酸水溶液 1.00L 中に含まれる H_2SO_4 の質量と物質量をそれぞれ求めよ。

(3)　この硫酸水溶液のモル濃度はいくらになるか。

check! **111▶濃度の調整**　濃度 36.5%の濃塩酸 HCl(密度 1.18g/cm^3)を水で希釈して，1.00mol/L の希塩酸 1.00L をつくった。次の(1)，(2)に答えよ。

(1)　濃塩酸のモル濃度を求めよ。

(2)　希塩酸 1.00L をつくるのに必要とした濃塩酸は何 mL か。

112▶固体の溶解度　30℃ で硝酸カリウム KNO_3 の水への溶解度は 45.6 である。次の(1)，(2)に答えよ。

(1)　この温度で水 200 g には何 g の KNO_3 を溶かすことができるか。

(2)　この温度で溶けることのできる KNO_3 をすべて水に溶かしたとき，この水溶液の質量パーセント濃度は何％か。

113▶溶解度と温度　右図は固体の溶解度と温度の関係を表すグラフである。次の(1)〜(4)に答えよ。

(1)　右図のグラフは何とよばれるか。

(2)　温度 70℃ では水 1kg に硝酸カリウム KNO_3 は何 kg 溶けるか。

(3)　70℃ で水 200 g に KNO_3 を最大限溶かした溶液を 40℃ に冷却するとき，析出する KNO_3 の結晶は何 g か。

(4)　グラフの中で，再結晶による精製が最も適する物質と最も適さない物質を答えよ。

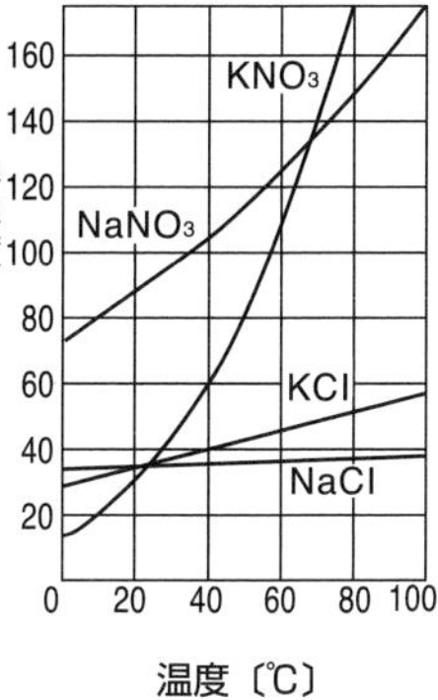

114▶結晶の析出　60℃ の硝酸ナトリウム $NaNO_3$ の飽和水溶液が 100 g ある。$NaNO_3$ の溶解度を 60℃ で 124，20℃ で 88 として，次の(1)，(2)に答えよ。

(1)　この水溶液 100 g 中に溶けている溶質の質量は何 g か。

(2)　この水溶液 100 g を 20℃ に冷却すると，析出する結晶は何 g か。

115▶再結晶　水 100 g に少量の塩化ナトリウム NaCl を含む硝酸カリウム KNO_3 が溶解した混合水溶液がある。純粋な KNO_3 を得るために混合水溶液を 60℃ に加熱し，さらに 50.0 g の KNO_3 を溶かしたあと，0℃ に冷却して純粋な KNO_3 76.7 g を得た。右表の溶解度の値を用いて，次の(1)，(2)に答えよ。

(1)　混合水溶液に溶解していた KNO_3 は何 g か。

(2)　このような精製方法を何というか。

固体の溶解度(g/100 g 水)

溶質＼温度	0℃	60℃
塩化ナトリウム	35.7	37.1
硝酸カリウム	13.3	109.0

標準例題 21　水和物の溶解度　標準➡119

硫酸銅(Ⅱ)$CuSO_4$ の水への溶解度を 60℃ で 40.0 として，次の(1)～(3)に答えよ。ただし，Cu＝64 とする。

(1)　硫酸銅(Ⅱ)五水和物 $CuSO_4 \cdot 5H_2O$ の質量を x〔g〕とすると，この結晶中に含まれる $CuSO_4$ 無水物と水和水の質量をそれぞれ x を使って示せ。

(2)　水 50 g を加えて硫酸銅(Ⅱ)五水和物を x〔g〕溶かしたとする。このときの水の質量を x を使って示せ。

(3)　60℃ の水 50 g に硫酸銅(Ⅱ)五水和物 $CuSO_4 \cdot 5H_2O$ は何 g まで溶けるか。

●エクセル　水和物の結晶の溶解度は，水 100 g に溶けることができる無水物の部分の質量〔g〕で考える。

$$\text{無水物の質量} = \text{結晶の質量〔g〕} \times \frac{\text{無水物の式量}}{\text{結晶の式量}}$$

考え方

(1)

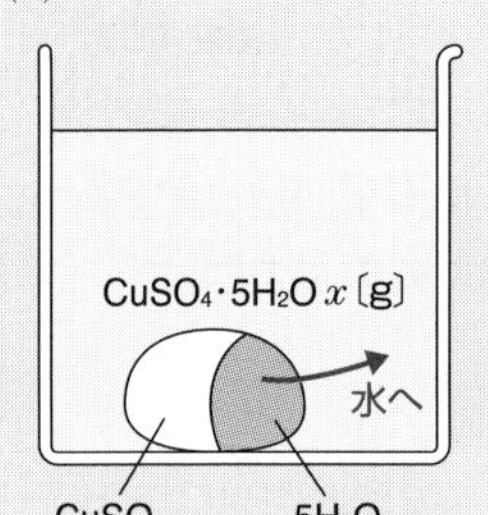

(2)　結晶が溶けると水和水は，溶媒の水になる。

(3)　飽和溶液において，(溶媒の質量)〔g〕：(溶質の質量)〔g〕の比
(溶液の質量)〔g〕：(溶質の質量)〔g〕の比
は，それぞれ一定となる。

解答

(1)　$CuSO_4 \cdot 5H_2O$ の式量は 160＋18×5＝250，$CuSO_4$ の式量は 160 であるから，

$CuSO_4 \cdot 5H_2O$ 250 g では，$CuSO_4$ 無水物が 160 g，水和水が 18×5＝90 g 含まれている。

$CuSO_4 \cdot 5H_2O$ x〔g〕では，

$CuSO_4$ 無水物が $\frac{160}{250}x$〔g〕，水和水 $\frac{90}{250}x$〔g〕。

答　**$CuSO_4$ 無水物　$\frac{160}{250}x$〔g〕　水和水　$\frac{90}{250}x$〔g〕**

(2)　(1)から，$CuSO_4 \cdot 5H_2O$ の結晶 x〔g〕から出てくる水の質量は，$\frac{90}{250}x$〔g〕。

水溶液の水の質量は，$\left(50+\frac{90}{250}x\right)$〔g〕　**答**　**$\left(50+\frac{90}{250}x\right)$〔g〕**

(3)　60℃ では，水 100 g に $CuSO_4$ 無水物が 40.0 g 溶けるから，次の比例式が成り立つ。

$$100\,\text{g} : 40.0\,\text{g} = \left(50+\frac{90}{250}x\right)\text{〔g〕} : \frac{160}{250}x\text{〔g〕}$$

これより，$x = 40.3\,\text{g} \fallingdotseq 40\,\text{g}$　　**答**　**40 g**

(別解)

$CuSO_4$ の飽和水溶液 140 g には，$CuSO_4$ 無水物が 40.0 g 溶けているから，次の比例式が成り立つ。

$$140\,\text{g} : 40\,\text{g} = (50+x)\text{〔g〕} : \frac{160}{250}x\text{〔g〕}$$

これより，$x = 40.3 \fallingdotseq 40\,\text{g}$

化学 標準例題 22 体心立方格子 標準➡121

check!

ナトリウムの結晶は，右図のような体心立方格子をとっている。ただし，単位格子の一辺の長さを 0.43 nm，ナトリウムの結晶の密度を 0.97 g/cm^3，$4.3^3 = 80$ とする。

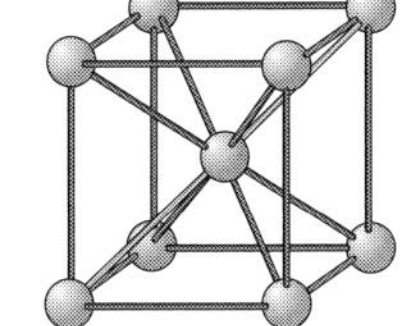

(1) 1 個のナトリウム原子に隣接する(最も近くにある)ナトリウム原子の数はいくつか。
(2) この単位格子中に何個の原子が含まれているか。
(3) ナトリウム原子 1 個の質量は何 g か。
(4) ナトリウムの原子量を求めよ。

●エクセル 体心立方格子では，各頂点に $\frac{1}{8} \times 8$ 個，中心に 1 個の計 2 個の原子を含む。

考え方

(1) 1 つの原子に接している他の原子の数を配位数という。

(3) $1\,\text{nm} = 10^{-9}\,\text{m}$
$= 10^{-7}\,\text{cm}$

(4) 1 mol の質量(モル質量)の単位を除いたものが，原子量となる。

解 答

(1) 単位格子の中心にある原子は，8 頂点にある原子と接している。 **答 8 個**

(2) 8 頂点の原子は，それぞれ 3 つの面で切断されているので，$\left(\frac{1}{2}\right)^3 = \frac{1}{8}$ 個である。そのほかに中心に 1 個ある。
よって，単位格子全体では，$\frac{1}{8} \times 8 + 1 = 2$ **答 2 個**

(3) $0.43\,\text{nm} = 4.3 \times 10^{-8}\,\text{cm}$。よって，単位格子の体積は，
$(4.3 \times 10^{-8})^3\,\text{cm}^3 \fallingdotseq 8.0 \times 10^{-23}\,\text{cm}^3$
一方で，単位格子の質量は，
$0.97\,\text{g/cm}^3 \times 8.0 \times 10^{-23}\,\text{cm}^3 = 7.76 \times 10^{-23}\,\text{g}$
この単位格子には 2 個の Na 原子が含まれているので，
$\frac{7.76 \times 10^{-23}\,\text{g}}{2} = 3.88 \times 10^{-23} \fallingdotseq 3.9 \times 10^{-23}\,\text{g}$
答 3.9×10^{-23} g

(4) 6.0×10^{23} 個つまり 1 mol の質量は，
3.88×10^{-23} g/ 個 $\times 6.0 \times 10^{23}$ 個 $= 23.28 \fallingdotseq 23$g **答 23**

標準問題

116▶単位の換算 次に定義された記号を用いて，下の(1)〜(3)を示す式を表せ。

m〔g〕：気体の質量 M〔g/mol〕：気体分子のモル質量 A〔g/mol〕：原子のモル質量
N_A〔/mol〕：アボガドロ定数 V〔L〕：標準状態における 1 mol の気体の体積

(1) 原子 1 個の質量 g
(2) 気体 m〔g〕中の分子数
(3) 標準状態における体積が v〔L〕の気体の質量 g (山口大 改)

117▶アボガドロ定数　ステアリン酸 W〔g〕をベンゼンに溶かして体積 V_1〔L〕にした溶液を，図1のように水槽の水面に滴下していったら，ベンゼン溶液を V_2〔L〕滴下したとき，ベンゼン溶液が水面を完全に覆った。その後，ベンゼンを蒸発させ，水面全体に単分子膜をつくった。

図1　ステアリン酸のベンゼン溶液を水面に滴下する

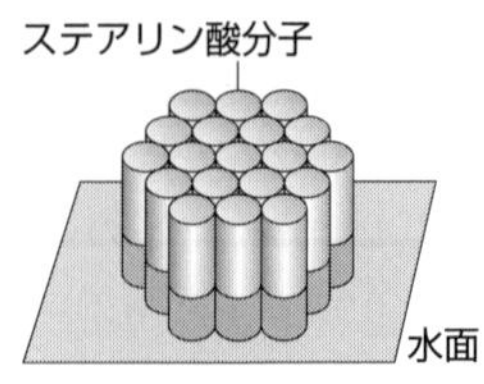

ステアリン酸単分子膜の模式図
図2

水面全体の面積を S_1〔cm^2〕，ステアリン酸1分子の水面の占有面積を S_2〔cm^2〕，ステアリン酸の分子量を M とする。分子間のすきまを無視し，アボガドロ定数を文字を使って表せ。

論述 **118▶原子量と相対質量**　いくつかの元素の原子量を右表に示してある。これを参考にして次の(1)～(4)に答えよ。

ただし，アボガドロ定数は 6.02×10^{23}/mol とする。

原子量表

元素	原子量
H	1.008
C	12.011
O	15.999
Cl	35.453

(1)　C の原子量が 12.000 でないのはなぜか。

(2)　H 1 個の平均の質量はいくらか。(有効数字 3 桁)

(3)　自然界に，中性子数 18 個の塩素原子と中性子数 20 個の塩素原子のみ存在するものとすると，中性子数 18 個の塩素原子は 20 個の塩素原子の約何倍存在するか。(有効数字 1 桁)

(4)　原子量は ^{16}O の質量を 16 としたときの相対質量で表すことにし，^{16}O の 16g 中に含まれる原子の数と同数の粒子の物質量を 1mol とする。次の(ア)～(エ)の数値を，現在の数値より大きくなるもの，小さくなるもの，変化しないものに分けよ。なお，^{12}C の質量を 12 としたときの ^{16}O の相対質量は 15.995 である。

(ア)　炭素の原子量　　(イ)　1.013×10^5 Pa　4℃ の水 1 cm^3 の質量

(ウ)　鉄 1g 中の鉄原子の物質量　　(エ)　標準状態で 1L の体積の酸素の物質量

(横浜国立大　改)

check! **119▶水和物の析出**　60℃ における無水硫酸銅(Ⅱ)の水に対する溶解度を 40.0，また 20℃ における溶解度を 20.0 とする。60℃ における飽和水溶液 140g を 20℃ に放置すると，硫酸銅(Ⅱ)五水和物の結晶が析出した。析出した硫酸銅(Ⅱ)五水和物は何 g か。ただし，Cu＝64 とする。

check! **120▶水和物の溶液調製**　1.0mol/L のシュウ酸 $(COOH)_2$ 水溶液をつくりたい。次のどの方法が正しいか。(1)～(6)より 1 つ選べ。ただし，シュウ酸の結晶は二水和物 $(COOH)_2 \cdot 2H_2O$ を用いるものとする。

(1)　水 1000 g にシュウ酸の結晶 90 g を溶かす。

(2)　水 910 g にシュウ酸の結晶 90 g を溶かす。

(3)　シュウ酸の結晶 90 g を水に溶かし，さらに水を加えて体積を 1000 mL にする。

(4)　水 1000 g にシュウ酸の結晶 126 g を溶かす。

(5)　水 874 g にシュウ酸の結晶 126 g を溶かす。

(6)　シュウ酸の結晶 126 g を水に溶かし，さらに水を加えて体積を 1000 mL にする。

121▶結晶の格子と原子量　高純度のケイ素 Si の結晶は右図のようになる。この結晶の単位格子の体積は 1.60×10^{-22} cm^3，密度は 2.33 g/cm^3 である。次の(1)～(3)に答えよ。
ただし，アボガドロ定数は 6.02×10^{23}/mol とする。

(1)　単位格子中にケイ素原子は何個存在するか。

(2)　結晶の 1.00 cm^3 中にケイ素原子は何個存在するか。

(3)　ケイ素の原子量を計算せよ。

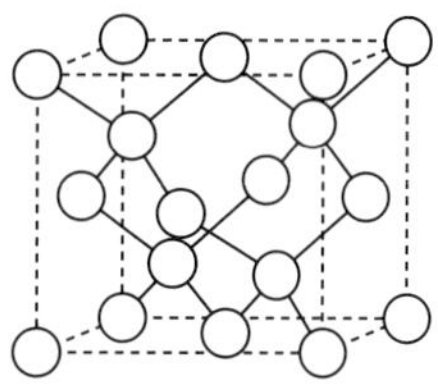
○はケイ素原子

（慶應大　改）

化学 **122▶面心立方格子**　アルミニウムは，右図のような単位格子をとる。次の(1)～(4)に答えよ。

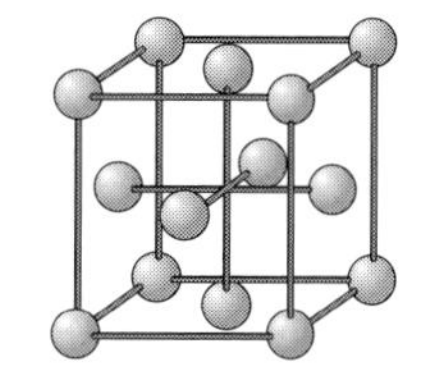

(1)　単位格子に含まれるアルミニウム原子は何個か。

(2)　アルミニウムの原子半径を r〔nm〕として，r を単位格子の一辺の長さ a〔nm〕を用いて表せ。

(3)　アルミニウム原子のモル質量を M〔g/mol〕，アボガドロ定数を N_A〔/mol〕，単位格子の一辺の長さを a〔cm〕として，密度 d〔g/cm^3〕を M，N_A，a を用いて表せ。

(4)　この単位格子の充塡率（単位格子全体の体積に占める原子の体積）は何％か。円周率 $\pi = 3.14$，$\sqrt{2} = 1.41$ として求めよ。

化学 **123▶NaCl 型イオン結晶**　塩化ナトリウムは，右図のような単位格子をとる。次の(1)～(3)に答えよ。

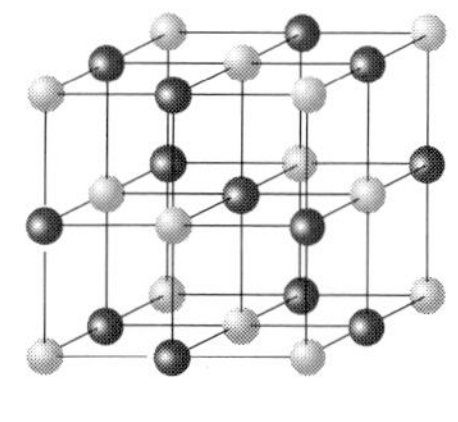

(1)　単位格子に含まれるナトリウムイオン Na^+ と塩化物イオン Cl^- はそれぞれ何個か。

(2)　ナトリウムイオンのイオン半径を r^+〔nm〕，塩化物イオンのイオン半径を r^-〔nm〕として，単位格子の一辺の長さ a〔nm〕を r^+，r^- を用いて表せ。

(3)　塩化ナトリウムのモル質量を M〔g/mol〕，アボガドロ定数を N_A〔/mol〕，単位格子の一辺の長さを a〔cm〕として，密度 d〔g/cm^3〕を M，N_A，a を用いて表せ。

5 化学反応式と量的関係

① 化学反応式

◆1 **化学反応式** 化学変化を化学式を使って表した式

・反応物を左辺，生成物を右辺にし，⟶で結ぶ。 反応物 ⟶ 生成物
・⟶の両辺の各原子の数を一致させるため，化学式の前に係数をつける。
係数は最小の正の整数で，1は書かない。
$H_2 + O_2 \longrightarrow H_2O$ 誤（⟶の左辺と右辺でOの数が一致しない。）
$H_2 + \frac{1}{2}O_2 \longrightarrow H_2O$ 誤（係数が分数） $2H_2 + O_2 \longrightarrow 2H_2O$ 正
・触媒は書かない。
過酸化水素 H_2O_2 と酸化マンガン(Ⅳ) MnO_2 より，酸素を発生。
$2H_2O_2 \longrightarrow 2H_2O + O_2$ （触媒としてはたらく MnO_2 は書かない）

◆2 **イオン反応式** 化学反応をイオンに着目してイオンの化学式を用いて表した式

例 $Ag^+ + Cl^- \longrightarrow AgCl$ $Ca(OH)_2 \longrightarrow Ca^{2+} + 2OH^-$

② 化学反応式と量的関係

化学反応式の係数は，反応に関係する粒子の数の関係を示す。

反応式	CH_4	+	$2O_2$	⟶	CO_2	+	$2H_2O$
数の関係	1分子	と	2分子	より	1分子	と	2分子が生じる
物質量	$1 \times 6.0 \times 10^{23}$ 個 1 mol		$2 \times 6.0 \times 10^{23}$ 個 2 mol		$1 \times 6.0 \times 10^{23}$ 個 1 mol		$2 \times 6.0 \times 10^{23}$ 個 2 mol
質量〔g〕	16 g		$2 \times 32 = 64$ g		44 g		$2 \times 18 = 36$ g
標準状態での体積	22.4 L		$2 \times 22.4 = 44.8$ L		22.4 L		気体ではない。

③ 化学の基本法則

◆1 **質量保存の法則** 化学反応の前後において，反応物の質量の総和＝生成物の質量の総和

例 銅 a〔g〕と酸素 b〔g〕が反応して，酸化銅(Ⅱ)が $(a+b)$〔g〕生成する。

◆2 **気体反応の法則** 反応に関係する気体の体積は同温・同圧で簡単な整数比になる。

例 水素1体積と塩素1体積が反応し，塩化水素2体積が生成する。

◆3 **定比例の法則** 化合物の成分元素の質量の比は常に一定。

例 二酸化炭素は，つくり方によらず常に，炭素の質量：酸素の質量＝3：8である。

◆4 **倍数比例の法則** 2種類の元素A，Bが2種類以上の化合物をつくるとき，Aの一定量と結合するBの質量は簡単な整数比をなす。

例 炭素と酸素の化合物，一酸化炭素と二酸化炭素では，炭素(A)の一定量と結合する酸素(B)の質量の比が，一酸化炭素：二酸化炭素では1：2である。

WARMING UP／ウォーミングアップ

次の文中の(　　)に適当な語句・数値を入れよ。

1 化学反応式

化学反応式は，(ア)変化を物質の(イ)で表したものである。炭素を燃焼させると二酸化炭素になる反応では，炭素と酸素を(ウ)といい，二酸化炭素を(エ)という。(ウ)は化学反応式の(オ)に書き，(エ)は(カ)に書く。

2 化学反応式の係数

化学反応式では，両辺で各原子の数は一致していなければならない。次の化学反応式に係数を入れよ。ただし，係数が1のときは1と書け。(ア)N_2＋(イ)H_2 ⟶ (ウ)NH_3

3 化学反応式と量的関係

常温で気体のメタン CH_4 を燃焼させるときの化学反応式は次のようになる。

$$CH_4 + 2O_2 \longrightarrow CO_2 + 2H_2O$$

(1) CH_4 1mol を完全に反応させるには酸素が(ア)mol 必要であり，また，反応によって生じる二酸化炭素は(イ)mol，水は(ウ)mol である。

(2) CH_4 32g を完全に燃焼させるとき，必要な酸素は(ア)g である。このとき生じる二酸化炭素は(イ)g で，水は(ウ)g である。このとき，燃焼前のメタンと酸素の質量の和は(エ)g であり，燃焼によって生じた二酸化炭素と水の質量の和は(オ)g である。これは，反応の前後で物質の質量の総和は変わらないことを示している。これを(カ)の法則という。

4 化学反応式と気体の体積

次の反応において，CH_4 1mol と反応する酸素の体積は標準状態で(ア)L，また，生じる二酸化炭素は(イ)L である。

$$CH_4 + 2O_2 \longrightarrow CO_2 + 2H_2O$$

5 化学の基本法則

次の法則の記述に最も関係の深い法則名を答えよ。

(1) 反応中の気体の体積は同温・同圧で簡単な整数比になる。

(2) 化合物の成分元素の質量の比は常に一定である。

(3) 2種類の元素 A，B が2種類以上の化合物をつくるとき，A の一定量と結合する B の質量は簡単な整数比をなす。

1
(ア) 化学
(イ) 化学式
(ウ) 反応物
(エ) 生成物
(オ) 左辺　(カ) 右辺

2
(ア) 1
(イ) 3
(ウ) 2

3
(1)(ア) 2
(イ) 1
(ウ) 2
(2)(ア) 128
(イ) 88
(ウ) 72
(エ) 160
(オ) 160
(カ) 質量保存

4
(ア) 44.8
(イ) 22.4

5
(1) 気体反応の法則
(2) 定比例の法則
(3) 倍数比例の法則

基本例題 23　化学反応式の係数　基本➡124

次の化学反応式に係数を入れよ。ただし，係数が1のときは1と書け。

(1)　(ア)Cu＋(イ)O_2 ⟶ (ウ)CuO

(2)　(ア)C_2H_2＋(イ)O_2 ⟶ (ウ)CO_2＋(エ)H_2O

(3)　(ア)Zn＋(イ)H^+ ⟶ (ウ)Zn^{2+}＋(エ)H_2

●エクセル　化学反応式では，両辺の原子数が等しい。
イオン反応式では，両辺の原子数と電荷の総和が等しい。

考え方

(1)，(2)　両辺で原子の数を合わせる。

多くの種類の原子が結合しているような，複雑な化学式の係数を1とおくと，他の係数が早く決まることが多い。

係数が分数ならば，化学反応式の両辺を整数倍して分母を払う。(目算法)

(3)　イオン反応式では，
左辺の電荷の総和
＝右辺の電荷の総和
(化学反応式では両辺の電荷はともに0)

解答

(1)　CuO の係数(ウ)を1とすると，右辺の Cu 原子と O 原子の数がそれぞれ1と決まる。Cu 原子の数を等しくするためには，Cu の係数(ア)は1と決まる。また，O 原子の数を等しくするためには，O_2 の係数(イ)は $\frac{1}{2}$ となる。

$$Cu + \frac{1}{2}O_2 \longrightarrow CuO$$

両辺を2倍して分母を払う。

答　(ア)　**2**　(イ)　**1**　(ウ)　**2**

(2)　C 原子に着目し，C_2H_2 の係数(ア)を1とすると，CO_2 の係数(ウ)は2となる。また，H 原子に着目すると，H_2O の係数(エ)は1となる。両辺の O 原子数に着目すれば，O_2 の係数(イ)は $\frac{5}{2}$ となる。

$$C_2H_2 + \frac{5}{2}O_2 \longrightarrow 2CO_2 + H_2O$$

分母を払うため，両辺を2倍して係数全部を2倍する。

答　(ア)　**2**　(イ)　**5**　(ウ)　**4**　(エ)　**2**

(3)　両辺の電荷は等しいので，H^+ の係数(イ)は2，Zn^{2+} の係数(ウ)は1となる。原子数も両辺で等しくなる。

答　(ア)　**1**　(イ)　**2**　(ウ)　**1**　(エ)　**1**

基本例題 24　化学反応式のつくり方　基本➡125

次の化学反応を化学反応式で表せ。

(1)　一酸化炭素 CO が燃焼すると，二酸化炭素 CO_2 ができる。

(2)　メタン CH_4 が燃焼すると，二酸化炭素 CO_2 と水 H_2O ができる。

(3)　銅 Cu に希硝酸 HNO_3 を加えると，硝酸銅(Ⅱ)$Cu(NO_3)_2$ と一酸化窒素 NO と水 H_2O ができる。

●エクセル　複雑な化学反応式の係数は未定係数法により求める。

考え方

(1) 燃焼は，酸素と激しく化合する反応である。

(2) メタン CH_4 のような炭化水素が燃焼すると，C 原子が CO_2 に，H 原子が H_2O になる。

(3) 係数が目算で決まらないときは，各係数を a, b, c, …とおいて求める(未定係数法)。

解答

(1) 反応物は CO と酸素 O_2，生成物は CO_2 である。

答 $2CO + O_2 \longrightarrow 2CO_2$

(2) 反応物は CH_4 と酸素 O_2，生成物は CO_2 と H_2O である。

答 $CH_4 + 2O_2 \longrightarrow CO_2 + 2H_2O$

(3) $Cu(NO_3)_2$ の係数を 1 とおく。Cu 原子数に着目して，Cu の係数が 1 となる。

$Cu + aHNO_3 \longrightarrow Cu(NO_3)_2 + bNO + cH_2O$

H 原子：　$a = 2c$　…①

N 原子：　$a = 2 + b$　…②

O 原子：　$3a = 6 + b + c$　…③

①，②より，$2c = 2 + b$　$b = 2c - 2$　…④

①と④を③に代入して，

$3(2c) = 6 + (2c - 2) + c$　　$c = \frac{4}{3}$，$b = \frac{2}{3}$，$a = \frac{8}{3}$

$Cu + \frac{8}{3}HNO_3 \longrightarrow Cu(NO_3)_2 + \frac{2}{3}NO + \frac{4}{3}H_2O$

両辺を 3 倍して分母を払う。

答 $3Cu + 8HNO_3 \longrightarrow 3Cu(NO_3)_2 + 2NO + 4H_2O$

基本例題 25　化学反応の量的関係 1

基本➡126

プロパン C_3H_8 が燃焼するときの反応式は，次のように表される。次の(1)～(3)に答えよ。

$C_3H_8 + 5O_2 \longrightarrow 3CO_2 + 4H_2O$

(1) プロパン 6.6 g を燃焼させるのに必要な酸素は何 g か。

(2) プロパン 6.6 g の燃焼によって生じる二酸化炭素は，標準状態で何 L か。

(3) ある量のプロパンを燃焼させたら，水が 7.2 g 生じた。プロパンの質量は何 g か。

●エクセル　係数比 = 物質量の比 = 体積比

考え方

(1) C_3H_8 1 mol の燃焼には O_2 5 mol が必要である。

(2) C_3H_8 1 mol から CO_2 3 mol が生じる。

(3) H_2O 1 mol を生じさせるのに，C_3H_8 0.25 mol が必要である。

解答

(1) C_3H_8 6.6 g は $\frac{6.6\,g}{44\,g/mol} = 0.15\,mol$。必要な O_2 は，

$0.15 \times 5 = 0.75\,mol$，$32\,g/mol \times 0.75\,mol = 24\,g$　答 **24 g**

(2) C_3H_8 6.6 g は 0.15 mol だから，CO_2 は，$0.15\,mol \times 3 = 0.45\,mol$ 生じる。

$22.4\,L/mol \times 0.45\,mol = 10.0 \fallingdotseq 10\,L$　答 **10 L**

(3) H_2O 7.2 g は，$\frac{7.2\,g}{18\,g/mol} = 0.40\,mol$

必要な C_3H_8 は，$0.40\,mol \times 0.25 = 0.10\,mol$ である。

$44\,g/mol \times 0.10\,mol = 4.4\,g$　答 **4.4 g**

基本例題 26　反応物の過不足　基本➡130

メタン CH_4 を燃焼させると二酸化炭素 CO_2 と水 H_2O になる。いま，標準状態で 5.60L のメタンと 8.96L の酸素 O_2 の混合気体が容器中にある。この混合気体を反応させてメタンを完全に燃焼させた後，室温になるまで放置した。次の(1)〜(3)に答えよ。

(1)　メタンの燃焼の化学反応式を書け。

(2)　燃焼後に容器内に存在する気体とその物質量を答えよ。

(3)　反応後，気体の質量は何 g 減少するか。

●エクセル　未反応の気体があるかどうか。気体以外の生成物は何かを考える。

考え方

(1)　反応物の化学式と生成物の化学式を ⟶ でつなぎ，係数をつける。

(2)　化学反応式の係数は物質量の関係を表し，これから各物質間の量的関係を把握する。

(3)　燃焼で生じる水は，室温では液体。

解答

(1)　　答　$CH_4 + 2O_2 \longrightarrow CO_2 + 2H_2O$

(2)　燃焼前の CH_4 は 0.250mol，O_2 は 0.400mol である。反応式から 0.250mol の CH_4 をすべて燃焼させるには，O_2 は 0.500mol 必要である。O_2 はすべて反応して，CH_4 は 0.200mol 燃焼し，0.050mol 余る。生成する CO_2 は 0.200mol，生成する H_2O は液体である。

答　**CH_4 が 0.050mol，CO_2 が 0.200mol**

(3)　反応の前後で総質量は変わらないので，液体の水 H_2O の質量分(0.400mol × 18g/mol = 7.2g)だけ減少する。

答　**7.2g**

基本例題 27　化学反応の量的関係 2　基本➡129,131

常温・常圧で，気体の一酸化炭素 CO と酸素 O_2 を反応させると，次式のように二酸化炭素 CO_2 を生じる。次の(1)，(2)に答えよ。　$2CO + O_2 \longrightarrow 2CO_2$

(1)　常温・常圧で一酸化炭素 10L を完全に反応させるのに必要な酸素と，そのとき生成する二酸化炭素の体積はそれぞれ何 L か。

(2)　常温・常圧で一酸化炭素 50L と酸素 50L とを反応させた後に，存在する気体の名称と体積を答えよ。

●エクセル　化学反応式の気体物質の係数の比は，同温・同圧での気体物質の体積比を表す。

考え方

化学反応式の係数から CO 2L と O_2 1L が反応し，CO_2 2L が生成する。

解答

(1)　反応式の係数から，反応する CO と O_2 の体積比は CO : O_2 = 2 : 1，反応する CO と生成する CO_2 の体積比は CO : CO_2 = 1 : 1 である。CO 10L は O_2 5L と反応し，CO_2 10L を生成する。　答　O_2　**5L**　CO_2　**10L**

(2)　CO 50L をすべて反応させるのに必要な O_2 は 25L。O_2 が 50L − 25L = 25L 残る。また，CO 50L から生成する CO_2 は 50L。　答　**酸素　25L　二酸化炭素　50L**

基本問題

124▶化学反応式の係数　次の(1)〜(6)の化学反応式の係数をつけよ。

(1)　$Cu + O_2 \longrightarrow CuO$　　(2)　$Al + HCl \longrightarrow AlCl_3 + H_2$

(3)　$Ba(OH)_2 + HNO_3 \longrightarrow Ba(NO_3)_2 + H_2O$　　(4)　$H_2S + SO_2 \longrightarrow S + H_2O$

(5)　$Cu + HNO_3 \longrightarrow Cu(NO_3)_2 + NO_2 + H_2O$　　(6)　$Al + H^+ \longrightarrow Al^{3+} + H_2$

125▶化学反応式　次の(1)〜(5)の化学反応式をつくれ。

(1)　マグネシウム Mg を燃焼させると，酸化マグネシウム MgO ができる。

(2)　亜鉛 Zn に塩酸 HCl を加えると，塩化亜鉛 $ZnCl_2$ ができ，水素 H_2 が発生する。

(3)　エタン C_2H_6 を燃焼させると，二酸化炭素 CO_2 と水 H_2O ができる。

(4)　過酸化水素 H_2O_2 に触媒として酸化マンガン(Ⅳ)を加えると，H_2O_2 が分解されて，水 H_2O と酸素 O_2 になる。

(5)　銅 Cu に熱濃硫酸 H_2SO_4 を加えると，硫酸銅(Ⅱ)$CuSO_4$ と二酸化硫黄 SO_2 と水 H_2O ができる。

論述 check! **126▶化学反応の量的関係**　気体のメタン CH_4 の燃焼反応について，表の空欄を埋めよ。また，H_2O の標準状態の体積が計算できないのはなぜか。

化学反応式	CH_4 ＋	$2O_2$ ⟶	CO_2 ＋	$2H_2O$
係数	1	2	1	2
分子数の関係			1.2×10^{23}	
物質量の関係	mol	0.40 mol	mol	mol
質量の関係	3.2 g	g	g	g
標準状態での体積	L	L	L	

127▶反応における分子数　炭素 C が完全燃焼する反応は次式のようになる。これについて，次の(1)，(2)に答えよ。　$C + O_2 \longrightarrow CO_2$

(1)　炭素 6.0 g が完全に燃焼したとき生じる二酸化炭素の分子は何個か。

(2)　反応によって二酸化炭素分子 CO_2 が 2.4×10^{23} 個生じたとすると，反応した炭素の質量は何 g か。

check! **128▶反応における質量と体積**　次式のように，水素 H_2 と酸素 O_2 が反応すると水 H_2O を生じる。次の(1)，(2)に答えよ。　$2H_2 + O_2 \longrightarrow 2H_2O$

(1)　標準状態で 28.0 L の水素をすべて燃焼させると，水が何 g 生じるか。

(2)　水素 6.0 g を完全に燃焼させるのに必要な酸素は，標準状態で何 L か。また，それは何 g か。

129▶体積が増加する気体の反応　次式のように，オゾン O_3 は分解すると酸素 O_2 になる。この反応について，次の(1)，(2)に答えよ。

$$2O_3 \longrightarrow 3O_2$$

(1)　オゾン 10L がすべて反応すると，同温・同圧のもとで酸素は何 L 生成するか。

(2)　オゾンが分解して酸素になったとき，同温・同圧のもとで気体の体積が 15L 増加していた。分解したオゾンの体積は何 L か。

check!

130▶反応物の過不足と質量　エタン C_2H_6 が燃焼するときの反応式は次のように表される。3.0g のエタンと標準状態で 8.96L の酸素を反応させたとき，次の(1)，(2)に答えよ。

$$2C_2H_6 + 7O_2 \longrightarrow 4CO_2 + 6H_2O$$

(1)　反応せずに残った気体は何か。また，その物質量は何 mol か。

(2)　生成した二酸化炭素は何 g か。

131▶反応物の過不足と体積　一酸化窒素 NO および酸素 O_2 は水に溶けにくいが，これらを混合すると次式のように容易に反応して，水に溶けやすい気体の二酸化窒素 NO_2 を生成する。この反応について，次の(1)〜(3)に答えよ。

$$2NO + O_2 \longrightarrow 2NO_2$$

(1)　反応により，二酸化窒素 10L が生成したとすると，同温・同圧の状態で反応した一酸化窒素と酸素は，それぞれ何 L ずつか。

(2)　同温・同圧のもとで，一酸化窒素 20L と酸素 20L を反応させるとき，反応後に存在する気体の名称とその体積を答えよ。

(3)　同温・同圧のもとで，一酸化窒素 10L と酸素 10L を反応させ，生成した気体を水に通して集めると，その体積は何 L になるか。

check!

132▶沈殿が生じる反応　塩化ナトリウム NaCl 水溶液に硝酸銀 $AgNO_3$ 水溶液を加えると，塩化銀 AgCl が沈殿する。この反応は，次のように表される。次の(1)，(2)に答えよ。

$$NaCl + AgNO_3 \longrightarrow AgCl + NaNO_3$$

(1)　0.10mol/L の硝酸銀水溶液 20mL と過不足なく反応するには，0.050mol/L の塩化ナトリウム水溶液が何 mL 必要か。

(2)　(1)のとき，沈殿する塩化銀は何 g か。

論述 check!

133▶化学の基本法則　次の(1)，(2)に答えよ。

(1)　酸化カルシウム CaO を例に，定比例の法則を説明せよ。

(2)　鉄 Fe と硫黄 S を反応させると硫化鉄(Ⅱ)ができる。
この反応を例に質量保存の法則を説明せよ。

$$Fe + S \longrightarrow FeS$$

check!

標準例題 28 物質量と気体の体積 標準➡138

0.24 g のマグネシウムに 1.0 mol/L の塩酸を少量ずつ加え，発生した水素を捕集して，その体積を標準状態で測定した。このとき加えた塩酸の体積と発生した水素の体積との関係を表す図として最も適当なものを，次の(1)〜(4)より選べ。

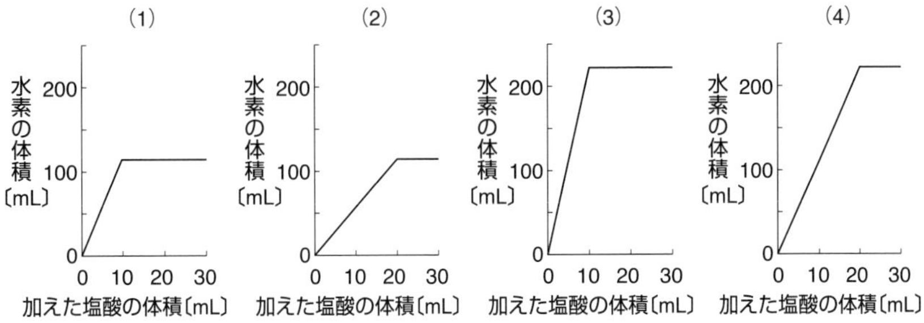

●エクセル グラフの折れ曲がる点＝Mg と HCl がちょうど過不足なく反応

考え方

化学反応式より，Mg 1 mol と HCl 2 mol から，H_2 1 mol が発生する。

Mg の 2 倍の物質量の HCl を加えると反応は終わる。

解答

反応式は次のようになる。$Mg + 2HCl \longrightarrow MgCl_2 + H_2$

Mg 0.24 g の物質量は $\dfrac{0.24\,g}{24\,g/mol} = 0.010\,mol$ であり，Mg を完全に反応させるのに，HCl 0.020 mol が必要である。塩酸 20 mL で反応が終わる。また発生する H_2 の体積は標準状態で 22400 mL/mol × 0.010 mol ＝ 224 mL である。 **答** (4)

標準例題 29 混合気体の燃焼 標準➡135

一酸化炭素とエタン C_2H_6 の混合気体を，触媒の存在下で十分な量の酸素を用いて完全に燃焼させたところ，二酸化炭素 0.045 mol と水 0.030 mol が生成した。反応前の混合気体中の一酸化炭素とエタンの物質量は，それぞれいくらか。

●エクセル 炭化水素 C_nH_m の完全燃焼は CO_2 と H_2O を生じる

考え方

十分な量の酸素が存在していたから，一酸化炭素もエタンも完全に燃焼したことになる。

一酸化炭素の燃焼により，二酸化炭素が生じる。

炭化水素のエタンの燃焼から二酸化炭素と水が生じる。

解答

一酸化炭素とエタンの燃焼の反応式は次式である。

$2CO + O_2 \longrightarrow 2CO_2$ …①

$2C_2H_6 + 7O_2 \longrightarrow 4CO_2 + 6H_2O$ …②

H_2O 0.030 mol は②の反応でのみ生じる。したがって，C_2H_6 は 0.010 mol あったことになる。これにより，①の反応で生じた CO_2 の物質量は，0.045 mol − 0.010 mol × 2 ＝ 0.025 mol になるから，①から，反応前にあった CO は 0.025 mol である。

答 CO **0.025 mol** C_2H_6 **0.010 mol**

標準問題

134▶物質量と気体の体積　気体状態の四酸化二窒素 N_2O_4 を 9.20 g 取って，標準状態においたら，その一部が次式のような反応を起こし，気体の体積は 2.9 L になった。このとき，N_2O_4 の何％が NO_2 に変化したか。　　$N_2O_4 \longrightarrow 2NO_2$

135▶混合気体の燃焼　水素と一酸化炭素 CO からなる混合気体 A が 200 cm³ ある。この混合気体に乾燥空気(窒素と酸素の体積比 4：1)を 600 cm³ 加え，完全燃焼させた。生成した水を塩化カルシウムで完全に除いたら，気体は 550 cm³ の混合気体 B となった。さらに，B からソーダ石灰で二酸化炭素を完全に取り除いたら，体積 500 cm³ の混合気体 C となった。体積は同温・同圧のもとで測定した。表に示した気体 A，B，C の各成分の体積(ア)〜(ク)はいくらか。ただし，存在しないときは 0 を記せ。

成分	気体A〔cm^3〕	気体 B〔cm^3〕	気体 C〔cm^3〕
H_2	(ア)	＊	＊
CO	(イ)	＊	＊
O_2	＊	(ウ)	(カ)
N_2	＊	(エ)	(キ)
CO_2	＊	(オ)	(ク)
H_2O	＊	＊	＊

136▶化学反応式と量的関係　主成分が炭酸カルシウム $CaCO_3$ の石灰岩 15.0 g に 0.500 mol/L の塩酸を注いだら，気体が出なくなるまでに塩酸 0.400 L を要した。次の(1)〜(3)に答えよ。

(1)　このときの化学反応式を示せ。

(2)　気体がすべて炭酸カルシウムから発生したとして，標準状態で何 L の気体が発生したか。

(3)　上記の石灰岩には何％の炭酸カルシウムが含まれていたか。

137▶化学式の決定　ある有機化合物 0.80 g を完全に燃焼させたところ，1.1 g の二酸化炭素と 0.90 g の水のみが生成した。この化合物の化学式として最も適当なものを，次の(1)〜(6)のうちから一つ選べ。

(1)　CH_4　　(2)　CH_3OH　　(3)　HCHO

(4)　C_2H_4　　(5)　C_2H_5OH　　(6)　CH_3COOH　　(16　センター)

138▶化学反応式と量的関係　炭酸水素ナトリウムは塩酸と反応して，二酸化炭素が発生する。炭酸水素ナトリウムと 0.50 mol/L の塩酸 100 mL を用い，反応前後の質量変化から化学反応の量的関係を確かめる実験を 25℃，1.0 気圧で行った。

(1)　炭酸水素ナトリウムに塩酸を加えたときの化学反応式を書け。

(2)　0.50 mol/L の塩酸 100 mL を調製するには，12 mol/L の濃塩酸が何 g 必要か求めよ。ただし，濃塩酸の密度は 1.2 g/mL とする。

(3)　この実験で，塩酸に炭酸水素ナトリウム 2.0 g を加えたときに生成する二酸化炭素の質量を小数第 2 位まで求めよ。

(4)　この実験で，塩酸に炭酸水素ナトリウム 5.0 g を加えたときに生成する二酸化炭素の標準状態での体積を小数第 2 位まで求めよ。

(5)　加えた炭酸水素ナトリウムの質量が 0 ～ 7.0 g のとき，加えた炭酸水素ナトリウムの質量と発生する二酸化炭素の物質量の関係をグラフに示せ。

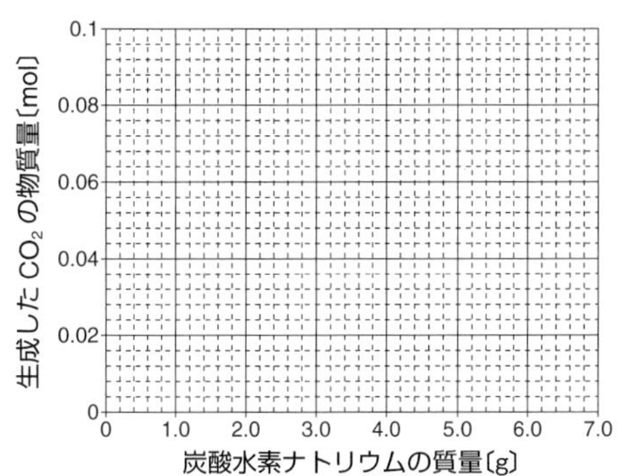

（15　学芸大）

139▶化学の基本法則　A 群の(1)～(4)の文の(ア)～(エ)に適当な数値を入れ，これらの記述に最も関係の深い法則名を B 群(a)～(e)から，人名を C 群①～⑤からそれぞれ選べ。

A 群
(1)　炭素の燃焼により生じる二酸化炭素も，炭酸カルシウムに塩酸を加えたとき発生する二酸化炭素も，炭素と酸素の質量比は 3 :（ ア ）である。
(2)　炭素 6 g と酸素（ イ ）g が完全に反応すると，二酸化炭素 22 g が生じる。
(3)　標準状態で二酸化炭素 1L に含まれる分子の数は，標準状態で 50 mL を占める二酸化炭素の分子の数の（ ウ ）倍である。
(4)　標準状態で一酸化炭素 2L と酸素 1L が反応し，二酸化炭素は標準状態で（ エ ）L 生成する。

B 群
(a)　質量保存の法則　(b)　倍数比例の法則　(c)　アボガドロの法則
(d)　定比例の法則　(e)　気体反応の法則

C 群
①　アボガドロ　②　ラボアジエ　③　プルースト
④　ドルトン　⑤　ゲーリュサック

exercise

エクササイズ

◆物質量の計算

次の値を使って計算せよ。

原子量 H＝1.0 C＝12 N＝14 O＝16 Na＝23 Mg＝24
Al＝27 S＝32 Cl＝35.5 K＝39 Ca＝40 Fe＝56
Cu＝64 Ag＝108

アボガドロ定数を 6.0×10^{23}/mol として答えよ。

1 分子量の計算 分子量は構成原子の原子量の総和である。次の分子量を計算せよ。

(1) 水素 H_2 (2) 酸素 O_2 (3) オゾン O_3 (4) 窒素 N_2
(5) 塩化水素 HCl (6) 水 H_2O (7) 二酸化炭素 CO_2
(8) アンモニア NH_3 (9) メタン CH_4 (10) 硫酸 H_2SO_4
(11) エタノール C_2H_5OH (12) グルコース $C_6H_{12}O_6$

2 式量の計算 式量は分子量と同様，組成式を構成する原子の原子量の総和で表される。次の式量を計算せよ。

(1) 塩化ナトリウム NaCl (2) 塩化マグネシウム $MgCl_2$
(3) 水酸化ナトリウム NaOH (4) 水酸化カルシウム $Ca(OH)_2$
(5) 硝酸マグネシウム $Mg(NO_3)_2$ (6) 硫酸アンモニウム $(NH_4)_2SO_4$
(7) 炭酸アルミニウム $Al_2(CO_3)_3$ (8) 硫酸銅(Ⅱ)五水和物 $CuSO_4\cdot5H_2O$
(9) ナトリウムイオン Na^+ (10) 酢酸イオン CH_3COO^-

3 質量・体積・粒子数と物質量 下記の記述を参考にして，次の(1)～(20)に答えよ。

物質 1 mol 質量は分子量・式量に g 単位をつけた量，体積は標準状態で 22.4 L
粒子数はアボガドロ数(通常 6.02×10^{23}，ここでは 6.0×10^{23})個

(1) 酸素 O_2 64 g は何 mol か。 (2) 水 9 g は何 mol か。
(3) 酸化ナトリウム Na_2O 93 g は何 mol か。 (4) 硫酸 196 g は何 mol か。
(5) メタン CH_4 2.0 mol は何 g か。 (6) グルコース $C_6H_{12}O_6$ 0.30 mol は何 g か。
(7) 硫酸イオン SO_4^{2-} 1.5 mol は何 g か。
(8) 塩化マグネシウム 0.50 mol は何 g か。
(9) 硫酸銅(Ⅱ)五水和物 $CuSO_4\cdot5H_2O$ 1.00 mol は何 g か。
(10) 水素 33.6 L は何 mol か。 ＊(10)～(14)では，体積は標準状態として答えよ。
(11) アンモニア 11.2 L は何 mol か。 (12) 二酸化炭素 5.6 L は何 mol か。
(13) メタン CH_4 2.00 mol は何 L か。 (14) 水素 2.00 mol は何 L か。
(15) 鉄原子 2.4×10^{24} 個は何 mol になるか。
(16) 水分子 3.0×10^{23} 個は何 mol になるか。
(17) Na^+ と Cl^- をそれぞれ 1.2×10^{22} 個含んでいる塩化ナトリウム NaCl は何 mol か。
(18) 銅 Cu 1.5 mol がある。銅原子何個が含まれているか。

⒆　二酸化炭素 0.30 mol 中には，二酸化炭素分子何個が含まれているか。

⒇　塩化マグネシウム $MgCl_2$ 0.50 mol 中には，Mg^{2+} と Cl^- がそれぞれ何個ずつ含まれているか。

4　質量と体積の関係　気体の体積は標準状態におけるものとして，次の(1)～(6)に答えよ。

(1)　水素 6.0 g の物質量は何 mol か。また，その体積は何 L か。

(2)　アンモニア 3.4 g の物質量は何 mol か。また，その体積は何 L か。

(3)　二酸化炭素 11 g の物質量は何 mol か。また，その体積は何 L か。

(4)　体積 44.8 L の酸素の物質量は何 mol か。また，その質量は何 g か。

(5)　体積 5.6 L のメタン CH_4 の物質量は何 mol か。また，その質量は何 g か。

(6)　体積 112 L の塩化水素 HCl の物質量は何 mol か。また，その質量は何 g か。

5　質量と粒子数　次の(1)～(4)に答えよ。

(1)　鉄 280 g の物質量は何 mol か。また，鉄原子何個が存在するか。

(2)　塩化カリウム KCl が 149 g ある。その物質量は何 mol か。また，カリウムイオン K^+ と塩化物イオン Cl^- はそれぞれ何個ずつあるか。

(3)　銀 Ag 原子 1.2×10^{23} 個は何 mol か。また，その質量は何 g か。

(4)　水分子 2.4×10^{24} 個は何 mol か。また，その質量は何 g か。

6　粒子数と体積　気体の体積は標準状態におけるものとして，次の(1)～(4)に答えよ。

(1)　体積 33.6 L の酸素中には，酸素分子は何個あるか。また，酸素原子は何個か。

(2)　体積 1.12 L のメタン CH_4 中に，メタン分子は何個あるか。また，水素原子は何個か。

(3)　二酸化炭素分子 1.5×10^{23} 個は，何 L の体積を占めるか。

(4)　水素原子 2.4×10^{23} 個から水素分子は何個つくれるか。また，この数の水素分子は何 L の体積を占めるか。

7　モル濃度　下記の記述を参考にして，次の(1)～(6)に答えよ。

モル濃度　溶液 1 L(1000 mL)あたりに溶けている溶質の量を物質量で表した濃度

$$= \frac{\text{溶質の物質量〔mol〕}}{\text{溶液の体積〔L〕}}$$

(1)　グルコース 0.60 mol を水に溶かし，3.0 L とした水溶液のモル濃度は何 mol/L か。

(2)　水酸化ナトリウム 2.0 g を水に溶かし，100 mL とした水溶液のモル濃度は何 mol/L か。

(3)　0.50 mol/L の塩化ナトリウム水溶液を 200 mL つくりたい。必要な塩化ナトリウムは何 g か。

(4)　2.0 mol/L の硫酸 2.0 L 中に含まれる純硫酸は何 mol か。

(5)　6.0 mol/L の水酸化ナトリウム水溶液 20 mL に溶けている水酸化ナトリウムは何 mol か。

(6)　0.50 mol/L の塩化ナトリウム水溶液 400 mL に溶けている塩化ナトリウムは何 g か。

6 酸・塩基

1 酸・塩基の定義

◆1　アレニウスの定義

	酸	塩基
アレニウスの定義	水に溶けて水素イオン H^+ (H_3O^+)を生じる物質	水に溶けて水酸化物イオン OH^-を生じる物質
	$HCl \longrightarrow H^+ + Cl^-$	$NaOH \longrightarrow Na^+ + OH^-$

◆2　ブレンステッドの定義

	酸	塩基
ブレンステッドの定義	水素イオン H^+を与える分子・イオン	水素イオン H^+を受け取る分子・イオン
	$\underset{酸}{HCl} + \underset{塩基}{H_2O} \longrightarrow Cl^- + H_3O^+$ （H^+ が HCl から H_2O へ）	

2 酸・塩基の分類

◆1　酸・塩基の価数

酸・塩基の価数　酸の１化学式あたりから生じる H^+の数を酸の価数，塩基の１化学式あたりから生じる OH^-の数を塩基の価数という。

酸	化学式	価数	塩基	化学式
塩酸 硝酸 酢酸	HCl HNO_3 CH_3COOH	1価	水酸化ナトリウム 水酸化カリウム アンモニア	$NaOH$ KOH NH_3
硫酸 シュウ酸	H_2SO_4 $(COOH)_2$	2価	水酸化カルシウム 水酸化バリウム	$Ca(OH)_2$ $Ba(OH)_2$
リン酸	H_3PO_4	3価	水酸化アルミニウム	$Al(OH)_3$

◆2　電離度

電離度　水に溶かした酸・塩基の電離の割合

$$電離度\ \alpha = \frac{電離している電解質の物質量〔mol〕}{溶けている電解質全体の物質量〔mol〕} \qquad 0 < \alpha \leqq 1$$

$\alpha \fallingdotseq 1$…強酸，強塩基　　　$\alpha \ll 1$…弱酸，弱塩基

◆3　酸・塩基の強弱

強酸	水溶液中で，溶質のほとんどが電離している酸　HCl，HNO_3，H_2SO_4
弱酸	水溶液中で，溶質の一部が電離している酸　CH_3COOH，H_2CO_3
強塩基	水溶液中で，溶質のほとんどが電離している塩基　$NaOH$，KOH，$Ca(OH)_2$
弱塩基	水溶液中で，溶質の一部が電離している塩基　NH_3

③ 水素イオン濃度とpH

◆1 **水の電離** $H_2O \rightleftarrows H^+ + OH^-$

純水の水素イオン濃度$[H^+]$は水酸化物イオン濃度$[OH^-]$と等しく，25℃では次のようになる。

$$[H^+] = [OH^-] = 1.0 \times 10^{-7} \text{mol/L}$$

したがって，これらの濃度の積は次式で示される。

水のイオン積　$K_w = [H^+][OH^-] = 1.0 \times 10^{-14} (\text{mol/L})^2$

◆2 **pH(水素イオン指数)**　水溶液の水素イオン濃度$[H^+]$は，非常に広い範囲にわたって変化するため，次のように10^{-n}の形で表される。

$[H^+] = 10^{-n}$〔mol/L〕，pH$= n$　　＊pH$= -\log[H^+] = -\log_{10}10^{-n} = n$

nの値は，酸性・塩基性の強さを表す。nの値をpHまたは水素イオン指数という。

例　① 0.01mol/Lの塩酸なら，
$[H^+] = 0.01$ mol/L $= 10^{-2}$mol/L
pH＝2

②①の塩酸を10倍に薄めると，
$[H^+] = 0.001$ mol/L $= 10^{-3}$mol/L
pH＝3

◆3 **液性とpH**

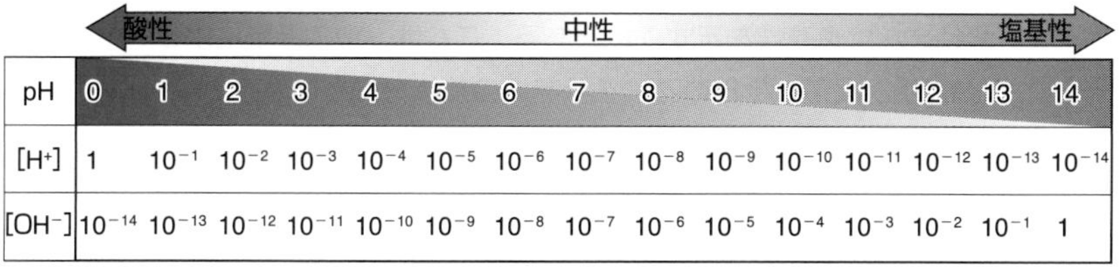

pH	0	1	2	3	4	5	6	7	8	9	10	11	12	13	14
$[H^+]$	1	10^{-1}	10^{-2}	10^{-3}	10^{-4}	10^{-5}	10^{-6}	10^{-7}	10^{-8}	10^{-9}	10^{-10}	10^{-11}	10^{-12}	10^{-13}	10^{-14}
$[OH^-]$	10^{-14}	10^{-13}	10^{-12}	10^{-11}	10^{-10}	10^{-9}	10^{-8}	10^{-7}	10^{-6}	10^{-5}	10^{-4}	10^{-3}	10^{-2}	10^{-1}	1

④ 中和反応

◆1 **酸と塩基の中和**　酸から生じたH^+が塩基から生じたOH^-と結合し，水H_2Oが生成する反応　　$H^+ + OH^- \longrightarrow H_2O$

例　塩酸と水酸化ナトリウム水溶液の中和反応　$HCl + NaOH \longrightarrow NaCl + H_2O$
塩酸とアンモニア水の中和反応　$HCl + NH_3 \longrightarrow NH_4Cl$

◆2 **中和反応の量的関係**　酸の出すH^+の物質量＝塩基の出すOH^-の物質量

①中和反応の量的関係(物質量)

酸の価数×酸の物質量＝塩基の価数×塩基の物質量

②中和反応の量的関係(濃度と体積)

濃度c〔mol/L〕のa価の酸V〔mL〕と，濃度c'〔mol/L〕のb価の塩基V'〔mL〕がちょうど中和したとき，次の関係が成り立つ。

$$a \times c \times \frac{V}{1000} = b \times c' \times \frac{V'}{1000}$$

❺ 塩

◆1 **塩** 酸の陰イオンと塩基の陽イオンからなる化合物。

例 HCl ＋ $NaOH$ ⟶ $NaCl$ ＋ H_2O
酸　塩基　塩　水

◆2 **塩の分類**

正塩	酸の H^+ も塩基の OH^- も残っていない塩	$NaCl$, $FeSO_4$, NH_4Cl
酸性塩	酸としての H^+ が残っている塩	$NaHCO_3$, $NaHSO_4$
塩基性塩	塩基としての OH^- が残っている塩	$MgCl(OH)$, $CuCl(OH)$

（＊） この名称は水溶液の液性（酸性，塩基性，中性）とは無関係である。$NaHSO_4$ 水溶液は酸性，$NaHCO_3$ 水溶液は塩基性を示す。

◆3 **塩の水溶液の性質**

弱酸と強塩基からなる塩は塩基性，強酸と弱塩基からなる塩は酸性，強酸と強塩基からなる塩は中性を示すことが多い。

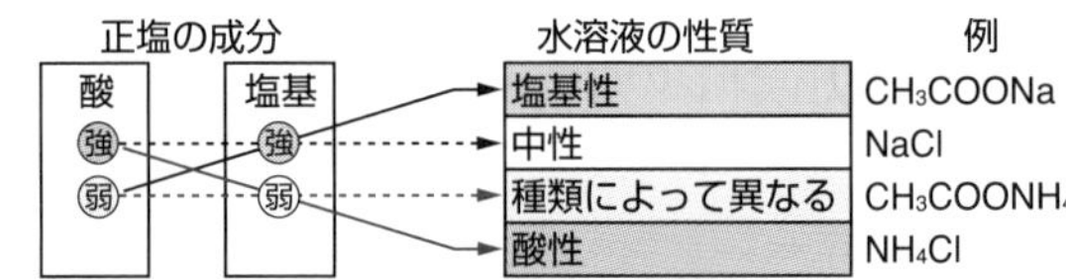

化学 ◆4 **塩の加水分解** 酸と塩基の中和反応によって生じる塩の水溶液は，中性とは限らず，酸性または塩基性を示すことがある。これは，塩の電離によって生じたイオンが水 H_2O と反応したためで，これを塩の加水分解という。

①酢酸ナトリウム水溶液

酢酸ナトリウム CH_3COONa は水に溶かすと，下式のように電離する。

$CH_3COONa \longrightarrow CH_3COO^- + Na^+$

弱酸由来の CH_3COO^- は水素イオンと結びつきやすいので，水の電離によって生じた水素イオンと結合して酢酸を生じる。

$CH_3COO^- + H_2O \rightleftarrows CH_3COOH + OH^-$
（OH^-：塩基性を示す）

となり，OH^- の濃度が増加し，溶液は塩基性を示すようになる。

②塩化アンモニウム水溶液

塩化アンモニウム NH_4Cl は水に溶かすと，下式のように電離する。

$NH_4Cl \longrightarrow NH_4^+ + Cl^-$

弱塩基由来の NH_4^+ は水素イオンと分かれやすいので，水 H_2O に水素イオンを与え，アンモニア NH_3 を生じる。水素イオンを受け取った水は，オキソニウムイオン H_3O^+（＝H^+）となり，溶液は酸性を示すようになる。

$NH_4^+ + H_2O \rightleftarrows NH_3 + H_3O^+$
（H_3O^+：酸性を示す）

❻ 中和滴定と滴定曲線

◆1 **中和滴定** 濃度不明の酸(または塩基)の濃度を濃度既知の塩基(または酸)との中和により求める実験操作。

〈酢酸水溶液の濃度決定〉

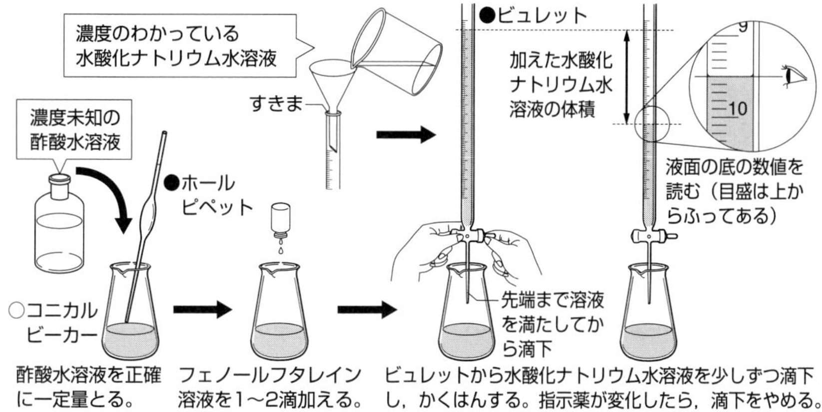

○：純水でぬれたまま使用してよい。 ●：共洗い(中に入れる溶液ですすぐ)する。

◆2 **中和滴定と指示薬**

①**中和滴定曲線** 中和滴定で加えた酸や塩基の体積とpHの関係を示した図。

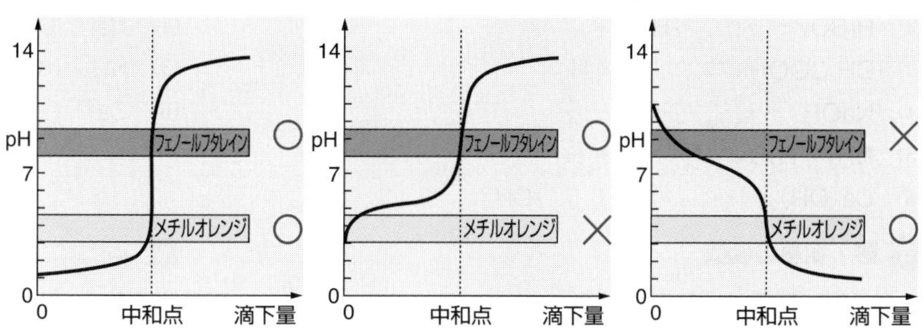

図1. 強酸を強塩基で滴定
例：0.1 mol/L 塩酸を水酸化ナトリウムで滴定

図2. 弱酸を強塩基で滴定
例：0.1 mol/L 酢酸を水酸化ナトリウムで滴定

図3. 弱塩基を強酸で滴定
例：0.1 mol/L アンモニアを塩酸で滴定

②**指示薬の変色域**

指示薬＼pH	1	2	3	4	5	6	7	8	9	10	11	12	13
メチルオレンジ		赤(3.1)	■	■	(4.4)黄								
メチルレッド			赤(4.2)	■	■	(6.2)黄							
ブロモチモールブルー				黄(6.0)		■	■	(7.6)青					
フェノールフタレイン						無(8.0)		■	■	(9.8)赤			

WARMING UP／ウォーミングアップ

1 酸・塩基の定義

次の文中の(　　)に適する化学式を答えよ。

アレニウスの定義では，水溶液中で(ア)を生じる物質が酸であり，(イ)を生じる物質が塩基である。

ブレンステッドの定義では，相手に(ウ)を与える分子またはイオンが酸であり，相手から(ウ)を受け取る分子またはイオンが塩基である。

1

(ア)　H^+

(イ)　OH^-

(ウ)　H^+

2 酸と塩基

次の酸，塩基の強弱を答えよ。

酸　：(1)　塩酸　HCl　　(2)　酢酸　CH_3COOH

　　(3)　硫酸　H_2SO_4　　(4)　硝酸　HNO_3

塩基：(5)　水酸化ナトリウム　$NaOH$　　(6)　アンモニア　NH_3

　　(7)　水酸化カルシウム　$Ca(OH)_2$

2

(1)　強酸　(2)　弱酸

(3)　強酸　(4)　強酸

(5)　強塩基

(6)　弱塩基

(7)　強塩基

3 電離式

次の酸，塩基の電離式の(　　)には係数，[　　]には化学式を入れて，電離式を完成させよ。

(1)　$HCl \longrightarrow$ [　　] + [　　]

(2)　$H_2SO_4 \longrightarrow$ (　　)H^+ + [　　]

(3)　$CH_3COOH \rightleftarrows$ [　　] + H^+

(4)　$NaOH \longrightarrow$ [　　] + [　　]

(5)　$NH_3 + H_2O \rightleftarrows$ [　　] + [　　]

(6)　$Ca(OH)_2 \longrightarrow$ [　　] + (　　)OH^-

3

(1)　H^+，Cl^-

(2)　2，SO_4^{2-}

(3)　CH_3COO^-

(4)　Na^+，OH^-

(5)　NH_4^+，OH^-

(6)　Ca^{2+}，2

4 酸・塩基の価数

次の酸・塩基の価数を答えよ。

(1)　塩酸　HCl　　(2)　酢酸　CH_3COOH

(3)　硫酸　H_2SO_4　　(4)　水酸化ナトリウム　$NaOH$

(5)　アンモニア　NH_3　　(6)　水酸化カルシウム　$Ca(OH)_2$

4

(1)　1　　(2)　1

(3)　2　　(4)　1

(5)　1　　(6)　2

5 電離度

次の文中の(　　)に適する語句を答えよ。

電解質が水溶液中で電離している割合を(ア)という。塩酸などは(ア)が(イ)く，同じモル濃度でも多くの(ウ)イオンを生じる。このような酸を(エ)という。酢酸のように(ア)が(オ)い酸は，(ウ)イオンを少ししか生じない。このような酸を(カ)という。

5

(ア)　電離度

(イ)　大き

(ウ)　水素

(エ)　強酸

(オ)　小さ

(カ)　弱酸

6 pH

次の水溶液の pH を求めよ。また，この水溶液は酸性，中性，塩基性のいずれか答えよ。

(1)　$[H^+]=10^{-3}$ mol/L　(2)　$[H^+]=10^{-7}$ mol/L

(3)　$[OH^-]=10^{-2}$ mol/L　(4)　$[OH^-]=10^{-12}$ mol/L

6

(1)　3　酸性

(2)　7　中性

(3)　12　塩基性

(4)　2　酸性

7 中和の化学反応式

次の中和の反応式の（　　）内に係数を，□内に化学式を入れよ。ただし，中和は完全に進むものとする。

(1)　$HCl + NaOH \longrightarrow$ □ $+ H_2O$

(2)　（　　）$HCl + Ba(OH)_2 \longrightarrow BaCl_2 +$（　　）$H_2O$

(3)　$H_2SO_4 + Ca(OH)_2 \longrightarrow$ □ $+ 2H_2O$

(4)　$H_2SO_4 +$（　　）$NH_3 \longrightarrow$ □

(5)　$CH_3COOH + NaOH \longrightarrow$ □ $+ H_2O$

7

(1)　NaCl

(2)　2，2

(3)　$CaSO_4$

(4)　2，$(NH_4)_2SO_4$

(5)　CH_3COONa

8 $H^+(OH^-)$の物質量

次の□に適切な式・数値を入れよ。

(1)　モル濃度 c〔mol/L〕の a 価の強酸 V〔mL〕は水素イオンを□mol 放出することができる。

(2)　1.0 mol/L の塩酸 500 mL 中には水素イオンが□mol 存在する。

(3)　0.2 mol/L の水酸化ナトリウム水溶液□mL 中には水酸化物イオンが 0.1 mol 存在する。

(4)　0.1 mol/L の水酸化バリウム水溶液 500 mL 中には水酸化物イオンが□mol 存在する。

8

(1)　$\boldsymbol{a \times c \times \frac{V}{1000}}$

(2)　$1 \times 1.0 \times \frac{500}{1000}$ $= \mathbf{0.50}$

(3)　$1 \times 0.2 \times \frac{V}{1000}$ $= 0.1$，$V = \mathbf{500}$

(4)　$2 \times 0.1 \times \frac{500}{1000}$ $= \mathbf{0.1}$

9 塩の液性

次の酸と塩基を完全に中和したときの水溶液の液性は，酸性，塩基性，中性のいずれか答えよ。

(1)　塩酸　HCl，水酸化ナトリウム　NaOH

(2)　塩酸　HCl，アンモニア水　NH_3

(3)　酢酸　CH_3COOH，水酸化ナトリウム　NaOH

(4)　硫酸　H_2SO_4，水酸化ナトリウム　NaOH

9

(1)　中性

(2)　酸性

(3)　塩基性

(4)　中性

10 塩の分類

次の(1)～(7)の塩を正塩，酸性塩，塩基性塩に分類せよ。

(1)　NaCl　(2)　$NaHCO_3$　(3)　$NaHSO_4$　(4)　$(NH_4)_2SO_4$

(5)　CuCl(OH)　(6)　CH_3COONa　(7)　MgCl(OH)

10

正塩：(1)，(4)，(6)

酸性塩：(2)，(3)

塩基性塩：(5)，(7)

11 中和反応の量的関係の公式の導出

酸に塩基を加えて中和したとき，酸から生じた水素イオン H^+ の物質量と加えた塩基から生じた水酸化物イオン OH^- の物質量が等しくなっている。酸，塩基の価数を a，b，酸，塩基のモル濃度を c〔mol/L〕，c'〔mol/L〕，酸，塩基の体積を V〔mL〕，V'〔mL〕とすると，酸から生じた水素イオンの物質量は（ア）〔mol〕，加えた塩基から生じた水酸化物イオンの物質量は（イ）〔mol〕となる。中和したとき，「水素イオンの物質量」＝「水酸化物イオンの物質量」の関係が成り立つので，（ウ）となる。

11

(ア)　$a \times c \times \dfrac{V}{1000}$

(イ)　$b \times c' \times \dfrac{V'}{1000}$

(ウ)　$a \times c \times \dfrac{V}{1000} = b \times c' \times \dfrac{V'}{1000}$

12 滴定曲線

右図の滴定曲線は，酢酸水溶液を水酸化ナトリウムで滴定したときのものである。次の(1)，(2)に答えよ。

pH
7.0
0
A
B
C
D
E
0　10　20
水酸化ナトリウム水溶液の体積〔mL〕

(1)　中和点は図中のＡ～Ｅのどれか。

(2)　この実験に適した指示薬は次の①～④のうちどれか。ただし，（　　）内は変色域である。

①　メチルオレンジ(3.1 ～ 4.4)

②　メチルレッド(4.2 ～ 6.2)

③　ブロモチモールブルー(6.0 ～ 7.6)

④　フェノールフタレイン(8.0 ～ 9.8)

12

(1)　D

(2)　④

13 中和滴定の流れ

濃度が未知の酢酸水溶液を濃度のわかっている水酸化ナトリウム水溶液で下記の手順で滴定し，酢酸水溶液の濃度を求めた。下記の文章中の（　　）内に適当な実験器具名を答え，その器具の絵を下の①～③から選べ。

(1)　濃度未知の酢酸水溶液を（ア）で正確に一定量取り，コニカルビーカーに入れた。

(2)　酢酸水溶液にフェノールフタレイン溶液を１～２滴加えた。

(3)　濃度がわかっている水酸化ナトリウム水溶液を（イ）に入れ，酢酸水溶液に滴下した。

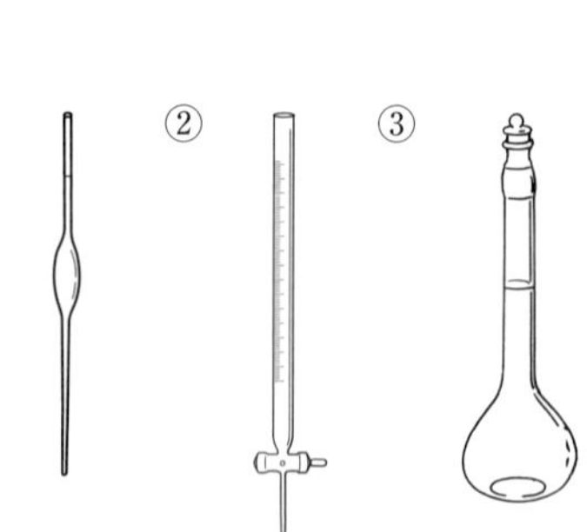

13

(ア)　ホールピペット
①

(イ)　ビュレット
②

基本例題 30 ブレンステッドの定義

基本➡140

次の文中の(ア)〜(キ)に適当な語句を入れよ。

ブレンステッドとローリーは，水以外の溶媒中でも適用できるように，酸・塩基を（ ア ）のやりとりで定義した。すなわち，酸とは（ ア ）を（ イ ）物質をいい，塩基とは（ ア ）を（ ウ ）物質をいう。

$$NH_3 + H_2O \rightleftarrows NH_4^+ + OH^-$$

この反応では NH_3 は，H_2O から（ ア ）を受け取っているので（ エ ）である。H_2O は，NH_3 に（ ア ）を与えているので（ オ ）である。逆反応の場合，NH_4^+ は OH^- に（ ア ）を与えているので（ カ ），OH^- は（ ア ）を受け取っているので（ キ ）となる。

●エクセル ブレンステッドの定義　酸：水素イオン H^+ を与える分子・イオン
塩基：水素イオン H^+ を受け取る分子・イオン

考え方

水素イオンのやりとりに注目する。

解答

(ア) 水素イオン　(イ) 与える　(ウ) 受け取る　(エ) 塩基
(オ) 酸　(カ) 酸　(キ) 塩基

基本例題 31 水素イオン濃度と pH

基本➡143

次の水溶液の pH を求めよ。ただし，電離度は 1 とする。

(1) 0.010 mol/L の塩酸　(2) 0.10 mol/L の水酸化ナトリウム

●エクセル 水のイオン積　$K_w = [H^+][OH^-] = 1.0 \times 10^{-14} (mol/L)^2$

考え方

(1)，(2) 水素イオン濃度を指数表記する。塩酸は 1 価の酸，水酸化ナトリウムは 1 価の塩基。塩基の場合は，水酸化物イオン濃度を求めてから，水のイオン積を利用して，水素イオン濃度を求める。

〈指数計算の方法〉

$$\frac{10^a}{10^b} = 10^{(a-b)}$$

水のイオン積

$[H^+][OH^-]$

$= 1.0 \times 10^{-14} (mol/L)^2$

解答

(1) 電離度は 1 なので塩酸の濃度と水素イオン濃度は等しい。よって，$[H^+] = 0.010 = 1.0 \times 10^{-2}$ mol/L　水素イオン指数は，pH = 2　**答 2**

(2) 電離度は 1 なので，1 価の塩基である水酸化ナトリウムの濃度と水酸化物イオン濃度は等しい。

よって，$[OH^-] = 0.10 = 1.0 \times 10^{-1}$ mol/L

水のイオン積より，$[H^+] = \dfrac{1.0 \times 10^{-14}}{[OH^-]}$

$$= \frac{1.0 \times 10^{-14}}{1.0 \times 10^{-1}} = 1.0 \times 10^{-13} \text{mol/L}$$

よって，水素イオン指数は，pH = 13　**答 13**

基本例題 32　弱酸，弱塩基の $[H^+]$，$[OH^-]$　基本➡143

次の(1)，(2)に答えよ。

(1)　0.020 mol/L の酢酸水溶液が 50 mL ある。この水溶液の水素イオン濃度 $[H^+]$ と水素イオンの物質量を求めよ。ただし，電離度は 0.010 とする。

(2)　0.10 mol/L のアンモニア水が 500 mL ある。この水溶液の水酸化物イオン濃度 $[OH^-]$ と水酸化物イオンの物質量を求めよ。ただし，電離度を 0.010 とする。

●エクセル　1 価の弱酸・弱塩基（c：モル濃度，α：電離度）
弱酸の $[H^+]=c\alpha$，弱塩基の $[OH^-]=c\alpha$

考え方

H^+ の物質量＝価数×濃度×体積

(1)，(2)　弱酸の $[H^+]$，弱塩基の $[OH^-]$ を求める。

弱酸の $[H^+]=c\alpha$

弱塩基の $[OH^-]=c\alpha$

（1 価の酸・塩基のとき）

解答

(1)　弱酸の $[H^+]=c\alpha=0.020\times0.010=0.00020$

$=2.0\times10^{-4}$ mol/L

H^+ の物質量〔mol〕＝酸の価数×モル濃度×体積

$$=1\times2.0\times10^{-4}\times\frac{50}{1000}=1.0\times10^{-5}\text{ mol}$$

答　**2.0×10^{-4} mol/L，1.0×10^{-5} mol**

(2)　弱塩基の $[OH^-]=c\alpha$

$=0.10\times0.010=1.0\times10^{-3}$ mol/L

OH^- の物質量〔mol〕＝塩基の価数×モル濃度×体積

$$=1\times1.0\times10^{-3}\times\frac{500}{1000}=5.0\times10^{-4}\text{ mol}$$

答　**1.0×10^{-3} mol/L，5.0×10^{-4} mol**

基本例題 33　中和反応の量的関係　基本➡145, 146

0.10 mol/L の塩酸 40 mL を中和するには，0.10 mol/L の水酸化バリウム水溶液が何 mL 必要か。

●エクセル　酸：c〔mol/L〕，a 価，V〔mL〕，塩基：c'〔mol/L〕，b 価，V'〔mL〕

$$a\times c\times\frac{V}{1000}=b\times c'\times\frac{V'}{1000}$$

考え方

中和点では，酸から生じる水素イオン H^+ の物質量と，塩基から生じる水酸化物イオン OH^- の物質量が等しい。

解答

求める水酸化バリウムの体積を x〔mL〕とすると，

$$1\times0.10\times\frac{40}{1000}=2\times0.10\times\frac{x}{1000}$$

よって，$x=20$ mL

答　**20 mL**

基本例題 34 中和滴定曲線 基本➡150

次の(1)〜(3)の図は，0.1 mol/L の酸 10 mL あるいは 0.1 mol/L の塩基 10 mL を中和反応させたときの滴定曲線である。縦軸は pH，横軸は加えた酸・塩基の体積を示す。

(1)〜(3)は，次の酸・塩基のどの組み合わせの滴定曲線に該当するか。

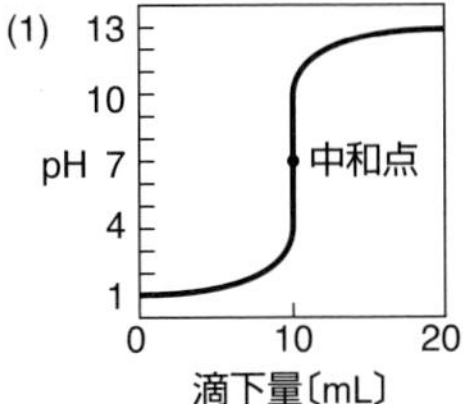

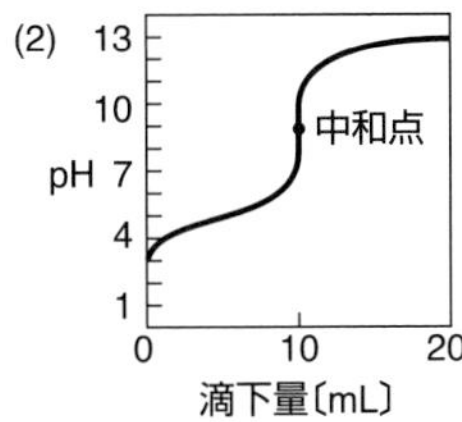

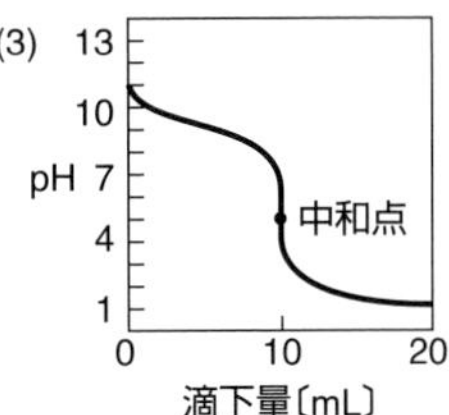

(ア) HCl-NH_3 (イ) HCl-NaOH

(ウ) CH_3COOH-NH_3 (エ) CH_3COOH-NaOH

●エクセル 中和滴定曲線の最初と最後の pH の値や，中和点の pH の値を見て，酸・塩基の強弱を判断する。

考え方

中和滴定曲線の pH が急激に変化している部分が中和点となる。

解答

(1) 中和点の pH の値は 7。最初の pH の値は 1。

(2) 弱酸を強塩基で滴定すると，中和点の pH の値は 7 より大きい。最初の pH の値は 3。

(3) 弱塩基を強酸で滴定すると，中和点の pH の値は 7 より小さい。最初の pH の値は約 11。

答 (1) (イ) (2) (エ) (3) (ア)

基本問題

140▶ブレンステッドの定義 次の化学反応式で，下線を引いた物質はブレンステッドの定義によると，酸・塩基のいずれとしてはたらいているか。

(1) $HCl + \underline{H_2O} \longrightarrow Cl^- + H_3O^+$

(2) $\underline{CH_3COO^-} + H_2O \longrightarrow CH_3COOH + OH^-$

(3) $NH_3 + \underline{H_2O} \longrightarrow NH_4^+ + OH^-$

(4) $\underline{NH_3} + HCl \longrightarrow NH_4Cl$

141▶弱酸の電離度 0.1 mol/L の酢酸がある。この酢酸について，次の(1)，(2)に答えよ。

(1) 酢酸の電離式を答えよ。

(2) この溶液の水素イオン濃度[H^+]は 0.001 mol/L であった。酢酸の電離度を求めよ。

142▶水素イオン濃度　次の水溶液の水素イオン濃度$[H^+]$を求めよ。ただし，電離度は1とする。

(1)　0.02mol/Lの塩酸　(2)　0.03mol/Lの硫酸

(3)　0.05mol/Lの水酸化カリウム水溶液　(4)　0.05mol/Lの水酸化カルシウム水溶液

(5)　塩化水素0.2molを水に溶かし，500mLにした塩酸

(6)　水酸化ナトリウム0.1molを水に溶かし，100mLにした水溶液

143▶pHの計算　次の水溶液の水素イオン指数pHを求めよ。ただし，指示のない場合は電離度を1とする。

(1)　0.01mol/Lの塩酸　(2)　0.05mol/Lの硫酸

(3)　0.1mol/Lの水酸化ナトリウム水溶液　(4)　0.005mol/Lの水酸化カルシウム水溶液

(5)　塩化水素0.2molを水に溶かし，2Lにした塩酸

(6)　水酸化ナトリウム0.05molを水に溶かし，5Lにした水溶液

(7)　0.01mol/Lの酢酸水溶液(電離度0.01)

144▶中和の化学反応式　次の操作で起こる中和反応を化学反応式で表せ。

(1)　塩酸HClに水酸化ナトリウム$NaOH$水溶液を加える。

(2)　塩酸HClに水酸化バリウム$Ba(OH)_2$水溶液を加える。

(3)　硫酸H_2SO_4に水酸化カルシウム$Ca(OH)_2$水溶液を加える。

(4)　硫酸H_2SO_4にアンモニアNH_3水を加える。

(5)　酢酸CH_3COOHに水酸化ナトリウム$NaOH$水溶液を加える。

145▶中和反応の量的関係　次の(1)〜(4)に答えよ。

(1)　1.5mol/Lの塩酸100mLの中和には，水酸化ナトリウム$NaOH$が何mol必要か。

(2)　0.2mol/Lの硫酸200mLの中和には，水酸化ナトリウム$NaOH$が何mol必要か。

(3)　1.0mol/Lの塩酸50mLの中和には，水酸化カルシウム$Ca(OH)_2$が何mol必要か。

(4)　0.1mol/Lの硫酸100mLの中和には，水酸化カルシウム$Ca(OH)_2$が何mol必要か。

146▶中和反応の量的関係　次の(1)〜(4)に答えよ。

(1)　濃度がわからない塩酸10mLを，0.10mol/Lの水酸化ナトリウム水溶液で滴定したら，8.0mLを必要とした。この塩酸のモル濃度を求めよ。

(2)　濃度のわからない水酸化ナトリウム水溶液10mLを中和するのに，0.10mol/Lの塩酸15mLを必要とした。この水酸化ナトリウム水溶液は何mol/Lか。

(3)　0.10mol/Lの希硫酸40mLを中和するには，0.10mol/Lの水酸化ナトリウム水溶液を何mL必要とするか。

(4)　0.20mol/Lの希硫酸40mLを中和するには，0.10mol/Lの水酸化バリウム水溶液を何mL必要とするか。

147▶中和反応の量的関係　次の(1)，(2)に答えよ。

(1)　水酸化ナトリウム 4.0 g を溶かし，100 mL の水溶液とした。この水溶液を中和するのに 0.10 mol/L の塩酸を何 mL 必要とするか。

(2)　標準状態において，気体のアンモニア 11.2 L をすべて水に溶かした水溶液を中和するのに 0.10 mol/L の硫酸を何 mL 必要とするか。

148▶塩の分類　例にならって，下表中の(1)～(5)の塩の化学式，分類(各塩が正塩，酸性塩，塩基性塩のいずれかであるか)および性質(各塩の水溶液が酸性，塩基性，中性のいずれかであるか)を記せ。

塩	化学式	分類	性質
(例)　硝酸カリウム	KNO_3	(　正　)塩	(　中　)性
(1)　硫酸ナトリウム		(　　　)塩	(　　　)性
(2)　塩化アンモニウム		(　　　)塩	(　　　)性
(3)　酢酸ナトリウム		(　　　)塩	(　　　)性
(4)　炭酸水素ナトリウム		(　　　)塩	(　　　)性
(5)　硫酸水素ナトリウム		(　　　)塩	(　　　)性

(崇城大)

149▶実験器具　次の文は中和滴定についてのものである。下の(1)～(3)に答えよ。

中和滴定などで標準溶液を調製する際に，一定体積まで希釈するのに(　ア　)を用いる。また，一定量の溶液を測り取るのに(　イ　)，溶液を徐々に滴下するのに(　ウ　)を用いる。滴定前に，(　エ　)，コニカルビーカーは純水で濡れていてもよいが，(　オ　)，(　カ　)は中に入れる溶液で，数回すすぐ必要がある。これを(　キ　)という。

(1)　上の文の(　　)内に適する語句を入れよ。ただし，(エ)，(オ)，(カ)に入れる語句は，(ア)，(イ)，(ウ)で入れた語句のいずれかである。

(2)　上の文の実験器具(ア)，(イ)，(ウ)を下の(a)～(d)から選べ。

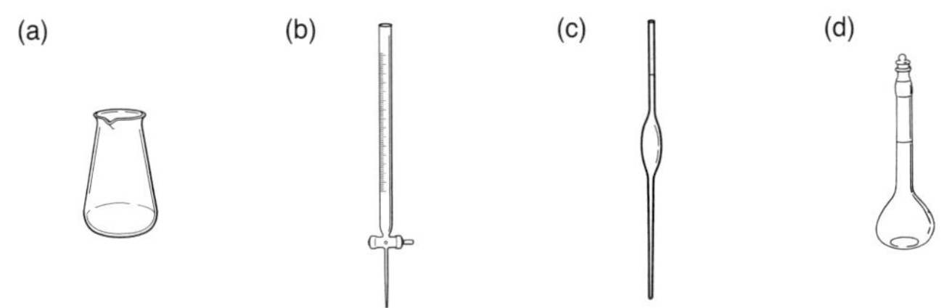

(3)　上の(a)～(d)の実験器具の中で，乾燥させるとき加熱してはいけないものをすべて選べ。

150▶中和滴定曲線　次の文を読み，下の(1)，(2)に答えよ。

下図1～3は，0.10 mol/L の1価の酸と 0.10 mol/L の1価の塩基を用いて中和滴定を行ったときの中和滴定曲線である。図1は(　ア　)を(　イ　)で，図2は(　ウ　)を(　エ　)で，図3は(　オ　)を(　カ　)で滴定したものである。指示薬としては，メチルオレンジ(変色域：pH 3.1 ～ 4.4)とフェノールフタレイン(変色域：pH 8.0 ～ 9.8)を用いた。

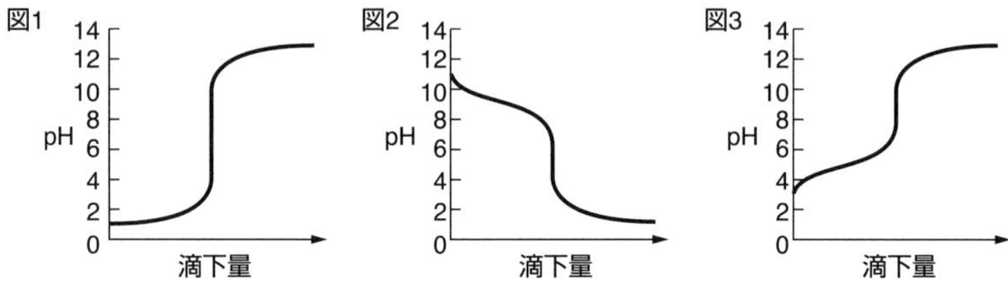

(1)　上の文の(　　)に適する語句を次の(a)～(d)から選べ。
　(a)　強酸　　(b)　弱酸　　(c)　強塩基　　(d)　弱塩基

(2)　図1～3の滴定に適する指示薬をそれぞれ次の①～④から選べ。
　①　メチルオレンジのみが適している。
　②　フェノールフタレインのみが適している。
　③　メチルオレンジとフェノールフタレインの両方が適している。
　④　メチルオレンジとフェノールフタレインのどちらも不適である。

標準例題 35　NaOH と Na_2CO_3 の混合溶液の中和滴定

標準➡155

次の文を読んで，下の(1)～(3)に答えよ。

炭酸ナトリウムと水酸化ナトリウムの混合水溶液がある。この溶液 25.0 mL に指示薬としてフェノールフタレイン(変色域：pH 8.0 ～ 9.8)を加え，塩酸標準溶液(濃度 0.100 mol/L)で滴定したところ，滴定値が 13.5 mL で赤色が消えた。次にメチルオレンジ(変色域：pH 3.1 ～ 4.4)を指示薬として加えて滴定したところ，溶液の色が黄色から赤色に変化するのにさらに 11.5 mL を必要とした。

(1)　フェノールフタレインの変色域までに起こる2つの反応の反応式をそれぞれ書け。

(2)　メチルオレンジの変色域までに起こる反応の反応式を書け。

(3)　溶液中の炭酸ナトリウムと水酸化ナトリウムのモル濃度を求めよ。(岡山理科大　改)

●エクセル　塩酸 HCl と炭酸ナトリウム Na_2CO_3 の中和反応
第1中和点　$Na_2CO_3 + HCl \longrightarrow NaHCO_3 + NaCl$
第2中和点　$NaHCO_3 + HCl \longrightarrow NaCl + H_2O + CO_2$

考え方

Na_2CO_3 と HCl の反応は，

$Na_2CO_3 + HCl \longrightarrow NaHCO_3 + NaCl$　…①

$NaHCO_3 + HCl \longrightarrow NaCl + H_2O + CO_2$　…②

①の反応が完了してから②の反応が起こるというように，二段階で中和反応が起こる。

［中和点と指示薬］

第 1 中和点はフェノールフタレイン(変色域：pH8.0〜9.8) で，第 2 中和点はメチルオレンジ(変色域：pH3.1〜4.4)で確認する。

解答

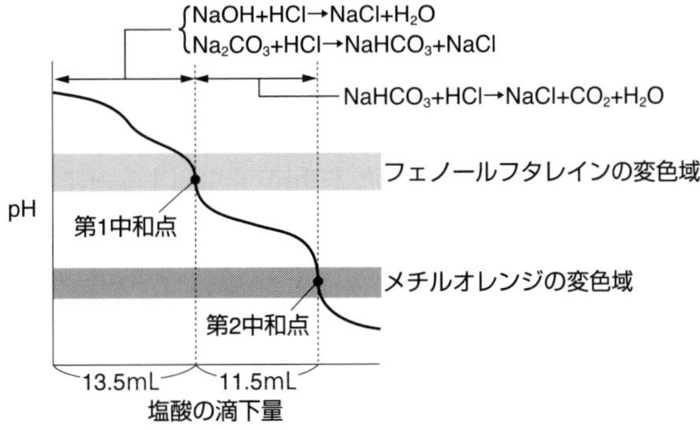

(1)　フェノールフタレインの変色域までに，

$NaOH + HCl \longrightarrow NaCl + H_2O$

$Na_2CO_3 + HCl \longrightarrow NaHCO_3 + NaCl$

の 2 つの反応が起こる。

(2)　メチルオレンジの変色域までには，次の反応が起こる。

$NaHCO_3 + HCl \longrightarrow NaCl + H_2O + CO_2$

(3)　Na_2CO_3 のモル濃度を x〔mol/L〕，NaOH のモル濃度を y〔mol/L〕とする。フェノールフタレインを指示薬として用いた第 1 中和点までに起こる反応は，(1)より，

$$\begin{cases} NaOH + HCl \longrightarrow NaCl + H_2O \\ Na_2CO_3 + HCl \longrightarrow NaHCO_3 + NaCl \end{cases}$$

HCl は 1 価の酸，Na_2CO_3 と NaOH は 1 価の塩基として反応しているので，

$$1 \times 0.100 \times \frac{13.5}{1000} = 1 \times (x + y) \times \frac{25.0}{1000}$$

よって，$x + y = 0.0540$ mol/L　…①

(1)より，反応した Na_2CO_3 と生成した $NaHCO_3$ の物質量は等しい。メチルオレンジを指示薬とした第 2 中和点までの反応は，(2)より，

$NaHCO_3 + HCl \longrightarrow NaCl + H_2O + CO_2$

HCl は 1 価の酸，$NaHCO_3$ は 1 価の塩基として反応しているので，

$$1 \times 0.100 \times \frac{11.5}{1000} = 1 \times x \times \frac{25.0}{1000}$$

よって，$x = 0.0460$ mol/L　…②

①，②より，$y = 0.0540 - 0.0460 = 0.0080$ mol/L

答　Na_2CO_3：**4.60×10^{-2} mol/L**　NaOH：**8.0×10^{-3} mol/L**

標準例題 36 二酸化炭素の定量

標準➡156,157

呼気中の二酸化炭素の量を知るために，標準状態で呼気 1.0L を水酸化バリウム水溶液 50.0mL 中に吹き込んで，1.0L 中の二酸化炭素を完全に吸収させた。反応後の上澄み液 25.0mL を 0.20mol/L 塩酸で中和するのに 15.7mL を要した。ただし，この実験で使用した水酸化バリウム水溶液 25.0mL を中和するのに 0.20mol/L 塩酸 23.8mL を要した。

(1) この実験に使用した水酸化バリウム水溶液のモル濃度はいくらか。有効数字 2 桁で答えよ。

(2) 呼気 1.0L 中には二酸化炭素は何 mL 含まれていたか。有効数字 2 桁で答えよ。

（15 医科歯科大 改）

●エクセル

反応により残った $Ba(OH)_2$ を HCl により滴定する。

$Ba(OH)_2$	$Ba(OH)_2$
CO_2	HCl
↓ 沈殿反応	↓ 中和反応

考え方

酸から生じた H^+ の物質量 ＝ 塩基から生じた OH^- の物質量

$Ba(OH)_2$ と CO_2 が反応すると，$BaCO_3$ の白色沈殿が生成する。

$Ba(OH)_2 + CO_2 \longrightarrow BaCO_3\downarrow + H_2O$

解答

(1) $Ba(OH)_2$ 水溶液のモル濃度を x〔mol/L〕とすると

$$1 \times 0.20 \times \frac{23.8}{1000} = 2 \times x \times \frac{25.0}{1000}$$

よって，$x = 9.52 \times 10^{-2} \fallingdotseq 9.5 \times 10^{-2}$ mol/L

答 9.5×10^{-2} mol/L

(2) 水酸化バリウムと二酸化炭素の反応は

$Ba(OH)_2 + CO_2 \longrightarrow BaCO_3\downarrow + H_2O$

1.0L の呼気に含まれる CO_2 の物質量を y〔mol〕とすると，1.0L の呼気を通じた $Ba(OH)_2$ 水溶液の上澄みに残っている $Ba(OH)_2$ の物質量は

$$9.52 \times 10^{-2} \times \frac{50}{1000} - y \quad となる。$$

上澄み 25.0mL を塩酸で滴定しているので，

$$2 \times \left(9.52 \times 10^{-2} \times \frac{50}{1000} - y\right) \times \frac{25.0}{50.0} = 1 \times 0.20 \times \frac{15.7}{1000}$$

よって，$y = 1.62 \times 10^{-3}$ mol

したがって，体積は

$22400 \times 1.62 \times 10^{-3} = 3.62 \times 10 \fallingdotseq 3.6 \times 10$ mL

答 3.6×10 mL

標準問題

151 ▶混合溶液の[H^+]

(1) 0.50 mol/L の塩酸 1.0 L と 0.30 mol/L の水酸化ナトリウム水溶液 1.0 L の混合溶液の水素イオン濃度[H^+]を求めよ。

(2) 0.10 mol/L の水酸化ナトリウム水溶液 500 mL と，濃度未知の硫酸 500 mL の混合液の pH は 2.0 であった。このとき硫酸の濃度は何 mol/L か。

(3) 0.10 mol/L の硫酸 500 mL に水酸化ナトリウム 0.150 mol を溶かした水溶液の水素イオン濃度を求めよ。

152 ▶pH の大小

次の(a)～(d)の水溶液を pH の小さい順に並べよ。

(a) 0.1 mol/L の酢酸水溶液(電離度 0.01)

(b) 0.1 mol/L のアンモニア水(電離度 0.01)

(c) pH＝2 の塩酸を水で 100 倍に薄めた水溶液

(d) pH＝8 の水酸化ナトリウム水溶液を水で 1000 倍に薄めた水溶液

実験 論述 check! 153 ▶食酢の中和滴定

市販の食酢中の酸の濃度を中和滴定により求めるために，次のような実験を行った。濃度 0.100 mol/L の(ア)シュウ酸水溶液 500 mL をつくるため，シュウ酸二水和物を正確に(A)〔g〕秤量した。この(イ)シュウ酸水溶液 25.0 mL を正確にコニカルビーカーに取り，(ウ)フェノールフタレインを指示薬として，(エ)水酸化ナトリウム水溶液を 40.0 mL 滴下したところで溶液の色は無色から薄い赤色になった。この中和滴定の実験より水酸化ナトリウム水溶液のモル濃度は(B)〔mol/L〕となる。

次に食酢 8.00 g を別のコニカルビーカーに正確に秤量し，水 30 mL とフェノールフタレインを加えたあと，(オ)前の実験で濃度を求めた水酸化ナトリウム水溶液で滴定した。終点(中和点)までに水酸化ナトリウム水溶液 48.0 mL を必要とした。食酢中の酸を酢酸のみとすると，この滴定実験より食酢中の酢酸の質量パーセント濃度は(C)〔%〕となる。

(1) 下線部(ア)，(イ)，(エ)の操作に適したガラス器具名をそれぞれ書け。

(2) 下線部(イ)のコニカルビーカーの内部が水で濡れていても，そのコニカルビーカーを乾燥する必要はない。この理由を説明せよ。

(3) 下線部(ウ)で，メチルオレンジを用いない理由を説明せよ。

(4) 食酢中の酸の濃度を正確に求めるには，水酸化ナトリウムを秤量してつくった水溶液を用いて滴定するのではなく，下線部(オ)のようにシュウ酸水溶液との滴定により濃度を求めた水酸化ナトリウム水溶液を用いて滴定する必要がある。この理由を述べよ。

(5) (A)，(B)，(C)の値を計算せよ。

(6) 実験終了後，下線部(ア)，(イ)，(エ)のガラス器具は，乾燥させるときは加熱せずに自然乾燥させなくてはいけない。自然乾燥させる理由を説明せよ。

(大阪市立大　改)

化学 論述 **154▶塩の加水分解**　塩とは，酸の(　ア　)イオンと塩基の(　イ　)イオンとが結合してできた化合物の総称である。塩は，(　ウ　)塩，(　エ　)塩，(　オ　)塩の3つに分類されるが，これらの名称は，塩の組成からつけられたもので，その水溶液の性質とは関係ない。例えば，酢酸ナトリウムは(　ウ　)塩であるが，その水溶液は(　カ　)性を示し，炭酸水素ナトリウムは(　エ　)塩であるが，その水溶液は(　キ　)性を示す。

(1)　文中の(ア)～(キ)に適当な語句を入れよ。

(2)　下線部において，酢酸ナトリウムの水溶液が(　カ　)性を示す理由を説明せよ。

(3)　下に示した物質を水に溶解させたとき，その水溶液が酸性を示す物質，塩基性を示す物質，ほぼ中性を示す物質に分類せよ。

NH_4Cl，$NaHSO_4$，Na_2CO_3，$NaNO_3$，Na_2SO_3

check! **155▶NaOH と Na_2CO_3 の混合溶液の中和滴定**　水酸化ナトリウムと炭酸ナトリウムの混合水溶液が200mLある。溶液中のそれぞれの物質の重量を調べるために，次の実験を行った。

混合水溶液10.0mLを(　ア　)を用いて正確に測り取り，コニカルビーカーへ入れた。これに，指示薬Aの溶液を2～3滴加えた。コニカルビーカー内の水溶液をかき混ぜながら，(　イ　)を用いて0.100mol/Lの塩酸を滴下した。その結果，(a)32.5mLを加えたところで黄色から赤色への変色が見られた。

次に，同様に混合水溶液を10.0mL測り取り(b)塩化バリウム水溶液を十分に加えた。さらに，指示薬Bの溶液を2～3滴加え，赤色から無色への変色が見られるまで，0.100mol/Lの塩酸を滴下した。このときの滴定量は，12.5mLであった。

(1)　文中の(ア)と(イ)にあてはまる最も適当な器具名をそれぞれ記せ。

(2)　指示薬A，指示薬Bの名称とそれぞれの変色域を下から選び，記号で答えよ。

指示薬　①　ブロモチモールブルー　②　フェノールフタレイン　③　リトマス
④　メチルオレンジ　⑤　チモールフタレイン

変色域　①　pH4.5～8.3　②　pH6.0～7.6　③　pH3.1～4.4　④　pH8.0～9.8
⑤　pH9.3～10.6

(3)　下線部(a)までに，どのような中和反応が起こったか。反応が起こる順に従って化学反応式を記せ。

(4)　下線部(b)では，どのような反応が起こっているか。化学反応式を記せ。

(5)　この混合水溶液200mL中の水酸化ナトリウムと炭酸ナトリウムの重量をそれぞれ求めよ。途中の計算式も記せ。計算値は有効数字3桁で答えよ。

156▶中和反応の量的関係　濃度のわからない塩酸がある。この塩酸の濃度を求めるために次のような実験をした。塩酸50.0mLを取り，0.100mol/Lの水酸化ナトリウム15.0mLを加えたら，中和点を超えてしまった。そこで，この溶液を中和するために，さらに0.0100mol/Lの硫酸12.0mLを要した。塩酸の濃度〔mol/L〕を求めよ。

157▶窒素の定量　ある食品 21.0 mg に水，濃硫酸および触媒を加えて加熱し，含まれている窒素をすべて硫酸アンモニウムとした。これに 6 mol/L の水酸化ナトリウム水溶液を十分に加えて蒸留し，出てくるアンモニアのすべてを 0.0250 mol/L の希硫酸 15.0 mL に吸収させた。この溶液を 0.0500 mol/L の水酸化ナトリウム水溶液で滴定したところ，中和に 12.0 mL 要した。

(1)　下線部の希硫酸に吸収されたアンモニアは何 mg か。

(2)　この食品には窒素が何％含まれているか。　　　　（福島県立医大　改）

発展問題

化学　実験　論述

158▶電気伝導度滴定　酸と塩基の中和反応に関して実験を行った。水溶液の電気伝導度は，水溶液中のイオン濃度が高くなるにつれて大きくなる。ただし，イオンの種類によって電気伝導度は大きく異なり，H_3O^+ や OH^- は，Na^+，Cl^- や CH_3COO^- に比べて大きな電気伝導度をもつことが知られている。

実験1：0.05 mol/L の水酸化ナトリウム水溶液 100 mL をビーカーに入れ，電気伝導度測定用の白金電極を水酸化ナトリウム水溶液中に浸して固定し，かくはんしながら 0.1 mol/L の塩酸 x〔mL〕を徐々に加えた。混合溶液を 25℃ に保ち，電気伝導度を測定した。

上記の実験においては，溶液を混合したときの希釈熱および混合による体積変化は無視でき，また混合は瞬間的に起こり，均一な溶液になるものとする。

(1)　実験1において，電気伝導度の変化を加えた塩酸の体積に対して示すと，どのようなグラフが得られるか。次の(a)〜(f)の中から最も近いものを選び，その理由を 150 字以内で述べよ。

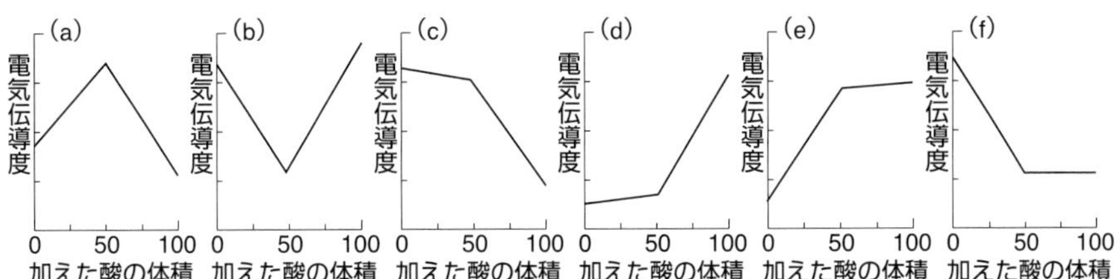

(2)　実験1において，0.1 mol/L の塩酸のかわりに，0.1 mol/L の酢酸水溶液を混合した場合，加えた酢酸水溶液の体積に対して電気伝導度の変化を示すと，どのようなグラフが得られるか。上の(a)〜(f)の中から最も近いものを選び，その理由を 150 字以内で述べよ。　　　　（東大　改）

7 酸化還元反応

❶ 酸化・還元と酸化数

◆1　酸化と還元の定義

定義	酸化	還元
酸素の授受	酸素と結びつく変化 $2Cu + O_2 \longrightarrow 2CuO$	酸素を失う変化 $2CuO + C \longrightarrow 2Cu + CO_2$
水素の授受	水素を失う変化 $2H_2S + O_2 \longrightarrow 2S + 2H_2O$	水素と結びつく変化 $N_2 + 3H_2 \longrightarrow 2NH_3$
電子の授受	原子・イオンが電子を失う変化 $Fe^{2+} \longrightarrow Fe^{3+} + e^-$	原子・イオンが電子を得る変化 $Cu^{2+} + 2e^- \longrightarrow Cu$
酸化数の増減	酸化数が増加する変化 $CuO + \underset{0}{H_2} \longrightarrow Cu + \underset{+1}{H_2O}$	酸化数が減少する変化 $\underset{+2}{CuO} + H_2 \longrightarrow \underset{0}{Cu} + H_2O$

◆2　酸化数

酸化数　原子やイオンが酸化されている程度を表す尺度。酸化数が大きいほど酸化されている程度が高い。酸化数が正の数の場合には＋の符号をつける。

酸化数の決め方	例
(1)　単体中の原子の酸化数は0	H_2(H：0)，Cu(Cu：0)
(2)　化合物中の水素原子の酸化数は＋1 化合物中の酸素原子の酸化数は－2	H_2O(H：＋1，O：－2)
(3)　化合物中の各原子の酸化数の総和は0	$H_2O[(+1)\times2+(-2)]=0$
(4)　単原子イオンの酸化数はそのイオンの価数と等しい。	H^+(H：＋1)，O^{2-}(O：－2) Na^+(Na：＋1)，Cu^{2+}(Cu：＋2)
(5)　多原子イオン中の各原子の酸化数の総和はそのイオンの価数と等しい。	SO_4^{2-}　Sの酸化数をxとすると 総和＝$x+(-2)\times4=-2$，$x=+6$
1族の元素　化合物中の酸化数は＋1	NaCl(Na：＋1，Cl：－1)
2族の元素　化合物中の酸化数は＋2	$CaCl_2$(Ca：＋2，Cl：－1)

＊例外　H_2O_2(H：＋1，O：－1)　NaH(Na：＋1，H：－1)

❷ 酸化剤・還元剤と酸化還元反応

◆1　酸化剤と還元剤

酸化剤と還元剤　酸化還元反応において，相手の物質を酸化しているものを酸化剤，相手の物質を還元しているものを還元剤という。

酸化剤＝酸化数が減少している物質（自身は還元されている物質）

還元剤＝酸化数が増加している物質（自身は酸化されている物質）

例　$2K\underline{I} + \underline{Cl}_2 \longrightarrow \underline{I}_2 + 2K\underline{Cl}$　（KI：還元剤，Cl_2：酸化剤）

-1　0　0　-1

◆2　おもな酸化剤・還元剤のはたらき(半反応式)

酸化剤		還元剤	
Cl_2, Br_2, I_2	$Cl_2 + 2e^- \rightarrow 2Cl^-$	Na, Mg	$Na \rightarrow Na^+ + e^-$
O_3	$O_3 + 2H^+ + 2e^- \rightarrow O_2 + H_2O$	H_2	$H_2 \rightarrow 2H^+ + 2e^-$
$KMnO_4$	$MnO_4^- + 8H^+ + 5e^- \rightarrow Mn^{2+} + 4H_2O$	$FeSO_4$	$Fe^{2+} \rightarrow Fe^{3+} + e^-$
$K_2Cr_2O_7$	$Cr_2O_7^{2-} + 14H^+ + 6e^- \rightarrow 2Cr^{3+} + 7H_2O$	$SnCl_2$	$Sn^{2+} \rightarrow Sn^{4+} + 2e^-$
HNO_3(希)	$HNO_3 + 3H^+ + 3e^- \rightarrow NO + 2H_2O$	H_2S	$H_2S \rightarrow S + 2H^+ + 2e^-$
HNO_3(濃)	$HNO_3 + H^+ + e^- \rightarrow NO_2 + H_2O$	KI	$2I^- \rightarrow I_2 + 2e^-$
H_2SO_4(熱濃)	$H_2SO_4 + 2H^+ + 2e^- \rightarrow SO_2 + 2H_2O$	$H_2C_2O_4$	$H_2C_2O_4 \rightarrow 2CO_2 + 2H^+ + 2e^-$
H_2O_2	$H_2O_2 + 2H^+ + 2e^- \rightarrow 2H_2O$	H_2O_2	$H_2O_2 \rightarrow O_2 + 2H^+ + 2e^-$
SO_2	$SO_2 + 4H^+ + 4e^- \rightarrow S + 2H_2O$	SO_2	$SO_2 + 2H_2O \rightarrow SO_4^{2-} + 4H^+ + 2e^-$

①**過酸化水素のはたらき**　H_2O_2 はふつう，酸化剤としてはたらくが，強い酸化剤である $KMnO_4$ や $K_2Cr_2O_7$ に対しては還元剤としてはたらく。

②**二酸化硫黄のはたらき**　SO_2 はふつう，還元剤としてはたらくが，強い還元剤である H_2S に対しては酸化剤としてはたらく。

③**ハロゲンの反応性**　$Cl_2 > Br_2 > I_2$

例　$2KI + Cl_2 \longrightarrow 2KCl + I_2$　　反応する

$2KCl + I_2 \not\longrightarrow 2KI + Cl_2$　　反応しない

◆3　酸化還元反応の量的関係

酸化剤が受け取る e^- の物質量＝還元剤が与える e^- の物質量

濃度 c〔mol/L〕，n〔mol〕の電子を受け取る酸化剤 V〔mL〕と，濃度 c'〔mol/L〕，n'〔mol〕の電子を与える還元剤 V'〔mL〕が終点に達するとき，次の関係が成り立つ。

$$n \times c \times \frac{V}{1000} = n' \times c' \times \frac{V'}{1000}$$

◆4　酸化還元滴定

①**ヨウ素滴定**

酸化剤　$H_2O_2 + 2H^+ + 2e^- \longrightarrow 2H_2O$
還元剤　$2I^- \longrightarrow I_2 + 2e^-$
} H_2O_2 と KI の反応

酸化剤　$I_2 + 2e^- \longrightarrow 2I^-$
還元剤　$2S_2O_3^{2-} \longrightarrow S_4O_6^{2-} + 2e^-$
} I_2 と $Na_2S_2O_3$ の反応。終点はヨウ素デンプン反応により確認。

② **COD 滴定**　水中の有機物を酸化分解するのに必要な酸素量を求める滴定。値が高いほど汚い。

③ **DO 滴定**　水中の酸素量を求める滴定。値が低いほど汚い。

WARMING UP／ウォーミングアップ

1 酸化・還元

次の(　　)に適する語句を入れよ。

ある物質が酸素と結びつくことを(ア)といい，逆に酸素がうばわれる反応を(イ)という。また，ある物質が水素と結びつくことを(ウ)といい，逆に水素がうばわれる反応を(エ)という。しかし，このような酸素や水素の授受に限定しないで(オ)の授受による酸化・還元の定義の仕方がある。(オ)を失う反応を(カ)といい，(オ)を受け取る反応を(キ)という。

1

(ア)　酸化
(イ)　還元
(ウ)　還元
(エ)　酸化
(オ)　電子
(カ)　酸化
(キ)　還元

2 電子の授受

次の文章は銅の酸化反応での電子の授受に関するものである。(　　)に適する化学式・語句を入れよ。

銅を加熱すると，銅が空気中の酸素と結びついて，表面に黒色の酸化銅(Ⅱ)が生じる。

$$2Cu + O_2 \longrightarrow 2CuO$$

このとき，銅は電子を失って，銅(Ⅱ)イオンになり，酸素は電子を受け取って酸化物イオンになっている。このことをイオン反応式で表すと次のようになる。

$$2Cu \longrightarrow 2(\text{ア}) + 4e^-$$

$$O_2 + 4e^- \longrightarrow 2(\text{イ})$$

よって，反応式により，電子を失った銅は(ウ)され，電子を受け取った酸素は(エ)されたことになる。

2

(ア)　Cu^{2+}
(イ)　O^{2-}
(ウ)　酸化
(エ)　還元

3 酸化数

次の(1)〜(4)の文章は，物質・イオンを構成する原子の酸化数に関するものである。(　　)に適する数値を入れよ。

(1)　水素 H_2 は単体であるので，酸化数は(ア)である。

(2)　Na^+は単原子イオンである。単原子イオンの酸化数はそのイオンの価数と等しいので，酸化数は(イ)である。

(3)　化合物 NaCl を構成している原子 Na，Cl の酸化数の総和は(ウ)になる。Na は 1 族の元素であるので酸化数は(エ)であるから，Cl の酸化数は(オ)である。

(4)　化合物 H_2O 中の O は酸化数が(カ)，H の酸化数は(キ)である。この化合物の酸化数の総和は(ク)となる。

3

(ア)　0
(イ)　＋1
(ウ)　0
(エ)　＋1
(オ)　−1
(カ)　−2
(キ)　＋1
(ク)　0

基本例題 37　酸化数と酸化還元反応

基本➡162

次の反応式について，下の(1)，(2)に答えよ。

$$Cu + 2H_2SO_4 \longrightarrow CuSO_4 + 2H_2O + SO_2$$

(1)　反応前の硫酸中の硫黄原子と，反応後の二酸化硫黄中の硫黄原子の酸化数をそれぞれ求めよ。

(2)　この反応によって硫酸中の硫黄原子は酸化されたか還元されたかを答えよ。

●エクセル　化合物中の各原子の酸化数の総和は 0

考え方

反応の前後で，酸化数が増加していればその原子を含む物質は酸化されたことになり，逆に減少していればその原子を含む物質は還元されたという。

解答

(1)　硫酸中の硫黄原子の酸化数を x とすると，

$H_2\underline{S}O_4$　$(+1)\times 2 + x + (-2)\times 4 = 0$，$x = +6$

二酸化硫黄中の硫黄原子の酸化数を y とすると，

$\underline{S}O_2$　$y + (-2)\times 2 = 0$，$y = +4$

答　H_2SO_4　**+6**　SO_2　**+4**

(2)　(1)より，硫黄原子の酸化数は反応の前後で $+6 \rightarrow +4$ と変化しており，減少している。よって，硫酸は還元されたことになる。

答　**還元された**

基本例題 38　半反応式のつくり方

基本➡164

次の酸化剤の半反応式の(　　)に適当な数値，化学式を入れて，完成させよ。

$$MnO_4^- + (\ ア\ )H^+ + (\ イ\ )e^- \longrightarrow (\ ウ\ ) + 4H_2O$$

●エクセル　両辺の酸化数の変化に着目し，電荷と原子数を合わせる。

考え方

過マンガン酸カリウム $KMnO_4$ は水に溶かすと K^+ と MnO_4^-（赤紫色）に電離する。このとき，MnO_4^- が酸化剤としてはたらく。硫酸酸性中の MnO_4^- は酸化剤としてはたらくと，2 価の陽イオンの Mn^{2+}（淡桃色）になる。

解答

半反応式のつくり方を以下の(1)～(4)に示す。

(1)　硫酸酸性中の MnO_4^- は酸化剤としてはたらくと Mn^{2+} になる。

$$MnO_4^- \longrightarrow Mn^{2+}$$

(2)　酸化剤の酸化数の変化を調べ，電子 e^- を左辺に加える。

$$\underset{+7}{\underline{Mn}}O_4^- + 5e^- \longrightarrow \underset{+2}{\underline{Mn}}^{2+}$$

(3)　両辺の電荷をそろえるために，酸化剤では左辺に水素イオン H^+ を加える。

$$MnO_4^- + 8H^+ + 5e^- \longrightarrow Mn^{2+}$$

(4)　両辺の H，O の数をそろえるために，酸化剤では右辺に水 H_2O を加える。

$$MnO_4^- + 8H^+ + 5e^- \longrightarrow Mn^{2+} + 4H_2O$$

答　(ア)　**8**　(イ)　**5**　(ウ)　Mn^{2+}

基本例題 39　酸化還元反応式のつくり方

基本➡165, 166

過マンガン酸カリウム $KMnO_4$ の硫酸酸性水溶液と過酸化水素水 H_2O_2 の酸化還元反応式をつくれ。ただし，$KMnO_4$ と H_2O_2 の酸化剤，還元剤としてのはたらき方は次のようになる。

（酸化剤）　$MnO_4^- + 8H^+ + 5e^- \longrightarrow Mn^{2+} + 4H_2O$　…①

（還元剤）　$H_2O_2 \longrightarrow O_2 + 2H^+ + 2e^-$　…②

●エクセル　酸化剤と還元剤の半反応式における e^- の数をそろえる。

考え方

酸化還元反応では移動する電子の数が等しいので，酸化剤と還元剤の半反応式から電子 e^- を消去すれば，イオン反応式が得られる。

解答

①式，②式から電子 e^- を消去する。①×2＋②×5

$$
\begin{array}{lrl}
 & 2MnO_4^- + 16H^+ + 10e^- & \longrightarrow 2Mn^{2+} + 8H_2O \\
+) & 5H_2O_2 & \longrightarrow 5O_2 + 10H^+ + 10e^- \\
\hline
 & 2MnO_4^- + 6H^+ + 5H_2O_2 & \longrightarrow 2Mn^{2+} + 5O_2 + 8H_2O
\end{array}
$$

左辺の MnO_4^- を $KMnO_4$ にするために，両辺に $2K^+$ を加える。

$$2KMnO_4 + 6H^+ + 5H_2O_2 \longrightarrow 2Mn^{2+} + 2K^+ + 5O_2 + 8H_2O$$

左辺の H^+ は硫酸由来のものなので，両辺に $3SO_4^{2-}$ を加える。

$$2KMnO_4 + 3H_2SO_4 + 5H_2O_2 \longrightarrow 2MnSO_4 + K_2SO_4 + 5O_2 + 8H_2O$$

（反応によって過マンガン酸カリウムの赤紫色が消える。酸素の発生による発泡も見られる。）

基本例題 40　酸化還元反応の量的関係

標準➡167

硫酸酸性の過マンガン酸カリウム水溶液とシュウ酸水溶液は次のようにはたらく。

$MnO_4^- + 8H^+ + 5e^- \longrightarrow Mn^{2+} + 4H_2O$　…①

$(COOH)_2 \longrightarrow 2CO_2 + 2H^+ + 2e^-$　…②

0.100 mol/L のシュウ酸水溶液 10.0 mL を酸化するのに，0.100 mol/L の過マンガン酸カリウム水溶液を何 mL 加えればよいか。

●エクセル

$$n \times c \times \frac{V}{1000} = n' \times c' \times \frac{V'}{1000}$$

酸化剤：c〔mol/L〕，V〔mL〕（酸化剤 1mol が n〔mol〕の電子を受け取るとする）

還元剤：c'〔mol/L〕，V'〔mL〕（還元剤 1mol が n'〔mol〕の電子を与えるとする）

考え方

1molの過マンガン酸カリウムは5molの電子を受け取る。

1molのシュウ酸は2molの電子を与える。

よって，$n=5$，$n'=2$

解答

酸化剤が受け取るe^-の物質量

＝還元剤が与えるe^-の物質量

過マンガン酸カリウム水溶液の体積をx〔mL〕とすると，

$n\times c\times\frac{V}{1000}=n'\times c'\times\frac{V'}{1000}$より，$5\times0.100\times\frac{x}{1000}=2\times0.100\times\frac{10.0}{1000}$

$x=4.00\,\mathrm{mL}$　　答 **4.00mL**

考え方

①式，②式からe^-を消去すると(①×2＋②×5)，酸化還元反応式ができる。化学反応式の係数は，物質量の比を表している。

別解

酸化還元反応式は，$2KMnO_4+5(COOH)_2+3H_2SO_4 \longrightarrow 2MnSO_4+K_2SO_4+10CO_2+8H_2O$　よって，$KMnO_4$と$(COOH)_2$は2：5の物質量比で反応するから，加える過マンガン酸カリウム水溶液をx〔mL〕とすると，

$0.100\times\frac{x}{1000}:0.100\times\frac{10.0}{1000}=2:5$

$x=4.00\,\mathrm{mL}$　　答 **4.00mL**

基本問題

159▶酸化数　次の物質について，下線部の原子の酸化数を求めよ。

(1) $\underline{K}$　(2) $\underline{Cl_2}$　(3) $H_2\underline{O}$　(4) $H_2\underline{O_2}$　(5) $\underline{S}O_2$　(6) $H_2\underline{S}O_4$

(7) $H\underline{N}O_3$　(8) $\underline{Na}^+$　(9) $\underline{O}H^-$　(10) $H\underline{Cl}O_3$　(11) $\underline{Mn}O_2$　(12) $K_2\underline{Cr_2}O_7$

160▶ハロゲンの酸化力　次の文中の(　　)に適当な語句・数値を入れよ。

$$2KI+Cl_2 \longrightarrow I_2+2KCl$$

上の反応では，ヨウ化カリウムKIのヨウ素の酸化数が(　ア　)から(　イ　)に増加，つまり，KI自身は(　ウ　)されているので，KIは(　エ　)剤として作用している。また，塩素Cl_2の酸化数は(　オ　)から(　カ　)に減少，つまり，Cl_2自身は(　キ　)されているので，Cl_2は(　ク　)剤として作用している。このような反応を(　ケ　)反応という。(関西大　改)

161▶酸化・還元　次の文中の(ア)～(ケ)に適当な語句・数値を入れよ。

酸化・還元は酸素原子や水素原子のやりとりだけでなく，広く電子の授受という立場で定義することができる。原子やイオンが電子を失って酸化数が(　ア　)すれば，その原子やイオンは(　イ　)されたといい，逆に電子を受け取って酸化数が(　ウ　)すれば，(　エ　)されたという。例えば，酸化マンガン(Ⅳ)と塩酸の反応では，マンガンは(　オ　)されて，その酸化数は(　カ　)から(　キ　)に変化する。また，ヨウ化カリウム水溶液に塩素ガスを通じるとき，水溶液中のヨウ化物イオンは(　ク　)され，(　ケ　)が生じる。

162▶酸化数の変化　下線を引いた原子について，反応前，反応後の酸化数を示せ。

(1)　$\underline{Zn} + 2HCl \longrightarrow \underline{Zn}Cl_2 + H_2$　　(2)　$2\underline{H}_2 + O_2 \longrightarrow 2\underline{H}_2O$

(3)　$Cu + \underline{Cl}_2 \longrightarrow Cu\underline{Cl}_2$　　(4)　$\underline{Cu} + 2H_2SO_4 \longrightarrow \underline{Cu}SO_4 + SO_2 + 2H_2O$

163▶酸化還元反応　次の反応式のうち酸化還元反応を選べ。

(1)　$NaOH + HCl \longrightarrow NaCl + H_2O$　　(2)　$NaHCO_3 + HCl \longrightarrow NaCl + CO_2 + H_2O$

(3)　$SO_2 + H_2O_2 \longrightarrow H_2SO_4$　　(4)　$AgNO_3 + HCl \longrightarrow AgCl + HNO_3$

(5)　$2KMnO_4 + 3H_2SO_4 + 5H_2O_2 \longrightarrow K_2SO_4 + 2MnSO_4 + 8H_2O + 5O_2$

164▶半反応式　次の酸化剤，還元剤の半反応式を完成させよ。

(1)　$Cl_2 + 2e^- \longrightarrow 2(\quad)$

(2)　$MnO_4{}^- + 8H^+ + 5e^- \longrightarrow (\quad) + 4H_2O$

(3)　(濃)$HNO_3 + H^+ + e^- \longrightarrow (\quad) + H_2O$

(4)　$H_2S \longrightarrow S + (\quad)H^+ + 2e^-$

(5)　$Fe^{2+} \longrightarrow (\quad) + e^-$

(6)　$2I^- \longrightarrow (\quad) + (\quad)e^-$

165▶酸化還元反応　硫酸酸性の二クロム酸カリウム $K_2Cr_2O_7$ とシュウ酸 $(COOH)_2$ 水溶液との反応を表す化学反応式を，次の手順でつくれ。

(1)　硫酸酸性の二クロム酸カリウムの水溶液中でのはたらきを，e^-を含む反応式で示せ。ただし，二クロム酸イオンは，反応後 Cr^{3+}になる。

(2)　シュウ酸の水溶液中でのはたらきを，e^-を含む反応式で示せ。ただし，シュウ酸は還元剤としてはたらき，反応後 CO_2 になる。

(3)　(1)，(2)の式から，e^-を消去して１つのイオン反応式をつくれ。

(4)　(3)で省略されているイオンは何か。陽イオン，陰イオンに分けてそれぞれ答えよ。

(5)　省略されているイオンを補い，化学反応式を完成させよ。

166▶酸化還元反応　次の酸化還元反応を化学反応式で示せ。

(1)　熱濃硫酸に銅板を入れる。

(2)　濃硝酸に銀板を入れる。

(3)　硫化水素水に二酸化硫黄を吹き込む。

(4)　硫酸酸性の二クロム酸カリウム水溶液に二酸化硫黄を吹き込む。

167▶酸化還元の量的関係 過マンガン酸カリウム $KMnO_4$ は，硫酸酸性の水溶液では，過マンガン酸イオンとして，次のように強い酸化力を示す。

$$MnO_4^- + (\ ア\ )H^+ + (\ イ\ )e^- \longrightarrow Mn^{2+} + (\ ウ\ )H_2O$$

一方，過酸化水素の水溶液は，酸化剤としても還元剤としてもはたらくが，過マンガン酸カリウム水溶液に対しては，次のように還元剤としてはたらく。

$$H_2O_2 \longrightarrow O_2 + (\ エ\ )H^+ + (\ オ\ )e^-$$

(1) 文中の(ア)～(オ)に入る適当な数字を答えよ。

(2) 過マンガン酸カリウムと過酸化水素がちょうど反応するとき，物質量の比を求めよ。

標準例題 41 SO_2 の定量

標準➡170

0.20 mol/L のヨウ素溶液 25 mL に，二酸化硫黄 SO_2 を通じ，完全に反応させた。未反応のヨウ素を，デンプンを指示薬として 0.050 mol/L のチオ硫酸ナトリウム水溶液で滴定したところ，20 mL を加えたときに溶液の色が変化した。始めに吸収させた二酸化硫黄の物質量を求めよ。

チオ硫酸ナトリウムとヨウ素は次のように反応する。

$$I_2 + 2Na_2S_2O_3 \longrightarrow 2NaI + Na_2S_4O_6$$

●エクセル 酸化剤が奪った e^- の物質量＝還元剤が与えた e^- の物質量

考え方

I_2 が酸化剤，SO_2 が還元剤としてはたらく。

チオ硫酸ナトリウムも I_2 を還元している。

解 答

ヨウ素 I_2 と二酸化硫黄 SO_2 の反応では，I_2 が酸化剤，SO_2 が還元剤としてはたらく。

$$I_2 + 2e^- \longrightarrow 2I^-$$

$$SO_2 + 2H_2O \longrightarrow SO_4^{2-} + 4H^+ + 2e^-$$

よって，I_2 1 mol が e^- 2 mol を奪っている。

また，SO_2 1 mol が e^- 2 mol を与える。

さらに，チオ硫酸ナトリウム $Na_2S_2O_3$ はヨウ素 I_2 を還元している。

$$2S_2O_3^{2-} \longrightarrow S_4O_6^{2-} + 2e^-$$

よって，$S_2O_3^{2-}$ 1 mol が e^- 1 mol を与えている。

求める SO_2 の物質量を x〔mol〕とすると

I_2 の奪った e^- の物質量＝SO_2 が与えた e^- の物質量 ＋$S_2O_3^{2-}$ が与えた e^- の物質量より

$$\left(0.20 \times \frac{25}{1000}\right) \times 2 = 2x + \left(0.050 \times \frac{20}{1000}\right) \times 1$$

よって，$x = 4.5 \times 10^{-3}$ mol

答 **4.5×10^{-3} mol**

標準問題

168 ▶酸化還元滴定　硫酸酸性にした 0.10 mol/L シュウ酸 $(COOH)_2$ 水溶液 10 mL に，濃度が未知の二クロム酸カリウム $K_2Cr_2O_7$ 水溶液を加えて，酸化還元反応を行ったところ，シュウ酸がすべて反応するまでに 15 mL を要した。

(1)　二クロム酸イオンとシュウ酸の反応をイオン反応式で表せ。

(2)　反応に用いた二クロム酸カリウム水溶液の濃度を求めよ。

実験 **169 ▶過マンガン酸塩滴定**　0.020 mol/L の過マンガン酸カリウム水溶液 20.0 mL を三角フラスコに取り，硫酸酸性下で濃度不明の亜硝酸カリウム KNO_2 溶液 10.0 mL を加えた。このとき，亜硝酸塩は過マンガン酸カリウムに酸化されて，次式に示すように硝酸塩となる。

$$NO_2^- + H_2O \longrightarrow NO_3^- + 2H^+ + 2e^-$$

この溶液に，0.20 mol/L の硫酸鉄(Ⅱ) $FeSO_4$ 溶液を 2.0 mL 加えたところ，この溶液の色は赤紫色から淡桃色に変化した。濃度不明の亜硝酸カリウム溶液のモル濃度を求めよ。ただし，有効数字は 2 桁とする。　　　　　　　　　　　　　　　　　　（宇都宮大　改）

実験 **170 ▶ヨウ素滴定**　市販の過酸化水素水 25.0 mL を（ ア ）を用いて正確に取り，500 mL の（ イ ）に入れ，蒸留水を加えて正確に 20 倍に希釈した。この希釈水溶液 20.0 mL を（ ウ ）を用いて正確に取り，200 mL の（ エ ）に入れ，蒸留水を加えて全量を 50.0 mL としたあと，ヨウ化カリウム 2.00 g と 3.00 mol/L の硫酸 5.00 mL を加え，①式の反応によりヨウ素を遊離させた。その後，（ オ ）から 0.104 mol/L のチオ硫酸ナトリウム $Na_2S_2O_3$ 水溶液を滴下して②式の反応により遊離したヨウ素を滴定したところ，滴定値の平均は，17.31 mL であった。

$$H_2O_2 + 2I^- + 2H^+ \longrightarrow (\text{a}) + I_2 \quad \cdots①$$

$$I_2 + 2S_2O_3^{2-} \longrightarrow 2I^- + S_4O_6^{2-} \quad \cdots②$$

(1)　文中の(ア)～(オ)にあてはまる器具を次の(A)～(F)の中から選べ。

(A)　駒込ピペット　　(B)　ホールピペット　　(C)　三角フラスコ

(D)　メスフラスコ　　(E)　メスシリンダー　　(F)　ビュレット

(2)　反応式①の（ a ）に係数と化学式を記入し，化学反応式を完成させよ。

(3)　この滴定に用いられる指示薬の名称と終点における溶液の色の変化をかけ。

(4)　市販の過酸化水素水（密度 1.00 g/mL）のモル濃度（mol/L）と質量パーセント濃度（%）を求めよ。H_2O_2 の分子量を 34.0 とし，有効数字 3 桁で表せ。

(5)　この実験で①式の反応を完成させるためには，ヨウ化カリウムは理論上何 g 必要か。KIの式量を 166 とし，有効数字 3 桁で表せ。　　　　　　　　　　　　（日本医科大　改）

実験 171 ▶ COD　次の操作 1 ～ 4 により COD を求めた。各問いに答えよ。計算問題は計算過程を示し，有効数字は 3 桁まで答えよ。ただし，原子量は，O = 16.0，K = 39.1，Mn = 54.9 とする。

操作 1　正確に濃度を求めた 5.00×10^{-3} mol/L シュウ酸($H_2C_2O_4$)標準溶液 10 mL をホールピペットを用いて正確に量り取り，水 10 mL と，3.00 mol/L 硫酸を 5 mL 加えて 60℃ に加熱し，ビュレットから濃度がおよそ 2×10^{-3} mol/L の過マンガン酸カリウム溶液を滴下して，滴定を行った。そのときの過マンガン酸カリウム滴定の平均値は 10.96 mL であった。

操作 2　試料水 50 mL をホールピペットを用いて正確に量り取り，3.00 mol/L 硫酸を 5 mL 加えて，さらにビュレットから操作 1 で濃度を決定した過マンガン酸カリウム溶液を 10 mL 加えて，60℃ に加熱し，十分に反応させた。

操作 3　正確に濃度を求めた 5.00×10^{-3} mol/L シュウ酸標準溶液 10 mL を加えた。操作 1 で濃度を決定した過マンガン酸カリウム溶液で滴定したところ，滴定の平均値は，4.22 mL であった。

操作 4　試料水の代わりに蒸留水 50 mL を用い，操作 2，3 を行ったところ，滴定の平均値は，1.69 mL であった。

(1)　操作 1 において，過マンガン酸カリウムとシュウ酸の化学反応式を書け。

(2)　操作 1 において，過マンガン酸カリウムの濃度がいくらになるか求めよ。

(3)　操作 1 ～ 4 の結果より，この試料水の COD〔mg/L〕を求めよ。　(13　香川大　改)

実験 172 ▶ DO　ある河川より試料水を採取し，直ちに空気が入らないように 100 mL の密閉容器(共栓つき試料びん) 2 本にそれぞれ正確に 100 mL 入れ，栓をした。直後に，1 つの試料びん中の試料水に 2.0 mol/L 硫酸マンガン $MnSO_4$ 水溶液 0.5 mL と塩基性ヨウ化カリウム溶液(15%ヨウ化カリウムを含む 70%水酸化カリウム水溶液) 0.5 mL を静かに注入し，栓をしたところ，溶液中で $Mn(OH)_2$ の白色沈殿が生じた。つづいて，栓を押さえながら試料びんを数回転倒させて，沈殿がびん内の溶液全体に及ぶように混和すると，沈殿の一部が試料水中のすべての溶存酸素と反応して，褐色沈殿のオキシ水酸化マンガン $MnO(OH)_2$ に変化した。

$$2Mn(OH)_2 + O_2 \longrightarrow 2MnO(OH)_2 \quad \cdots\cdots(1)$$

その後，試料びん内に 5.0 mol/L 硫酸 1.0 mL を速やかに注入し，密栓して溶液をよく混ぜると，以下の反応が起こり，褐色沈殿は完全に溶解し，ヨウ素が遊離した。

$$MnO(OH)_2 + 2I^- + 4H^+ \longrightarrow Mn^{2+} + I_2 + 3H_2O \quad \cdots\cdots(2)$$

この試料びん中の溶液をすべてコニカルビーカーに移し，ヨウ素を 0.025 mol/L チオ硫酸ナトリウム $Na_2S_2O_3$ 水溶液で滴定したところ，3.65 mL で終点に達した。

$$I_2 + 2Na_2S_2O_3 \longrightarrow 2NaI + Na_2S_4O_6 \quad \cdots\cdots(3)$$

採取直後の試料びんの試料水 100 mL 中の DO〔mg〕を求めよ。ただし，加えた試薬の液量は無視してよいものとして，計算せよ。　(14　医科歯科大)

8 電池・電気分解

1 金属のイオン化傾向

<table>
<tr><td colspan="2" rowspan="2">金　属</td><td colspan="8">大←――――イオン化傾向――――→小</td></tr>
<tr><td>Li　K　Ca　Na</td><td>Mg</td><td>Al</td><td>Zn　Fe</td><td>Ni　Sn　Pb</td><td>(H_2)　Cu　Hg</td><td>Ag</td><td>Pt　Au</td></tr>
<tr><td rowspan="3">反応</td><td>空　気</td><td>常温でただちに酸化される</td><td colspan="2">加熱により酸化</td><td colspan="3">強熱により酸化</td><td colspan="2">酸化されない</td></tr>
<tr><td>水</td><td>常温で水と反応→水素発生</td><td>＊</td><td colspan="2">高温で水蒸気と反応→水素発生</td><td colspan="4">反応しない</td></tr>
<tr><td>酸</td><td colspan="5">酸化力のない酸(塩酸・希硫酸)と反応して水素を発生して溶ける</td><td colspan="2">硝酸・熱濃硫酸に溶ける</td><td>王水に溶ける</td></tr>
</table>

＊熱水と反応(常温の水とおだやかに反応)→水素発生　　王水は濃硝酸と濃塩酸を1：3の体積比で混合したもの。

注 Pb は，塩酸や希硫酸とは難溶性の被膜を生じるので，溶けにくい。

Al，Fe，Ni は，濃硝酸とは表面にち密な酸化被膜をつくるので，溶けにくい(不動態)。

金属の反応性　イオン化傾向が大きいほど酸化されやすい(e^-を失いやすい)

＝イオン化傾向が大きいほど還元性が強い(e^-を与えやすい)

2 電池

◆1　**イオン化傾向と電池**　一般に，電池の基本的構造は，イオン化傾向の異なる2種類の金属を電極として，電解質の水溶液に浸したものである。酸化還元反応に伴って生じる化学エネルギーを電気エネルギーとして取り出している。

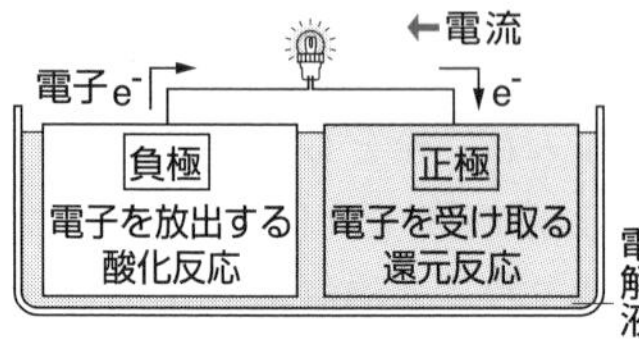

負極：電子を放出する反応(酸化反応)。

正極：電子を受け取る反応(還元反応)。

電解液：電解質の溶液。電解液内ではイオンが移動することができる。

◆2　**電池の種類**

名称／起電力	電池式／負極・正極の反応	
ボルタ電池＊ (1.1V)	(−)Zn ｜ H_2SO_4aq ｜ Cu(＋)	
	(−)$Zn \rightarrow Zn^{2+} + 2e^-$	(＋)$2H^+ + 2e^- \rightarrow H_2$
ダニエル電池 (1.1V)	(−)Zn ｜ $ZnSO_4$aq ｜ $CuSO_4$aq ｜ Cu(＋)	
	(−)$Zn \rightarrow Zn^{2+} + 2e^-$	(＋)$Cu^{2+} + 2e^- \rightarrow Cu$
鉛蓄電池 (2.1V)	(−)Pb ｜ H_2SO_4aq ｜ PbO_2(＋)	
	(−)$Pb + SO_4^{2-} \rightarrow PbSO_4 + 2e^-$	(＋)$PbO_2 + 4H^+ + SO_4^{2-} + 2e^- \rightarrow PbSO_4 + 2H_2O$
燃料電池 (1.4V)	(−)H_2(Pt) ｜ H_3PO_4aq ｜ O_2(Pt)(＋)	
	(−)$H_2 \rightarrow 2H^+ + 2e^-$	(＋)$O_2 + 4H^+ + 4e^- \rightarrow 2H_2O$
マンガン乾電池 (1.5V)	(−)Zn ｜ NH_4Claq，$ZnCl_2$aq ｜ MnO_2，C(＋)	
	(−)$Zn \rightarrow Zn^{2+} + 2e^-$	(＋)$MnO_2 + NH_4^+ + e^- \rightarrow MnO(OH) + NH_3$

(＊)　分極：正極で生じる水素のために，電圧が低下し，電気が流れなくなる。

エクセル 化学基礎

実教出版

答案を作成するにあたって (p.5)

解答 (1) 3桁 (2) 4桁 (3) 2桁 (4) 2桁 (5) 3桁

解説 小さな数値を小数で表すとき，位取りを表すために使う0は有効数字には入れない。そのため(3)の25の左の2個の0は有効数字ではない。また，(4)の0は無いという意味を表す数字のため有効数字に入れて考える。また，$a \times 10^n$ という書き方をすることで，有効数字をはっきり示す表記法もある。

エクセル 有効数字の科学的な表記法

□.□…×10^n
↑
「0」以外の数字。

●「0」と有効数字

0.025
有効数字（25）

1.0
有効数字（1.0）

解答 (1) 22400 mL (2.24×10^4) (2) 0.00000000524 m (5.24×10^{-9}) (3) 240 mg (2.4×10^2) (4) 101300 Pa (1.013×10^5) (5) 0.0042 kJ (4.2×10^{-3})

解説

(1) $22.4\,\text{L} \times \dfrac{10^3\,\text{mL}}{1\,\text{L}} = 22400 = 2.24 \times 10^4\,\text{mL}$

(2) $5.24\,\text{nm} \times \dfrac{10^{-9}\,\text{m}}{1\,\text{nm}} = 0.00000000524 = 5.24 \times 10^{-9}\,\text{m}$

(3) $0.24\,\text{g} \times \dfrac{10^3\,\text{mg}}{1\,\text{g}} = 240 = 2.4 \times 10^2\,\text{mg}$

(4) $1013\,\text{hPa} \times \dfrac{10^2\,\text{Pa}}{1\,\text{hPa}} = 101300 = 1.013 \times 10^5\,\text{Pa}$

(5) $4.2\,\text{J} \times \dfrac{10^{-3}\,\text{kJ}}{1\,\text{J}} = 0.0042\,\text{kJ} = 4.2 \times 10^{-3}\,\text{kJ}$

エクセル 単位の関係を利用して換算する。

解答 (1) 1.414×10^2 (2) 7.3×10^{-3} (3) 2.30×10^{-1} (4) 9.65×10^4 (5) 1.0×10^3

解説

(1) $141.4 = 1.414 \times 10^2$
小数点を左へ2つ移動

(2) $0.0073 = 7.3 \times 10^{-3}$
小数点を右へ3つ移動

(3) $0.230 = 2.30 \times 10^{-1}$ 有効数字の0は忘れない
小数点を右へ1つ移動

(4) $96500 = 9.65 \times 10^4$
小数点を左へ4つ移動

(5) $1000 = 1.0 \times 10^3$
小数点を左へ3つ移動

エクセル $a \times 10^n$ の表記法 ($1 \leqq a < 10$)

●$a \times 10^n$ の表記法
小数点を n 個ずらした。
左へずらす→正の値
右へずらす→負の値

4 解答

(1) $\mathbf{7.0 \times 10^5}$ (2) $\mathbf{1.3 \times 10^{-2}}$ (3) $\mathbf{4.5 \times 10^2}$

(4) **25(2.5 × 10)** (5) **3.7**

解説

(1) $1.4 \times 10^3 \times 5.0 \times 10^2 = 1.4 \times 5.0 \times 10^3 \times 10^2$

$= 7.0 \times 10^{3+2} = 7.0 \times 10^5$

有効数字 2 桁

(2) $3.0 \times 10^2 \times 4.2 \times 10^{-5} = 3.0 \times 4.2 \times 10^2 \times 10^{-5}$

$= 12.6 \times 10^{2+(-5)}$

$= 12.6 \times 10^{-3}$

$= 1.26 \times 10^{-2}$

3 桁目を四捨五入

$\fallingdotseq 1.3 \times 10^{-2}$

有効数字 2 桁

(3) $162 \times 55 \div 20 = \dfrac{162 \times 55}{20}$ ← できるだけ分数の形にして約分する。

$= \dfrac{891}{2}$ ← 途中の計算は 1 桁多く 3 桁まで計算する。

$= 445$(切り上げ)

3 桁目を四捨五入

$\fallingdotseq 450 = 4.5 \times 10^2$

(4) $(3.05 + 2.42) \times 4.63 = 5.47 \times 4.63$

$= 25.3$(切り捨て)

3 桁目を四捨五入

$\fallingdotseq 25 = 2.5 \times 10$

(5) $(0.164 + 1.36) \times 2.46 = 1.524 \times 2.46$

位取りは小数第 2 位が高いので，答えは小数第 3 位まで求める。

$= 3.74$(切り捨て)

3 桁目を四捨五入

$\fallingdotseq 3.7$

▶有効数字 2 桁で答えると 2 桁の値を答える場合は理に $a \times 10^n$ にしなくてよい。

●**割り算を含む計算**

できるだけ分数の形にし約分をしてから割り算をる。

エクセル **有効数字を指定された場合は，指定された桁数より 1 桁多く計算して最後に四捨五入する。**

5 解答

(1) **112.1** (2) **2.5** (3) $\mathbf{7.06 \times 10^3}$

(4) **－11.4**

解説

(1) $45.27 + 66.8 = 112.07 \fallingdotseq 112.1$

位取りは小数第 1 位が高いので，
小数第 2 位まで求めて四捨五入する。

(2) $4.264 - 1.8 = 2.46$(切り捨て) $\fallingdotseq 2.5$

位取りは小数第 1 位が高いので，
小数第 2 位まで求めて四捨五入する。

(3) $6.82 \times 10^3 + 2.41 \times 10^2 = (68.2 + 2.41) \times 10^2$

位取りは小数第 1 位が高いので，小数第 2 位まで求めて四捨五入する。

$= 70.61 \times 10^2$

小数第 2 位を四捨五入

$\fallingdotseq 70.6 \times 10^2$

▶ $a \times 10^n$ の表記法のた有効数字 3 桁と考え，目まで求めて四捨五入と考えてもよい。

$= 7.06 \times 10^3$

(4) $22.4 - 16.04 + 8.524 - 26.32 = -11.43$(切り捨て) $\fallingdotseq -11.4$
位取りは小数第1位が最も高いので,
小数第2位まで求めて四捨五入する。

エクセル 足し算, 引き算→位取りの最も高い値よりも1桁多く計算し, 最後に四捨五入して最も高い位取りにしたものを答えにする。
(有効数字の桁数を考える「かけ算, 割り算」と混同しない)

解答 (1) **0.77 (7.7×10^{-1})**　(2) **30 (3.0×10)**
(3) **3.1×10^5**

解説 (1) $1.46 \times 0.53 = 0.773$(切り捨て) $\fallingdotseq 0.77 = 7.7 \times 10^{-1}$
四捨五入
有効数字3桁と2桁なので, 3桁目まで求めて四捨五入し,
2桁で答える。

(2) $6.24 \div 0.21 = 29.7$(切り捨て) $\fallingdotseq 30 = 3.0 \times 10$ (29.7→30)
有効数字3桁と2桁なので, 3桁目まで求めて四捨五入し,
2桁で答える。

(3) $1.254 \times 10^3 \times 2.5 \times 10^2 = 1.254 \times 2.5 \times 10^{3+2}$
有効数字4桁と2桁なので, 3桁目まで求めて四捨五入し,
2桁で答える。

$= 3.13$(切り捨て) $\times 10^5$
四捨五入
$\fallingdotseq 3.1 \times 10^5$

エクセル かけ算, 割り算→有効数字の桁数が最も少ない値よりも1桁多く計算し, その結果を四捨五入して桁数の最も少ない値の桁数に合わせて答えにする。

解答 (1) **1.3 g/cm^3**　(2) ① **2.6 g**　② **2.6 g**

解説 (1) 密度[g/cm^3] $= \dfrac{\text{質量[g]}}{\text{体積[cm}^3\text{]}} = \dfrac{7.095\,\text{g}}{5.5\,\text{cm}^3}$
有効数字4桁と2桁なので, 3桁まで求めて四捨五入し,
2桁で答える。

$= 1.29$ (1.29→1.3 四捨五入)
$\fallingdotseq 1.3$

(2) ①(1)で出た答えを次の問に使うときは, 四捨五入する前の値を使う。この問題で与えられた数字は有効数字2桁と4桁のため, 答えは2桁で出せばよい。このため, 計算は3桁まで求めて四捨五入して2桁にする。

$1.29\,\text{g/cm}^3 \times 2.05\,\text{cm}^3 = 2.64$(切り捨て)
$\fallingdotseq 2.6\,\text{g}$

②求める質量を x[g]とすると
$5.5\,\text{cm}^3 : 7.095\,\text{g} = 2.05\,\text{cm}^3 : x$[g]
$5.5x = 7.095 \times 2.05$

$x = \dfrac{7.095 \times 2.05}{5.5}$ (6.45, 0.41, 1.1)

$= 2.64$(切り捨て)

●密度
単位体積あたりの質量

●比例式
$a : b = c : d$
$ad = bc$

≒2.6 g

エクセル　・前問の答えを使って計算する時は，最後に四捨五入する前の値を使う
・有効数字の桁数が指定されていない場合は，問題文中の測定値の桁数のうちで，最も桁数の少ない桁数に最後の結果を合わせる

8 **解答**　(1)　**3.14**　　(2)　**2.5 cm**

解説　(1)　問題文中の測定値 12.0 cm の有効数字は 3 桁なので，円周率も 4 桁以上は必要ない。

$\pi = 3.141592\cdots \fallingdotseq 3.14$
（切り捨て）

(2)　答えは有効数字 2 桁で求めるため，途中は有効数字 3 桁で計算する。

$12.0 \times 3.14 = 37.68$（切り捨て）

$\frac{37.6}{15} = 2.50\cdots \fallingdotseq 2.5\,\text{cm}$

エクセル　かけたり，割ったりする計算が続く場合は，全体を大きな分数にしてできるだけ約分し，最後に有効数字を考えたほうがよい

（例）　$\frac{12.0 \times 3.14}{15} = 2.512$　（12.0→4.00→0.800，15→5 と約分）

$\fallingdotseq 2.5$

▶1　物質の探究（p.11）

1 **解答**　**純物質**　**黒鉛，ドライアイス，塩化ナトリウム，銅**
混合物　**海水，牛乳，砂，土**

解説　単一の物質からできている物質が純物質である。黒鉛は炭素から，ドライアイスは二酸化炭素からなる単一の物質である。

エクセル　純物質　単一の物質からなる物質
混合物　2 種類以上の純物質が混じり合った物質

●純物質と混合物の分類

物質
純物質：単一の物質からなる。
混合物：2 種類以上の純物質が混じり合う

2 **解答**　(1)　(ウ)　　(2)　(ア)　　(3)　(オ)
(4)　(エ)　　(5)　(イ)　　(6)　(カ)

解説　(1)　両方の結晶の混合物を加熱しながら水に溶解し，その後，温度を下げると硫酸銅(Ⅱ)は溶液中に残るが，硝酸カリウムの結晶の一部が溶けきれずに純粋な結晶として現れる（再結晶）。

(2)　水溶液から水に不溶な塩化銀をろ紙などで取り除く（ろ過）。

(3)　ヨウ素が加熱されると容易に気体になる（昇華する）ことを利用して分離する（昇華法）。

(4)　水は石油に溶けにくいが，ヨウ素は石油によく溶ける。ヨウ素を石油に溶かし出すことで分離する（抽出）。

(5)　水とそれに溶けている塩化ナトリウム（不揮発性物質）の沸点の差を利用して水を分離する（蒸留）。

●混合物の分離操作
ろ過，蒸留（分留），再結晶，抽出，昇華法，クロマトグラフィー

●不揮発性物質
気体になりにくい物質

●揮発性物質
気体になりやすい物質

(6)　ろ紙などに色素を染み込ませると，色素によって吸着力が異なり分離する。

エクセル　分離方法
① ろ過　液体と液体に不溶な固体の分離
② 蒸留　物質の沸点の差による分離
③ 再結晶　物質が同じ液体に溶ける量の差による分離
④ 抽出　物質をよく溶かす液体に溶かして分離
⑤ 昇華法　固体から容易に気体になる性質を利用して分離
⑥ クロマトグラフィー　混合物が移動する速度の違いで分離

解答　(1)

解説　ろうとの先をビーカーの内壁につけてセットし，ろ過する試料は，飛び跳ねないようにガラス棒を伝わらせて，ろ紙上に静かに注ぐ。

エクセル　ろ過は粒子の大きさの違いを利用した分離法

▶ろ過する溶液は，最初に上澄み液からろ過しはじめるとよい。

解答　(1)　**蒸留**　(2)　(ア)　**枝つきフラスコ**　(イ)　**リービッヒ冷却器**　(ウ)　**三角フラスコ**　(3)　**水**

解説　(1)　沸点の差を利用した分離を蒸留という。液体とそれに溶けている固体の分離，液体の混合物から目的の液体成分の分離(分留)ができる。
(3)　加熱により気体となった水がリービッヒ冷却器で液体となり，三角フラスコに留出する。

エクセル　蒸留　物質の沸点の違いを利用して行う分離操作
液体とそれに溶けている固体の分離
液体の混合物から液体成分の分離
分留　2 種類以上の液体から各液体成分を分離

●蒸留
固体が溶けている溶液から溶媒を取り出す。

●分留
いくつかの種類の液体が溶けている溶液を沸点の差を利用して分離する。

▶分留は石油の精製などに用いられる。

解答　**単体　酸素 O_2，水素 H_2，オゾン O_3**
化合物　水 H_2O，塩化ナトリウム NaCl，過酸化水素 H_2O_2

解説　酸素とオゾンは酸素元素のみからなる物質である。また，水素は水素元素のみからなる物質である。水，塩化ナトリウム，過酸化水素の 3 物質はいずれも 2 種類の元素からなる物質である。

エクセル　純物質(単一の物質)
├─単体　1 種類の元素のみからなる物質
└─化合物　2 種類以上の元素からなる物質
混合物(2 種類以上の純物質が混じった物質)

●純物質
純物質
単体　1種類の元素
化合物　2 種類以上の元素

解答　(1)　A　(2)　A　(3)　B　(4)　B

解説　(1)　鉄の元素からなる化合物を含んだものを食べる。
(2)　赤鉄鉱は鉄の元素からなる化合物を含んでいる。
(3)　釘は金属の鉄よりつくる。
(4)　コンクリートの芯として金属の鉄の棒が入っている。

エクセル　単体　1 種類の元素からなる物質(金属としての鉄)
元素　物質の成分(化合物中の鉄)

▶成分を表せば元素。

7 **解答** (3), (5), (6)

解説 単体の組み合わせは(1), (3), (5), (6)である。その中で同じ元素からなるのは(3), (5), (6)である。黄リン P_4 と赤リン P_x はともにリンの単体，黒鉛 C とダイヤモンド C はともに炭素の単体，斜方硫黄 S_8 とゴム状硫黄 S_x はともに硫黄の単体であるが，それぞれ構造が異なる同素体である。

(2)　水も氷も H_2O で表される。水素と酸素からなる化合物である。

(4)　水 H_2O と過酸化水素 H_2O_2 はどちらも水素と酸素からなる化合物である。

エクセル 同素体

① 単体(1 種類の元素からなる物質)

② 構造が異なり，性質(色，密度，融点など)も異なる

●同素体
同じ元素の単体で性質(色，密度，融点など)の異なる物質

▶S, C, O, P の元素にあ

8 **解答** (1) C　(2) D　(3) A　(4) B
(5) A　(6) C　(7) D

解説 (1)　水 H_2O および二酸化炭素 CO_2 は化合物である。

(2)　酸素 O_2 とオゾン O_3 は同素体である。

(3)　海水は水 H_2O と塩化ナトリウム NaCl などの混合物，空気は窒素 N_2 と酸素 O_2 などの混合物である。

(4)　水素 H_2 および窒素 N_2 は単体である。

(5)　石油はナフサなどの混合物，砂はさまざまな鉱物からできる混合物である。

(6)　アンモニア NH_3 および塩化ナトリウム NaCl は化合物である。

(7)　フラーレン C_{60} とカーボンナノチューブは同素体である。

エクセル 単体は 1 種類の元素記号，化合物は 2 種類以上の元素記号で表せる。

▶混合物は化学式で表すことができない。

9 **解答** (1) (ウ)　(2) (イ)　(3) (オ)　(4) (ア)　(5) (エ)

解説 ある種の金属を含む化合物をバーナーの外炎に入れると，その金属に特有の炎の色を示す。これを炎色反応という。金属の塩化物や硝酸塩は，炎色反応を見るのに用いられる。

エクセル 金属原子の炎色反応とその色

赤系の色　リチウム Li(赤)，ストロンチウム Sr(深赤)
紫系の色　カリウム K(赤紫)
橙系の色　カルシウム Ca(橙赤)，ナトリウム Na(黄)
緑系の色　バリウム Ba(黄緑)，銅 Cu(青緑)

●炎色反応

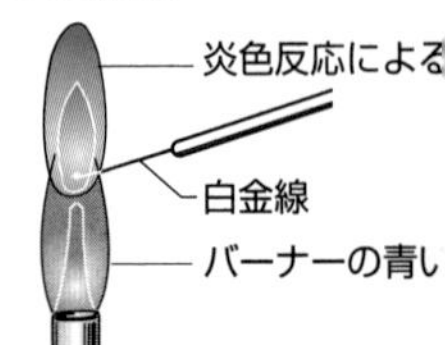

10 **解答** (1) 銅 Cu　(2) 塩素 Cl　(3) (エ)

解説 (1)　炎色反応が青緑色を示す金属元素は銅である。

(2)　硝酸銀の銀イオン Ag^+ と塩化物イオン Cl^- は反応して，塩化銀 AgCl の白色沈殿を生成する。

(3)　二酸化炭素を石灰水中に吹き込むと，炭酸カルシウム $CaCO_3$ の白色沈殿を生じる。

●炎色反応とその色

Li	赤
Na	黄
K	赤紫
Ca	橙赤
Sr	深赤
Ba	黄緑
Cu	青緑

エクセル 元素の確認
炎色反応　Li, Na, K, Ca, Sr, Ba, Cu
沈殿反応　Cl：AgCl(白)
その他　　C：CO_2 を石灰水に通すと白濁する

解答 (ア) **熱運動**　(イ) **振動**　(ウ) **気体**　(エ) **拡散**

解説 物質を構成する粒子は熱運動により，静止することなく常に運動している。物質の状態は，この運動の激しさにより決まる。粒子が自由に運動しているのは気体❶であり，この熱運動により粒子が自然に散らばっていくのが拡散である。

エクセル 固体　粒子の位置は一定で，粒子は細かく振動
液体　粒子の位置は乱雑に入れかわる
気体　すべての粒子は自由に動く

●**拡散**
自然に粒子が散らばっていく現象。

❶
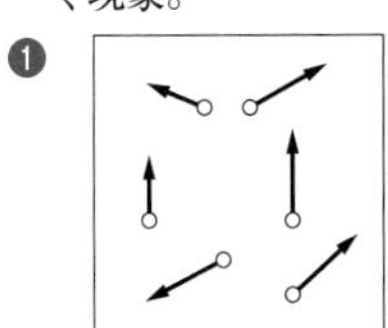

解答 (1)

解説 気体粒子は拡散現象により，容器全体に広がる。どちらの集気びんにも水素と空気が混じり合って存在する❶。したがって，点火すればどちらの集気びんの気体とも爆発的に反応する❷。

エクセル 気体粒子は拡散により，一様に広がっていく。

❶
O_2（空気中）
ふた
H_2
ふたをはずす

❷水素と空気中の酸素は爆発的に反応して水が生成する。

解答 (ア) **昇華**　(イ) **蒸発**　(ウ) **融解**
(エ) **凝縮**　(オ) **凝固**　(カ) **凝華**

解説 物質には固体，液体，気体の3つの状態がある。三態間で状態が変化することを状態変化という。

エクセル
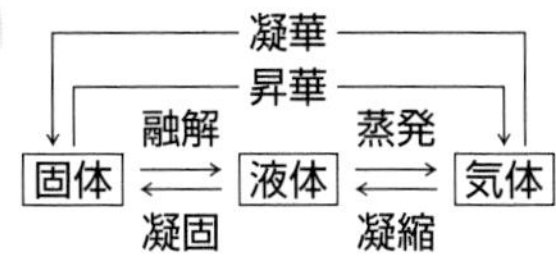

●**物質の三態**
固体，液体，気体の3つの状態。

解答 (1) **昇華**　(2) **凝固**　(3) **蒸発**

解説 (1) 防虫剤が昇華して気体となった。(2) 液体の水が凝固して固体の氷になる。(3) 洗濯物の水分が蒸発して気体となり乾く。

エクセル 状態変化(物理変化)　物質の状態が変わる変化

解答 (1) **正**　(2) **誤**　(3) **誤**　(4) **誤**

解説 (2) 通常，液体が固体になる温度(凝固点)と固体が液体になる温度(融点)は同じ❶。
(3) 沸騰中に熱エネルギーは液体→気体の状態変化に使われる❷。
(4) 気体である水蒸気を加熱すれば，温度は上昇する❸。

❷沸騰中は液体が気体になっている。

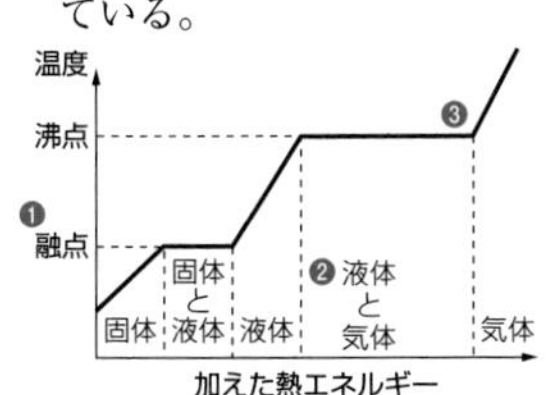

エクセル 物質が状態変化しているとき，熱エネルギーは状態変化に使われ，温度は上昇しない。

16 解答
(1) 物理変化　(2) 物理変化　(3) 化学変化
(4) 物理変化　(5) 物理変化　(6) 化学変化

解説
(1) 水蒸気が水滴になることで鏡がくもる(凝縮)。
(2) 水が氷となって体積が大きくなることで水道管が破裂する(凝固)。
(3) 銀が空気中の硫黄と反応して硫化銀になる化学変化。
(4) お湯の内部から蒸発が起こるのが沸騰である。
(5) 固体の二酸化炭素が気体に変化するために小さくなる(昇華)。
(6) 食品を構成している物質(タンパク質など)が酸化される化学変化。

エクセル 物理変化　物質の状態の変化
化学変化　物質が他の物質になる変化

▶ドライアイスは気体にな…ときまわりの熱を吸収す…ため冷却剤に用いられる

17 解答
(1) (ア) リービッヒ冷却器　(イ) ③
(2) 下のゴム管から水を入れ，上のゴム管から水が出ていくように流す。
理由　Aの中を通る気体を冷却して凝縮させるため。
(3) 三角フラスコ

解説
(イ) 加熱する液体の量は，フラスコの球の部分の半分より少なめがよい。また，温度はリービッヒ冷却器に送る気体の温度を測る。
(3) 冷却されてできた水はアダプターを通って三角フラスコにたまる。

エクセル 蒸留装置の原理　物質の沸点の差を利用
① 試料を加熱
② 揮発しやすい成分(沸点の低い液体物質)が蒸発
③ 蒸発した成分を冷却し，液体などに戻して回収

▶冷却水を上から下へ流す…水が管内にたまらず，冷…効果が悪くなる。

▶三角フラスコは密閉しな…密閉すると三角フラスコ…の圧力が高くなり危険で…る。

18 解答
(1) 沈殿　砂　分離方法　ろ過
(2) 結晶　硝酸カリウム　分離方法　再結晶
(3) 得られる物質　水　分離方法　蒸留
性質　沸点の違い。

解説
(1) 混合物の中で水に溶けないのは砂。液体と液体に溶けない固体の分離はろ過で行う。
(2) 冷却することにより，水に溶けている硝酸カリウムが飽和状態になり結晶が析出する。温度による溶ける量の違いを利用して結晶を精製する方法を再結晶という。
(3) 固体が溶けている溶液の溶媒を分離するには，沸点の差を利用する。加熱すると溶媒は容易に気体になるが，固体は気体にならない。この方法を蒸留という。

●混合物分離の操作の流れ
(1)水への溶解性で分離。
(2)温度による溶解度の差…分離。
(3)沸点の差で分離。

エクセル ろ過　液体と液体に不溶の固体の分離
再結晶　物質が一定量の溶媒に溶ける量の差による分離
蒸留　物質の沸点の差による分離

解答 (1) (ア) **赤** (イ) **白濁した**　(2) **炭酸水素ナトリウム**

解説 (1) (ア) リチウムを含む化合物の炎色反応は赤色である。
(イ) 石灰水に二酸化炭素を通じると，白濁する。
(2) 炎色反応が黄色に発色することからナトリウム元素を含む。また，加熱により，二酸化炭素が発生し，水が生成していることから，炭素と水素を含むことがわかる。

エクセル 成分元素の確認
炎色反応で黄色に発色→ Na の確認
石灰水に二酸化炭素を通じると白濁する→ C の確認
無水硫酸銅(Ⅱ)の白色粉末が青色に変わると水が存在する→ H の確認

解答 (1) (ア) **熱運動** (イ) **引力**　(2) **固体＞液体＞気体**
(3) **気体＞液体＞固体**

解説 粒子はその温度に応じた運動エネルギーをもち，たえず運動(熱運動)している。気体は，分子が離れて運動しているため，密度が最小である。

エクセル 粒子のエネルギー(熱運動)
固体＜液体＜気体

2 物質の構成粒子 (p.23)

解答 (4)

解説 (1) 電荷を帯びていない原子(イオンになっていない原子)では，陽子数＝電子数
(2) 質量数＝陽子数＋中性子数
(3) 原子核中の陽子数は原子番号❶に等しい。
(4) 陽子数と中性子数は，必ずしも一致しない。
(5) 同じ元素の原子は同じ数の陽子をもつ。

❶元素の種類を表す。

エクセル 元素記号
質量数＝陽子数＋中性子数 ⟶ 32
原子番号＝陽子数＝電子数 ⟶ 16
$^{32}_{16}S$ ⟵ 元素記号
＊原子番号は省略できる。

解答 (ア) $_{7}N$ (イ) **15** (ウ) **7** (エ) **7**
(オ) **16** (カ) **16** (キ) **17** (ク) **16**

解説 窒素原子では原子番号7より，陽子数7，電子数7，質量数＝陽子数＋中性子数＝7＋8＝15。硫黄原子は原子番号16より陽子数16，電子数16，質量数33より中性子数＝質量数－陽子数＝33－16＝17。

エクセル 原子では，原子番号＝陽子数＝電子数
中性子数＝質量数－陽子数

23 **解答** **(ア) 8 (イ) 16 (ウ) 17 (エ) 18 (オ) ^{17}O (カ) 同位体 (キ) 99.76**

解説 (ア) 同じ元素の原子は同じ陽子数である。
(イ)，(ウ)，(エ) 陽子数＋中性子数が質量数である。
(オ) 原子番号は元素記号の左下❶，質量数は左上に書く。
(カ) 同じ元素で質量数が異なる原子を互いに同位体という。
(キ) $\frac{9976}{10000} \times 100 = 99.76\%$

エクセル 同位体
原子番号が同じ(同じ元素)で，質量数が異なる(中性子数が異なる)原子どうしをいう。

●同位体
質量数の異なる同じ元素の原子 ^{16}O，^{17}O，^{18}O は互いに同位体である。

❶原子番号は省略できる。

24 **解答** **(1) (ア) 壊変(崩壊) (イ) 半減期**
(2) 原子番号 7 質量数 14
(3) 22920 年

解説 (1) 原子核が不安定で放射線を放出して他の原子に変化することを，壊変または崩壊という。
(2) $^{14}_{6}C$ は β 壊変し，中性子が電子を放出して陽子に変化するため，原子番号が1増加する。
$^{14}_{6}C \longrightarrow {}^{14}_{7}N + e^-$
(3) $6.25\% = \left(\frac{1}{2}\right)^4$ になるには，半減期の4倍の時間がかかる。
$5730 \times 4 = 22920$ 年

エクセル 放射線を放出する同位体を放射性同位体(ラジオアイソトープ)という。

●放射性同位体による年代測定

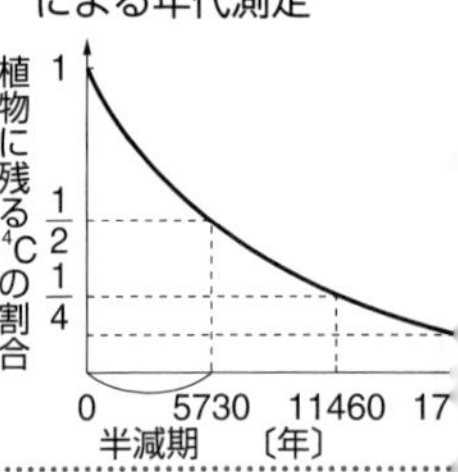

25 **解答** **(ア) 7 (イ) 8 (ウ) 8 (エ) 2 (オ) 8 (カ) 2**

解説 各電子殻に入る電子の数には限度がある。電子殻が収容できる電子数はK殻2，L殻8，M殻18である❶。原子は原子番号と同じ数の電子をもっている。したがって，それぞれの原子の電子配置は次のようになる。
$_{9}F$　K殻2，L殻7　$_{18}Ar$　K殻2，L殻8，M殻8
$_{12}Mg$　K殻2，L殻8，M殻2

エクセル 原子核から n 番目に近い電子殻に入る電子の最大数は $2n^2$ 個
K殻は $2 \times 1^2 = 2$ 個　L殻は $2 \times 2^2 = 8$ 個　M殻は $2 \times 3^2 = 18$ 個

❶電子殻

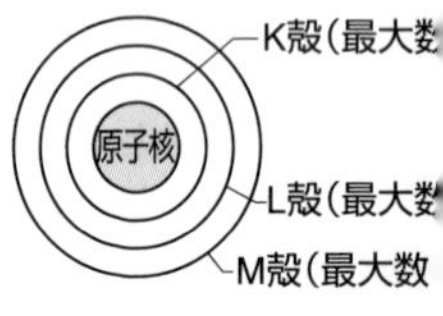

26 **解答** **(1)，(4)**

解説 最外殻にある電子を価電子という。ただし，貴ガス(He，Ne，Ar，Kr，Xe，Rn)では最外殻に電子がHeは2個，他の原子は8個あるが，価電子数は0である。価電子は原子の結合に関係する電子であり，貴ガスは原子どうしの結合をほとんどしない。

●酸素の電子配置

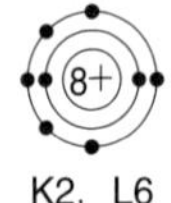

K2，L6
価電子 6

(2)　ネオンは貴ガスで価電子数0である。
(3)　最外殻にある電子が価電子である。
(5)　価電子は安定な電子配置になるために放出されることもある。

エクセル　価電子　最外殻にある電子をいう。ただし，貴ガス(He，Ne，Ar，Kr，Xe，Rn)では最外殻電子はあるが，価電子数は0とする。
1族・2族　価電子数＝族の番号
13族～17族　価電子数＝族の番号－10

●硫黄の電子配置

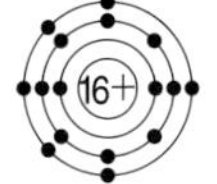

K2，L8，M6
価電子6

▶価電子は周期的に変化する。

解答　(1)　He，Ne，Ar　(2)　Ne　(3)　Ar

解説　(2)　Alは電子を3個放出し，Neと同じ電子配置になる❶。
Alの電子配置　K2，L8，M3
↓電子3個放出
Al^{3+}の電子配置　K2，L8
(3)　Sは電子を2個受け取り，Arと同じ電子配置になる❶。
Sの電子配置　K2，L8，M6
↓電子を2個受け取る
S^{2-}の電子配置　K2，L8，M8

❶価電子が少ない原子は電子を放出し，多い原子は電子を受け取り貴ガスと同じ電子配置になる。

エクセル　アルミニウムイオンの生成　　硫化物イオンの生成

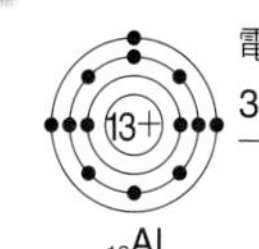

電子を3個放出→

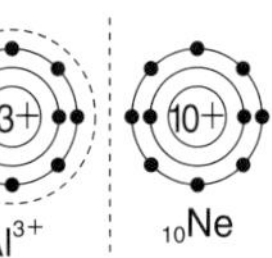

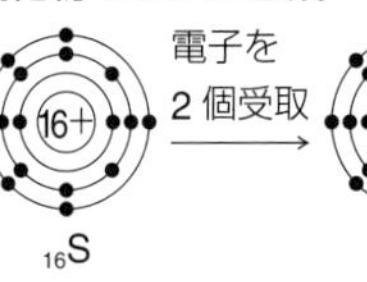

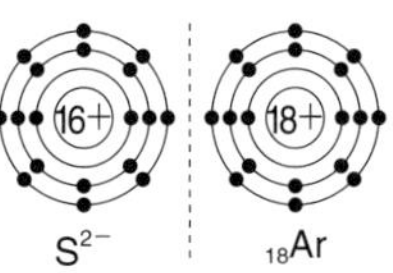

解答　(1)　Cl^-　(2)　O^{2-}　(3)　Ca^{2+}　(4)　NO_3^-

解説　(1)　Clの価電子数は7，1価の陰イオンになりやすい。
(2)　Oの価電子数は6，2価の陰イオンになりやすい。
(3)　Caの価電子数は2，2価の陽イオンになりやすい。

●原子団
数個の原子が集合して一つのまとまりになったもの。(多原子イオンなど)

エクセル　価電子を放出するか，最外殻に電子を受け入れて，貴ガスと同じ電子配置をとると安定になる。

価電子数	移動する電子数	イオン
1	1個放出	1価陽イオン
2	2個放出	2価陽イオン
3	3個放出	3価陽イオン
6	2個受け入れ	2価陰イオン
7	1個受け入れ	1価陰イオン

解答　(1)　(ア)　(2)　(ア)　10　(イ)　10　(ウ)　50

解説　(1)　(　　)の中に電子数を書くと次のようになる。
(ア)　Na^+(10)，O^{2-}(10)　(イ)　K^+(18)，Mg^{2+}(10)
(ウ)　Cl^-(18)，Ne(10)　(エ)　Li^+(2)，F^-(10)
(2)　(ア)　原子番号の総和＋1　8＋1＋1＝10

▶原子番号＝電子数(原子)

(イ)　原子番号の総和－1　7＋1×4－1＝10

(ウ)　原子番号の総和＋2　16＋8×4＋2＝50

エクセル　**イオンの総電子数**

・陽イオン＝原子の原子番号の総和－イオンの価数

・陰イオン＝原子の原子番号の総和＋イオンの価数

30　解答　(1)　(ア)，(イ)，(ウ)　(2)　(カ)

解説　周期表において，同一周期の元素では原子番号が大きくなるほどイオン化エネルギーは大きくなり，貴ガスの元素で最大になる。また，同族元素では原子番号が大きくなるほどより遠くの電子殻に電子が入るため原子核の引きつけが弱くなり，イオン化エネルギーは小さくなる。

(1)　グラフの山の頂上に位置するのが，貴ガスである。

(2)　グラフの谷の位置にある元素は，同一周期で，最も電子を放出しやすい。その中で最もイオン化エネルギーが小さいのは(カ)のカリウムである。

●イオン化エネルギー
同周期　原子番号大→大き
同族　原子番号大→小さ

エクセル　**イオン化エネルギーの関係**

同周期の元素　原子番号が大きいほど大きくなり，貴ガスで最大になる。

同族の元素　　原子番号が小さいほど大きくなる。

31　解答　(2)，(5)

解説　(1)　原子から電子を取り去って，陽イオンになるときに必要なエネルギーをイオン化エネルギーという。

(2)　原子が電子を受け取って，陰イオンになるときに放出されるエネルギーを電子親和力という。

(3)　原子番号が増えると原子核中の陽子数が増える。同一周期では，陽子数が増えるほど電子を強く引きつけるため，イオン化エネルギーは大きくなる。

(4)　電子親和力は，陰イオンになりやすい❶17族元素は大きく，陰イオンになりにくい18族元素は小さい。

(5)　イオン化エネルギーは周期表の右上にいくほど大きくなる。したがって，第2周期の貴ガス原子の方がイオン化エネルギーは大きい。

❶陰イオンになりやすい性を陰性(→ p.19)という。

エクセル　**17族元素は電子親和力が大きく，陰イオンになりやすい。**

32　解答　(5)

解説　価数が同じイオンでは，原子番号が大きいほど，外側の電子殻に電子が配置されるのでイオン半径が大きくなる。また，同じ電子配置のイオンでは，原子番号が大きくなるほど，原子核中の陽子が電子を強く引きつけるため，イオン半径は小さくなる。

エクセル

原子番号	8	9	10	11	12
	O^{2-}	F^{-}	Ne	Na^{+}	Mg^{2+}
イオン半径〔nm〕	0.126	0.119		0.116	0.086

価数が同じイオン→原子番号が大きいほどイオン半径は大きくなる。

電子配置が同じイオン→原子番号が大きいほどイオン半径は小さくなる。

解答　(ア)　**同族元素**　(イ)　**典型元素**　(ウ)　**ハロゲン**　(エ)　**遷移元素**

解説　周期表は縦に18のグループに分けられており，1族(Hを除く)を「アルカリ金属」，2族を「アルカリ土類金属」，17族を「ハロゲン」，18族を「貴ガス」とよんでいる。その他，周期表を大きく2つに分けて「典型元素」「遷移元素」という分け方もある。

エクセル

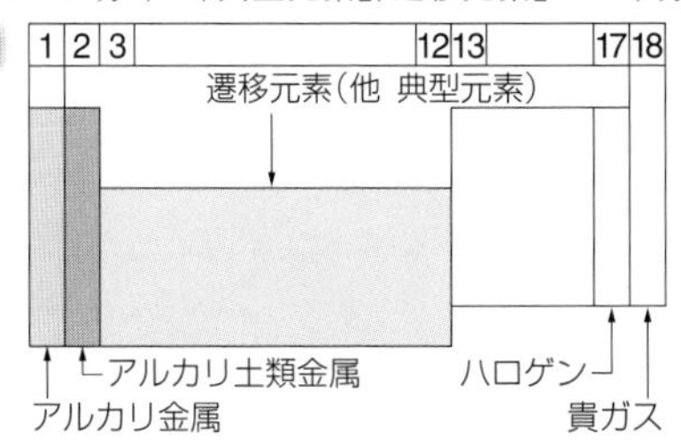

1族：アルカリ金属(Hを除く)
2族：アルカリ土類金属
17族：ハロゲン
18族：貴ガス

解答　(1)　**大きく**　(2)　**小さく**　(3)　**陽性**
(4)　**小さく**　(5)　**大きく**　(6)　**陰性**

解説　典型元素はその化学的性質が周期的に変化し，同族元素は性質が似ている。典型元素では，同族の原子を比較すると，その原子半径は原子番号が大きくなるほど大きくなる。それは原子番号が大きくなるほど，より外側の電子殻に電子が存在するようになるからである。また最外殻電子を取り去るのに必要なエネルギーは外側の電子殻ほど小さくてすむため，イオン化エネルギーは小さくなる。イオン化エネルギーが小さいことを陽性が強いという。

周期表と元素の陽性・陰性

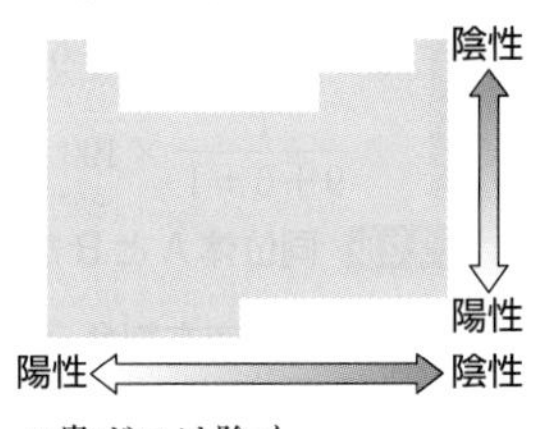

＊貴ガスは除く。

エクセル　**同周期では右にいくほどイオン化エネルギーは大きくなり，原子半径は小さくなる。**

解答　(5)

解説　14族の元素も，周期表の下の方は金属元素である。

エクセル　**金属元素と非金属元素の境目を覚える。**

●金属と非金属

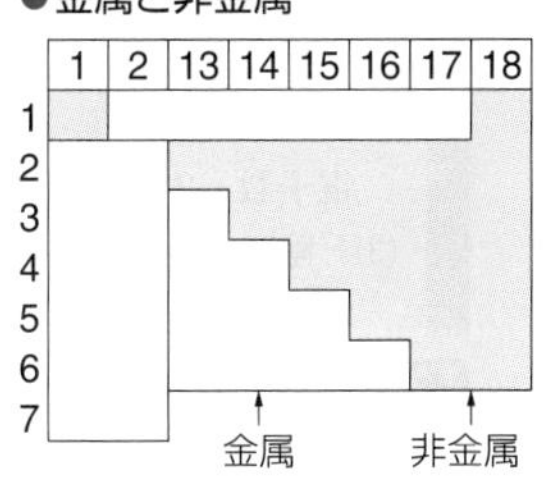

解答　(ア)　**原子核**　(イ)　**電子**　(ウ)　**陽子**　(エ)　**中性子**
(オ)　**原子番号**　(カ)　**質量数**　(キ)　$A-Z$　(ク)　**同位体**
(ケ)　**6**　(コ)　**三重水素(トリチウムまたは$^3_1$H)**
(サ)　**放射性同位体(ラジオアイソトープ)**

解説　原子番号＝陽子数，質量数＝陽子数＋中性子数，中性子数＝質量数－原子番号の関係がある。原子番号が同じで，質量数の異なる原子を互いに同位体という。

(ケ)　水素の構造式　H-H　水素原子の組み合わせは次の6種類である。(^{1}H, ^{1}H)，(^{1}H, ^{2}H)，(^{1}H, ^{3}H)，(^{2}H, ^{2}H)，(^{2}H, ^{3}H)，(^{3}H, ^{3}H)

●同位体

	$^1_1$H	$^2_1$H	$^3_1$H
原子番号	1	1	1
陽子の数	1	1	1
中性子の数	0	1	2
質量数	1	2	3
電子の数	1	1	1

エクセル　原子 { 原子核(正電荷をもち，原子の質量にほぼ等しい) { 陽子(正電荷をもつ)，中性子(電荷をもたない)；電子(負電荷をもち，原子核のまわりを運動) }

37 解答　6.3%

解説　質量数35の塩素 ^{35}Cl と質量数37の塩素 ^{37}Cl からできる塩素分子は，$^{35}Cl^{35}Cl$，$^{35}Cl^{37}Cl$（$^{37}Cl^{35}Cl$），$^{37}Cl^{37}Cl$ の3種類となる。よって，質量数の和は，70，72，74となる。それぞれの存在比は，以下のようになる。

$^{35}Cl^{35}Cl$：$\left(\frac{3}{4}\right)\times\left(\frac{3}{4}\right)=\frac{9}{16}$

$^{35}Cl^{37}Cl$：$\left(\frac{3}{4}\right)\times\left(\frac{1}{4}\right)=\frac{3}{16}$

（$^{37}Cl^{35}Cl$）

$^{37}Cl^{37}Cl$：$\left(\frac{1}{4}\right)\times\left(\frac{1}{4}\right)=\frac{1}{16}$

よって，存在比は9：6：1となる。

$$\frac{1}{9+6+1}\times100=6.25\fallingdotseq6.3$$

エクセル　同位体AとBが $x:y$ の比で存在するとき，

Aの存在割合 $\frac{x}{x+y}$

Bの存在割合 $\frac{y}{x+y}$

38 解答　(1)　Al　(2)　Ca　(3)　Br

解説　(1)　中性原子の電子数は原子番号に一致する。

電子数　2＋8＋3＝13　原子番号13　Al

(2)　陽イオンでは中性原子より価数分の電子が少なくなっている。

電子数　2＋8＋8＋2＝20　原子番号20　Ca

(3)　陰イオンでは中性原子より価数分の電子が多くなっている。

電子数　2＋8＋18＋8−1＝35　原子番号35　Br

エクセル　電子の入っていく順序は，最初の2個はK殻，次の8個はL殻，次の8個はM殻，次の2個はN殻。さらに電子が入るときはM殻にさらに10個(合計18個)まで入ってから，N殻に進む。

●各電子殻に収容できる電
数
K殻は2個
L殻は8個
M殻には18個の電子か
容できるが8個で安定

▶2価陽イオンになるのに
族の原子と遷移金属原子
一部

解答
(1) (イ) C (ウ) N (エ) O (カ) Cl
(2) P 黄リン 赤リン
S 単斜硫黄 斜方硫黄 ゴム状硫黄
(3) (i) アンモニア NH_3 (ii) 二酸化炭素 CO_2
(iii) メタノール CH_3OH

解説
(1) 電子数＝原子番号から元素はそれぞれ次のようになる。
(ア) 水素 H (イ) 炭素 C (ウ) 窒素 N
(エ) 酸素 O (オ) ネオン Ne (カ) 塩素 Cl
(2) 同素体は S, C, O, P の元素に存在する。

エクセル 典型元素では族番号の一桁目は最外殻電子数を表す。

●電子が入る電子殻と周期表
第 1 周期…K 殻
第 2 周期…K 殻・L 殻
第 3 周期…K 殻・L 殻・M 殻

解答
(1) ⑧ (2) ⑥ (3) ④ (4) ⑦ (5) ⑤

解説
(1) 2 族は価電子数が 2 であるので 2 価の陽イオンになりやすい。
(2) 貴ガスの価電子数は 0 であり，そのため化学的にはほとんど反応しない。
(3) 価電子数が 6 の原子は 2 価の陰イオンになりやすい。
(4) 同一周期では原子番号が小さいほど，同族では原子番号が大きいほど，イオン化エネルギーは一般に小さい。
(5) 17 族の元素がハロゲンである。

▶ 17 族の原子は 1 価陰イオンになる。

価電子	イオンになると
0	反応性なし
1	1 価陽イオン
2	2 価陽イオン
6	2 価陰イオン
7	1 価陰イオン

エクセル 周期表と元素の性質

族	族元素の名称	なりやすいイオン	イオン化エネルギー
1 族	アルカリ金属(H 以外)	1 価陽イオン	同周期で最小
2 族	アルカリ土類金属	2 価陽イオン	小さい
13 族		3 価陽イオン	小さい
16 族		2 価陰イオン	大きい
17 族	ハロゲン	1 価陰イオン	大きい
18 族	貴ガス	イオンにならない	同周期で最大

解答
(ア) アルカリ金属(1 族) (イ) 1 (ウ) 水素(H_2)
(エ) 貴ガス(18 族) (オ) 0 (カ) ハロゲン(17 族) (キ) 7
(ク) 電子親和

解説
「アルカリ金属」は 1 価の陽イオンになりやすく，水と反応して水素を発生する。(例：$2Na + 2H_2O \longrightarrow 2NaOH + H_2$)
「貴ガス」は価電子は 0 で安定な元素である(最外殻電子数は He が 2，他は 8)。
「ハロゲン」は 1 価の陰イオンになりやすい。

エクセル 周期表の右にいくほど大きくなるもの
・イオン化エネルギー(貴ガスが最大)
・価電子の数(ハロゲンが最大)
・電子親和力(ハロゲンが最大)

42 解答

(1)　金箔に向けて打ったほとんどの α 線の粒子が，金箔を通りぬけたから。

(2)　金箔に打ち込んだ α 線の粒子は，20000 個に 1 個の割合で 90° 以上も曲がったから。

解説

(1)　α 線の粒子のほとんどが金箔を通過したことから，原子の大部分が空であるということがわかった。

(2)　正電荷を帯びた α 線の粒子は原子核とぶつかると 20000 個に 1 個の割合で 90° 以上も曲がることから，原子核は非常に小さく，正電荷を帯びていることが明らかになった。

　**原子核は原子の中で非常に小さく，正電荷を帯びている。**

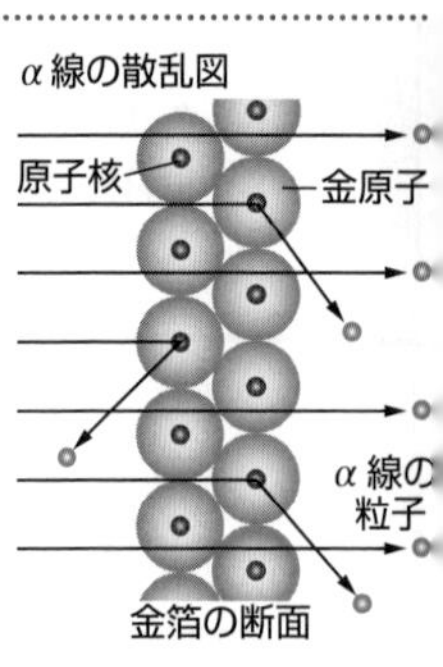

43 解答

(1)　M 殻　8　N 殻　1　　(2)　Ti

(3)　K 殻　2　L 殻　8　M 殻　16　Ni

解説

(1)　第 4 周期 1 族元素の原子は，${}_{19}$K(カリウム)である。カリウムは 3d 軌道より先にエネルギーの低い 4s 軌道に電子が入る。

(2)　M 殻には，3s 軌道に 2 個，3p 軌道に 6 個，3d 軌道に 10 個の電子が入る。第 4 周期の遷移元素の原子は 3d 軌道より先に 4s 軌道に電子が入るため，N 殻(4s 軌道)に 2 個，M 殻の 3d 軌道に 2 個の電子をもつ原子は ${}_{22}$Ti(チタン)となる。

(3)　第 4 周期 10 族元素の原子は，${}_{28}$Ni(ニッケル)である。電子配置は，K 殻に 2 個，L 殻に 8 個，M 殻に 16 個，N 殻に 2 個となる。

▶電子が軌道に入るときは エネルギーの低い軌道か 順に入っていく。
1s → 2s → 2p → 3s → 3p
→ 4s → 3d →⋯

エクセル　**電子が軌道に入る数**

K殻 ─ s軌道　2個
L殻 ┬ s軌道　2個
　　 └ p軌道　6個
M殻 ┬ s軌道　2個
　　 ├ p軌道　6個
　　 └ d軌道　10個

44 解答

(1)　EO_2，ECl_4

(2)　同位体の存在比が異なるから。(Te の方が中性子数が大きいから)

解説

(1)　典型元素では周期表の縦の列の最外殻電子数は等しい。したがって，C，Si の原子の価電子数が 4 個であることから，E の価電子数も 4 個と考え，2 価の O とでは EO_2，1 価の Cl とでは ECl_4 の化合物になるはずである。

(2)　現在の周期表は原子番号(原子核中の陽子数)の順に並んでいるが，原子量の順に並べると質量数の大きい同位体の存在比によっては原子番号と原子量の順番が逆転する。

エクセル　**周期表は原子番号(原子核中の陽子の個数)の順に並んでいる。**
原子量は同位体の相対質量と存在比から求められる平均値。

3 物質と化学結合（p.40）

5 **解答** (ア) 2　(イ) 7　(ウ) 塩化マグネシウム
〔1〕 Mg^{2+}　〔2〕 Cl^-　〔3〕 $MgCl_2$　① (a)　② (b)

解説 価電子数1，2個の金属原子は1，2価の陽イオンになり，価電子数6，7個の非金属原子は2，1価の陰イオンになる。イオン結合からできた物質では，陽イオンの正電荷と陰イオンの負電荷がつり合っている個数の比で Mg^{2+}：Cl^-＝1：2である。通常，化学式は陽イオン→陰イオンの順に書き，名称は陰イオン→陽イオンの順に読む。

▶イオン結晶では，陽イオンと陰イオンの価数と個数の積は等しくなる。

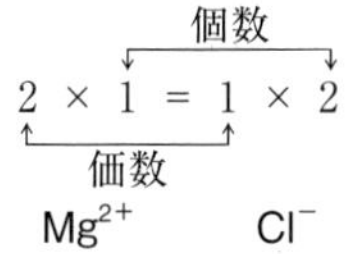

エクセル イオン結合の物質では，陽イオン A^{n+} の正電荷と陰イオン B^{m-} の負電荷がつり合う。
・陽イオンの価数×陽イオンの個数＝陰イオンの価数×陰イオンの個数

6 **解答** (5)

解説 一般的に，結合する原子の性質により結合の状態が異なる。イオン結合になる組み合わせとして，金属原子と非金属原子の組み合わせをさがせばよい。金属原子間の結合は金属結合，非金属原子間の結合では共有結合となる。

(1) 炭素 C と水素 H はともに非金属
(2) 硫黄 S と酸素 O はともに非金属
(3) 亜鉛 Zn と銅 Cu はともに金属
(4) C と O はともに非金属

●イオン結合
金属原子と非金属原子間の結合

▶アンモニウムイオン NH_4^+ を含む結合は例外的にイオン結合である。
・塩化アンモニウム NH_4Cl

エクセル
原子間の結合
- 金属原子間　金属結合
- 非金属原子間　共有結合
- 金属原子と非金属原子間　イオン結合

7 **解答** (1) Al_2O_3　酸化アルミニウム　(2) K_2SO_4　硫酸カリウム
(3) $Cu(NO_3)_2$　硝酸銅(Ⅱ)　(4) NH_4NO_3　硝酸アンモニウム
(5) $(NH_4)_2SO_4$　硫酸アンモニウム

解説 組成式の書き方は陽イオン→陰イオンで，名称の付け方は陰イオン→陽イオンになる。陽イオンから生じる＋の数と陰イオンから生じる－の数が等しくなるようにそれぞれのイオンの数を決め，組成式全体では＋－ゼロになるようにする。また多原子イオンが複数あるときはカッコで囲む。

▶銅や鉄など2種以上の価数をもつイオンでは，ローマ数字で価数を表す。
Cu^{2+}　銅(Ⅱ)イオン
Cu^+　銅(Ⅰ)イオン

エクセル 組成式の書き方　陽イオン→陰イオン
名称の付け方　陰イオン→陽イオン
多原子イオンが複数あるときはカッコで囲む。

48 解答

(ア)　**不対電子**　(イ)　**共有電子対**　(ウ)　**単**
(エ)　**二重**　(オ)　**非金属**

解説　原子の中の不対電子が原子どうしで共有されて電子対をつくると，その対を共有電子対という。この共有電子対をつくる結合を共有結合とよぶ。共有電子対の数により，単結合，二重結合，三重結合に分類される。

H:H（↑単結合）　　O::C::O（↑二重結合）　　N⋮⋮N（↑三重結合）

エクセル　共有結合　いくつかの不対電子が共有電子対になって結びついた結合

●不対電子
・Ö・（不対電子／電子対）

●共有電子対
H:Ö:H（共有電子対／非共有電子対）

49 解答

エタン

```
   H  H
   |  |
H—C—C—H
   |  |
   H  H
```

エチレン

```
H       H
  \   /
   C=C
  /   \
H       H
```

解説　結合する原子間に共有される電子2個で1本の線を引く❶。共有電子対を1本の線で表したのが構造式。共有される電子2個につき，1本の線にして表す。

エクセル　構造式　共有電子対1組を1本線で表す。
共有電子対が2組ならば2本線で表す。

❶原子間に共有される2個の電子(共有電子対)を1本の線で表す。

●結合の種類
単結合　H—Cl
二重結合　O=C=O
三重結合　N≡N

50 解答

	(1)	(2)	(3)	(4)	(5)
電子式	:C̈l:C̈l:	H:S̈:H	:Ö::C::Ö:	H H H:C̈:C̈:H H H	:N⋮⋮N:
構造式	Cl—Cl	H—S—H	O=C=O	H H H—C—C—H H H	N≡N

解説　原子の電子式から，次のように分子の電子式ができる。
(1)　:C̈l・・C̈l: → :C̈l:C̈l:　(2)　H・・S̈・・H → H:S̈:H
(3)　:Ö・・Ċ・・Ö: → :Ö::C::Ö:
（原子OとCが不対電子2個ずつ出し合って共有電子対2組をつくる。）
(4)　H・・C・・C・・H → H:C̈:C̈:H　(5)　:Ṅ・・Ṅ: → :N⋮⋮N:

エクセル　原子のもつ不対電子を1個ずつ出し合って共有電子対1組をつくる。
共有電子対1組を1本線にすれば構造式になる。

▶各原子の電子式を書き，原子間で不対電子を共有させて共有電子対にすると分子の電子式が書ける。
▶分子の電子式における共有電子対を1本の線になおして構造式をつくる。

51 解答

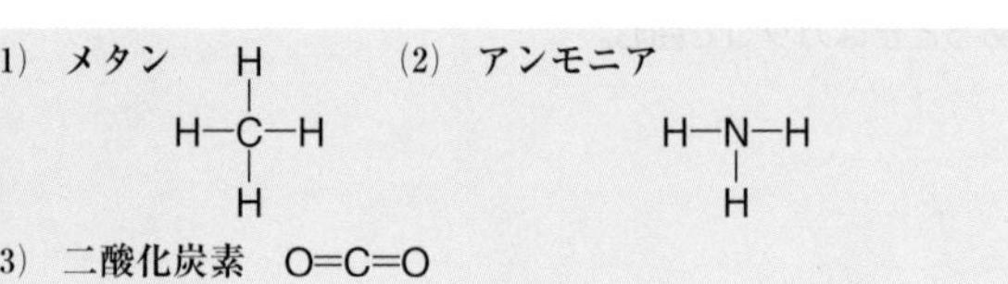

解説　1本の線が結合の手1本と考える。結合の手はHは1本，Oは2本，Nは3本，Cは4本と考え❶，原子が結合の手を1本

❶不対電子の数が原子の結合の手の数(原子価)

原子価	1	2	3	4
原子	H—	—O—	—N—	—C—

ずつ出し合って1つの結合をつくる。結合の手が余らないようにして構造式をつくる。

エクセル 原子価の数は原子が結合に使う手の数。原子では結合の手が結びつくと結合ができる。結合の手が4本の炭素Cは，結合の手が1本の水素4個と，結合の手が2本の酸素2個と結合できる。

解答 (ア) **電気陰性度**　(イ) **大きく**　(ウ) **極性**　(エ) **極性分子**
(オ) **無極性分子**

解説 電気陰性度は，原子が共有電子対を引き寄せる強さの尺度であるから，ほとんど結合をつくらない貴ガスについては考えない。結合に極性があっても，分子がその極性のある結合に対して対称性があれば，分子全体としての電荷のかたよりは打ち消される。

エクセル 異なる元素の原子間の共有結合は極性をもつ。元素が異なれば，電気陰性度も異なる。

●**結合の極性**
共有結合について考える。
異なる元素の原子間
$A^{\delta+}-B^{\delta-}$　(A→B)
(電気陰性度 A＜B)
分子が次の立体的な形をとるとき，結合の極性が打ち消されることがある。
直線形，正四面体形

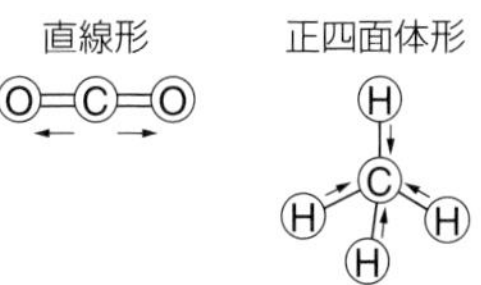

解答 (1) **共有結合している原子間の共有電子対を原子が引きつける強さを表す数値**
(2) (ア) O　(イ) C　(ウ) O
(3) (ア) $\overset{\delta+}{H}-\overset{\delta-}{F}$　(イ) $\overset{\delta-}{O}=\overset{\delta+}{C}=\overset{\delta-}{O}$　(ウ) $\overset{\delta+}{H}-\overset{\delta-}{N}(-H^{\delta+})-\overset{\delta+}{H}$　(エ) $H^{\delta+}/\overset{\delta-}{O}\backslash H^{\delta+}$

解説 (2) 電気陰性度が大きい原子は，それだけ共有電子対を引きつける力が強い。電気陰性度の大きい方の原子が負電荷を帯びる。
(3) 共有結合している原子間において，電気陰性度が大きい方の原子が負電荷を帯び，小さい方の原子が正電荷を帯びる。

エクセル 電気陰性度が大→共有電子対を引きつける力が大(負電荷を帯びやすい)
電気陰性度が小→共有電子対を引きつける力が小(正電荷を帯びやすい)

▶2原子間の電気陰性度の差が大きい(約1.7以上)場合は，イオン結合に，小さい場合は共有結合となる傾向がある。

解答 (1) (ア) H－S－H (折れ線形)　(イ) Cl－Cl　(ウ) S=C=S
(エ) H－N(－H)－H　(オ) H－C(H)(H)－O－H
(2) **極性分子** (ア)，(エ)，(オ)　**無極性分子** (イ)，(ウ)

解説 結合に極性があるため，分子全体として電荷のかたよりが生じる分子を極性分子という。また，結合に極性がなかったり，あっても分子の形から極性が打ち消されたりする分子を無極性分子という。

●**電気陰性度**
F＞O＞Cl＞N＞S＞H

H 2.2	F は最大の値を示す。					
Li 1.0	Be 1.6	B 2.0	C 2.6	N 3.0	O 3.4	F 4.0
Na 0.9	Mg 1.3	Al 1.6	Si 1.9	P 2.2	S 2.6	Cl 3.2

エクセル 極性は結合に生じる。立体的な結合に対して，
対称的な構造は極性を打ち消し合うことがある。

55 解答

フッ化ホウ素 BF_3　　A

```
  ‥            ‥
 :F:          H:F:
  ‥ ‥         ‥  ‥ ‥
  B:F:      H:N:B:F:
  ‥ ‥         ‥  ‥ ‥
 :F:          H:F:
  ‥            ‥
```

解説 アンモニア分子のもっている非共有電子対を使ってフッ化ホウ素と配位結合をつくる。

```
  H   ❶    :F:           H:F:
H:N: ＋ □  B:F:  ⟶  H:N:B:F:
  H        :F:           H:F:
```

❶フッ化ホウ素では，ホウ素原子の最外殻L殻の電子は6個であり，最外殻電子8個の状態になっていない。また，アンモニア分子では窒素原子が非共有電子対1組もっている。

エクセル 非共有電子対を使ってできる共有結合を配位結合という。配位結合は非共有電子対をもつ分子やイオンと最外殻が満たされていない原子をもつイオンや分子などの間に形成される。

56 解答

(1) (ア) **ジアンミン銀(Ⅰ)イオン**
(イ) **テトラアンミン亜鉛(Ⅱ)イオン**
(ウ) **ヘキサシアニド鉄(Ⅲ)酸イオン**
(2) (ア) (b)　(イ) (c)　(ウ) (a)

解説 (1) (ア) 配位子 NH_3 はアンミンという。2個なので数詞ジ，金属イオンは Ag^+ である。
(イ) 配位子 NH_3 はアンミン。4個なので数詞テトラ，金属イオンは Zn^{2+} である。
(ウ) 配位子 CN^- はシアニド。6個なので数詞ヘキサ，金属イオンは Fe^{3+}，負のイオンの名称には酸をつける。
(2) 配位数2は直線形，配位数4は正方形または正四面体，配位数6は正八面体である❶。

●錯イオンの名称
数詞(2個ジ，4個テトラ，6個ヘキサ)→配位子→金属イオン(イオンの価数)

金属イオン　Cu^{2+}
錯イオン　$[Cu(H_2O)_4]^{2+}$
↓金属イオン　↓配位子　↓配位子の数　↓イオンの価数

エクセル 錯イオン　金属イオンに非共有電子対をもつ分子やイオンが配位結合したイオン
Cu^{2+} に H_2O が配位　$[Cu(H_2O)_4]^{2+}$
配位結合した分子やイオン(配位子)
配位子の数(配位数)
錯イオンの書き方　[金属イオン(配位子)$_{配位数}$]^{イオンの価数}
読み方　配位子の数を表す数詞→配位子名→金属イオン(酸化数)
陰イオンの場合は～酸イオンとつける。

❶錯イオンは配位数と金属イオンの種類で構造が決まる。

7 **解答** (ア) **高分子** (イ) **単量体(モノマー)**
(ウ) **重合** (エ) **付加重合** (オ) **縮合重合**

解説 分子内に二重結合をもっていると，その二重結合が切れて別の分子につながっていく。このようにしてつながることを付加重合という。また，分子間で小さな分子がとれながらつながっていくことを縮合重合という。

エクセル 単量体(モノマー) ⟶ 重合体(ポリマー)
⇓
付加重合
縮合重合

●重合の種類

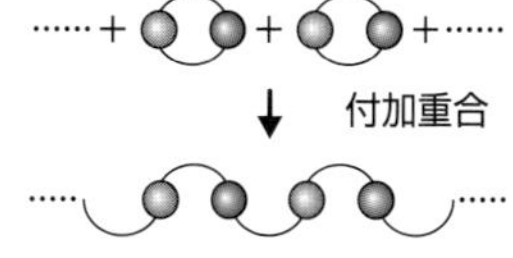

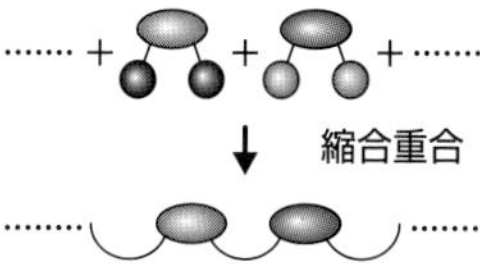

解答 (1) (A) **体心立方格子** (B) **面心立方格子**
(2) (ア) $\frac{1}{8}$ (イ) 1 (ウ) $\frac{1}{2}$ (3) (A) **2 個** (B) **4 個**

解説 (1) 立方体の中心に金属原子がくれば体心立方格子，立方体の各面の中心に金属原子がくれば，面心立方格子。

(2) 頂点の原子は 3 つの面で等分に切られているので(ア)は$\frac{1}{8}$。

面の中心の原子は 1 つの面で等分に切られているので(ウ)は$\frac{1}{2}$。

(3) (A)では $1+\left(\frac{1}{8}\right)\times 8=2$ (B)では $\left(\frac{1}{2}\right)\times 6+\left(\frac{1}{8}\right)\times 8=4$

●各原子の単位格子中の存在数

体心立方格子 面心立方格子

1 個 $\frac{1}{8}$個 $\frac{1}{2}$個

エクセル 単位格子中の原子の数

$$=\frac{1}{8}\times(\text{立方体の頂点にある原子の数})+\frac{1}{2}\times(\text{面の中心にある原子の数})$$
$$+1\times(\text{単位格子中に全部が入る原子の数})$$

解答 (1) C (2) A (3) A (4) B (5) C (6) B

解説 金属原子と非金属原子からなる物質[1]は，塩化カルシウム $CaCl_2$，酸化ナトリウム Na_2O
金属原子だけからなる物質[2]は，ナトリウム Na，青銅(Cu，Sn)
非金属原子だけからなる物質[3]は，塩化水素 HCl，酸素 O_2

エクセル 非金属元素 周期表の右端の上方に位置する。
1 族の H，13 族の B，14 族の C と Si，18 族と 17 族はすべての元素が非金属元素である。
非金属以外の元素はすべて金属元素と考える。

[1]イオン結合
金属原子と非金属原子間の結合

[2]金属結合
金属原子間の結合

[3]共有結合
非金属原子間の結合

解答 (1) (イ) (2) (ウ) (3) (ア)

解説 (ア) 昇華しやすいのは分子からなる物質である。ヨウ素 I_2 やドライアイス CO_2 などがある。
(イ) 薄く広がる性質(展性)は金属の特徴である。金 Au はこの性質が著しい。
(ウ) 固体で通電しないが，液体または水溶液で通電するのはイオン結晶の特徴。

▶物質の性質は，その結晶の種類(イオン結晶，分子結晶，金属の結晶)により，だいたい推定できる。

エクセル 金属結晶　固体・液体ともに電気を通す。展性(薄く広がる性質)，延性(線状に延びる性質)をもつ。
イオン結晶　固体では電気を通さないが，液体または水溶液では通す。かたいが，もろい。
分子結晶　固体でも液体でも電気を通さない。液体や気体になりやすく，昇華する物質もある。

61 解答 (1) A (2) B (3) C (4) B (5) A (6) C

解説 塩化ナトリウムは水に溶けやすい白色固体で，ソーダ工業の原料や調味料として使われている。
炭酸カルシウムは水に溶けにくい白色固体で，サンゴや貝殻の主成分で，石灰石や大理石にも含まれている。セメントの原料にもなる。
塩化カルシウムは水によく溶ける白色固体で，吸湿性を利用して乾燥剤に使われたり，潮解性❶を利用して道路の凍結防止剤として使われたりする。

エクセル 身のまわりのイオンからなる物質の例
$NaCl$，$CaCO_3$，$CaCl_2$

●身のまわりのイオン性物
▶ $NaCl$
・ソーダ工業の原料
・調味料
▶ $CaCO_3$
・石灰石，大理石，サンゴ
貝殻の主成分
▶ $CaCl_2$
・乾燥剤(吸湿性)
・凍結防止剤(潮解性)

❶潮解性
空気中の水分を吸収して
溶液になる性質

62 解答 (1) ダイヤモンド (2) 二酸化ケイ素 (3) 酢酸 (4) ベンゼン (5) ポリエチレンテレフタラート

エクセル 身のまわりの共有結合からなる物質の例
有機化合物　メタン・エチレン・ベンゼン・エタノール・酢酸
高分子化合物　ポリエチレン・ポリエチレンテレフタラート

63 解答 (1) アルミニウム (2) 銅 (3) 水銀 (4) 鉄

エクセル 身のまわりの金属の例
アルミニウム・銅・水銀・鉄

64 解答 (4)

解説
(1) 正
(2) K^+とCl^-はともに最外殻電子はM殻に8個である。しかし，陽子数はK^+19個とCl^-17個であり，原子核のもつ正電荷はK^+の方が大きく，それだけ最外殻電子の電子1個を中心に引く力が大きい。したがって，イオンの大きさは$Cl^- > K^+$である。正
(3) 共有結合のN−Hと配位結合のN−Hは区別されない。正
(4) 結合に極性があっても，分子全体として，その極性が打ち消され無極性分子となることがある❶。誤
例：二酸化炭素CO_2　メタンCH_4など
(5) 金属表面の自由電子が光を反射する❷ので，金属には金属光沢がある。正

❶「分子の極性」を考えると
は，共有結合に極性があ
ることと，その極性が分子
体として打ち消されてい
いことを考える。したが
て極性の有無は，分子の
体構造も考える必要があ

❷ほとんどの金属は，可視
線を反射するため，銀白
に見える。

エクセル 金属結晶は，自由電子のはたらきにより，特徴的な性質を示す。
①　金属光沢がある。
②　電気伝導性，熱伝導性が大きい。
③　展性，延性

5 **解答**
①　**不対電子**　②　**共有電子対**　③　**極性**　④　**電気陰性度**
⑤　**水素結合**　⑥　**ファンデルワールス**　⑦　**極性**
⑧　**静電気**
(A)　H_2O　(B)　SiH_4　(ア)　16　(イ)　14

解説 各原子が不対電子を1個ずつ出し合って，共有電子対1組をつくるのが共有結合である。異なる種類の原子間に共有結合が形成されると，共有電子対は電気陰性度の大きい原子の方にかたより，結合する原子間に＋，－の電荷を生じる。これが結合の極性である。分子間力にはすべての分子間にはたらく引力のほかに，極性にもとづく静電気力もはたらくことがある。また，電気陰性度の大きいF，O，Nの原子などが水素原子と共有結合している場合は，分子間に水素結合が生じる。この結合はファンデルワールス力よりはるかに強く，物質の沸点を異常に高くする。

●分子間にはたらく力
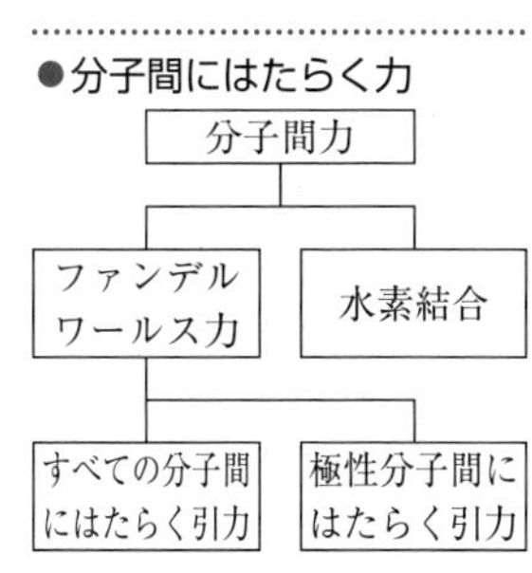

エクセル 分子間にはたらく力の大きさ
水素結合＞共有結合の極性による静電気力＞すべての分子間にはたらく力
分子間にはたらく力が強いほど，沸点は高くなる。

6 **解答**
(1)　(ア)　**共有結合**　(イ)　**金属結合**　(ウ)　**共有結合**
(エ)　**イオン結合**
(2)　i　(3)　**2組**　(4)　:ḧ::f::ḧ:　(5)　(ウ)

解説
(1)　与えられた周期表について，金属原子はc，d，k，l，mであり，残りは非金属原子と考えられる。
(ア)　非金属原子どうし，(イ)　金属原子どうし，(ウ)　非金属原子どうし，(エ)　非金属原子と金属原子
(2)　18族の原子は結合をほとんどつくらないので，電気陰性度は考えない。周期表の右へいくほど，また，上へいくほど電気陰性度は大きい。
(3)　原子の不対電子の数は，aは1，pは2。不対電子は共有結合をつくるから，pの原子1個にaの原子が2個結合する。pの価電子6個のうち残りの4個が非共有電子対をつくるから2組。

a・＋・p̈・＋・a→a:p̈:a

(4)　電子式　・ḟ・（下に・）　・ḣ:

fには不対電子4個，hには不対電子2個があるから，fは2個のhとそれぞれ不対電子を2個出し合って共有電子対をつくる。

●電気陰性度
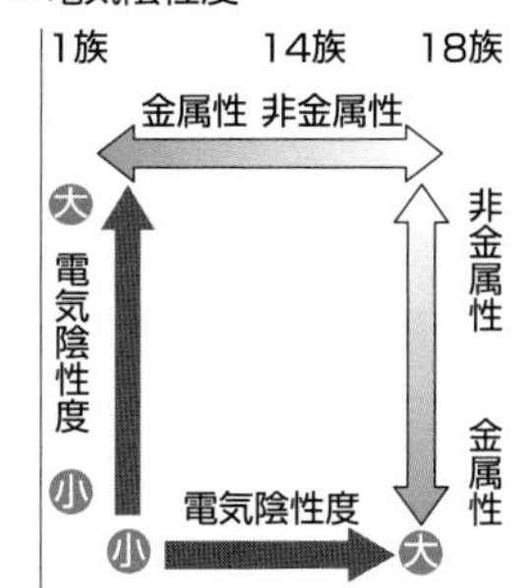

(5)　n と h はともに非金属原子。n はケイ素 Si，h は酸素 O でこの化合物は SiO_2 である。

エクセル　1族(水素を除く)と2族は金属元素，第3周期までの元素については，これらの族の元素以外には13族のアルミニウム Al が金属元素である。
電気陰性度　同周期の原子では原子番号の大きいほど大
同族元素では原子番号の小さいほど大
(ただし，18族の元素については考えない)

族	1族	2族	13族	14族	15族	16族	17族	18族
原子の最外殻電子数	1	2	3	4	5	6	7	8
不対電子数	1	2	3	4	3	2	1	0

67 **解答**　**(ア)　4　(イ)　正四面体　(ウ)　5　(エ)　4　(オ)　三角錐**

解説　(ア)　14族の C の最外殻電子は4個であり，不対電子数も4個である。

(イ)　炭素原子と水素原子間に形成される共有電子対はすべて等価である。また，H─C─H の結合角はいずれも109.5°となり正四面体構造となる。

(ウ)　15族の N の最外殻電子は5個であり，不対電子数は3個である。

(エ)　共有電子対3組と非共有電子対1組より計4組の電子対がある。

(オ)　構造中に非共有電子対と共有電子対が存在し，共有電子対どうしの反発よりも非共有電子対と共有電子対の反発のほうが大きくなる。
したがって，H─N─H の結合角は106.7°となり，正四面体構造の結合角より小さくなることから，三角錐形構造になる。

●アンモニア　NH_3

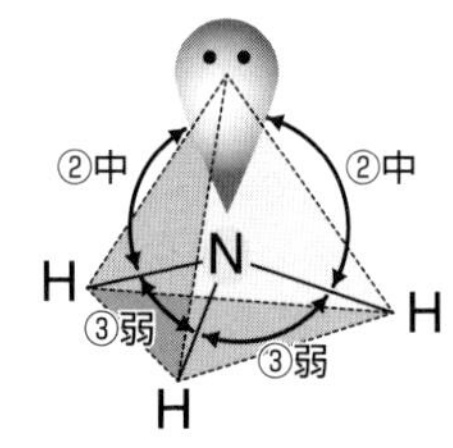

H─N─H
の結合角　106.7°
→正四面体構造の結合角
109.5°より小さい。

エクセル　2種類の電子対により，電子対間には次の3つの反発がある。
①　非共有電子対どうしの反発
②　非共有電子対と共有電子対の反発
③　共有電子対どうしの反発
反発力の大きさ　①＞②＞③

68 **解答**　**(1)　Na^+の数　4個　Cl^-の数　4個　(2)　2.2×10^{22}**
(3)　NaBr＞NaF＞NaCl
(4)　NaF＞NaCl＞NaBr
理由　イオン間の距離が小さいほどイオン結合は強くなり，融点が高くなる。

解説　(1)　単位格子の中に存在する Na^+(図の小丸)は8個の頂点と6個の面の中心にある。したがって，

$$\left(\frac{1}{8}\right)\times8+\left(\frac{1}{2}\right)\times6=4\text{ 個}$$

●単位格子中の存在割合

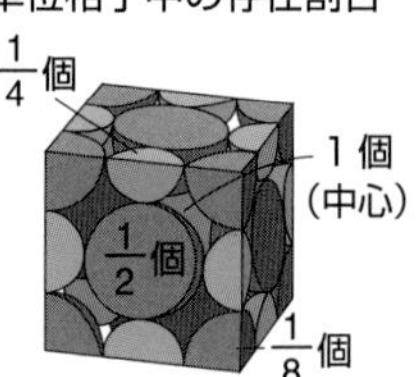

単位格子の中に存在する Cl^-（図の大丸）は 12 個の辺の中心と立方体の中心にある。

$\left(\frac{1}{4}\right) \times 12 + 1 = 4$ 個

(2)　単位格子の体積 $(5.6 \times 10^{-8})^3$ cm³ に含まれる Na^+ の数は 4 個なので，1.0 cm³ に含まれる Na^+ の数は

$$\frac{1.0}{(5.6 \times 10^{-8})^3} \times 4 = 2.22 \times 10^{22} \fallingdotseq 2.2 \times 10^{22}$$

(3)　密度は単位格子の体積（一辺の三乗）に反比例し，質量に比例する。Na^+ の半径を 1 とすると NaF の単位格子の一辺は 4.06（$1 \times 2 + 1.03 \times 2$）となる。同様に NaCl は 4.88，NaBr は 5.14 となる。

単位格子中に各 4 個のイオンを含むので，NaF＝42，NaCl＝58.5，NaBr＝103 を用いて密度の比を表すと次のようになる。

NaF の密度：NaCl の密度：NaBr の密度

$$= \frac{42 \times 4}{(4.06)^3} : \frac{58.5 \times 4}{(4.88)^3} : \frac{103 \times 4}{(5.14)^3}$$

$\fallingdotseq 2.51 : 2.01 : 3.03$

よって　NaBr＞NaF＞NaCl の順に密度は高い。

(4)　イオン結合の強さは，両方のイオンの価数の積が大きいほど大きく，陽イオンと陰イオンの間の距離が小さいほど大きくなる❶。そのため，最も結合が強く結びついているのが Na^+ と F^- である。イオン結合が強いほど，融点も高くなるため，最も融点が高いのも NaF である。

❶イオン結合の強さ

陽イオンと陰イオンの価数の積が大	強くなる
陽イオンと陰イオンの間の距離が小さい	

エクセル　**結晶格子**　**結晶中の規則的な粒子の配列**

単位格子　**結晶格子の繰り返し単位**

（頂点・辺・面にある原子は，格子である立方体の中にある部分だけ考える。）

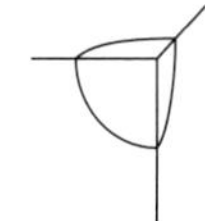
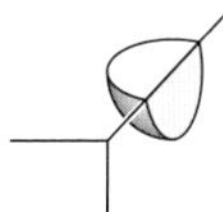
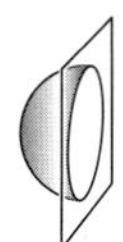

解答

(ア)　**アルカリ金属**　(イ)　**体心立方**　(ウ)　**自由**　(エ)　**熱**

(オ)　**延性**

(a)　**1**　(b)　**18**　(c)　$\sqrt{3}$　(d)　**2**

解説

(1)　アルカリ金属は価電子を 1 個もつため，この電子を自由電子にすることで金属結合で結びつく。金属は，この自由電子のために電気や熱を伝えやすく，展性・延性をもつ。

(2)　充塡率とは，原子自身が結晶中の空間に占める体積の割合を示したものである。したがって，問題に与えられた式は，

$$充塡率〔\%〕= \frac{格子中に含まれる原子自身の体積}{単位格子の体積} \times 100$$

●**充塡率**
面心立方格子
74％
体心立方格子
68％

（格子中に含まれる原子自身の体積）＝

$$\frac{4}{3}\pi\times(\text{原子の半径})^3\times(\text{単位格子中の原子の個数})$$

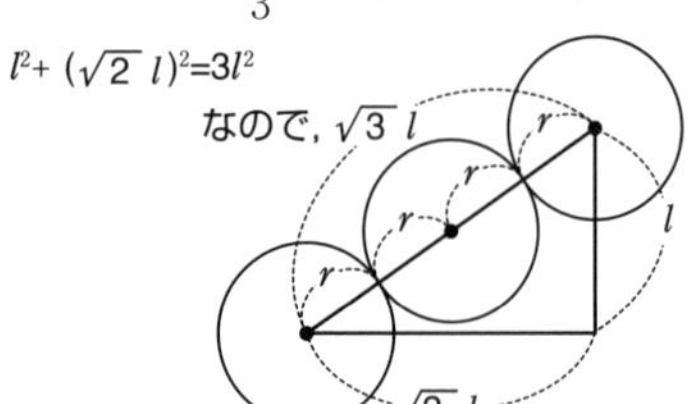

原子の半径 r と単位格子の一辺の長さ l との関係は，原子が立方体の対角線の方向ですべて接していることに注目すると，左図のようになる。

$4r=\sqrt{3}l$ より，$r=\frac{\sqrt{3}}{4}l$

単位格子中の原子の数は，

$$\frac{1}{8}\times\underset{\text{頂点}}{8}+\underset{\text{中心}}{1}=2\text{ 個}$$

格子中に含まれる原子自身の体積は，

$$\frac{4}{3}\pi\times\left(\frac{\sqrt{3}}{4}l\right)^3\times2$$

よって，(c)＝$\sqrt{3}$，(d)＝2 となる。

エクセル　充塡率＝原子自身が結晶中の空間に占める体積の割合

70 解答　**蒸気の温度を測るため，温度計の先を枝つきフラスコの枝の付け根の高さに合わせる。**

解説　ここでは，枝つきフラスコの底を加熱しているので，蒸気の温度は上側ほど低くなる。そのため，出ていく蒸気の温度を測るには，温度計の先を枝つきフラスコの枝の付け根の高さに合わせる必要がある。

キーワード
・沸点
・物質の分離

71 解答　**加温されたヨウ素は昇華して紫色の気体になる。ヨウ素は丸底フラスコの底部の水で冷却され，再び黒紫色の結晶となって付着する。**

解説　固体が液体を経ずに直接気体になる現象を昇華とよぶ。その気体を冷却すると直接固体となる。
昇華するものとしては，ヨウ素の他に防虫剤のナフタレンやパラジクロロベンゼンなどがある。

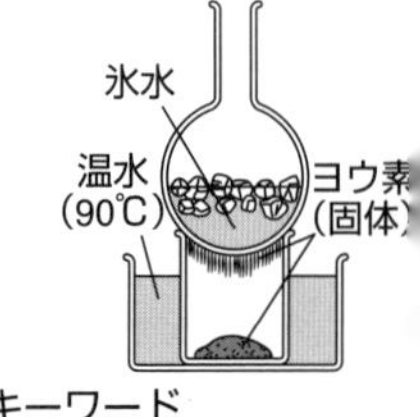

キーワード
・昇華

72 解答　**同素体とは同じ元素からなる互いに性質の異なる単体である。同位体とは原子番号が同じで互いに質量数の異なる原子のことである。同素体の化学的性質は互いに異なるが，同位体の化学的性質には差が見られない。**

解説　（同素体の例）

S の同素体：斜方硫黄（斜方晶），単斜硫黄（単斜晶），ゴム状硫黄（ゴム状）

C の同素体：黒鉛（黒色，電気伝導性あり，やわらかい），ダイヤモンド（無色，電気伝導性なし，かたい）

キーワード
・同素体
・同位体

O の同素体：酸素（分子式 O_2，無色）とオゾン（分子式 O_3，淡青色）

P の同素体：黄リン（猛毒，黄色），赤リン（毒性が低い，赤色）

（同位体の例）

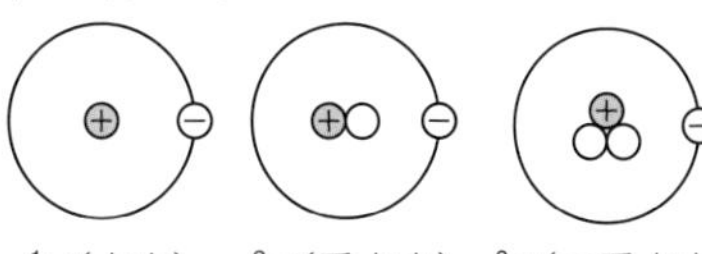

${}^{1}_{1}H$（水素）　${}^{2}_{1}H$（重水素）　${}^{3}_{1}H$（三重水素）

3 解答 **放射性炭素 ${}^{14}C$ は 5730 年の半減期で壊変する。そのため，遺跡や土器に含まれている ${}^{14}C$ の濃度は，時間の経過とともに一定の割合で減少する。このことを利用して，遺跡や土器が使われていた年代を推定することができる。**

解説 放射性同位体が半分に減る時間を半減期という。${}^{14}C$ の半減期は 5730 年である。これは，はじめに存在していた ${}^{14}C$ の量が $\frac{1}{2}$ になるまで 5730 年を要することを意味している。

キーワード
・放射性同位体
・半減期

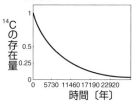

${}^{14}C$の存在量　1　0.5　0.25　0
0　5730　11460　17190　22920
時間〔年〕

4 解答 **原子番号の増加により周期的に変化する陽子数が多いほど電子を強く引きつけるため。**

解説 原子から電子を１つ取り去るのに必要なエネルギーを第一イオン化エネルギーとよぶ。第一イオン化エネルギーは同一周期では，原子番号が増加するほど大きくなる。また，同族では下にいくほど陽子が電子を引きつける力が弱くなるため，第一イオン化エネルギーは小さくなる。

キーワード
・第一イオン化エネルギー
・陽子数

5 解答 **大きさ　水素＞リチウム＞ナトリウム＞カリウム**

理由　原子番号が大きい原子ほど，正の電荷をもつ原子核と負の電荷をもつ電子の距離が大きくなるため，第一イオン化エネルギーは小さくなる。

解説 第一イオン化エネルギーの値が大きいほど陽イオンになりにくく，第一イオン化エネルギーの値が小さいほど陽イオンになりやすい。

キーワード
・第一イオン化エネルギー

6 解答 **典型元素では同族元素の化学的性質がよく似ている。遷移元素は隣り合う元素どうしの化学的性質がよく似ている。**

解説 一般に，典型元素では原子番号が１つ増えるごとに最外殻の電子殻に電子が１つずつ収容される。一方で，遷移元素では，原子番号が１つ増えると内側の電子殻に電子が１つ収容される。そのため，典型元素では同族元素の化学的性質がよく似ているのに対して，遷移元素では隣り合う元素どうしの化学的性質が似ている。

キーワード
・典型元素
・遷移元素

77 解答 **電子の数が同じなら陽子数が大きいほどイオン半径が小さくなる。これは原子核の正電荷が大きくなるにつれて，電子がより原子核に引きつけられるためである。**

解説 陽イオンは原子が電子を放出してできる。このため，原子半径に比べて陽イオンのイオン半径は小さくなる。
同族元素では，原子番号が大きくなるほどイオン半径は大きくなり，同一周期の元素では，原子番号が大きいほど原子核の正電荷が大きくなるためイオン半径が小さくなる。

キーワード
・イオン半径
・原子番号

78 解答 **Cs^+とF^-，Na^+とF^-では正電荷と負電荷の電気量が同じだが，イオン間距離は前者が大きく，静電気的引力は弱いため，融点が低くなる。**

解説 物質の融点は構成粒子間の力が強いほど高い。陽イオンと陰イオン間にはたらく静電気的引力(クーロン力)の強さは，正電荷と負電荷の電気量の積に比例し，その距離の2乗に反比例する。

キーワード
・静電気的引力

79 解答 **水やアンモニアは非共有電子対をもち，これらが中心金属イオンに配位結合して錯イオンを形成する。**

解説 水は分子内に2組の非共有電子対をもち，アンモニアは分子内に1組の非共有電子対をもつ。
これらが，金属イオンの空の電子殻に配位結合して錯イオンを形成する。たとえば，銅(Ⅱ)イオンに水4分子が配位結合するとテトラアクア銅(Ⅱ)イオンになり，銅(Ⅱ)イオンにアンモニア4分子が配位結合するとテトラアンミン銅(Ⅱ)イオンになる。

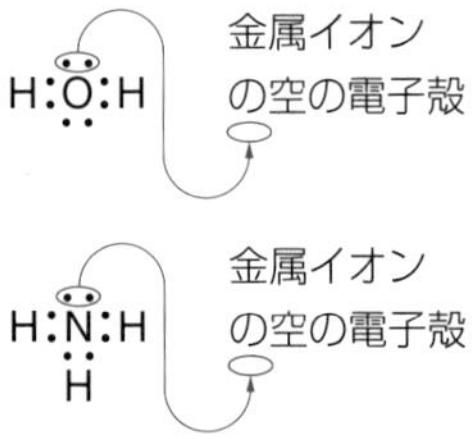

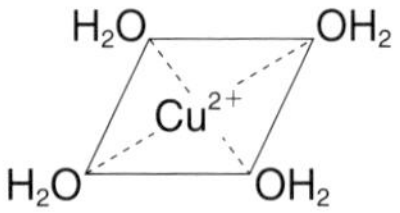

H:Ö:H　金属イオンの空の電子殻

H:N:H (H)　金属イオンの空の電子殻

H_2O, OH_2, Cu^{2+}, H_2O, OH_2
テトラアクア銅(Ⅱ)イオン

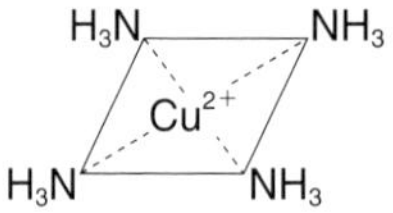

H_3N, NH_3, Cu^{2+}, H_3N, NH_3
テトラアンミン銅(Ⅱ)イオン

キーワード
・非共有電子対
・錯イオン

0 **解答** **電気陰性度は原子核が共有電子対を引きつける強さの尺度である。原子核と共有電子対の距離が近く，原子核の正電荷が大きいほど強く引き合う。そのため，同一周期では右側ほど電気陰性度の値が大きくなり，同族元素では上側ほど電気陰性度の値が大きくなる。**

解説 おもな元素の電気陰性度 F＞O＞N，Cl＞C＞H

電気陰性度と周期表の関係

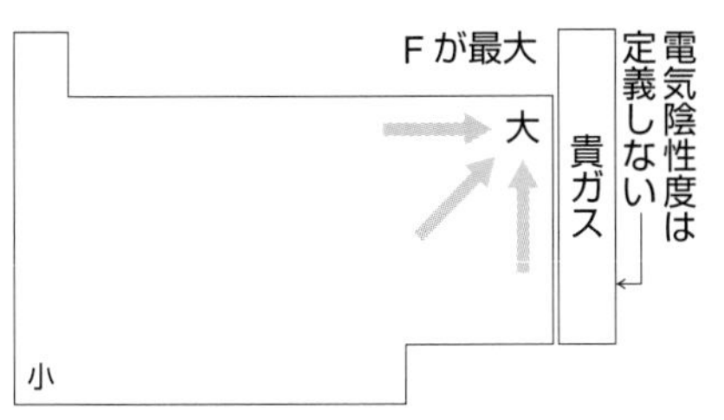

キーワード
・電気陰性度

1 **解答** **折れ線形である水分子はHとOの間に分極を生じるため分子全体として極性をもつ。二酸化炭素も同様にCとOの間に分極を生じるが直線形であるため，極性が打ち消され分子全体としては極性をもたない。**

解説 水も二酸化炭素も原子の電気陰性度が異なるため結合間に分極が生じる。二酸化炭素は直線形のため互いに極性を打ち消し合い，分子全体としては極性をもたない(無極性分子)。水は折れ線形の構造のため，極性を打ち消し合うことはできず，分子全体として極性をもつ(極性分子)。

キーワード
・分極
・極性
・電気陰性度

解答 **フッ化水素　理由　水素結合が分子間に形成されるから。**

解説 電気陰性度の大きい原子(F，O，N)と結合した水素原子をもつ分子には水素結合ができる。水素結合により分子間が強く引きつけ合うため，沸点は高くなる。

キーワード
・水素結合
・分子間の引力

3 **解答** **ドライアイスは二酸化炭素分子が非常に弱い分子間力で結びついている。この分子間力は常温で容易に切れるので，固体から液体を経ることなく気体になりやすい。**

解説 無極性分子間に作用する分子間力は極めて弱く，物質によっては常温で簡単に切れ，粒子間に分子間力がほとんどはたらかない状態となる。このため，液体にならずに直接気体になるものがある。

キーワード
・分子間力

解答 **黒鉛は炭素原子の3個の価電子が他の炭素原子と共有結合し，残りの1個が平面内を自由に動くため。**

解説 共有結合の結晶は，電気を通さないものが多いが，黒鉛は炭素原子がもつ4個の価電子のうち，3個を他の炭素原子との共有結合に用い，残りの1個が平面内を自由に動き回れる。このため，電気を通すことができる。

キーワード
・価電子

85 解答

体心立方格子　立方体の各頂点と中心に原子が配置している。格子内の原子の数は2で，原子に隣接する原子数(配位数)は8である。

面心立方格子　立方体の各頂点と各面の中心に原子が配置している。格子内の原子の数は4で，原子に隣接する原子数(配位数)は12である。

キーワード
- 格子内の原子数
- 配位数

86 解答

イオン結晶は陽イオンと陰イオンがイオン結合で結びついたものである。そのため，イオン結晶をたたくと，陽イオンと陰イオンにはたらいていた引力が反発力に変わって割れやすくなる。

解説

イオン結晶がある特定の面に沿って割れる現象をへき開という。イオン結晶をたたくと，同符号の粒子間で反発が生じてへき開が起こりやすくなる。

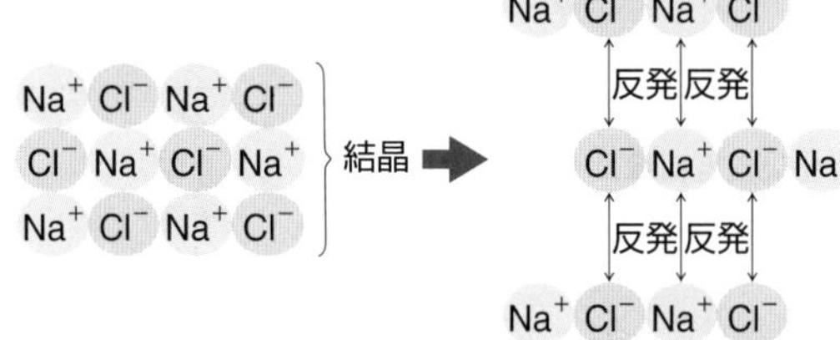

キーワード
- イオン結晶
- へき開

87 解答

共有結合　貴ガスと同様な電子配置を取るために，非金属原子どうしが不対電子を出し合って共有電子対を形成し結びつく結合。

イオン結合　金属原子が価電子を放出して陽イオンとなり，非金属原子が放出された電子を受け取り陰イオンとなって静電気的な引力により結びつく結合。

金属結合　金属の価電子が自由電子となって金属イオンのまわりを自由に動き，この自由電子を介して結びつく結合。

キーワード
- 不対電子
- 共有電子対
- 陽イオン
- 陰イオン
- 自由電子

4 物質量(p.61)

解答 (ア) 32 (イ) 3 (ウ) 20

解説 (ア) 原子Aの相対質量を m_a とする。

$12\times8=m_a\times3$ より，$m_a=32$

(イ) N_2 の数を x〔個〕とする。

$12\times7=28\times x$ より，$x=3$

(ウ) Ca 原子の相対質量が 40 なら，Ca^{2+} の相対質量も 40❶。

^{12}C が y〔個〕であるとする。

$12\times y=40\times6$ より，$y=20$

❶電子の質量は非常に小さいため，Ca 原子の相対質量 $=Ca^{2+}$ の相対質量と考えることができる。

エクセル 原子の相対質量　質量数 12 の炭素原子 ^{12}C 1 個の質量を 12 とし，これを基準として各原子の相対質量を定める。

解答 (ア) 原子番号 (イ) 質量数 (ウ) 同位体 (エ) 原子量 (オ) 分子量 (カ) mol(モル) (キ) アボガドロ

解説 (ア) 原子核の陽子数が原子番号。(イ) 陽子数＋中性子数の値が質量数。(ウ) 原子番号が同じで質量数(または中性子数)の異なる原子を互いに同位体という。(エ) 原子量は同位体の相対質量の組成平均で求められる。(オ) 分子を構成している原子の原子量の総和は分子量。(カ)，(キ) アボガドロ数(6.02×10^{23})個の粒子の集団を 1mol という。

エクセル 原子量　同位体の相対質量の組成平均

1 mol　原子・分子・イオンなどの粒子のアボガドロ数個の集団

解答 (1) 28 (2) 2.3×10^{-23} g

解説 (1) 元素の原子量の比較は，元素の原子の平均化した質量の比較である。求める原子の原子量を x とすると

$14:x=1:2$ より，$x=14\times2=28$

(2) 窒素原子 6.0×10^{23} 個の質量が 14 g である。

窒素原子 1 個の質量❶は，$\dfrac{14\,\text{g}}{6.0\times10^{23}}=2.33\times10^{-23}\fallingdotseq2.3\times10^{-23}$ g

▶原子がアボガドロ数個集まった質量は，原子量に g をつけた質量と等しい。

❶原子 1 個の質量 $=\dfrac{\text{原子量}}{\text{アボガドロ数}}$

エクセル 原子 1 mol の質量は原子量〔g〕である。

解答 (1) 63.5 (2) ^{35}Cl 75.0% ^{37}Cl 25.0%

解説 元素の原子量は，同位体の相対質量の組成平均である。

(1) $62.9\times\dfrac{69.2}{100}+64.9\times\dfrac{30.8}{100}=63.50\fallingdotseq63.5$

(2) ^{35}Cl の存在比を x〔%〕とすると

$35.0\times\dfrac{x}{100}+37.0\times\dfrac{100-x}{100}=35.5$　　$x=75.0\%$

エクセル 同位体 A と B からなり，A の相対質量が m，B の相対質量が n，A の組成が x〔%〕なら，

$$\text{原子量}=m\times\frac{x}{100}+n\times\frac{100-x}{100}$$

92 解答

(1)　二酸化炭素分子　1.2×10^{23} 個　炭素原子　1.2×10^{23} 個　酸素原子　2.4×10^{23} 個　(2)　2.5 mol

解説

(1)　二酸化炭素 1 mol は，6.0×10^{23} 個の二酸化炭素分子の集団である。6.0×10^{23}/mol × 0.20 mol ＝ 1.2×10^{23}

1 個の二酸化炭素分子 CO_2 は炭素原子 1 個と酸素原子 2 個からなる。

炭素原子 1.2×10^{23}，酸素原子 $1.2\times10^{23}\times2=2.4\times10^{23}$

(2)　鉄原子 6.0×10^{23} 個の物質量が 1 mol だから

$$\frac{1.5\times10^{24}}{6.0\times10^{23}/\text{mol}}=2.5\,\text{mol}$$

エクセル　粒子数 —$\div6.0\times10^{23}$/mol→ 物質量〔mol〕 —$\times6.0\times10^{23}$/mol→ 粒子数

●CO_2 1 mol では
CO_2 の粒子数
6.0×10^{23} 個
⬇
C の粒子数
6.0×10^{23} 個
O の粒子数
1.2×10^{24} 個

93 解答

(1)　32　(2)　18　(3)　17　(4)　98
(5)　60　(6)　180

解説

(1)　16 × 2 ＝ 32
(2)　1.0 × 2 ＋ 16 ＝ 18
(3)　14 ＋ 1.0 × 3 ＝ 17
(4)　1.0 × 2 ＋ 32 ＋ 16 × 4 ＝ 98
(5)　12 ＋ 1.0 × 3 ＋ 12 ＋ 16 ＋ 16 ＋ 1.0 ＝ 60
(6)　12 × 6 ＋ 1.0 × 12 ＋ 16 × 6 ＝ 180

エクセル　分子量 ＝ 分子式における構成元素の原子量の総和

▶構成粒子が分子のときは
子量，イオン・金属のと
は式量という。

94 解答

(1)　74.5　(2)　40　(3)　95　(4)　74　(5)　342

解説

(1)　39 ＋ 35.5 ＝ 74.5
(2)　23 ＋ 16 ＋ 1.0 ＝ 40
(3)　24 ＋ 35.5 × 2 ＝ 95
(4)　40 ＋ (16 ＋ 1.0) × 2 ＝ 74
(5)　27 × 2 ＋ (32 ＋ 16 × 4) × 3 ＝ 342

エクセル　式量 ＝ 組成式やイオンの化学式における構成元素の原子量の総和

95 解答

(1)　0.40 mol　(2)　49 g　(3)　68.4 g　(4)　7.1 g

解説

(1)　H_2O の分子量は，1.0 × 2 ＋ 16 ＝ 18 であり，1 mol は 18 g になる。

$$\frac{7.2\,\text{g}}{18\,\text{g/mol}}=0.40\,\text{mol}$$

(2)　H_2SO_4 の分子量は，1.0 × 2 ＋ 32 ＋ 16 × 4 ＝ 98 であり，1 mol は 98 g になる。

98 g/mol × 0.50 mol ＝ 49 g❶

(3)　$Al_2(SO_4)_3$ の式量は，27 × 2 ＋ (32 ＋ 16 × 4) × 3 ＝ 342 であり，$Al_2(SO_4)_3$ 1 mol は 342 g になる。

342 g/mol × 0.200 mol ＝ 68.4 g

(4)　$MgCl_2$ 1 mol には，Mg^{2+} 1 mol と Cl^- 2 mol が含まれる。$MgCl_2$ 0.10 mol には，Cl^- 0.20 mol がある。Cl^- の式量は 35.5

▶物質の 1mol の質量(モ
質量)は，分子量または
量に g をつけた量。

❶単位の計算
g/mol × mol ＝ g

であるから，$35.5\,g/mol \times 0.20\,mol = 7.1\,g$

エクセル 分子 1 mol の質量 = 分子量に g 単位をつけた量
イオン 1 mol の質量 = 式量に g 単位をつけた量

質量〔g〕 —÷モル質量〔g/mol〕→ 物質量〔mol〕 —×モル質量〔g/mol〕→ 質量〔g〕

解答 (1) **6.00 g**　(2) **2.4×10^{23} 個**
(3) **Na^+ の個数　1.20×10^{23} 個，Cl^- の個数　1.20×10^{23} 個**

解説 (1) C 原子の 3.00×10^{23} 個は 0.500 mol に相当する。C の原子量は 12 なので，モル質量は 12 g/mol。よって

$12\,g/mol \times 0.500\,mol = 6.00\,g$

(2) 水分子の分子量は，$1.0 \times 2 + 16 = 18$ なので，モル質量は 18 g/mol。よって

$$\frac{7.2\,g}{18\,g/mol} = 0.40\,mol$$

$6.0 \times 10^{23}/mol \times 0.40\,mol = 2.4 \times 10^{23}$

(3) NaCl の式量は，$23 + 35.5 = 58.5$ なので
モル質量は 58.5 g/mol。NaCl の物質量は

$$\frac{11.7\,g}{58.5\,g/mol} = 0.200\,mol$$

Na^+ は，$6.0 \times 10^{23}/mol \times 0.200\,mol = 1.20 \times 10^{23}$

Cl^- は，$6.0 \times 10^{23}/mol \times 0.200\,mol = 1.20 \times 10^{23}$

●イオン結晶の組成式では
(陽イオンの価数)×陽イオンの数
‖
(陰イオンの価数)×陰イオンの数

エクセル NaCl は Na^+ と Cl^- が 1：1 の数の比で構成されている。

解答 (1) **$1.6 \times 10^2\,g$**　(2) **0.800 g**

解説 (1) アルミニウム原子 3.6×10^{24} 個の物質量は

$$\frac{3.6 \times 10^{24}}{6.0 \times 10^{23}/mol} = 6.0\,mol$$

Al の原子量は 27 であるから
求める質量は，$27\,g/mol \times 6.0\,mol = 162\,g \fallingdotseq 1.6 \times 10^2\,g$

(2) NaCl の式量は，$23 + 35.5 = 58.5$ であるから
NaCl 11.7 g の物質量は

$$\frac{11.7\,g}{58.5\,g/mol} = 0.200\,mol$$

NaCl は Na^+ と Cl^- からなる❶。
イオンの総物質量は，$0.200 \times 2 = 0.400\,mol$ になる。
よって，H_2 の 0.400 mol を集めることになる。
H_2 の分子量は，$1.0 \times 2 = 2.0$ であるから，H_2 の質量は
$2.0\,g/mol \times 0.400\,mol = 0.800\,g$

❶

エクセル 物質中の原子 A の数 = 分子数 ×(1 分子中の原子 A の数)

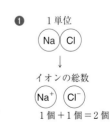

解答 (1) **0.050 mol**
(2) **Ca^{2+}　3.0×10^{22} 個　OH^-　6.0×10^{22} 個**

解説 (1) $Ca(OH)_2$ の式量は $40 + (16 + 1.0) \times 2 = 74$ であり，1 mol は 74 g なので，

▶粒子 1mol の数はアボガドロ数個(ここでは 6.0×10^{23} 個)

$\frac{3.7\,g}{74\,g/mol} = 0.050\,mol$

(2)　$Ca(OH)_2$ 0.050 mol は，Ca^{2+} イオン 0.050 mol と OH^- イオン $0.050 \times 2 = 0.10$ mol から構成される。1 mol は 6.0×10^{23} 個の集団であるから

Ca^{2+} は，$6.0 \times 10^{23}/mol \times 0.050\,mol = 3.0 \times 10^{22}$

OH^- は，$6.0 \times 10^{23}/mol \times 0.10\,mol = 6.0 \times 10^{22}$

エクセル 組成式中にイオンが n〔個〕あるとき，物質が 1 mol あれば，イオンの物質量は n〔mol〕，イオンの数は $6.0 \times 10^{23} \times n$〔個〕

99 **解答** (1)　**8.0 g**　(2)　**22.4 L**　(3)　**1.80×10^{24} 個**

解説 (1)　O_2 1 mol の体積は 22.4 L である。

$\frac{5.6\,L}{22.4\,L/mol} = 0.25\,mol$

O_2 のモル質量は 32 g/mol であるので

$32\,g/mol \times 0.25\,mol = 8.0\,g$

(2)　N_2 のモル質量は 28 g/mol である。N_2 28.0 g は 1.00 mol であるから，$22.4\,L/mol \times 1.00\,mol = 22.4\,L$❶

(3)　標準状態では，どのような気体も 1 mol は 22.4 L の体積を占める。水素 67.2 L は，$\frac{67.2\,L}{22.4\,L/mol} = 3.00\,mol$

$6.0 \times 10^{23}/mol \times 3.00\,mol = 1.80 \times 10^{24}$

❶単位の計算
L/mol × mol = L

エクセル 単位の換算

質量〔g〕　粒子数〔個〕　体積〔L〕
↓
物質量〔mol〕
↓
質量〔g〕　粒子数〔個〕　体積〔L〕

単位の換算（気体 1 mol）

体積	22.4 L（標準状態）
粒子数	6.0×10^{23}〔個〕
質量	分子量に〔g〕

100 **解答** **8.4 g**

解説 酸素 O_2 の分子量は 32 であり，1 mol は 32 g であるから

O_2 9.6 g は，$\frac{9.6\,g}{32\,g/mol} = 0.30\,mol$

分子数が等しいなら，N_2 の物質量も O_2 と同じ 0.30 mol である❶。

N_2 の分子量は 28 なので，$28\,g/mol \times 0.30\,mol = 8.4\,g$

❶分子の数が等しい
＝物質量が等し

エクセル 気体 n〔mol〕について

気体の分子数 $= 6.0 \times 10^{23} \times n$

気体の質量〔g〕＝モル質量 $\times n$

101 **解答** (1)　**28**　(2)　**64**　(3)　**56**

解説 (1)　気体 1 mol は標準状態で 22.4 L の体積を占める。

窒素 35 g の物質量は，$\frac{28\,L}{22.4\,L/mol} = 1.25\,mol$

窒素 1mol の質量(モル質量)は，$\frac{35\,g}{1.25\,mol} = 28\,g/mol$
窒素の分子量は 28 と求められる。

(2) 同温・同圧のもとでは，同体積中に含まれる気体の分子数は等しい❶。この気体分子はメタン分子の 4.0 倍の質量をもつ。メタン CH_4 の分子量は 16 より，この気体分子の分子量は

$16 \times 4.0 = 64$

❶アボガドロの法則

(3) 鉄 1mol に含まれる鉄原子 Fe の数は 6.0×10^{23}，鉄原子 Fe 1.2×10^{22} 個は

$$\frac{1.2 \times 10^{22}}{6.0 \times 10^{23}/mol} = 2.0 \times 10^{-2}\,mol$$

鉄 1mol の質量(モル質量)は

$\frac{1.12\,g}{2.0 \times 10^{-2}\,mol} = 56\,g/mol$ となり，式量は 56 と求められる。

エクセル **分子量 M の気体 1mol(質量 M〔g〕)の体積は，標準状態で 22.4L**
同温・同圧・同体積で分子量 m と n の気体の質量比 $= m : n$

2 解答 (4)

解説 組成式から，金属 M の原子 2mol と結合する酸素原子 O は 3mol である。M 2.6g は酸素 3.8g − 2.6g = 1.2g と結合する。M の原子量を x とする。

$\frac{2.6}{x} : \frac{1.2}{16} = 2 : 3$ より，$x = 52$

▶組成式 A_xB_y では，A 原子と B 原子が $x : y$ の数の比で結合している。

エクセル **原子が結合する数の比 = 結合する原子の物質量の比**

3 解答 (1) **1.3g/L** (2) **17** (3) (ア)

解説 (1) N_2 の分子量は，$14 \times 2 = 28$ であるから，窒素 1mol の質量は 28g。また，窒素 1mol の体積は標準状態で 22.4L。よって，求める密度は

$$密度〔g/L〕= \frac{28\,g}{22.4\,L} = 1.25\,g/L \fallingdotseq 1.3\,g/L$$

(2) 気体 1mol の体積は標準状態で 22.4L より

$$密度〔g/L〕= \frac{質量〔g〕}{22.4\,L} = 0.76\,g/L$$

1mol の質量は，$0.76\,g/L \times 22.4\,L = 17.0\,g \fallingdotseq 17\,g$
よって，この気体の分子量は 17 とわかる。

(3) 同温・同圧において，気体の分子量が小さいほど密度も小さくなる❶ので，同じ質量〔g〕で占める体積が大きくなる❷。それぞれの気体の分子量は

(ア) $H_2 = 1.0 \times 2 = 2.0$
(イ) $NH_3 = 14 + 1.0 \times 3 = 17$
(ウ) $N_2 = 14 \times 2 = 28$
(エ) $HCl = 1.0 + 35.5 = 36.5$
(オ) $CO_2 = 12 + 16 \times 2 = 44$

である。よって，分子量が最も小さい(ア)となる。

❶同温・同圧においては，気体の分子量が小さいほど，1mol の質量が小さくなり，密度も小さくなる。

❷$密度〔g/L〕= \frac{質量〔g〕}{体積〔L〕}$ より，同じ質量〔g〕では，密度の小さい物質ほど体積が大きくなる。

エクセル 密度〔g/L〕$=\dfrac{\text{質量〔g〕}}{\text{体積〔L〕}}$

104 **解答** 28.8

解説 窒素 N_2 の分子量は 28，酸素 O_2 の分子量は 32 より
平均分子量は

$$28\times\frac{4}{4+1}+32\times\frac{1}{4+1}=28.8$$

エクセル 空気などの混合気体における平均分子量は，各成分気体の分子量と存在比から求めた，分子量の平均値を用いる。見かけの分子量ともいう。

105 **解答**
(1) He (2) 1.2×10^{24} (3) 8.0
(4) 45 (5) N_2 (6) 0.25 (7) 1.5×10^{23}
(8) 5.6 (9) Na^+ (10) 0.40
(11) 9.2 (12) CO_2 (13) 0.200
(14) 1.20×10^{23} (15) 8.80

解説
(2) $6.0\times10^{23}/\text{mol}\times2.0\,\text{mol}=1.2\times10^{24}$
(3) ヘリウム He の分子量は 4.0 より，$4.0\,\text{g/mol}\times2.0\,\text{mol}=8.0\,\text{g}$ ❶
(4) $22.4\,\text{L/mol}\times2.0\,\text{mol}=44.8\,\text{L}\fallingdotseq45\,\text{L}$ ❶
(6) 窒素 N_2 の分子量は $14\times2=28$ より

$$\frac{7.0\,\text{g}}{28\,\text{g/mol}}=0.25\,\text{mol}$$

(7) $6.0\times10^{23}/\text{mol}\times0.25\,\text{mol}=1.5\times10^{23}$
(8) $22.4\,\text{L/mol}\times0.25\,\text{mol}=5.6\,\text{L}$
(10) $\dfrac{2.4\times10^{23}}{6.0\times10^{23}/\text{mol}}=0.40\,\text{mol}$
(11) Na^+の式量は 23 より，$23\,\text{g/mol}\times0.40\,\text{mol}=9.2\,\text{g}$
(13) $\dfrac{4.48\,\text{L}}{22.4\,\text{L/mol}}=0.200\,\text{mol}$
(14) $6.0\times10^{23}/\text{mol}\times0.200\,\text{mol}=1.20\times10^{23}$
(15) CO_2 の分子量は $12+16\times2=44$ より
$44\,\text{g/mol}\times0.200\,\text{mol}=8.80\,\text{g}$

❶単位の計算
g/mol × mol = g
L/mol × mol = L

エクセル はじめに物質量を求めてから，他の値を計算する。

106 **解答** 10%

解説 塩化ナトリウムの質量 $100\,\text{g}\times\dfrac{20}{100}=20\,\text{g}$ ❶
水を加えたあとの水溶液の質量 $100\,\text{g}+100\,\text{g}=200\,\text{g}$
水を加えたあとの水溶液の濃度 $\dfrac{20\,\text{g}}{200\,\text{g}}\times100=10\%$

❶
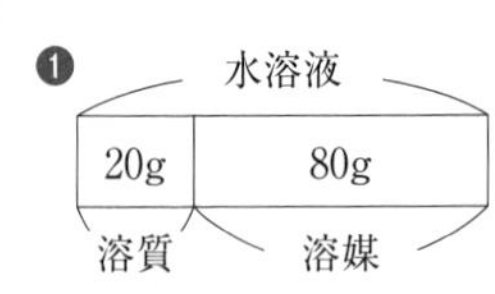

エクセル 質量パーセント濃度〔%〕$=\dfrac{\text{溶質の質量〔g〕}}{\text{溶液の質量〔g〕}}\times100$

7 **解答** 12%

解説 混合水溶液の全体の質量　150 g ＋ 100 g ＝ 250 g

溶質 NaCl の質量　$150\,\text{g} \times \frac{10}{100} + 100\,\text{g} \times \frac{15}{100} = 30\,\text{g}$

質量パーセント濃度　$\frac{30\,\text{g}}{250\,\text{g}} \times 100 = 12\%$

エクセル 混合溶液の質量＝混合前の各溶液の質量の総和
混合溶液の溶質の質量＝混合前の各溶液の溶質の質量の総和

8 **解答** (4)

解説 1.0 mol/L は水溶液 1 L 中に溶質が 1.0 mol 含まれていることを意味する。NaOH 40 g は 1.0 mol に相当する。

(1)　溶質は 1.0 mol であるが，水溶液の体積は 1 L にならない。

(2)　溶質は 1.0 mol であるが，水溶液の体積は 1 L にならない。

(3)　溶質は 1.0 mol であるが，水溶液の体積は 1 L かどうかわからない。

●溶液 1L の質量
溶液 1 L の質量〔g〕
＝密度〔g/cm^3〕× 1000 cm^3

エクセル 水溶液の体積を 1 L（＝1000 mL）にする。水溶液 1000 mL の質量が 1000 g であるかどうかは，水溶液の密度による。水溶液の密度が d〔g/mL〕ならば，水溶液 1000 mL の質量は 1000d〔g〕である。

9 **解答** (1)　**0.10 mol**　(2)　**80 g**　(3)　**7.6%**

解説 水溶液 1 L（＝1000 mL）中には NaOH が 2.0 mol 含まれている。

(1)　50 mL では，$2.0\,\text{mol/L} \times \frac{50}{1000}\,\text{L} = 0.10\,\text{mol}$❶

(2)　NaOH の式量は 40 より
$40\,\text{g/mol} \times 2.0\,\text{mol} = 80\,\text{g}$❶

(3)　水溶液 1 L（＝1000 mL）の質量は
$1.05\,\text{g/mL} \times 1000\,\text{mL} = 1050\,\text{g}$❶
(2)より水溶液 1050 g に NaOH が 80 g 溶けているから
質量パーセント濃度は，$\frac{80\,\text{g}}{1050\,\text{g}} \times 100 = 7.61 \fallingdotseq 7.6\%$

▶モル濃度を質量パーセント濃度に変換するには溶液の密度が必要である。

❶単位の計算
mol/L × L=mol
g/mol × mol ＝ g
g/mL × mL ＝ g

エクセル x〔mol/L〕の溶液 v〔mL〕中に含まれる溶質について

その物質量は $x \times \frac{v}{1000}$〔mol〕

その質量は $x \times \frac{v}{1000}$ ×（溶質の式量または分子量）〔g〕

解答 (1)　**1.83×10^3 g**　(2)　**1.78×10^3 g，18.1 mol**
(3)　**18.1 mol/L**

解説 (1)　密度が 1.83 g/cm^3 なので硫酸水溶液 1.00 L（＝1000 mL＝1000 cm^3）の質量は
$1.83\,\text{g/cm}^3 \times 1000\,\text{cm}^3 = 1830\,\text{g} = 1.83 \times 10^3\,\text{g}$

(2)　この硫酸水溶液 1.00 L 中に含まれる溶質の硫酸の質量は

$1.83 \times 10^3\,\text{g} \times \frac{97.0}{100} = 1.775 \times 10^3\,\text{g} \fallingdotseq 1.78 \times 10^3\,\text{g}$

よって，溶質の硫酸の物質量は

$$\frac{1.775\times10^3\,\text{g}}{98.0\,\text{g/mol}}=18.11\,\text{mol}\fallingdotseq18.1\,\text{mol}$$

(3)　硫酸水溶液 1.00L 中に含まれる溶質の硫酸は 18.1mol なのでモル濃度は 18.1mol/L である。

エクセル　**密度 d〔g/cm³〕の v〔cm³〕の質量は dv〔g〕**

111 解答　**(1)　11.8mol/L　　(2)　84.7mL**

解説　(1)　濃塩酸 1.00L の質量は，$1.18\,\text{g/cm}^3\times1000\,\text{cm}^3=1180\,\text{g}$

濃塩酸 1.00L 中に溶けている HCl は

$$1180\,\text{g}\times\frac{36.5}{100}=430.7\,\text{g}$$

HCl の分子量は 36.5 なので，物質量は

$$\frac{430.7\,\text{g}}{36.5\,\text{g/mol}}=11.8\,\text{mol}$$

(2)　濃塩酸 1.00L（＝1000mL）中に HCl が 11.8mol 溶けている。したがって，1.00mol の HCl を得るのに必要な濃塩酸は

$$1000\,\text{mL}\times\frac{1.00}{11.8}=84.74\fallingdotseq84.7\,\text{mL}$$

エクセル　**質量%濃度は溶液 100g に溶けている溶質の質量で表す。**
モル濃度は溶液 1L 中に溶けている溶質の物質量で表す。

▶質量パーセント濃度から
ル濃度への変換
①溶液 1L の質量〔g〕
＝密度〔g/cm³〕×1000cr
②溶液 1L 中に溶けてい
溶質の質量 m〔g〕
＝溶液 1L の質量〔g〕×
（x：質量パーセント濃度
③溶質の質量 m を物質
n に換算する。
n〔mol〕＝ m〔g〕／モル質量〔g/mo

112 解答　**(1)　91.2g　　(2)　31.3%**

解説　(1)　水 100g に KNO_3 は 45.6g まで溶かすことができる❶。

水 200g には，$45.6\,\text{g}\times\dfrac{200\,\text{g}}{100\,\text{g}}=91.2\,\text{g}$ まで溶ける。

(2)　30℃ では，水 100g に KNO_3 は 45.6g まで溶かすことができるから

$$\text{質量パーセント濃度}=\frac{45.6\,\text{g}}{(100+45.6)\,\text{g}}\times100=31.31\fallingdotseq31.3\%$$

❶
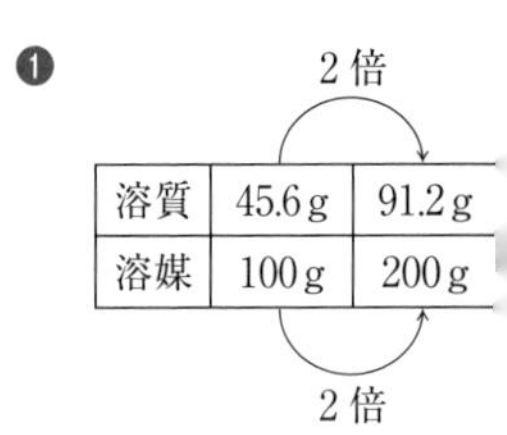

エクセル　**溶解度　その温度で水 100g あたりに溶ける溶質の質量〔g〕で表す。**

113 解答　**(1)　溶解度曲線　　(2)　1.40kg　　(3)　160g**
(4)　最適な物質　KNO_3　最も適さない物質　NaCl

解説　(1)　温度と溶解度の関係を示すグラフを溶解度曲線という。

(2)　硝酸カリウム KNO_3 の溶解度曲線から，70℃ での溶解度は約 140。水 100g に KNO_3 が 140g まで溶ける。

水 1.00kg（＝1000g）には，$140\,\text{g}\times\dfrac{1000\,\text{g}}{100\,\text{g}}=1400\,\text{g}\fallingdotseq1.40\,\text{kg}$ 溶ける。

(3)　70℃ で水 200g には KNO_3 が，$140\,\text{g}\times\dfrac{200\,\text{g}}{100\,\text{g}}=280\,\text{g}$ まで溶ける。

40℃ での KNO_3 の溶解度は，溶解度曲線より 60 である。
40℃ の水 200g には KNO_3 は，$60\,\text{g}\times2=120\,\text{g}$ まで溶ける。
析出する KNO_3 の結晶は，$280\,\text{g}-120\,\text{g}=160\,\text{g}$

▶溶解度曲線から，各温度
おける溶解度を読み取る

(4) 再結晶による精製は，温度による溶解度の差が著しいほど効果的である。したがって，最も適しているのが KNO_3，最も適していないのが NaCl である。

エクセル 溶解度曲線 溶解度と温度の関係を表すグラフ
溶液の温度を下げると，その温度での溶解度を超えた分の溶質が結晶として析出する。

解答 (1) 55.4g (2) 16g

解説 (1) 60℃ で $NaNO_3$ の水溶液 100＋124＝224g あたりに，溶質の $NaNO_3$ が 124g まで溶けている。水溶液 100g に溶ける $NaNO_3$ は，$124\,g \times \frac{100\,g}{224\,g} = 55.35 \fallingdotseq 55.4\,g$ ❶

(2) 飽和水溶液 224g を 60℃ から 20℃ まで冷却すると，析出する $NaNO_3$ の質量は，124g－88g＝36g

飽和水溶液 100g では，$36\,g \times \frac{100\,g}{224\,g} = 16.0 \fallingdotseq 16\,g$ ❷

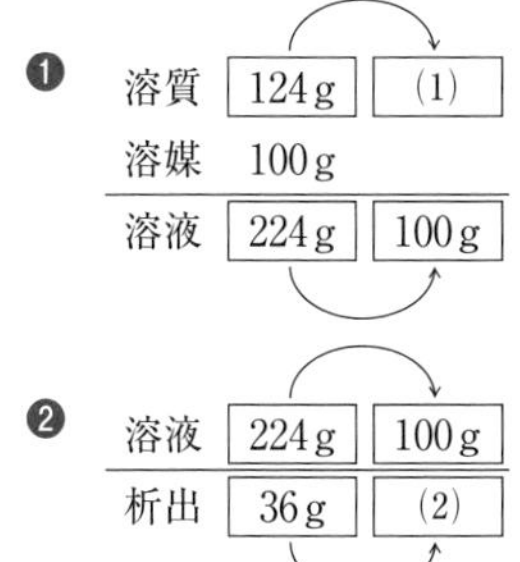

エクセル t_1〔℃〕で水 100g に溶質を加えて溶かした飽和水溶液を t_2〔℃〕まで冷却するときに
析出する結晶の質量〔g〕＝ t_1〔℃〕での結晶の溶解度 － t_2〔℃〕での結晶の溶解度

解答 (1) 40.0g (2) 再結晶(法)

解説 表から，水 100g に 0℃ で溶けている KNO_3 は 13.3g，0℃ で析出した結晶 KNO_3 は 76.7g であるから，60℃ で溶かした KNO_3 は，76.7＋13.3＝90.0g。60℃ での水 100g には 109.0g まで溶けることができるので，60℃ で KNO_3 の結晶は析出しない。最初に溶けていた KNO_3 は，90.0－50.0＝40.0g
塩化ナトリウムの溶解度は 0℃ と 60℃ でほとんど変化しないので，NaCl は 0℃ でも析出しない。したがって，純粋な KNO_3 の結晶を得ることができる。

▶KNO_3 と NaCl をそれぞれ独立して考えることができる。

エクセル 再結晶による精製は，温度による溶解度の差が著しい物質が適している。

解答 (1) $\frac{A}{N_A}$〔g〕 (2) $\frac{mN_A}{M}$〔個〕 (3) $\frac{vM}{V}$〔g〕

解説 (1) 原子 1mol あたりの原子の数がアボガドロ定数(N_A)であり，その質量は A〔g/mol〕。

原子 1 個の質量は，$\frac{A}{N_A}$〔g〕❶

(2) 気体が M〔g〕のときの分子の数は N_A〔個〕であるから，気体が m〔g〕のときの分子の数は，$N_A \times \frac{m}{M} = \frac{mN_A}{M}$〔個〕❶

(3) 標準状態で 1mol の気体の体積は V〔L〕であり，気体の質量は M〔g〕であるから

標準状態で v〔L〕の気体の質量は，$M \times \frac{v}{V} = \frac{vM}{V}$〔g〕❶

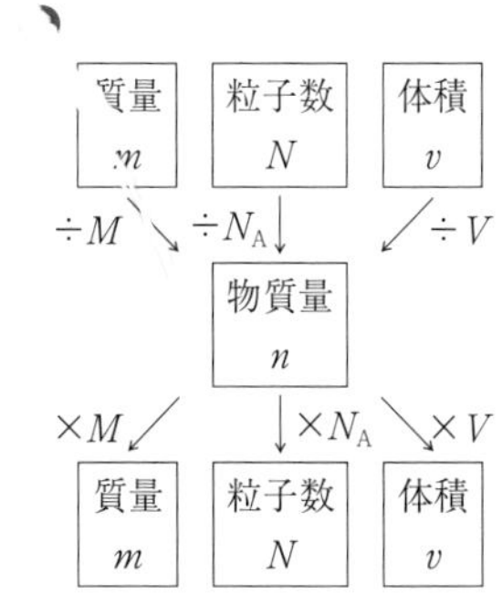

エクセル ① 1mol の粒子数＝アボガドロ数
② 原子 1mol の質量＝原子量に g をつけた量

117 解答

$\dfrac{MV_1S_1}{WV_2S_2}$〔/mol〕

解説

水面を覆ったステアリン酸の質量は　$W \times \dfrac{V_2}{V_1}$〔g〕

これを物質量にすると　$\dfrac{WV_2}{MV_1}$〔mol〕

水面を覆ったステアリン酸分子の数　$\dfrac{S_1}{S_2}$

アボガドロ定数を N_A〔/mol〕とすると，次の比例式ができる。

$$1\text{mol} : \frac{WV_2}{MV_1}\text{〔mol〕} = N_A : \frac{S_1}{S_2}$$

この式より，$N_A = \dfrac{MV_1S_1}{WV_2S_2}$

エクセル ステアリン酸の W〔g〕が水面を覆うとき，アボガドロ定数を N_A〔/mol〕とすれば，水面を覆ったステアリン酸の数は $\dfrac{W}{M} \times N_A$

118 解答

(1) **元素の原子量は，同位体の相対質量の組成平均で表され，炭素には ^{12}C，^{13}C，^{14}C の3種の同位体があるから。**

(2) **1.67×10^{-24} g**　(3) **3倍**

(4) **大きくなるもの (ア)　小さくなるもの (ウ)と(エ)**
変化しないもの (イ)

解説

(1) 元素の原子量は ^{12}C の質量を12としたときその元素の同位体の相対質量の組成平均で表す。炭素原子には ^{12}C，^{13}C，^{14}C の同位体がある。^{13}C，^{14}C の相対質量は約13，14である。

(2) H原子 6.02×10^{23} 個の質量が1.008gであるから，H 1個の質量は $\dfrac{1.008\,\text{g}}{6.02 \times 10^{23}} = 1.674 \times 10^{-24}\,\text{g} \fallingdotseq 1.67 \times 10^{-24}\,\text{g}$

(3) Clの原子番号は17であるから，中性子数18個のCl原子の相対質量は35，中性子数20個のCl原子の相対質量は37と考えられる。
中性子数18個のCl原子の存在割合を x〔%〕とする。塩素の原子量は35.453であるから，次の関係式ができる。

$$35 \times \frac{x}{100} + 37 \times \frac{100 - x}{100} = 35.453$$

$x = 77.3 \fallingdotseq 77$，中性子数18個のCl原子77%，中性子数20個のCl原子23%，$\dfrac{77}{23} = 3.3 \fallingdotseq 3$　約3倍

(4) (ア) 炭素の各同位体の相対質量が大きくなるので，炭素の原子量は増加する。(イ) 液体の水の特定の体積の質量には影響はない。(ウ) (ア)と同様に鉄の原子量が増加するから，鉄1gの物質量は減少する。(エ) 標準状態で1Lの酸素の質量は変化しないが，酸素の原子量が増加するので，物質量は減少する。

エクセル 基準となる原子に対する各原子の相対質量が増加すると，各元素の原子量は増加する。

解答　**35.2 g**

解説　最初の溶液中の溶質 $= 140 \times \dfrac{40.0}{100 + 40.0} = 40.0\,\mathrm{g}$

$CuSO_4 \cdot 5H_2O$ の析出量を x〔g〕とおくと

溶質に相当する質量 $= \dfrac{160}{250}x$〔g〕❶

よって，飽和溶液では $\dfrac{\text{溶質の質量}}{\text{溶液の質量}} = \dfrac{\text{溶解度}}{100 + \text{溶解度}}$　より

20℃において

$$\frac{40.0 - \dfrac{160}{250}x}{140 - x} = \frac{20.0}{100 + 20.0} \qquad x = 35.21 \fallingdotseq 35.2\,\mathrm{g}$$

❶

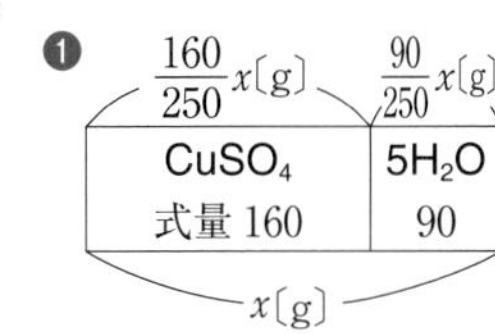

エクセル　**飽和溶液では，次の式が成り立つ。**

$$\frac{\text{溶質の質量}}{\text{溶液の質量}} = \frac{\text{溶解度}}{100 + \text{溶解度}} = \text{一定}$$

解答　(6)

解説　$(COOH)_2 = (12 + 16 + 16 + 1.0) \times 2 = 90$

$(COOH)_2 \cdot 2H_2O = 90 + 2 \times (1.0 \times 2 + 16) = 126$

シュウ酸の結晶 $(COOH)_2 \cdot 2H_2O$ 1 mol（$= 126\,\mathrm{g}$）を水に溶かすのは，シュウ酸 $(COOH)_2$ 1 mol（$= 90\,\mathrm{g}$）を溶かすのと同じ❶。

❶　式量 126

$(COOH)_2$ 式量 90	$2H_2O$ 36

エクセル　**水和物を水に溶解すると，水和水は溶媒の一部になる。**

解答　(1)　**8 個**　　(2)　**5.00×10^{22} 個**　　(3)　**28.1**

解説　(1)　$\dfrac{1}{8} \times 8 + \dfrac{1}{2} \times 6 + 4 = 8$ 個

(2)　結晶 $1.60 \times 10^{-22}\,\mathrm{cm^3}$ の中に 8 個のケイ素原子があるから，$1.00\,\mathrm{cm^3}$ の中にあるケイ素原子の数は

$$\frac{8\text{ 個}}{1.60 \times 10^{-22}\,\mathrm{cm^3}} = 5.00 \times 10^{22}\text{ 個}/\mathrm{cm^3}$$

(3)　ケイ素原子 6.02×10^{23} 個の質量を x〔g〕とすると

$5.00 \times 10^{22} : 6.02 \times 10^{23} = 2.33 : x$ ❶❷

$x = 28.05 \fallingdotseq 28.1$

❶密度から結晶 $1.00\,\mathrm{cm^3}$ の質量は 2.33 g

❷ケイ素の原子量を M とすれば，ケイ素原子 6.02×10^{23} 個の質量は M〔g〕

エクセル　**単位格子に属する原子の数**

頂点の原子は $\dfrac{1}{8}$ 個，各面の中心の原子は $\dfrac{1}{2}$ 個，単位格子中に全部が入っていれば 1 個

解答　(1)　**4 個**　　(2)　$\boldsymbol{r = \dfrac{\sqrt{2}}{4}a}$　　(3)　$\boldsymbol{d = \dfrac{4M}{a^3 N_A}}$〔g/cm³〕

(4)　**73.8%**

解説　(1)　$\dfrac{1}{8} \times 8 + \dfrac{1}{2} \times 6 = 4$ 個❶❷

(2)　各面の対角線の長さは $\sqrt{2}\,a$ であり，ここに原子半径 4 個分が接している。

$4r = \sqrt{2}\,a$ ❸　　$r = \dfrac{\sqrt{2}\,a}{4}$

❶ 8 頂点の原子は，それぞれ 3 つの面で切断されているので，$\left(\dfrac{1}{2}\right)^3 = \dfrac{1}{8}$ 個の原子に相当する。

❷ 6 面の原子は，それぞれの面で切断されているので，$\dfrac{1}{2}$ 個の原子に相当する。

(3)　単位格子の中には4個の原子があるので，単位格子の質量は

$$\frac{M[\mathrm{g/mol}]}{N_A[\mathrm{/mol}]}\times 4=\frac{4M}{N_A}[\mathrm{g}]$$

また，単位格子の体積はa^3〔cm³〕より密度dは

$$d[\mathrm{g/cm^3}]=\frac{\dfrac{4M}{N_A}[\mathrm{g}]}{a^3[\mathrm{cm^3}]}=\frac{4M}{a^3N_A}[\mathrm{g/cm^3}]$$

(4)　原子を球体とみなすと，単位格子中には4個の原子が含まれているので

$$\frac{\dfrac{4}{3}\pi r^3[\mathrm{cm^3}]\times 4}{a^3[\mathrm{cm^3}]}\times 100=\frac{\dfrac{4}{3}\pi\left(\dfrac{\sqrt{2}}{4}a\right)^3\times 4}{a^3}\times 100$$

$$=\frac{\sqrt{2}\pi}{6}\times 100$$

$$=73.79\fallingdotseq 73.8\%$$

❸

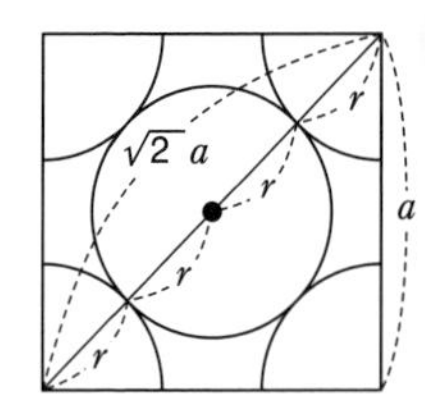

エクセル　面心立方格子では，各頂点に$\frac{1}{8}\times 8$個，各面上に$\frac{1}{2}\times 6$個の計4個の原子を含む。
面心立方格子の中で，原子は右図のように接している。

123　**解答**　(1)　Na^+　4個，Cl^-　4個　　(2)　$a=2r^++2r^-$

(3)　$\dfrac{4M}{a^3N_A}$

解説　(1)　Na^+　12辺上と中心にある。$\frac{1}{4}\times 12+1=4$個❶

Cl^-　8頂点と6面上にある。$\frac{1}{8}\times 8+\frac{1}{2}\times 6=4$個

(2)　同符号のイオンどうしは反発し，反対符号のイオンどうしは互いに引きつけられるので接していると考える。
よって，Na^+とCl^-は単位格子の辺上で接している❷。

(3)　単位格子中にNa^+とCl^-とが4個ずつあるので，単位格子の質量はNaCl単位4個分とみなすことができる。よって，密度dは

$$\frac{\dfrac{4M}{N_A}[\mathrm{g}]}{a^3[\mathrm{cm^3}]}=\frac{4M}{a^3N_A}[\mathrm{g/cm^3}]$$

❶ 12辺上の原子は，それぞれ2つの面で切断されているので，$\left(\frac{1}{2}\right)^2=\frac{1}{4}$個。

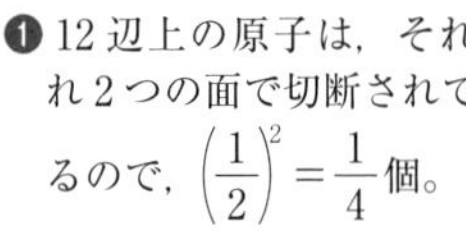

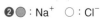

❷ 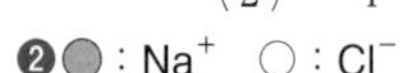 : Na^+　○ : Cl^-

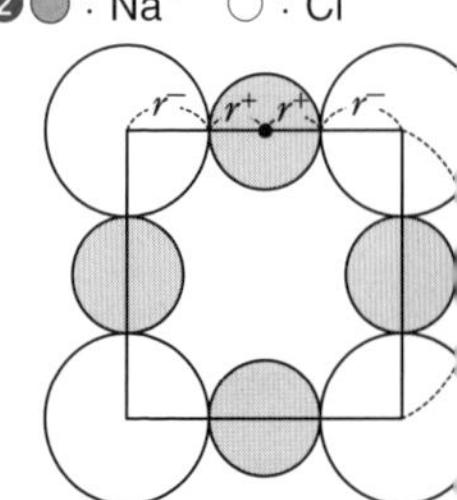

エクセル　NaCl型イオン結晶では，Na^+とCl^-とが4個ずつ含まれるため，単位格子全体で$Na^+:Cl^-=1:1$の組成比になっている。

5 化学反応式と量的関係（p.75）

4 解答
(1) $2Cu + O_2 \longrightarrow 2CuO$
(2) $2Al + 6HCl \longrightarrow 2AlCl_3 + 3H_2$
(3) $Ba(OH)_2 + 2HNO_3 \longrightarrow Ba(NO_3)_2 + 2H_2O$
(4) $2H_2S + SO_2 \longrightarrow 3S + 2H_2O$
(5) $Cu + 4HNO_3 \longrightarrow Cu(NO_3)_2 + 2NO_2 + 2H_2O$
(6) $2Al + 6H^+ \longrightarrow 2Al^{3+} + 3H_2$

解説
⟶（矢印）の両辺で各原子の数が一致するように係数をそろえる。このとき，係数は分数でもかまわない。係数が分数のとき，最終的に係数に分母と同じ数を掛けて分母をはらうようにする。

(1) ①　⟶の両辺で原子の数を一致させる❶。

$$Cu + \frac{1}{2}O_2 \longrightarrow CuO$$

②　すべての係数に2を掛ける❷。

$$2Cu + O_2 \longrightarrow 2CuO$$

(2) $Al + 3HCl \longrightarrow AlCl_3 + \frac{3}{2}H_2$ より

$$2Al + 6HCl \longrightarrow 2AlCl_3 + 3H_2$$

(3) $Ba(OH)_2 + 2HNO_3 \longrightarrow Ba(NO_3)_2 + 2H_2O$

(4) $H_2S + \frac{1}{2}SO_2 \longrightarrow \frac{3}{2}S + H_2O$ より

$$2H_2S + SO_2 \longrightarrow 3S + 2H_2O$$

(5) $Cu(NO_3)_2$ の係数を1とおくと，Cu の係数も1となる。

$Cu + aHNO_3 \longrightarrow Cu(NO_3)_2 + bNO_2 + cH_2O$

H 原子：$a = 2c$

N 原子：$a = 2 + b$

O 原子：$3a = 6 + 2b + c$ より，$a = 4$，$b = 2$，$c = 2$

$$Cu + 4HNO_3 \longrightarrow Cu(NO_3)_2 + 2NO_2 + 2H_2O$$

(6) $Al + 3H^+ \longrightarrow Al^{3+} + \frac{3}{2}H_2$ より

$$2Al + 6H^+ \longrightarrow 2Al^{3+} + 3H_2$$

❶まずは，係数は分数でもよいから，矢印の両辺で原子数を一致させる。

❷最終的に，分母がなくなり，最も小さい正の整数になるように，係数全体に同じ数を掛ける。

エクセル 化学反応式は，両辺の原子の数が一致。
イオン反応式は，両辺の原子の数と電荷の総和の値がそれぞれ一致。

5 解答
(1) $2Mg + O_2 \longrightarrow 2MgO$
(2) $Zn + 2HCl \longrightarrow ZnCl_2 + H_2$
(3) $2C_2H_6 + 7O_2 \longrightarrow 4CO_2 + 6H_2O$
(4) $2H_2O_2 \longrightarrow 2H_2O + O_2$
(5) $Cu + 2H_2SO_4 \longrightarrow CuSO_4 + SO_2 + 2H_2O$

▶エタン C_2H_6 のような炭化水素が燃焼すると，C 原子が CO_2 に，H 原子が H_2O になる。

解説
反応物の化学式を⟶（矢印）の左辺に，生成物の化学式を⟶（矢印）の右辺に書き，係数を決めていく。

① 反応物と生成物の化学式を書く。

$$Mg + O_2 \longrightarrow MgO$$

②　⟶の両辺の原子数を一致させる。

$$Mg + \frac{1}{2}O_2 \longrightarrow MgO$$

③　係数を正の整数にする。

$2Mg + O_2 \longrightarrow 2MgO$[1]

[1]係数1は省略する。

エクセル　化学反応式のつくり方

①　反応物の化学式を矢印の左辺に，生成物の化学式を右辺に書く。燃焼のときは，反応物に酸素の化学式 O_2 を加える。（加熱のときは加えない）

②③　矢印の両辺の原子数が一致するように，反応物と生成物の化学式の前に係数をつける。

＊触媒は反応式に入れない。

126 解答

化学反応式	CH_4 ＋	$2O_2$ ⟶	CO_2 ＋	$2H_2O$
係数	1	2	1	2
分子数の関係	1.2×10^{23}	2.4×10^{23}	1.2×10^{23}	2.4×10^{23}
物質量の関係	0.20mol	0.40mol	0.20mol	0.40mol
質量の関係	3.2g	13g	8.8g	7.2g
標準状態での体積	4.5L	9.0L	4.5L	／

理由　水は標準状態では気体ではないから。

解説　化学反応式の係数は分子数の関係を表している。反応に関係する CH_4 の分子数は CO_2 の分子数と等しい。O_2 の分子数と H_2O の分子数はそれぞれ CH_4 の分子数の2倍である。さらに，係数は物質量の関係も表している。反応に関係する CH_4 の物質量は CO_2 と同じ，O_2 と H_2O の物質量はそれぞれ CO_2 の2倍である[1]。

物質の質量〔g〕＝モル質量〔g/mol〕×物質量〔mol〕

物質が標準状態で気体のとき，その体積は次のようにして求められる。

22.4L/mol×物質量〔mol〕

水は標準状態では気体ではなく液体なので，上の式からは計算できない。

▶化学反応式の係数は，反応物と生成物の量的関係を表す。係数は物質量の比を意味している。

[1]反応式
$CH_4 + 2O_2 \rightarrow CO_2 + 2H_2O$ は CH_4 1mol が O_2 2mol と反応すると，CO_2 1mol と H_2O 2mol が生成することを表している。

エクセル　化学反応式の係数の比は次のことを表す。

- 分子数の比
- 物質量の比
- 気体では体積の比

127 解答　**(1)　3.0×10^{23} 個　　(2)　4.8g**

解説　(1)　化学反応式の係数から，炭素C 1mol が完全燃焼すると，二酸化炭素 CO_2 1mol が生じる。

炭素6.0gの物質量は $\frac{6.0\,g}{12\,g/mol} = 0.50\,mol$

生成する CO_2 は0.50molで，その分子数は

6.0×10^{23}/mol × 0.50 mol = 3.0×10^{23}

(2) 二酸化炭素 CO_2 1 mol が生じるには，炭素 C 1 mol が完全燃焼する。CO_2 2.4×10^{23} 個は$\dfrac{2.4\times10^{23}}{6.0\times10^{23}/\text{mol}}=0.40\,\text{mol}$

燃焼した C は 0.40 mol になるから，質量に換算すると

12 g/mol × 0.40 mol = 4.8 g

エクセル 化学反応式の係数は物質量の関係を表す。

8 **解答** (1) **23 g** (2) **34 L，48 g**

解説 (1) 化学反応式の係数から，水素 H_2 1 mol の燃焼で，水 H_2O 1 mol ができる。標準状態で 28.0 L の水素の物質量は

$\dfrac{28.0\,\text{L}}{22.4\,\text{L/mol}}=1.25\,\text{mol}$ である。生成する H_2O は 1.25 mol で，

質量は 18 g/mol × 1.25 mol = 22.5 ≒ 23 g

(2) 化学反応式の係数から，水素 H_2 1 mol の燃焼には酸素 O_2 0.5 mol が必要。H_2 6.0 g を物質量にすると

$\dfrac{6.0\,\text{g}}{2.0\,\text{g/mol}}=3.0\,\text{mol}$

必要な O_2 は 1.5 mol で，その体積は標準状態で

22.4 L/mol × 1.5 mol = 33.6 ≒ 34 L

質量は 32 g/mol × 1.5 mol = 48 g

エクセル 化学反応式の係数は物質量の関係を表す。

9 **解答** (1) **15 L** (2) **30 L**

解説 (1) 化学反応式の係数から，2 L のオゾン O_3 から 3 L の酸素 O_2 が生成する❶。10 L の O_3 から O_2 は

$10\,\text{L}\times\dfrac{3}{2}=15\,\text{L}$ 生成する。

(2) 2 L の O_3 から 3 L の O_2 が生成するから，O_3 2 L が分解したとき，体積は 3 L − 2 L = 1 L 増加する。15 L の体積が増加するとき，分解する O_3 は，$2\,\text{L}\times\dfrac{15}{1}=30\,\text{L}$

❶同温・同圧のとき，化学反応式の係数は体積比を表す。

エクセル 化学反応式における気体状態の物質の係数比は，その体積比を表すことより，気体の体積がどのくらい増減するかを求められる。

解答 (1) **酸素 0.05 mol** (2) **8.8 g**

解説 (1) エタンの物質量と酸素の物質量はそれぞれ次のようになる。

エタン $\dfrac{3.0\,\text{g}}{30\,\text{g/mol}}=0.10\,\text{mol}$

酸素 $\dfrac{8.96\,\text{L}}{22.4\,\text{L/mol}}=0.400\,\text{mol}$

化学反応式の係数は物質量の比を表すので，エタンが完全燃焼するのに必要な酸素の物質量はエタンの $3.5\left(=\dfrac{7}{2}\right)$ 倍である。したがって，この反応で，反応前後の物質量の関係は次

▶ 0.400 mol の酸素をすべて消費するのに必要なエタンは 0.11 mol である。

のようになる。

	$2C_2H_6$ +	$7O_2$ ⟶	$4CO_2$ +	$6H_2O$
反応前	0.10 mol	0.400 mol		
変化量	−0.10 mol	−0.35 mol	+0.20 mol	+0.30 mol
反応後	0	0.05 mol	0.20 mol	0.30 mol

よって，反応せずに残った気体は酸素でその物質量は 0.05 mol である。

(2) 生成した二酸化炭素の物質量は 0.20 mol より，質量は 44 g/mol × 0.20 mol = 8.8 g である。

エクセル 反応物に過不足がある場合は，完全に消費される量をもとにして考える。

131 解答 **(1) 一酸化窒素 NO　10 L　　酸素 O_2　5 L**
(2) 酸素　10 L　　二酸化窒素　20 L　　(3) 5 L

解説 (1) 化学反応式の係数から，2 L の NO と 1 L の O_2 が反応して，2 L の NO_2 が生成する。10 L の NO_2 が生成するには，10 L の NO と 5 L の O_2 が反応しなければならない。

(2) 20 L の NO は 10 L の O_2 と反応して，20 L の NO_2 が生成する。反応後は未反応の O_2 が 20 L − 10 L = 10 L，生成した NO_2 が 20 L 存在する。

(3) 10 L の NO は 5 L の O_2 と反応して，10 L の NO_2 が生成する。反応後は未反応の O_2 が 10 L − 5 L = 5 L，生成した NO_2 が 10 L 存在する。水に通すと NO_2 は水に溶け❶，O_2 のみ集まるから体積は 5 L である。

❶水に溶けやすい気体を水に通すと，その体積は0(… 上置換で気体を集めると水に溶ける気体は除か… る)。

エクセル 化学反応式の気体物質の係数比は体積比を表す。
水に溶けやすい気体は水に溶け，その体積は 0 と考える。(NH_3 や NO_2 など)

132 解答 **(1) 40 mL　　(2) 0.29 g**

解説 (1) 化学反応式の係数から，NaCl 1 mol は $AgNO_3$ 1 mol と反応する。$AgNO_3$ の物質量は

$$0.10\,\text{mol/L} \times \frac{20}{1000}\,\text{L} = 2.0 \times 10^{-3}\,\text{mol}$$

これと過不足なく反応する NaCl 水溶液の体積を x〔mL〕とする。

$$0.050\,\text{mol/L} \times \frac{x}{1000}\,\text{L} = 2.0 \times 10^{-3}\,\text{mol}$$

$x = 40\,\text{mL}$

(2) 化学反応式の係数から，$AgNO_3$ 2.0×10^{-3} mol から生じた AgCl は，2.0×10^{-3} mol である。
AgCl の式量は 108 + 35.5 = 143.5 より，この AgCl の質量は

$$143.5\,\text{g/mol} \times 2.0 \times 10^{-3}\,\text{mol} = 0.287 \fallingdotseq 0.29\,\text{g}$$

エクセル この反応で AgCl の白い沈殿が生じる。$AgNO_3$ 水溶液は，Cl^- の検出に用いられる。

133 解答 **(1) 酸化カルシウム CaO では，成分であるカルシウムと酸素の質量の比が常に 5：2 である。**

▶定比例の法則では CaO… 成分元素の質量比は一定…

(2)　鉄と硫黄の質量の和を A〔g〕とすると，反応してできた硫化鉄(II)の質量は A〔g〕である。
化学反応の前後で，物質の質量の総和は変わらない。（質量保存の法則）

▶原子量を比較すると
Ca : O = 40 : 16 = 5 : 2

▶反応前後の質量を考える。

エクセル　定比例の法則　化合物では，その成分元素の質量の比は常に一定。
質量保存の法則　化学反応において，反応物の質量の総和と生成物の質量の総和は等しい。

解答　**29%**

解説　N_2O_4 9.20 g の物質量は，$\dfrac{9.20\,\text{g}}{92\,\text{g/mol}} = 0.100\,\text{mol}$

x〔mol〕の N_2O_4 が NO_2 になったとすると

混合気体の物質量の総和は，$(0.100 - x) + 2x = 0.100 + x$〔mol〕❶

混合気体の標準状態の体積より，その物質量は

$\dfrac{2.9\,\text{L}}{22.4\,\text{L/mol}} = 0.129\,\text{mol}$，$0.100 + x = 0.129$ より，$x = 0.029\,\text{mol}$

変化した割合は，$\dfrac{0.029\,\text{mol}}{0.100\,\text{mol}} \times 100 = 29\%$

❶

	N_2O_4	$\longrightarrow$	$2NO_2$
反応前	1		
変化量	$-x$		$+2x$
反応後	$1 - x$		$2x$

エクセル　混合気体の物質量の総和 = $\dfrac{\text{標準状態での混合気体の体積〔L〕}}{22.4\,\text{L/mol}}$

解答　**(ア)　150　(イ)　50　(ウ)　20　(エ)　480　(オ)　50　(カ)　20**
(キ)　480　(ク)　0

▶化学反応式の係数比は反応する気体の体積比になる。

解説　水素 H_2 の燃焼の反応式　$2H_2 + O_2 \longrightarrow 2H_2O$

一酸化炭素 CO の燃焼の反応式　$2CO + O_2 \longrightarrow 2CO_2$

乾燥空気の酸素 O_2 の体積は $600\,\text{cm}^3 \times \dfrac{1}{5} = 120\,\text{cm}^3$

乾燥空気の窒素 N_2 の体積は $600\,\text{cm}^3 \times \dfrac{4}{5} = 480\,\text{cm}^3$ ❶

混合気体 B 中の $CO_2 + O_2$ の体積は $550\,\text{cm}^3 - 480\,\text{cm}^3 = 70\,\text{cm}^3$

混合気体 B 中の CO_2 の体積は $550\,\text{cm}^3 - 500\,\text{cm}^3 = 50\,\text{cm}^3$ ❷

混合気体 B 中の O_2 の体積は $70\,\text{cm}^3 - 50\,\text{cm}^3 = 20\,\text{cm}^3$

混合気体 C 中の O_2 は $20\,\text{cm}^3$，N_2 は $480\,\text{cm}^3$，CO_2 は $0\,\text{cm}^3$

混合気体 A 中の CO は $50\,\text{cm}^3$ ❷，H_2 は $200\,\text{cm}^3 - 50\,\text{cm}^3 = 150\,\text{cm}^3$

❶混合気体中の N_2 は反応しない。

❷化学反応式の係数より，反応する CO と生成する CO_2 の物質量は等しい。

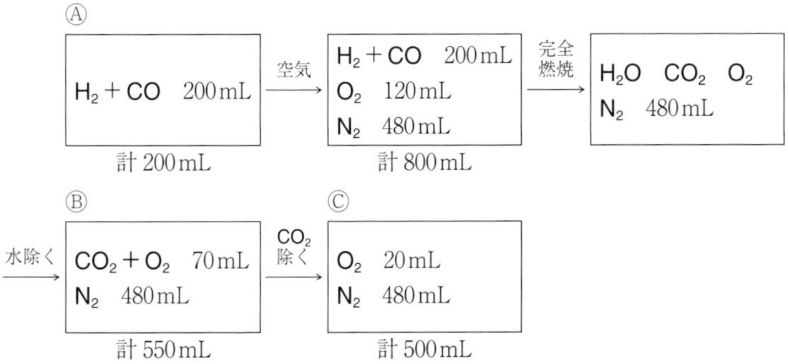

Ⓐ
[H_2 + CO　200 mL]（計 200 mL）―空気→ [H_2 + CO　200 mL / O_2　120 mL / N_2　480 mL]（計 800 mL）―完全燃焼→ [H_2O　CO_2　O_2 / N_2　480 mL]

Ⓑ　　　　　　　　　　　　　　Ⓒ
―水除く→ [$CO_2 + O_2$　70 mL / N_2　480 mL]（計 550 mL）―CO_2除く→ [O_2　20 mL / N_2　480 mL]（計 500 mL）

エクセル 混合気体の体積＝成分気体の体積の総和

136 解答 (1) $CaCO_3 + 2HCl \longrightarrow CaCl_2 + CO_2 + H_2O$
(2) **2.24 L**　(3) **66.7%**

解説 (2) 使用した HCl の物質量は次のようになる。

$0.500\,\text{mol/L} \times 0.400\,\text{L} = 0.200\,\text{mol}$

化学反応式の係数から，発生した CO_2 の物質量は

$$0.200\,\text{mol} \times \frac{1}{2} = 0.100\,\text{mol}$$

CO_2 の標準状態の体積は，$22.4\,\text{L/mol} \times 0.100\,\text{mol} = 2.24\,\text{L}$

(3) 反応した炭酸カルシウム $CaCO_3$ の物質量は 0.100 mol で，質量に換算すると $100\,\text{g/mol} \times 0.100\,\text{mol} = 10.0\,\text{g}$ である。石灰岩中の炭酸カルシウムの含有率 $\dfrac{10.0\,\text{g}}{15.0\,\text{g}} \times 100 = 66.66 \fallingdotseq 66.7\%$

▶ 炭酸塩($CaCO_3$，Na_2CO_3 など)に塩酸などの強酸を注ぐと二酸化炭素 CO_2 が発生する。

▶ 反応物の炭酸カルシウム $CaCO_3$ か塩酸 HCl のどちらかが全部消費されるまで二酸化炭素は発生する。この問題では，十分な量の塩酸が加えられたので，炭酸カルシウム $CaCO_3$ がすべて反応している。

エクセル $$\text{含有率〔\%〕} = \frac{\text{純物質の質量}}{\text{純物質を含む混合物全体の質量}} \times 100$$

137 解答 (2)

解説 ある有機化合物の組成式を $C_xH_yO_z$ とすると，化学反応式は次のようになる。

$$C_xH_yO_z + \left(x + \frac{y}{4} - \frac{z}{2}\right)O_2 \longrightarrow xCO_2 + \frac{y}{2}H_2O$$ ❶

質量と物質量の関係は，それぞれ次のようになる。

$$C_xH_yO_z + \left(x + \frac{y}{4} - \frac{z}{2}\right)O_2 \longrightarrow xCO_2 + \frac{y}{2}H_2O$$

$C_xH_yO_z$	O_2	CO_2	H_2O	
0.80 g	1.2 g	1.1 g	0.90 g	←質量保存の法則
	$\frac{1.2}{32}$ mol	$\frac{1.1}{44}$ mol	$\frac{0.90}{18}$ mol	

（CO_2 と H_2O：①，O_2 と CO_2：②）

化学反応式の係数比と物質量比は等しいので，CO_2 と H_2O で比例式①をたてると

$$x : \frac{y}{2} = \frac{1.1}{44} : \frac{0.90}{18} \qquad y = 4x$$

O_2 と CO_2 で比例式②をたてると

$$\left(x + \frac{y}{4} - \frac{z}{2}\right) : x = \frac{1.2}{32} : \frac{1.1}{44}$$

ここで，$y = 4x$ を代入すると，$z = x$ となる。

よって，$C_xH_yO_z = C_xH_{4x}O_x$

$C : H : O = x : 4x : x$
$= 1 : 4 : 1$

これが当てはまるのは(2) CH_3OH(組成式 CH_4O)である。

❶ C と H の数を合わせてから，O の数を合わせる。

エクセル 有機化合物 $C_xH_yO_z$ の燃焼

$$C_xH_yO_z + \left(x + \frac{y}{4} - \frac{z}{2}\right)O_2 \longrightarrow xCO_2 + \frac{y}{2}H_2O$$

8　解答

(1) $NaHCO_3 + HCl \longrightarrow NaCl + H_2O + CO_2$

(2) 5.0 g　(3) 1.05 g　(4) 1.12 L　(5) 解説参照

解説

(1) $NaHCO_3 + HCl \longrightarrow NaCl + H_2O + CO_2$

(2) 必要な HCl の質量を x〔g〕とすると

$$0.50\,\text{mol/L} \times \frac{100}{1000}\,\text{L} = 12\,\text{mol/L} \times x\text{〔g〕} \times \frac{10^{-3}\,\text{L}}{1.2\,\text{g}}$$

$$x = 5.0\,\text{g}$$

(3)

	$NaHCO_3$ +	HCl	⟶	NaCl +	H_2O +	CO_2
反応前	$\frac{2.0}{84}$ mol	< 0.050 mol[1]				
変化量	$-\frac{2.0}{84}$ mol					$+\frac{2.0}{84}$ mol
反応後						$\frac{2.0}{84}$ mol

生成する二酸化炭素の質量は

$$\frac{2.0}{84}\,\text{mol} \times 44\,\text{g/mol} = 1.047 \fallingdotseq 1.05\,\text{g}$$

(4)

	$NaHCO_3$ +	HCl	⟶	NaCl +	H_2O +	CO_2
反応前	$\frac{5.0}{84}$ mol	> 0.050 mol[2]				
変化量		−0.050 mol				+0.050 mol
反応後						0.050 mol

生成する二酸化炭素の体積は

$$0.050\,\text{mol} \times 22.4\,\text{L/mol} = 1.12\,\text{L}$$

(5) 塩酸と過不足なく反応する炭酸水素ナトリウムの質量を x〔g〕とすると

$$\frac{x}{84}\,\text{mol} = 0.50\,\text{mol/L} \times \frac{100}{1000}\,\text{L}$$

$$x = 4.2\,\text{g}$$

このとき生成する二酸化炭素の物質量は 0.050 mol である。よって，加えた炭酸水素ナトリウムが 4.2 g，発生した二酸化炭素が 0.05 mol となるまでは比例関係で増加し，そのあと一定となる。

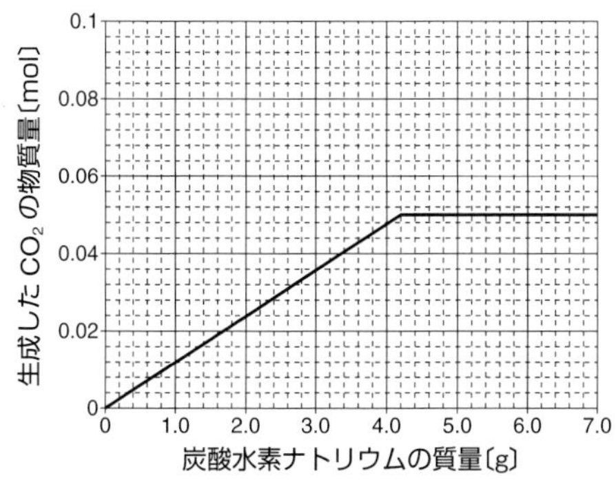

[1] $NaHCO_3$ の物質量＜HCl の物質量なので，HCl が過剰であり，反応せずに残る。そのため，$NaHCO_3$ の物質量に合わせて解く。

[2] $NaHCO_3$ の物質量＞HCl の物質量なので，$NaHCO_3$ が過剰であり，反応せずに残る。そのため，HCl の物質量に合わせて解く。

エクセル グラフが折れ曲がる点が $NaHCO_3$ と HCl が過不足なく反応している。

139 **解答** (ア) 8 (イ) 16 (ウ) 20 (エ) 2
(1) (d), ③ (2) (a), ② (3) (c), ① (4) (e), ⑤

解説 (1) 化合物中の成分元素の質量組成は常に一定であり，CO_2 では炭素 12g に対して酸素 32g が結合する❶。

(2) 化学反応の前後で，物質の総質量は変化しないから，反応前の炭素と酸素の質量の和は生成した二酸化炭素の質量に等しい。

(イ)＝22g－6g＝16g

(3) 同温・同圧では気体の体積は気体の分子数に比例する❷。

1000mL：50mL＝20：1

(4) 同温・同圧のもとでは，反応に関係する気体の体積は簡単な整数比をなす。$2CO + O_2 \longrightarrow 2CO_2$ より，CO 2L と O_2 1L から CO_2 2L が生成する。

❶C と O の原子量は，それぞれ 12 と 16 より，C：O ＝12：32＝3：8

❷同温・同圧下では，気体はその種類によらず，同体積中に同数の分子を含むといえる。

エクセル 化学の基本法則

質量保存の法則（ラボアジエ）	化学反応の前後において，物質の質量の総和は変わらない。
倍数比例の法則（ドルトン）	2 種類の元素 A，B が化合していくつかの化合物をつくるとき，A の一定量と結合する B の質量を化合物どうしで比べると，簡単な整数比となる。
アボガドロの法則（アボガドロ）	同温・同圧・同体積の気体では，気体の種類に関係なく同数の気体分子が含まれる。
定比例の法則（プルースト）	化合物では，構成成分の元素の質量比は常に一定である。
気体反応の法則（ゲーリュサック）	気体どうしの反応では，反応に関係する気体の体積は，同温・同圧のもとでは簡単な整数比をなす。

●エクササイズ①(p.80)

1 (1) 1.0×2＝2.0 (2) 16×2＝32 (3) 16×3＝48 (4) 14×2＝28
(5) 1.0＋35.5＝36.5 (6) 1.0×2＋16＝18 (7) 12＋16×2＝44
(8) 14＋1.0×3＝17 (9) 12＋1.0×4＝16 (10) 1.0×2＋32＋16×4＝98
(11) 12×2＋1.0×6＋16＝46 (12) 12×6＋1.0×12＋16×6＝180

2 (1) 23＋35.5＝58.5 (2) 24＋35.5×2＝95 (3) 23＋16＋1.0＝40
(4) 40＋(16＋1.0)×2＝74 (5) 24＋(14＋16×3)×2＝148
(6) (14＋1.0×4)×2＋32＋16×4＝132 (7) 27×2＋(12＋16×3)×3＝234
(8) 64＋32＋16×4＋5×(1.0×2＋16)＝250 (9) 23
(10) 12×2＋1.0×3＋16×2＝59

3 (1) $\dfrac{64\,\text{g}}{32\,\text{g/mol}} = 2.0\,\text{mol}$ (2) $\dfrac{9\,\text{g}}{18\,\text{g/mol}} = 0.5\,\text{mol}$

(3) $\dfrac{93\,\text{g}}{62\,\text{g/mol}} = 1.5\,\text{mol}$ (4) $\dfrac{196\,\text{g}}{98\,\text{g/mol}} = 2.0\,\text{mol}$

(5) $16\,\mathrm{g/mol} \times 2.0\,\mathrm{mol} = \underline{32\,\mathrm{g}}$

(6) $180\,\mathrm{g/mol} \times 0.30\,\mathrm{mol} = \underline{54\,\mathrm{g}}$

(7) $96\,\mathrm{g/mol} \times 1.5\,\mathrm{mol} = 144 \fallingdotseq \underline{1.4 \times 10^{2}\,\mathrm{g}}$

(8) $95\,\mathrm{g/mol} \times 0.50\,\mathrm{mol} = 47.5 \fallingdotseq \underline{48\,\mathrm{g}}$

(9) $250\,\mathrm{g/mol} \times 1.00\,\mathrm{mol} = \underline{250\,\mathrm{g}}$

(10) $\dfrac{33.6\,\mathrm{L}}{22.4\,\mathrm{L/mol}} = \underline{1.50\,\mathrm{mol}}$

(11) $\dfrac{11.2\,\mathrm{L}}{22.4\,\mathrm{L/mol}} = \underline{0.500\,\mathrm{mol}}$

(12) $\dfrac{5.6\,\mathrm{L}}{22.4\,\mathrm{L/mol}} = \underline{0.25\,\mathrm{mol}}$

(13) $22.4\,\mathrm{L/mol} \times 2.00\,\mathrm{mol} = \underline{44.8\,\mathrm{L}}$

(14) $22.4\,\mathrm{L/mol} \times 2.00\,\mathrm{mol} = \underline{44.8\,\mathrm{L}}$

(15) $\dfrac{2.4 \times 10^{24}}{6.0 \times 10^{23}/\mathrm{mol}} = \underline{4.0\,\mathrm{mol}}$

(16) $\dfrac{3.0 \times 10^{23}}{6.0 \times 10^{23}/\mathrm{mol}} = \underline{0.50\,\mathrm{mol}}$

(17) $\dfrac{1.2 \times 10^{22}}{6.0 \times 10^{23}/\mathrm{mol}} = \underline{0.020\,\mathrm{mol}}$

(18) $6.0 \times 10^{23}/\mathrm{mol} \times 1.5\,\mathrm{mol} = \underline{9.0 \times 10^{23}\,\text{個}}$

(19) $6.0 \times 10^{23}/\mathrm{mol} \times 0.30\,\mathrm{mol} = \underline{1.8 \times 10^{23}\,\text{個}}$

(20) Mg^{2+} $6.0 \times 10^{23}/\mathrm{mol} \times 0.50\,\mathrm{mol} = \underline{3.0 \times 10^{23}\,\text{個}}$

Cl^{-} $6.0 \times 10^{23}/\mathrm{mol} \times 0.50\,\mathrm{mol} \times 2 = \underline{6.0 \times 10^{23}\,\text{個}}$

(1) $\dfrac{6.0\,\mathrm{g}}{2.0\,\mathrm{g/mol}} = \underline{3.0\,\mathrm{mol}}$ $22.4\,\mathrm{L/mol} \times 3.0\,\mathrm{mol} = 67.2 \fallingdotseq \underline{67\,\mathrm{L}}$

(2) $\dfrac{3.4\,\mathrm{g}}{17\,\mathrm{g/mol}} = \underline{0.20\,\mathrm{mol}}$ $22.4\,\mathrm{L/mol} \times 0.20\,\mathrm{mol} = 4.48 \fallingdotseq \underline{4.5\,\mathrm{L}}$

(3) $\dfrac{11\,\mathrm{g}}{44\,\mathrm{g/mol}} = \underline{0.25\,\mathrm{mol}}$ $22.4\,\mathrm{L/mol} \times 0.25\,\mathrm{mol} = \underline{5.6\,\mathrm{L}}$

(4) $\dfrac{44.8\,\mathrm{L}}{22.4\,\mathrm{L/mol}} = \underline{2.00\,\mathrm{mol}}$ $32\,\mathrm{g/mol} \times 2.00\,\mathrm{mol} = \underline{64.0\,\mathrm{g}}$

(5) $\dfrac{5.6\,\mathrm{L}}{22.4\,\mathrm{L/mol}} = \underline{0.25\,\mathrm{mol}}$ $16\,\mathrm{g/mol} \times 0.25\,\mathrm{mol} = \underline{4.0\,\mathrm{g}}$

(6) $\dfrac{112\,\mathrm{L}}{22.4\,\mathrm{L/mol}} = \underline{5.00\,\mathrm{mol}}$ $36.5\,\mathrm{g/mol} \times 5.00\,\mathrm{mol} = 182.5 \fallingdotseq \underline{183\,\mathrm{g}}$

(1) $\dfrac{280\,\mathrm{g}}{56\,\mathrm{g/mol}} = \underline{5.00\,\mathrm{mol}}$ $6.0 \times 10^{23}/\mathrm{mol} \times 5.00\,\mathrm{mol} = \underline{3.00 \times 10^{24}\,\text{個}}$

(2) $\dfrac{149\,\mathrm{g}}{74.5\,\mathrm{g/mol}} = \underline{2.00\,\mathrm{mol}}$ K^{+} $6.0 \times 10^{23}/\mathrm{mol} \times 2.00\,\mathrm{mol} = \underline{1.20 \times 10^{24}\,\text{個}}$

Cl^{-} $6.0 \times 10^{23}/\mathrm{mol} \times 2.00\,\mathrm{mol} = \underline{1.20 \times 10^{24}\,\text{個}}$

(3) $\dfrac{1.2 \times 10^{23}}{6.0 \times 10^{23}/\mathrm{mol}} = \underline{0.20\,\mathrm{mol}}$ $108\,\mathrm{g/mol} \times 0.20\,\mathrm{mol} = 21.6 \fallingdotseq \underline{22\,\mathrm{g}}$

(4) $\dfrac{2.4 \times 10^{24}}{6.0 \times 10^{23}/\mathrm{mol}} = \underline{4.0\,\mathrm{mol}}$ $18\,\mathrm{g/mol} \times 4.0\,\mathrm{mol} = \underline{72\,\mathrm{g}}$

(1) $\dfrac{33.6\,\mathrm{L}}{22.4\,\mathrm{L/mol}} = 1.50\,\mathrm{mol}$ 酸素分子 $6.0 \times 10^{23}/\mathrm{mol} \times 1.50\,\mathrm{mol} = \underline{9.00 \times 10^{23}\,\text{個}}$

酸素原子 $9.00 \times 10^{23} \times 2 = \underline{1.80 \times 10^{24}\,\text{個}}$

(2) $\dfrac{1.12\,\mathrm{L}}{22.4\,\mathrm{L/mol}} = 0.0500\,\mathrm{mol}$ メタン分子 $6.0 \times 10^{23}/\mathrm{mol} \times 0.0500\,\mathrm{mol} = \underline{3.00 \times 10^{22}\,\text{個}}$

水素原子 $3.00 \times 10^{22} \times 4 = \underline{1.20 \times 10^{23}\,\text{個}}$

(3) $\dfrac{1.5 \times 10^{23}}{6.0 \times 10^{23}/\mathrm{mol}} = 0.25\,\mathrm{mol}$ $22.4\,\mathrm{L/mol} \times 0.25\,\mathrm{mol} = \underline{5.6\,\mathrm{L}}$

(4) $\dfrac{2.4 \times 10^{23}}{2} = \underline{1.2 \times 10^{23}\text{ 個〔水素分子〕}}$ $\dfrac{1.2 \times 10^{23}}{6.0 \times 10^{23}/\text{mol}} = 0.20\,\text{mol}$

$22.4\,\text{L/mol} \times 0.20\,\text{mol} = 4.48 \fallingdotseq \underline{4.5\,\text{L}}$

7 (1) $\dfrac{0.60\,\text{mol}}{3.0\,\text{L}} = 0.20\,\text{mol/L}$

(2) $\dfrac{2.0\,\text{g}}{40\,\text{g/mol}} = 0.050\,\text{mol}$ $\dfrac{0.050\,\text{mol}}{0.100\,\text{L}} = \underline{0.50\,\text{mol/L}}$

(3) $0.50\,\text{mol/L} \times 0.200\,\text{L} = 0.10\,\text{mol}$ $58.5\,\text{g/mol} \times 0.10\,\text{mol} = 5.85 \fallingdotseq \underline{5.9\,\text{g}}$

(4) $2.0\,\text{mol/L} \times 2.0\,\text{L} = 4.0\,\text{mol}$

(5) $6.0\,\text{mol/L} \times 0.020\,\text{L} = 0.12\,\text{mol}$

(6) $0.50\,\text{mol/L} \times 0.400\,\text{L} = 0.20\,\text{mol}$ $58.5\,\text{g/mol} \times 0.20\,\text{mol} = 11.7 \fallingdotseq \underline{12\,\text{g}}$

6 酸・塩基（p.91）

解答 (1) **塩基**　(2) **塩基**　(3) **酸**　(4) **塩基**

解説 (4) $NH_3 + HCl \longrightarrow NH_4Cl$

塩化アンモニウム NH_4Cl はイオン結合の結晶で，結晶中では，NH_4^+ と Cl^- のイオンが存在している。

よって，NH_3 は，NH_4^+ に変化したことになり，H^+ を受け取っているので塩基としてはたらいたことになる。

▶ブレンステッドの定義により，気体どうしの反応や塩の加水分解なども酸・塩基反応の一部として考えることができる。

エクセル ブレンステッドの定義
酸　水素イオン H^+ を与える分子・イオン
塩基　水素イオン H^+ を受け取る分子・イオン

解答 (1) $CH_3COOH \rightleftarrows CH_3COO^- + H^+$
(2) **0.01**

解説 (2) 電離度 $\alpha = \dfrac{0.001\,\text{mol/L}}{0.1\,\text{mol/L}} = 0.01$❶

❶体積が同じとき物質量を濃度に置き換えて考えることができる。

エクセル 電離度 $\alpha = \dfrac{\text{電離している電解質の物質量〔mol〕}}{\text{溶けている電解質全体の物質量〔mol〕}}$ $(0 < \alpha \leqq 1)$

解答 (1) **0.02 mol/L**　(2) **0.06 mol/L**　(3) $\mathbf{2 \times 10^{-13}}$ **mol/L**
(4) $\mathbf{1 \times 10^{-13}}$ **mol/L**　(5) **0.4 mol/L**　(6) $\mathbf{1 \times 10^{-14}}$ **mol/L**

解説 (1) 塩酸は1価の酸
$[H^+] = 1 \times 0.02 = 0.02\,\text{mol/L}$

(2) 硫酸は2価の酸
$[H^+] = 2 \times 0.03 = 0.06\,\text{mol/L}$

(3) 水酸化カリウムは1価の塩基
$[OH^-] = 1 \times 0.05 = 0.05\,\text{mol/L}$
$[H^+] = \dfrac{K_w}{[OH^-]} = \dfrac{10^{-14}}{0.05} = 2 \times 10^{-13}\,\text{mol/L}$❶

❶塩基の水溶液では $[H^+]$ は次のように求める。
$[H^+] = \dfrac{10^{-14}}{[OH^-]}$

(4) 水酸化カルシウムは2価の塩基
$[OH^-] = 2 \times 0.05 = 0.1\,\text{mol/L}$
$[H^+] = \dfrac{K_w}{[OH^-]} = \dfrac{10^{-14}}{0.1} = 1 \times 10^{-13}\,\text{mol/L}$

(5) 塩化水素の水溶液が塩酸である。塩酸は1価の酸
$[H^+] = 1 \times \dfrac{0.2\,\text{mol}}{0.5\,\text{L}} = 0.4\,\text{mol/L}$

(6) 水酸化ナトリウムは1価の塩基
$[OH^-] = 1 \times \dfrac{0.1\,\text{mol}}{0.1\,\text{L}} = 1\,\text{mol/L}$
$[H^+] = \dfrac{K_w}{[OH^-]} = \dfrac{10^{-14}}{1} = 1 \times 10^{-14}\,\text{mol/L}$

エクセル 強酸，強塩基の $[H^+]$，$[OH^-]$ の求め方
$[H^+] = a \times c$　　$[OH^-] = b \times c'$

（a，b：酸・塩基の価数
c，c'：酸・塩基のモル濃度）

水のイオン積 K_w

$K_w = [H^+][OH^-] = 1 \times 10^{-14} (mol/L)^2$

143 解答　(1)　pH＝2　(2)　pH＝1　(3)　pH＝13　(4)　pH＝12
(5)　pH＝1　(6)　pH＝12　(7)　pH＝4

解説　(1)　塩酸は1価の強酸

$[H^+] = 1 \times 0.01 = 0.01 = 10^{-2} mol/L$

よって，pH＝2

(2)　硫酸は2価の強酸

$[H^+] = 2 \times 0.05 = 0.1 = 10^{-1} mol/L$

よって，pH＝1

(3)　水酸化ナトリウムは1価の強塩基

$[OH^-] = 1 \times 0.1 = 10^{-1} mol/L$

$[H^+] = \frac{K_w}{[OH^-]} = \frac{10^{-14}}{10^{-1}} = 10^{-13} mol/L$

よって，pH＝13

(4)　水酸化カルシウムは2価の強塩基

$[OH^-] = 2 \times 0.005 = 0.01 = 10^{-2} mol/L$

$[H^+] = \frac{K_w}{[OH^-]} = \frac{10^{-14}}{10^{-2}} = 10^{-12} mol/L$

よって，pH＝12

(5)　塩酸のモル濃度は，

$\frac{0.2 mol}{2 L} = 0.1 mol/L$

$[H^+] = 1 \times 0.1 = 10^{-1} mol/L$

よって，pH＝1

(6)　水酸化ナトリウム水溶液のモル濃度は，

$\frac{0.05 mol}{5 L} = 0.01 mol/L$

$[OH^-] = 1 \times 0.01 = 10^{-2} mol/L$

$[H^+] = \frac{K_w}{[OH^-]} = \frac{10^{-14}}{10^{-2}} = 10^{-12} mol/L$

よって，pH＝12

(7)　酢酸は1価の弱酸

$[H^+] = 1 \times 0.01 \times 0.01 = 10^{-4} mol/L$ ❶

よって，pH＝4

エクセル　$[H^+] = 1 \times 10^{-n} mol/L$ のとき，pH＝n

●水素イオン濃度とpH
$[H^+] = a$〔mol/L〕のとき
pH＝$-\log a$

❶弱酸の水素イオン濃度
$[H^+] = mc\alpha$
m：価数
c：弱酸の濃度
α：電離度

4 解答

(1)　$HCl + NaOH \longrightarrow NaCl + H_2O$
(2)　$2HCl + Ba(OH)_2 \longrightarrow BaCl_2 + 2H_2O$
(3)　$H_2SO_4 + Ca(OH)_2 \longrightarrow CaSO_4 + 2H_2O$
(4)　$H_2SO_4 + 2NH_3 \longrightarrow (NH_4)_2SO_4$
(5)　$CH_3COOH + NaOH \longrightarrow CH_3COONa + H_2O$

解説

酸から生じる水素イオン H^+ と，塩基から生じる水酸化物イオン OH^- の数が合うように係数を決める。

(1)　塩酸 HCl は 1 価の酸，水酸化ナトリウム NaOH は 1 価の塩基なので，1：1 で反応する。
酸，塩基の電離式は
$HCl \longrightarrow \underset{\sim}{H^+} + Cl^-$　　$NaOH \longrightarrow Na^+ + \underset{\sim}{OH^-}$

(2)　塩酸 HCl は 1 価の酸，水酸化バリウム $Ba(OH)_2$ は 2 価の塩基なので，2：1 で反応する。
酸，塩基の電離式は
$HCl \longrightarrow \underset{\sim}{H^+} + Cl^-$　　$Ba(OH)_2 \longrightarrow Ba^{2+} + \underset{\sim}{2OH^-}$

(3)　硫酸 H_2SO_4 は 2 価の酸，水酸化カルシウム $Ca(OH)_2$ は 2 価の塩基なので，1：1 で反応する。
酸，塩基の電離式は
$H_2SO_4 \longrightarrow \underset{\sim}{2H^+} + SO_4^{2-}$　　$Ca(OH)_2 \longrightarrow Ca^{2+} + \underset{\sim}{2OH^-}$

(4)　硫酸 H_2SO_4 は 2 価の酸，アンモニア NH_3 は 1 価の塩基なので，1：2 で反応する❶。
酸，塩基の電離式は
$H_2SO_4 \longrightarrow \underset{\sim}{2H^+} + SO_4^{2-}$　　$NH_3 + H_2O \longrightarrow NH_4^+ + \underset{\sim}{OH^-}$

(5)　酢酸 CH_3COOH は 1 価の酸❷，水酸化ナトリウム NaOH は 1 価の塩基なので，1：1 で反応する。
酸，塩基の電離式は
$CH_3COOH \longrightarrow CH_3COO^- + \underset{\sim}{H^+}$　　$NaOH \longrightarrow Na^+ + \underset{\sim}{OH^-}$

❶中和反応は酸，塩基の強弱は関係ない。

❷酢酸は 1 価の酸

```
    H   O
    |   ‖
H－C－C－O－H
    |         ↑
    H         └電離
```

エクセル　中和反応の化学反応式
(酸の価数)×(酸の係数)＝(塩基の価数)×(塩基の係数)

5 解答

(1)　**0.15 mol**　　(2)　**0.08 mol**
(3)　**0.025 mol**　　(4)　**0.01 mol**

解説

中和の問題では，酸から生じた水素イオン H^+ と，塩基から生じた水酸化物イオン OH^- の物質量が等しくなるようにする。酸，塩基の価数に注意。

(1)　塩酸は 1 価の酸，水酸化ナトリウムは 1 価の塩基なので，水酸化ナトリウムの物質量を x〔mol〕とすると

$$1 \times 1.5 \times \frac{100}{1000} = 1 \times x,\ \ x = 0.15\,\text{mol}$$

$HCl \longrightarrow H^+ + Cl^-$
$NaOH \longrightarrow Na^+ + OH^-$

(2)　硫酸は 2 価の酸，水酸化ナトリウムは 1 価の塩基なので，水酸化ナトリウムの物質量を x〔mol〕とすると

$$2 \times 0.2 \times \frac{200}{1000} = 1 \times x,\ \ x = 0.08\,\text{mol}$$

$H_2SO_4 \longrightarrow 2H^+ + SO_4^{2-}$
$NaOH \longrightarrow Na^+ + OH^-$

(3)　塩酸は1価の酸，水酸化カルシウムは2価の塩基なので，水酸化カルシウムの物質量を x〔mol〕とすると

$$1 \times 1.0 \times \frac{50}{1000} = 2 \times x, \quad x = 0.025\,\text{mol}$$

$HCl \longrightarrow H^+ + Cl^-$
$Ca(OH)_2 \longrightarrow Ca^{2+} + 2OH^-$

(4)　硫酸は2価の酸，水酸化カルシウムは2価の塩基なので，水酸化カルシウムの物質量を x〔mol〕とすると

$$2 \times 0.1 \times \frac{100}{1000} = 2 \times x, \quad x = 0.01\,\text{mol}$$

$H_2SO_4 \longrightarrow 2H^+ + SO_4^{2-}$
$Ca(OH)_2 \longrightarrow Ca^{2+} + 2OH^-$

エクセル　H^+，OH^- の物質量の求め方

$$H^+\text{の物質量} = a \times c \times \frac{V}{1000}$$

$$OH^-\text{の物質量} = b \times c' \times \frac{V'}{1000}$$

（a，b：酸・塩基の価数
c，c'：酸・塩基のモル濃度
V，V'：酸・塩基の体積〔mL〕）

146　解答

(1)　**0.080 mol/L**　(2)　**0.15 mol/L**
(3)　**80 mL**　(4)　**80 mL**

解説

中和の問題では，酸から生じた水素イオン H^+ と，塩基から生じた水酸化物イオン OH^- の物質量が等しくなるようにする。酸，塩基の価数に注意。

●中和反応の量的関係
酸の出す H^+ の物質量
＝塩基の出す OH^- の物質量

(1)　塩酸は1価の酸，水酸化ナトリウムは1価の塩基なので，塩酸の濃度を x〔mol/L〕とすると

$$1 \times x \times \frac{10}{1000} = 1 \times 0.10 \times \frac{8.0}{1000} \quad x = 0.080\,\text{mol/L}$$

(2)　塩酸は1価の酸，水酸化ナトリウムは1価の塩基なので，水酸化ナトリウム水溶液の濃度を x〔mol/L〕とすると

$$1 \times 0.10 \times \frac{15}{1000} = 1 \times x \times \frac{10}{1000} \quad x = 0.15\,\text{mol/L}$$

(3)　硫酸は2価の酸，水酸化ナトリウムは1価の塩基なので，水酸化ナトリウム水溶液の体積を x〔mL〕とすると

$$2 \times 0.10 \times \frac{40}{1000} = 1 \times 0.10 \times \frac{x}{1000} \quad x = 80\,\text{mL}$$

(4)　硫酸は2価の酸，水酸化バリウムは2価の塩基なので，水酸化バリウム水溶液の体積を x〔mL〕とすると

$$2 \times 0.20 \times \frac{40}{1000} = 2 \times 0.10 \times \frac{x}{1000} \quad x = 80\,\text{mL}$$

エクセル　中和反応の量的関係

$$a \times c \times \frac{V}{1000} = b \times c' \times \frac{V'}{1000}$$

（a，b：酸・塩基の価数
c，c'：酸・塩基のモル濃度
V，V'：酸・塩基の体積〔mL〕）

7 **解答** (1)　**1.0×10^3 mL**　　(2)　**2.5×10^3 mL**

解説 (1)　NaOH の式量は，$23+16+1.0=40$ なので

NaOH の物質量は，$\dfrac{4.0\,\mathrm{g}}{40\,\mathrm{g/mol}}=0.10\,\mathrm{mol}$

HCl の体積を x〔mL〕とすると

$$1\times0.10\times\frac{x}{1000}=1\times0.10\quad x=1000\,\mathrm{mL}$$

(2)　NH_3 の物質量は，$\dfrac{11.2\,\mathrm{L}}{22.4\,\mathrm{L/mol}}=0.500\,\mathrm{mol}$

H_2SO_4 の体積を x〔mL〕とすると

$$2\times0.10\times\frac{x}{1000}=1\times0.500\quad x=2500\,\mathrm{mL}$$

エクセル　**中和反応の量的関係**
酸の出す H^+ の物質量＝塩基の出す OH^- の物質量

8 **解答**

	化学式	分類	性質
(1)	Na_2SO_4	(正)塩	(中)性
(2)	NH_4Cl	(正)塩	(酸)性
(3)	CH_3COONa	(正)塩	(塩基)性
(4)	$NaHCO_3$	(酸性)塩	(塩基)性
(5)	$NaHSO_4$	(酸性)塩	(酸)性

解説 (1)　硫酸ナトリウム Na_2SO_4 は正塩である。水溶液中では電離するだけなので中性である。$Na_2SO_4 \longrightarrow 2Na^+ + SO_4^{2-}$

(2)　塩化アンモニウム NH_4Cl は正塩である。水溶液中では電離してできたアンモニウムイオンが水と反応し，オキソニウムイオン(水素イオン)❶が生じるので酸性を示す。

$NH_4Cl \longrightarrow NH_4^+ + Cl^-$
$NH_4^+ + H_2O \rightleftarrows NH_3 + \underset{\sim\sim}{H_3O^+}$

(3)　酢酸ナトリウム CH_3COONa は正塩である。水溶液中では電離してできた酢酸イオンが水と反応し，水酸化物イオンが生じるので塩基性を示す。

$CH_3COONa \longrightarrow CH_3COO^- + Na^+$
$CH_3COO^- + H_2O \rightleftarrows CH_3COOH + \underset{\sim\sim}{OH^-}$

(4)　炭酸水素ナトリウム $NaHCO_3$ は酸性塩である。水溶液中では電離してできた炭酸水素イオンが水と反応し，水酸化物イオンが生じるので塩基性を示す。

$NaHCO_3 \longrightarrow Na^+ + HCO_3^-$
$HCO_3^- + H_2O \rightleftarrows H_2CO_3 + \underset{\sim\sim}{OH^-}$

(5)　硫酸水素ナトリウム $NaHSO_4$ は酸性塩である。水溶液中では電離してできた硫酸水素イオンがさらに電離して水素イオンが生じるので酸性を示す。

$NaHSO_4 \longrightarrow Na^+ + HSO_4^-$
$HSO_4^- \longrightarrow \underset{\sim\sim}{H^+} + SO_4^{2-}$

❶オキソニウムイオン
水素イオン H^+ は水溶液中では水 H_2O と結合してオキソニウムイオン H_3O^+ として存在している。

エクセル 正塩　　　塩基と中和できるH^+も，酸と反応できるOH^-もない塩のこと。
酸性塩　　塩基と中和できるH^+が残っている塩のこと。
塩基性塩　酸と中和できるOH^-が残っている塩のこと。

149 解答

(1) (ア) **メスフラスコ** (イ) **ホールピペット** (ウ) **ビュレット**
(エ) **メスフラスコ** (オ) **ホールピペット** (カ) **ビュレット**
(キ) **共洗い** ((オ)，(カ)は順不同)

(2) (ア) (d) (イ) (c) (ウ) (b)

(3) (b)，(c)，(d)

解説

(1)，(2) 溶液を入れるコニカルビーカーや標準溶液を調製するメスフラスコは，水洗後，濡れたまま使用してよい。これは，器具内の溶質の物質量は変化しないからである。一方，ホールピペットやビュレットは，水洗後，これから使用する溶液で器具の内壁を数回すすいで(共洗い)使用する。これを行わないと，せっかく正確に濃度を調製した溶液の濃度が，薄まってしまう。

(3) 体積を正確に測るメスフラスコ，ホールピペット，ビュレットなどのガラス器具は乾燥する際は自然乾燥させる。ガラスは加熱すると膨張し，冷やしても元の形には戻らないので，次に使用する際に規定の体積を示さなくなる❶。

❶メスフラスコ，ホールペット，ビュレットなど精度が高いガラス器具は加熱してはいけない。

エクセル 滴定で使う実験器具

150 解答

(1) (ア) (a) (イ) (c) (ウ) (d) (エ) (a) (オ) (b) (カ) (c)

(2) **図1 ③ 図2 ① 図3 ②**

解説

(2) 滴定曲線の中和点が，指示薬の変色域に含まれるように選択する。メチルオレンジは酸性側(pH3.1 ～ 4.4)に，フェノールフタレインは塩基性側(pH8.0 ～ 9.8)に変色域がかたよる。図1では，中和点がpH7付近に幅広く広がっているので，指示薬の変色域が酸性側や塩基性側にかたよっていても使用可である。図2では，酸性側に中和点があるので，使用できる指示薬は変色域が酸性側にあるメチルオレンジである。図3では，塩基性側に中和点があるので，使用できる指示薬は変色域が塩基性側にあるフェノールフタレインである。

エクセル

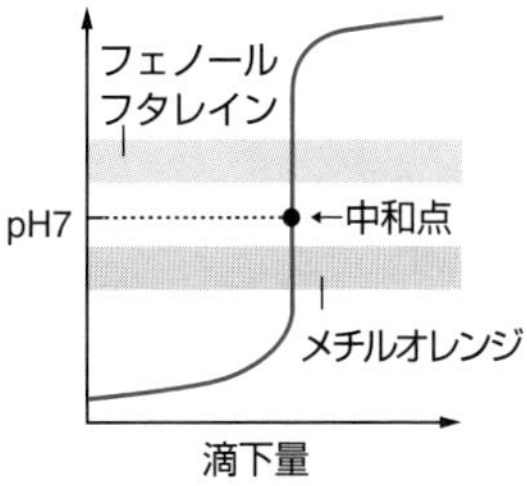

フェノール
フタレイン
pH7
←中和点
メチルオレンジ
滴下量

図 1　強酸を強塩基で滴定

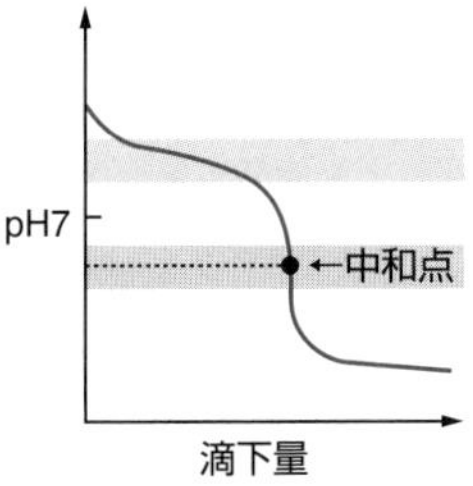

pH7
←中和点
滴下量

図 2　弱塩基を強酸で滴定

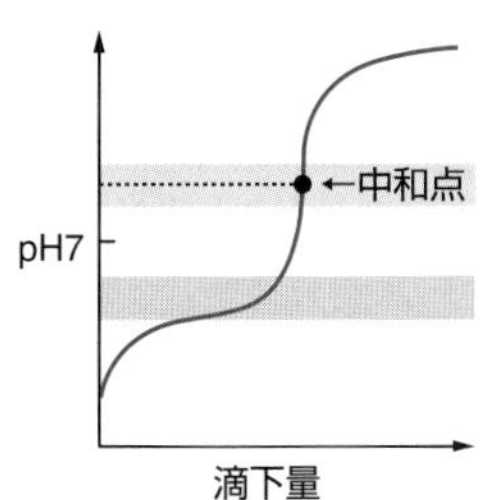

図 3　弱酸を強塩基で滴定

解答　(1)　**0.10 mol/L**　(2)　**6.0×10^{-2} mol/L**　(3)　**1.0×10^{-13} mol/L**

解説　(1)　HCl の H^+ の物質量 $= 0.50 \times 1.0 = 0.50$

NaOH の OH^- の物質量 $= 0.30 \times 1.0 = 0.30$

混合溶液中の H^+ の物質量 $= 0.50 - 0.30 = 0.20$ ❶

よって，水素イオン濃度 $[H^+] = \dfrac{0.20}{1.0 + 1.0} = 0.10$ mol/L

(2)　pH = 2.0 より　$[H^+] = 1.0 \times 10^{-2}$ mol/L

混合溶液の体積は 500 mL + 500 mL = 1.0 L

よって，混合溶液中の H^+ の物質量は，1.0×10^{-2} mol

硫酸の濃度を x〔mol/L〕とすると，硫酸は 2 価の酸なので

$$1.0 \times 10^{-2} = 2x \times \frac{500}{1000} - 0.10 \times \frac{500}{1000}$$ ❷

$$x = 1.0 \times 10^{-2} + 5.0 \times 10^{-2} = 6.0 \times 10^{-2} \text{ mol/L}$$

(3)　硫酸の物質量 $= 2 \times 0.10 \times \dfrac{500}{1000} = 0.10$ mol

水酸化ナトリウムの OH^- の物質量 $= 0.150$ mol

よって，混合液の OH^- の物質量 $= 0.150 - 0.10 = 0.050$ mol ❸

$$[OH^-] = \frac{0.050}{\frac{500}{1000}} = 0.10$$

水のイオン積 $[H^+][OH^-] = 1.0 \times 10^{-14}$ より

$$[H^+] = \frac{1.0 \times 10^{-14}}{[OH^-]} = \frac{1.0 \times 10^{-14}}{0.10} = 1.0 \times 10^{-13} \text{ mol/L}$$

❶ H^+ の物質量 > OH^- の物質量なので，H^+ が残る。

❷ H^+ の物質量 > OH^- の物質量なので，H^+ が残る。

❸ H^+ の物質量 < OH^- の物質量なので，OH^- が残る。

エクセル　H^+ と OH^- の物質量を比較する。

解答　**(a)，(c)，(d)，(b)**

解説　(a)　$[H^+] = 0.1 \times 0.01 = 1 \times 10^{-3}$ mol/L

よって，pH = 3

(b)　$[OH^-] = 0.1 \times 0.01 = 1 \times 10^{-3}$ mol/L

$$[H^+] = \frac{1.0 \times 10^{-14}}{[OH^-]} = \frac{1.0 \times 10^{-14}}{1 \times 10^{-3}} = 1 \times 10^{-11}$$ ❶

よって，pH = 11

(c)　pH = 2 より $[H^+] = 1.0 \times 10^{-2}$ mol/L

これを 100 倍に薄めたので

❶水のイオン積
$[H^+][OH^-]$
$= 1.0 \times 10^{-14} (\text{mol/L})^2$

$[H^+] = 1.0 \times 10^{-2} \times \frac{1}{100} = 1.0 \times 10^{-4}$

よって，pH＝4

(d) pH＝8の水酸化ナトリウム水溶液を水で1000倍に薄めると溶液は中性に近づく。よって pH≒7

エクセル $[H^+] = 1 \times 10^{-n}$ mol/L のとき，pH＝n

153 **解答**

(1) (ア) メスフラスコ (イ) ホールピペット (エ) ビュレット

(2) 水で薄められても，シュウ酸の物質量は変化しないから。

(3) シュウ酸は弱酸で，水酸化ナトリウムは強塩基なので中和点の液性は塩基性である。メチルオレンジは変色域が酸性側にあるので，メチルオレンジは用いない。

(4) 水酸化ナトリウムは空気中の二酸化炭素と反応して炭酸ナトリウムに変化し，また，空気中の水分を吸収する潮解性もある。このため正確な濃度の水溶液がつくれないから。

(5) (A) 6.30 (B) 0.125 (C) 4.50

(6) ガラスは加熱すると膨張するが，冷却しても元の形に戻らない。このために正確な体積が測れなくなるから。

解説

(5) (A) シュウ酸の物質量＝$0.100 \times \frac{500}{1000} = 0.0500$ mol

$(COOH)_2 \cdot 2H_2O = 126$ より

シュウ酸の質量は，$126 \times 0.0500 = 6.30$ g

(B) シュウ酸は2価の酸，水酸化ナトリウムは1価の塩基なので，水酸化ナトリウム水溶液の濃度を x〔mol/L〕とすると

$$2 \times 0.100 \times \frac{25.0}{1000} = 1 \times x \times \frac{40.0}{1000}$$

よって，$x = 0.125$ mol/L

(C) 酢酸は1価の酸，水酸化ナトリウムは1価の塩基なので，酢酸の物質量を y〔mol〕とすると

$$1 \times y = 1 \times 0.125 \times \frac{48.0}{1000}$$

$$y = 6.00 \times 10^{-3} \text{ mol}$$

酢酸 CH_3COOH の分子量は60なので，質量パーセント濃度は次のように求める。

$$\text{酢酸の質量パーセント濃度} = \frac{60 \times 6.00 \times 10^{-3}}{8.00} \times 100 = 4.50\%$$

(6) ガラス，ゴム，プラスチックなどは粒子が不規則に配列しており，結晶化していない。このような物質を無定形固体または非晶質という。無定形固体(非晶質)は，加熱すると膨張するが冷却しても元の形には戻らない。

エクセル 食酢の中和滴定の手順

① シュウ酸標準溶液の調製

シュウ酸二水和物は潮解性がない固体なので，正確な濃度の水溶液をつくることができる。

▶酸・塩基が変わることはいので，(a)，(c)＜(b)，(d

▶中和点が塩基性のとき，基性領域に変色域をもつ示薬を選ぶ。

▶ NaOH は空気中の水分二酸化炭素を吸収しやす次のような反応が起こる

$2NaOH + CO_2 \longrightarrow Na_2CO_3 + H$

② シュウ酸標準溶液で水酸化ナトリウム水溶液の濃度を決定する。
③ 濃度が決定した水酸化ナトリウム水溶液で，食酢の濃度を決定する。

解答

(1) (ア) 陰 (イ) 陽 (ウ) 正 (エ) 酸性 (オ) 塩基性 (カ) 塩基 (キ) 塩基

(2) 酢酸ナトリウムを水に溶かすと酢酸イオンが生じるが，この酢酸イオンが水と反応し水酸化物イオンが生じるために，塩基性を示す。

(3) 酸性　NH_4Cl，$NaHSO_4$
塩基性　Na_2CO_3，Na_2SO_3
中性　$NaNO_3$

解説

(1)，(2) 酢酸ナトリウム CH_3COONa を水に溶かすと，酢酸イオン CH_3COO^- とナトリウムイオン Na^+ に電離する。電離によって生じた CH_3COO^- が水 H_2O と反応し，水酸化物イオン OH^- が生成する。この反応を加水分解といい，このために，酢酸ナトリウム水溶液は塩基性を示す。

▶ $HA + BOH \longrightarrow BA + H_2O$

$CH_3COONa \longrightarrow CH_3COO^- + Na^+$（電離）
$CH_3COO^- + H_2O \rightleftarrows CH_3COOH + \underset{\uparrow\ 塩基性を示す}{OH^-}$（水との反応）

炭酸水素ナトリウム $NaHCO_3$ は酸性塩に分類されるが，水溶液は加水分解のために塩基性を示す。

$NaHCO_3 \longrightarrow Na^+ + HCO_3^-$（電離）
$HCO_3^- + H_2O \rightleftarrows H_2CO_3 + \underset{\uparrow\ 塩基性を示す}{OH^-}$（水との反応）

(3) 弱酸と強塩基からなる塩は塩基性，強酸と弱塩基からなる塩は酸性，強酸と強塩基からなる塩は中性を示すことが多い。ただし，$NaHSO_4$ は，強酸と強塩基からなる塩であるが，水溶液は酸性を示す。

$NaHSO_4 \longrightarrow Na^+ + HSO_4^-$
$HSO_4^- \longrightarrow \underset{\uparrow\ 酸性を示す}{H^+} + SO_4^{2-}$

エクセル

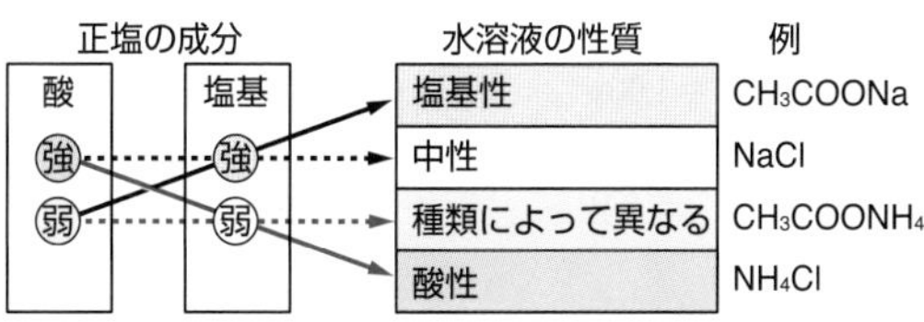

155 解答

(1) (ア) **ホールピペット**　(イ) **ビュレット**

(2) **指示薬A　④　変色域　③**

指示薬B　②　変色域　④

(3) ①　$NaOH + HCl \longrightarrow NaCl + H_2O$

②　$Na_2CO_3 + HCl \longrightarrow NaHCO_3 + NaCl$

③　$NaHCO_3 + HCl \longrightarrow NaCl + H_2O + CO_2$

(4) $Na_2CO_3 + BaCl_2 \longrightarrow BaCO_3 + 2NaCl$

(5) **水酸化ナトリウム　1.00 g　炭酸ナトリウム　2.12 g**

解説

(1) (ア) 一定体積の溶液を測りとるときは，ホールピペットを使う。

(イ) 滴下した溶液の体積を求めるときは，ビュレットを使う。

(2) メチルオレンジの変色域は，pH3.1 ～ 4.4。

フェノールフタレインの変色域は，pH8.0 ～ 9.8。

(3) NaOH，Na_2CO_3 と HCl の間で次のような順番で反応が起こる。

①　$NaOH + HCl \longrightarrow NaCl + H_2O$

②　$Na_2CO_3 + HCl \longrightarrow NaHCO_3 + NaCl$

③　$NaHCO_3 + HCl \longrightarrow NaCl + H_2O + CO_2$

(4) $BaCl_2$ 水溶液を加えると，$BaCO_3$ の白色沈殿が生じ，溶液中の Na_2CO_3 は $BaCO_3$ として除かれる❶。

$Na_2CO_3 + BaCl_2 \longrightarrow BaCO_3\downarrow + 2NaCl$

(5) 混合溶液に含まれる NaOH を x〔mol〕，Na_2CO_3 を y〔mol〕とする。メチルオレンジの変色域までには，NaOH と Na_2CO_3 が HCl と反応する。よって

$$(x + 2y) \times \frac{10.0}{200} = 1 \times 0.100 \times \frac{32.5}{1000}$$ ❷

フェノールフタレインの変色域までには，NaOH が HCl と反応する。

これより，$1 \times x \times \dfrac{10.0}{200} = 1 \times 0.100 \times \dfrac{12.5}{1000}$　よって

$x = 2.50 \times 10^{-2}$ mol，NaOH の質量 $= 2.50 \times 10^{-2} \times 40 = 1.00$ g

$y = 2.00 \times 10^{-2}$ mol，Na_2CO_3 の質量 $= 2.00 \times 10^{-2} \times 106 = 2.12$ g

エクセル　Na_2CO_3 と HCl の中和反応

第1中和点　$Na_2CO_3 + HCl \longrightarrow NaHCO_3 + NaCl$

第2中和点　$NaHCO_3 + HCl \longrightarrow NaCl + H_2O + CO_2$

❶溶液中の Na_2CO_3 は Ba
水溶液を加えたため BaC
の白色沈殿となり反応し
い。

❷メチルオレンジの変色域に
第2中和点に相当するため
NaOH は1価の塩基
Na_2CO_3 は2価の塩基と
て中和される。

▶塩基性の領域では BaC
は塩酸とは反応しない。

156 解答

2.52×10^{-2} mol/L

解説

0.100 mol/L の水酸化ナトリウム水溶液 15.0 mL を滴下しているので，水酸化物イオンの物質量は

$$1 \times 0.100 \times \frac{15.0}{1000} = 1.50 \times 10^{-3}\,\text{mol}$$

0.0100 mol/L の硫酸 12.0 mL を滴下しているので，硫酸中の水素イオンの物質量は

$$2 \times 0.0100 \times \frac{12.0}{1000} = 2.40 \times 10^{-4}\,\text{mol}$$

塩酸の濃度を x〔mol/L〕とすると，塩酸 50.0 mL 中の水素イオンの物質量は

$$1 \times x \times \frac{50.0}{1000} = \frac{50.0}{1000}x$$

「硫酸，塩酸が出した H^+ の物質量」
＝「水酸化ナトリウムが出した OH^- の物質量」より❶

$$\frac{50.0}{1000}x + 2.40 \times 10^{-4} = 1.50 \times 10^{-3} \quad x = 2.52 \times 10^{-2}\,\text{mol/L}$$

❶ 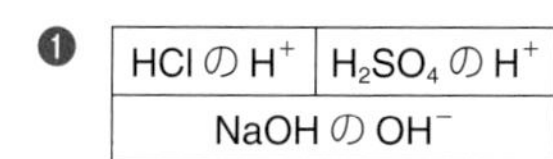

HCl の H^+	H_2SO_4 の H^+
NaOH の OH^-	

エクセル　**中和反応の量的関係**
塩酸と硫酸が出した H^+ の物質量＝水酸化ナトリウムが出した OH^- の物質量

7 **解答**　(1)　**2.55 mg**　　(2)　**10.0%**

解説　(1)　アンモニウム塩に強塩基を反応させると，弱塩基のアンモニアが発生する。硫酸アンモニウムと水酸化ナトリウムの反応は

$$(NH_4)_2SO_4 + 2NaOH \longrightarrow Na_2SO_4 + 2NH_3 + 2H_2O$$

硫酸は 2 価の酸，アンモニアは 1 価の塩基なので，発生したアンモニアの物質量を x〔mol〕とすると
（H_2SO_4 から生じる H^+ の物質量）
＝（NH_3 から生じる OH^- の物質量）
＋（NaOH から生じる OH^- の物質量）

$$2 \times 0.0250 \times \frac{15.0}{1000} = 1 \times x + 1 \times 0.0500 \times \frac{12.0}{1000}$$

$$x = 1.50 \times 10^{-4}\,\text{mol}$$

アンモニアの分子量は $NH_3 = 17$ より
アンモニアの質量 $= 17 \times 1.50 \times 10^{-4} = 2.55 \times 10^{-3}\,\text{g} = 2.55\,\text{mg}$

(2)　アンモニア分子 NH_3 の物質量と窒素原子 N の物質量は等しいので

$$\text{窒素の質量\%} = 14 \times 1.50 \times 10^{-4} \times \frac{1000}{21.0} \times 100 = 10.0\%$$

H^+:$(2 \times 0.0250 \times \frac{15.0}{1000})$mol
H_2SO_4
NH_3
x〔mol〕
OH^-:$(1 \times 0.0500 \times \frac{12.0}{1000})$mol
NaOH

エクセル　**（H_2SO_4 から生じる H^+ の物質量）**
＝（NH_3 から生じる OH^- の物質量）＋（NaOH から生じる OH^- の物質量）

158 解答 (1)　(b)

理由：中和点までは中和反応が進むので，$H_3O^+ + OH^-$ $\longrightarrow$ $2H_2O$ の反応により OH^- の濃度が減少し，Cl^- の濃度が増加する。Cl^- よりも OH^- の方が電気伝導度が大きいので，全体としては電気伝導度が減少する。中和後は，H_3O^+ と Cl^- の濃度が増加するため，電気伝導度は増加する。

(2)　(f)

理由：中和点までは $CH_3COOH + OH^- \longrightarrow CH_3COO^- + H_2O$ の反応が進み，OH^- の濃度が減少し，CH_3COO^- の濃度が増加する。OH^- の方が CH_3COO^- よりも電気伝導度が大きいので全体として電気伝導度が減少する。中和後は，加えた CH_3COOH はほとんど電離しないために，電気伝導度はほとんど増加しない。

エクセル　イオンの電気伝導性

$H_3O^+(H^+)$，$OH^- > Na^+$，Cl^-，CH_3COO^-

7　酸化還元反応 (p.105)

159 解答

(1)　0　(2)　0　(3)　−2　(4)　−1　(5)　+4　(6)　+6

(7)　+5　(8)　+1　(9)　−2　(10)　+5　(11)　+4　(12)　+6

▶酸化数に＋，−の符号を入れずに。酸化数はローマ字（Ⅰ，Ⅱ，Ⅲ，Ⅳ，…）で表してもよい。

解説　化合物中の各原子の酸化数の総和は0である。

(1)　単体の酸化数は0

(2)　単体の酸化数は0

(3)　化合物中の酸素原子の酸化数は H_2O_2 等の場合を除き，−2。

(4)　酸化数の決め方の例外：H_2O_2 の酸素原子の酸化数は−1，水素原子の酸化数は+1。

(5)　化合物中の酸素原子の酸化数は−2，各原子の酸化数の総和は0であるので，硫黄原子の酸化数を x とおくと

$\underset{x}{\underline{S}}O_2$　$x + (-2) \times 2 = 0$，$x = +4$

(6)　化合物中の酸素原子の酸化数は−2，水素原子の酸化数は+1，各原子の酸化数の総和は0であるので，硫黄原子の酸化数を x とおくと

$H_2\underset{x}{\underline{S}}O_4$　$(+1) \times 2 + x + (-2) \times 4 = 0$，$x = +6$

(7)　化合物中の酸素原子の酸化数は−2，水素原子の酸化数は+1，各原子の酸化数の総和は0であるので，窒素原子の酸化数を x とおくと

$H\underset{x}{\underline{N}}O_3$　$(+1) + x + (-2) \times 3 = 0$，$x = +5$

(8)　単原子イオンの酸化数はそのイオンの価数と等しいので，ナトリウムイオン Na^+ の酸化数は+1。

(9)　多原子イオン中の各原子の酸化数の総和はそのイオンの価数と等しい。水素原子の酸化数は＋1 であるので，酸素原子の酸化数を x とおくと

OH^- (x)　$x+(+1)=-1$，$x=-2$

(10)　酸化数の決め方の例外：塩素酸類の塩素原子は 17 族の元素ではあるが，酸化数は−1 ではない。酸素原子の酸化数を−2，水素原子の酸化数を＋1 として塩素原子の酸化数を求める。

塩素酸類中の塩素原子の酸化数を x とおくと

$HClO$ (x)：$(+1)+x+(-2)=0$，$x=+1$

$HClO_2$ (x)：$(+1)+x+(-2)\times 2=0$，$x=+3$

$HClO_3$ (x)：$(+1)+x+(-2)\times 3=0$，$x=+5$

$HClO_4$ (x)：$(+1)+x+(-2)\times 4=0$，$x=+7$

▶塩素酸類の Cl の酸化数

塩素酸類	酸化数
$HClO$	＋1
$HClO_2$	＋3
$HClO_3$	＋5
$HClO_4$	＋7

(11)　化合物中の酸素原子の酸化数は−2，各原子の酸化数の総和は 0 であるので，マンガン Mn の酸化数を x とおくと

MnO_2 (x)　$x+(-2)\times 2=0$，$x=+4$

(12)　化合物中の K(1 族)の酸化数は＋1，酸素原子の酸化数は−2，各原子の酸化数の総和は 0 であるので，クロム Cr の酸化数を x とおくと

$K_2Cr_2O_7$ (x)　$(+1)\times 2+2x+(-2)\times 7=0$，$x=+6$

エクセル　**酸化数**　**原子やイオンが酸化されている程度を表す尺度。酸化数が大きいほど酸化されている程度が高い。**

解答　(ア)　**−1**　(イ)　**0**　(ウ)　**酸化**　(エ)　**還元**　(オ)　**0**　(カ)　**−1**　(キ)　**還元**　(ク)　**酸化**　(ケ)　**酸化還元**

解説　化合物中の Cl，I(17 族)の酸化数は−1，単体(Cl_2，I_2)中の原子(Cl，I)の酸化数は 0。

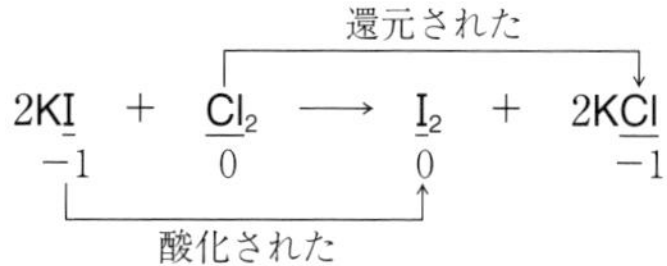

エクセル　**酸化数と酸化・還元**

酸化される：酸化数が増加＝電子をうばわれる
還元される：酸化数が減少＝電子をもらう

解答　(ア)　**増加**　(イ)　**酸化**　(ウ)　**減少**　(エ)　**還元**　(オ)　**還元**　(カ)　**＋4**　(キ)　**＋2**　(ク)　**酸化**　(ケ)　**ヨウ素**

解説　酸化マンガン(Ⅳ)と塩酸の反応

$MnO_2 + 4HCl \longrightarrow MnCl_2 + 2H_2O + Cl_2$

MnO_2 中の Mn の酸化数

化合物中の酸素原子の酸化数は−2なので，Mn の酸化数を x とおくと

$\underset{-2}{Mn\underline{O}_2}$　$x+(-2)\times 2=0$

$x=+4$

よって，MnO_2 の Mn の酸化数は+4

▶化合物中の酸素原子の酸数は−2

$MnCl_2$ 中の Mn の酸化数

化合物中の Cl(17族)の酸化数は−1なので，Mn の酸化数を y とおくと

$\underset{-1}{Mn\underline{Cl}_2}$　$y+(-1)\times 2=0$

$y=+2$

よって，$MnCl_2$ の Mn の酸化数は+2

▶化合物中の17族元素の化数は−1

$\underset{+4}{\underline{Mn}O_2} + 4HCl \longrightarrow \underset{+2}{\underline{Mn}Cl_2} + 2H_2O + Cl_2$

（Mn：+4 → +2　還元された）

ヨウ化カリウムと塩素の反応

$2K\underset{-1}{\underline{I}} + Cl_2 \longrightarrow \underset{0}{\underline{I}_2} + 2KCl$

（I：−1 → 0　酸化された）

▶単体中の原子の酸化数は

エクセル　**酸化数と酸化・還元**

酸化される：酸化数が増加＝電子をうばわれる
還元される：酸化数が減少＝電子をもらう

162　解答　(1)　**0→+2**　(2)　**0→+1**　(3)　**0→−1**　(4)　**0→+2**

解説　(1)　単体(Zn, H_2)中の原子(Zn, H)の酸化数は0，化合物中の Cl(17族)の酸化数は−1。

HCl 中の H の酸化数を x とおくと

$\underset{x}{\underline{H}Cl}$　$x+(-1)=0$　$x=+1$

$ZnCl_2$ 中の Zn の酸化数を y とおくと

$\underset{y}{\underline{Zn}Cl_2}$　$y+(-1)\times 2=0$　$y=+2$

$\underset{0}{\underline{Zn}} + 2\underset{+1}{\underline{H}Cl} \longrightarrow \underset{+2}{\underline{Zn}Cl_2} + \underset{0}{\underline{H}_2}$

（H：+1 → 0　還元された）
（Zn：0 → +2　酸化された）

(2)　単体(H_2, O_2)中の原子(H, O)の酸化数は0，化合物中の H, O の酸化数はそれぞれ+1，−2。

還元された

$$2\underline{H_2} + \underline{O_2} \longrightarrow 2\underline{H_2}\underline{O}$$

0　　0　　+1 −2

酸化された

(3) 単体(Cu，Cl₂)中の原子(Cu，Cl)の酸化数は 0，化合物中の Cl(17 族)の酸化数は−1。

$CuCl_2$ 中の Cu の酸化数を x とおくと

$\underset{x}{\underline{Cu}}Cl_2$　$x+2\times(-1)=0$　$x=+2$

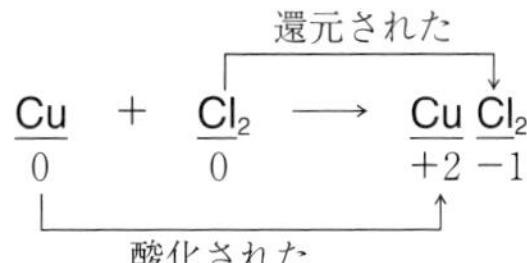

(4) 単体(Cu)中の原子 Cu の酸化数は 0，化合物中の H，O の酸化数はそれぞれ+1，−2。

H_2SO_4 中の S の酸化数を x とおくと

$\underset{+1}{\underline{H_2}}S\underset{-2}{\underline{O_4}}$　$2\times(+1)+x+4\times(-2)=0$　$x=+6$

SO_2 中の S の酸化数を y とおくと

$S\underset{-2}{\underline{O_2}}$　$y+2\times(-2)=0$　$y=+4$

$CuSO_4 \longrightarrow Cu^{2+} + SO_4^{2-}$ より

$CuSO_4$ 中の Cu の酸化数は+2。

(＊)$CuSO_4$ 中で，Cu は 2 価の陽イオン Cu^{2+} になっている。

還元された

$$\underset{0}{\underline{Cu}} + 2H_2\underset{+6}{\underline{S}}O_4 \longrightarrow \underset{+2}{\underline{Cu}}SO_4 + \underset{+4}{\underline{S}}O_2 + 2H_2O$$

酸化された

エクセル 酸化数と酸化・還元

{ 酸化される：酸化数が増加＝電子をうばわれる
{ 還元される：酸化数が減少＝電子をもらう

H を+1，O を−2 として酸化数を求める。
(例外：H_2O_2 の場合は H が+1，O が−1)

解答 (3)，(5)

解説 (3) 化合物中の H，O の酸化数はそれぞれ+1，−2。ただし，H_2O_2(過酸化水素)中の O の酸化数は−1。

SO_2 中の S の酸化数を x とおくと

$\underset{x}{\underline{S}}O_2$　$x+2\times(-2)=0$　$x=+4$

H_2SO_4 中の S の酸化数を y とおくと

$H_2\underset{y}{\underline{S}}O_4$　$2\times(+1)+y+4\times(-2)=0$　$y=+6$

▶(1)，(2)のような中和反応では，酸化数の変化は起きていない。

▶ H_2O_2 中の酸素原子の酸化数は−1

還元された

$$\underset{+4}{\underline{S}O_2} + H_2\underset{-1}{\underline{O_2}} \longrightarrow H_2\underset{+6}{\underline{S}}\underset{-2}{\underline{O}_4}$$

酸化された

(5)　単体(O_2)中の原子 O の酸化数は 0。
化合物中の H の酸化数は＋1。
H_2O_2 中の O の酸化数は－1。
化合物中の K(1 族)の酸化数は＋1。
$KMnO_4$ 中の Mn の酸化数を x とおくと

$\underset{+1}{\underline{K}}Mn\underset{-2}{\underline{O}_4}$　$(+1)+x+4\times(-2)=0$　$x=+7$

$MnSO_4$ 中の Mn の酸化数は＋2。

$MnSO_4 \longrightarrow Mn^{2+} + SO_4^{2-}$

(＊)$MnSO_4$ 中で，Mn は 2 価の陽イオン Mn^{2+}になっている。

還元された

$$2K\underset{+7}{\underline{Mn}}O_4 + 3H_2SO_4 + 5H_2\underset{-1}{\underline{O_2}} \rightarrow K_2SO_4 + 2\underset{+2}{\underline{Mn}}SO_4 + 8H_2O + 5\underset{0}{\underline{O_2}}$$

酸化された

エクセル　酸化還元反応
酸化剤と還元剤の間で，同時に酸化還元反応が起こる。

164 **解答**　(1)　Cl^-　(2)　Mn^{2+}　(3)　NO_2　(4)　2　(5)　Fe^{3+}
(6)　I_2，2

▶ $Cl_2 \longrightarrow 2Cl^-$
$MnO_4^- \longrightarrow Mn^{2+}$
などはあらかじめ知ってく必要がある。

解説　半反応式のつくり方
①　酸化剤(還元剤)を左辺に，その反応生成物を右辺に書く。
②　酸化剤(還元剤)の酸化数の変化を調べ，電子 e^-を左辺(右辺)に加える。
③　両辺の電荷をそろえるために，酸化剤では左辺に，還元剤では右辺に水素イオン H^+を加える。
④　両辺の H，O の数をそろえるために，酸化剤では右辺に，還元剤では左辺に水 H_2O を加える。

(1)　①　$Cl_2 \longrightarrow 2Cl^-$
②　$\underset{0}{\underline{Cl_2}} + 2e^- \longrightarrow 2\underset{-1}{\underline{Cl}^-}$
＊酸化数が 0→(－1)×2 と変化しているので，左辺に $2e^-$を加える。

(2)　①　$MnO_4^- \longrightarrow Mn^{2+}$
②　$\underset{+7}{\underline{Mn}}O_4^- + 5e^- \longrightarrow \underset{+2}{\underline{Mn}^{2+}}$
③　$MnO_4^- + 8H^+ + 5e^- \longrightarrow Mn^{2+}$
④　$MnO_4^- + 8H^+ + 5e^- \longrightarrow Mn^{2+} + 4H_2O$

(3)　①　$HNO_3 \longrightarrow NO_2$
②　$H\underset{+5}{\underline{N}}O_3 + e^- \longrightarrow \underset{+4}{\underline{N}}O_2$

③ $HNO_3 + H^+ + e^- \longrightarrow NO_2$

④ $HNO_3 + H^+ + e^- \longrightarrow NO_2 + H_2O$

(4) ① $H_2S \longrightarrow S$

② $H_2\underset{-2}{\underline{S}} \longrightarrow \underset{0}{\underline{S}} + 2e^-$

③ $H_2S \longrightarrow S + 2H^+ + 2e^-$

(5) ① $Fe^{2+} \longrightarrow Fe^{3+}$

② $\underset{+2}{\underline{Fe}}^{2+} \longrightarrow \underset{+3}{\underline{Fe}}^{3+} + e^-$

(6) ① $2I^- \longrightarrow I_2$

② $2\underset{-1}{\underline{I}}^- \longrightarrow \underset{0}{\underline{I}}_2 + 2e^-$

＊酸化数が$(-1) \times 2 \to 0$と変化しているので，右辺に$2e^-$を加える。

エクセル 半反応式の書き方

① 酸化剤(還元剤)と生成物を書く。

② 酸化剤(還元剤)の酸化数の変化を調べ，電子e^-を加える。

③ H^+で電荷をそろえる。

④ H_2Oで，H，O の数をそろえる。

解答

(1) $Cr_2O_7^{2-} + 14H^+ + 6e^- \longrightarrow 2Cr^{3+} + 7H_2O$

(2) $(COOH)_2 \longrightarrow 2CO_2 + 2H^+ + 2e^-$

(3) $Cr_2O_7^{2-} + 8H^+ + 3(COOH)_2 \longrightarrow 2Cr^{3+} + 7H_2O + 6CO_2$

(4) 陽イオン K^+ 陰イオン SO_4^{2-}

(5) $K_2Cr_2O_7 + 4H_2SO_4 + 3(COOH)_2 \longrightarrow K_2SO_4 + Cr_2(SO_4)_3 + 6CO_2 + 7H_2O$

▶シュウ酸は，常温では反応しにくいが，温度を上げるとすみやかに反応する。

解説

(1) ① 酸化剤$Cr_2O_7^{2-}$を左辺に，その反応生成物$2Cr^{3+}$を右辺に書く。

$Cr_2O_7^{2-} \longrightarrow 2Cr^{3+}$

② 酸化剤の酸化数の変化を調べ，電子e^-を左辺に加える。

$\underset{+6}{\underline{Cr}}_2O_7^{2-} + 6e^- \longrightarrow 2\underset{+3}{\underline{Cr}}^{3+}$

＊酸化数が$(+6) \times 2 \to (+3) \times 2$と変化しているので，左辺に$6e^-$を加える。

③ 両辺の電荷をそろえるために，左辺に水素イオンH^+を加える。

$Cr_2O_7^{2-} + 14H^+ + 6e^- \longrightarrow 2Cr^{3+}$

④ 両辺の H，O の数をそろえるために，右辺に水H_2Oを加える。

$Cr_2O_7^{2-} + 14H^+ + 6e^- \longrightarrow 2Cr^{3+} + 7H_2O$ …(I)式

(2) ① 還元剤$(COOH)_2$を左辺に，その反応生成物$2CO_2$を右辺に書く。

$(COOH)_2 \longrightarrow 2CO_2$

② 還元剤の酸化数の変化を調べ，電子e^-を右辺に加える。

$(\underline{C}OOH)_2 \longrightarrow 2\underline{C}O_2 + 2e^-$
$+3$　　　　$+4$

＊酸化数が$(+3)\times2\rightarrow(+4)\times2$と変化しているので，右辺に$2e^-$を加える。

③　両辺の電荷をそろえるために，右辺に水素イオンH^+を加える。

$(COOH)_2 \longrightarrow 2CO_2 + 2H^+ + 2e^-$　……(Ⅱ)式

(3)　(Ⅰ)式，(Ⅱ)式より，e^-を消去　(Ⅰ)＋(Ⅱ)×3

$$
\begin{array}{rl}
Cr_2O_7^{2-} + 14H^+ + 6e^- & \longrightarrow 2Cr^{3+} + 7H_2O \\
+)\ 3(COOH)_2 & \longrightarrow 6CO_2 + 6H^+ + 6e^- \\
\hline
Cr_2O_7^{2-} + 8H^+ + 3(COOH)_2 & \longrightarrow 2Cr^{3+} + 7H_2O + 6CO_2
\end{array}
$$

(4)，(5)　(3)の両辺に$2K^+$，$4SO_4^{2-}$を加える。

(K^+は$K_2Cr_2O_7$，SO_4^{2-}はH_2SO_4由来のイオン)

$K_2Cr_2O_7 + 4H_2SO_4 + 3(COOH)_2$
$\longrightarrow K_2SO_4 + Cr_2(SO_4)_3 + 6CO_2 + 7H_2O$

エクセル　酸化還元反応式のつくり方

酸化剤と還元剤の半反応式におけるe^-の数をそろえて，e^-を消去する。

166　**解答**

(1)　$2H_2SO_4 + Cu \longrightarrow SO_2 + 2H_2O + CuSO_4$

(2)　$2HNO_3 + Ag \longrightarrow NO_2 + H_2O + AgNO_3$

(3)　$2H_2S + SO_2 \longrightarrow 3S + 2H_2O$

(4)　$K_2Cr_2O_7 + H_2SO_4 + 3SO_2 \longrightarrow K_2SO_4 + Cr_2(SO_4)_3 + H_2O$

解説

(1)　H_2SO_4が酸化剤，Cuが還元剤としてはたらく。

$\begin{cases} H_2SO_4 + 2H^+ + 2e^- \longrightarrow SO_2 + 2H_2O & \cdots① \\ Cu \longrightarrow Cu^{2+} + 2e^- & \cdots② \end{cases}$

①，②よりe^-を消去する。(①＋②)

$H_2SO_4 + 2H^+ + Cu \longrightarrow SO_2 + 2H_2O + Cu^{2+}$

両辺にSO_4^{2-}を加える。

$2H_2SO_4 + Cu \longrightarrow SO_2 + 2H_2O + CuSO_4$

(2)　HNO_3が酸化剤，Agが還元剤としてはたらく。

$\begin{cases} (濃)HNO_3 + H^+ + e^- \longrightarrow NO_2 + H_2O & \cdots① \\ Ag \longrightarrow Ag^+ + e^- & \cdots② \end{cases}$

①，②よりe^-を消去(①＋②)

$HNO_3 + H^+ + Ag \longrightarrow NO_2 + H_2O + Ag^+$

両辺にNO_3^-を加える。

$2HNO_3 + Ag \longrightarrow NO_2 + H_2O + AgNO_3$

(3)　SO_2が酸化剤，H_2Sが還元剤としてはたらく。

$\begin{cases} H_2S \longrightarrow S + 2H^+ + 2e^- & \cdots① \\ SO_2 + 4H^+ + 4e^- \longrightarrow S + 2H_2O & \cdots② \end{cases}$

①，②よりe^-を消去(①×2＋②)

$2H_2S + SO_2 + 4H^+ \longrightarrow 2S + 4H^+ + S + 2H_2O$

$2H_2S + SO_2 \longrightarrow 3S + 2H_2O$

(4)　$K_2Cr_2O_7$が酸化剤，SO_2が還元剤としてはたらく❶。

$\begin{cases} Cr_2O_7^{2-} + 14H^+ + 6e^- \longrightarrow 2Cr^{3+} + 7H_2O & \cdots① \\ SO_2 + 2H_2O \longrightarrow SO_4^{2-} + 4H^+ + 2e^- & \cdots② \end{cases}$

❶ SO_2は強い還元剤であ…が，H_2Sと反応すると…酸化剤としてはたらく。
$\underline{S}O_2 + 4e^- + 4H^+$
$+4$
$\longrightarrow \underline{S} + 2H…$
0

①，②より e^- を消去(①＋②×3)

$$Cr_2O_7^{2-} + 14H^+ + 3SO_2 + 6H_2O \longrightarrow 2Cr^{3+} + 7H_2O + 3SO_4^{2-} + 12H^+$$

両辺に $2K^+$，SO_4^{2-} を加える。

$$K_2Cr_2O_7 + H_2SO_4 + 3SO_2 \longrightarrow K_2SO_4 + Cr_2(SO_4)_3 + H_2O$$

エクセル **酸化還元反応式のつくり方**

① 酸化剤と還元剤の半反応式における e^- の数をそろえて，e^- を消去する。

② 溶液に存在する反応にかかわらないイオン(K^+，SO_4^{2-} など)を両辺に加え，完成させる。

解答

(1) (ア) **8** (イ) **5** (ウ) **4** (エ) **2** (オ) **2**

(2) **2：5**

解説 (1) 過マンガン酸イオン MnO_4^- は，強い酸化剤としてはたらくと Mn^{2+} となる。

① $MnO_4^- \longrightarrow Mn^{2+}$
　+7　　　　+2

② 酸化剤の酸化数の変化を調べ，電子 e^- を左辺に加える。

$MnO_4^- + 5e^- \longrightarrow Mn^{2+}$

③ 両辺の電荷をそろえるために，左辺に H^+ を加える。

$MnO_4^- + 8H^+ + 5e^- \longrightarrow Mn^{2+}$

④ H，O の数をそろえるために，右辺に H_2O を加える。

$MnO_4^- + \underline{8}H^+ + \underline{5}e^- \longrightarrow Mn^{2+} + \underline{4}H_2O$ …①
　(ア)　(イ)　(ウ)

過酸化水素は還元剤としてはたらくと，O_2 になる。

① $H_2O_2 \longrightarrow O_2$
　−1　　　0

② 酸化数が −1 から 0 に 1 増加しているが，O 原子は 2 個あるので

$H_2O_2 \longrightarrow O_2 + 2e^-$

③ 右辺に H^+ を加えて電荷を合わせる。

$H_2O_2 \longrightarrow O_2 + \underline{2}H^+ + \underline{2}e^-$ …②
　(エ)　(オ)

(2) ①，②より e^- を消去する。

①×2＋②×5

$$2MnO_4^- + 16H^+ + 5H_2O_2 \longrightarrow 2Mn^{2+} + 8H_2O + 5O_2 + 10H^+$$

$$\underline{2}MnO_4^- + 6H^+ + \underline{5}H_2O_2 \longrightarrow 2Mn^{2+} + 8H_2O + 5O_2$$

よって，MnO_4^-：H_2O_2 ＝ 2：5 で反応する。

エクセル **酸化還元反応式**

＝酸化剤と還元剤の半反応式から e^- を消去する

解答

(1) $Cr_2O_7^{2-} + 8H^+ + 3(COOH)_2 \longrightarrow 2Cr^{3+} + 7H_2O + 6CO_2$

(2) **2.2×10^{-2} mol/L**

解説 (1)

$$\begin{cases} Cr_2O_7^{2-} + 14H^+ + 6e^- \longrightarrow 2Cr^{3+} + 7H_2O & \cdots ① \\ (COOH)_2 \longrightarrow 2H^+ + 2CO_2 + 2e^- & \cdots ② \end{cases}$$

①＋②×3 で e^- を消去する。

$Cr_2O_7^{2-} + 14H^+ + 3(COOH)_2$
$\longrightarrow 2Cr^{3+} + 7H_2O + 6H^+ + 6CO_2$

$Cr_2O_7^{2-} + 8H^+ + 3(COOH)_2 \longrightarrow 2Cr^{3+} + 7H_2O + 6CO_2$

(2)　酸化剤がうばった e^- の物質量＝還元剤が与えた e^- の物質量

$$6 \times x \times \frac{15}{1000} = 2 \times 0.10 \times \frac{10}{1000}$$

$$1 = 45x$$

$$x = \frac{1}{45} = 0.0222$$

$$x = 2.2 \times 10^{-2}\,\text{mol/L}$$

エクセル　**酸化剤がうばった e^- の物質量**
＝還元剤が与えた e^- の物質量

▶イオン反応式から
$Cr_2O_7^{2-}$：$(COOH)_2$
＝1：3と考えられる。

169 解答　**8.0×10^{-2} mol/L**

解説　$KMnO_4$ が酸化剤，KNO_2 と $FeSO_4$ が還元剤としてはたらく。

$$\begin{cases} MnO_4^- + 8H^+ + \underline{\underline{5e^-}} \longrightarrow Mn^{2+} + 4H_2O \\ NO_2^- + H_2O \longrightarrow NO_3^- + 2H^+ + \underline{\underline{2e^-}} \\ Fe^{2+} \longrightarrow Fe^{3+} + \underline{\underline{e^-}} \end{cases}$$

MnO_4^- 1mol は反応相手の物質から 5mol の電子をうばい，NO_2^- 1mol は反応相手に 2mol の電子を与え，Fe^{2+} 1mol は反応相手に 1mol の電子を与える。酸化剤は MnO_4^-，還元剤は NO_2^- と Fe^{2+}。

亜硝酸カリウムのモル濃度を x〔mol/L〕とおくと，酸化剤(MnO_4^-)がうばった e^- の物質量
＝還元剤(NO_2^-，Fe^{2+})が与えた e^- の物質量より

$$5 \times 0.020 \times \frac{20.0}{1000} = 2 \times x \times \frac{10.0}{1000} + 1 \times 0.20 \times \frac{2.0}{1000}$$

$$x = 8.00 \times 10^{-2} \fallingdotseq 8.0 \times 10^{-2}\,\text{mol/L}$$

エクセル　**酸化剤(MnO_4^-)がうばった e^- の物質量**
＝還元剤(NO_2^-，Fe^{2+})が与えた e^- の物質量

170 解答　(1)　(ア)　(B)　(イ)　(D)　(ウ)　(B)　(エ)　(C)　(オ)　(F)
(2)　**$2H_2O$**　　(3)　**デンプン，青色→無色**
(4)　**0.900 mol/L，3.06%**　　(5)　**0.299 g**

解説　(4)　①式，②式の反応式の係数から
$H_2O_2 : I_2 : Na_2S_2O_3 = 1 : 1 : 2$，
よって，滴定に用いた $Na_2S_2O_3$ の物質量の 2 分の 1 が H_2O_2 の物質量となる。よって，H_2O_2 の物質量は

$$0.104 \times \frac{17.31}{1000} \times \frac{1}{2} = 9.001 \times 10^{-4}\,\text{mol}$$

これだけの H_2O_2 が 20.0mL 中に含まれていたことになる。20 倍に希釈する前のモル濃度は

$$\frac{9.001 \times 10^{-4}}{\frac{20.0}{1000}} \times 20 = 0.9001 \fallingdotseq 0.900\,\text{mol/L}$$

●ヨウ素滴定
ヨウ素のヨウ化カリウム
溶液は褐色だが，これに
ンプンを加えると，ヨウ
－デンプン反応によっ
はっきりとした青紫色を
す。還元剤を滴下し続け
すべてのヨウ素が反応し
しまうと，水溶液の色が
え無色になる。これは，
ウ素のすべてがヨウ化物
オンに変化しヨウ素－
ンプン反応を示さなくな
からである。よって，「
ウ素－デンプン反応の

溶液1Lあたりで考えると，H_2O_2＝34.0より

$$\frac{(溶質の質量)}{(溶液の質量)}\times 100=\frac{34.0\times 0.9001}{1.00\times 1000}\times 100=3.060\fallingdotseq 3.06\%$$

(5)　①式より，必要なKIの物質量はH_2O_2の2倍である。

$9.001\times 10^{-4}\times 2\times 166=0.2988\fallingdotseq 0.299\,g$

が消えた時点が滴定の終点」となる。

エクセル　ヨウ素滴定の手順

①　濃度を決定したい酸化剤である過酸化水素水(H_2O_2)とI^-(還元剤)を反応させ，I_2を生成させる。

②　生成したI_2を，濃度がわかっているチオ硫酸ナトリウム水溶液で滴定し，I_2の物質量を決定する。

③　I_2の物質量からH_2O_2の濃度を求める。

解答

(1)　$2KMnO_4+5(COOH)_2+3H_2SO_4 \longrightarrow 2MnSO_4+10CO_2+8H_2O+K_2SO_4$

(2)　**1.82×10^{-3} mol/L**　　(3)　**3.69 mg/L**

解説

(1)　過マンガン酸カリウムが酸化剤，シュウ酸が還元剤としてはたらく。

$$\begin{cases} MnO_4^-+8H^++5e^-\longrightarrow Mn^{2+}+4H_2O & \cdots① \\ (COOH)_2\longrightarrow 2CO_2+2H^++2e^- & \cdots② \end{cases}$$

①×2＋②×5よりe^-を消去する。

$$2MnO_4^-+6H^++5(COOH)_2\longrightarrow 2Mn^{2+}+8H_2O+10CO_2$$

両辺に$2K^+$，$3SO_4^{2-}$を足すと

$$2KMnO_4+5(COOH)_2+3H_2SO_4 \longrightarrow 2MnSO_4+10CO_2+8H_2O+K_2SO_4$$

(2)　過マンガン酸カリウム水溶液の濃度をx〔mol/L〕とすると

酸化剤がうばったe^-の物質量

＝還元剤が与えたe^-の物質量

$$x\times\frac{10.96}{1000}\times 5=5.00\times 10^{-3}\times\frac{10}{1000}\times 2$$

$$x=1.824\times 10^{-3}\fallingdotseq 1.82\times 10^{-3}\,mol/L$$

(3)　操作3，4から有機物の酸化に使われた過マンガン酸カリウム水溶液の体積は(4.22－1.69)mLである。

よって，有機物の酸化に必要な電子e^-の物質量は，

$$1.824\times 10^{-3}\times\frac{4.22-1.69}{1000}\times 5=2.307\times 10^{-5}\,mol$$

O_2が酸化剤としてはたらくと

$$O_2+4H^++4e^-\longrightarrow 2H_2O$$

となる。よって有機物を酸化するのに必要なO_2の物質量は

$2.307\times 10^{-5}\times\frac{1}{4}$となる。

CODの値は

$$2.307\times 10^{-5}\times\frac{1}{4}\times 32.0\times 10^3\times\frac{1000}{50}=3.691\,mg/L$$

エクセル 化学的酸素要求量 COD
水中に溶けている有機物を酸化分解するのに必要な酸素量〔mg/L〕

172 **解答** 7.3×10^{-1} mg

解説
$$\begin{cases} 2Mn(OH)_2 + O_2 \longrightarrow 2MnO(OH)_2 & \cdots(1) \\ MnO(OH)_2 + 2I^- + 4H^+ \longrightarrow Mn^{2+} + I_2 + 3H_2O & \cdots(2) \\ I_2 + 2Na_2S_2O_3 \longrightarrow 2NaI + Na_2S_4O_6 & \cdots(3) \end{cases}$$

(1)〜(3)式より，試料水中の O_2 の物質量は，滴下した $Na_2S_2O_3$ の物質量の $\frac{1}{4}$ である。よって，試料水 100 mL 中の DO〔mg〕は

$$0.025 \times \frac{3.65}{1000} \times \frac{1}{4} \times 32 \times 10^3 = 7.3 \times 10^{-1}\,\text{mg}$$

エクセル 溶存酸素 DO
水中に溶けている酸素量

▶ 8 電池・電気分解 (p.114)

173 **解答** (ア) 銅　(イ) Zn^{2+}　(ウ) Cu^{2+}　(エ) Zn^{2+}　(オ) Cu^{2+}
(カ) Zn^{2+}　(キ) 起こらない　(ク) 亜鉛

解説 銅と亜鉛では亜鉛の方がイオン化傾向が大きいために，亜鉛が電子を放出し酸化され，銅イオンが電子を受け取り還元される。

酸化

$$\underset{0}{Zn} \longrightarrow \underset{+2}{Zn^{2+}} + 2e^- \quad \cdots(1)$$

還元

$$\underset{+2}{Cu^{2+}} + 2e^- \longrightarrow \underset{0}{Cu} \quad \cdots(2)$$

反応全体では，(1)＋(2)式より，電子 e^- を消去して

$$\begin{array}{rl} & Zn \longrightarrow Zn^{2+} + 2e^- \\ +) & Cu^{2+} + 2e^- \longrightarrow Cu \\ \hline & Zn + Cu^{2+} \longrightarrow Zn^{2+} + Cu \end{array}$$

●イオン化傾向
イオン化傾向が大きい。
⬇
陽イオンになりやすい。
⬇
電子を放出する。
⬇
酸化される。
⬇
相手を還元する。

エクセル イオン化傾向
大←　　　　　　　　　　　　　　　　→小
Li K Ca Na Mg Al Zn Fe Ni Sn Pb (H_2) Cu Hg Ag Pt Au
イオン化傾向が大きいほど酸化されやすい(e^- を失いやすい)

解答
(1) A…Zn, B…Fe, C…Cu, D…Pt, E…Ca
(2) $Ca + 2H_2O \longrightarrow Ca(OH)_2 + H_2$
(3) E, A, B, C, D

解説
常温の水に溶けるのはアルカリ金属やCa, Sr, Baの単体で，激しく反応して水素を発生する。(イ)より，Eはカルシウム Caである。また，希硝酸に溶かすと一般には水素が発生するが，銅や銀のようなイオン化傾向が小さい金属では一酸化窒素 NOが発生する。

(ウ)より，反応しなかったDは白金や金で，ここでは白金 Ptがあてはまる。

水酸化ナトリウムに溶ける金属は，両性金属(Al, Zn, Sn, Pb)である。(エ)より，Aは亜鉛 Znである。

(ア)より，塩酸に溶けなかったCは残りの金属のうち銅 Cuとわかる。

最後に残ったBが鉄 Feである。イオン化傾向より

$Fe^{2+} + Zn \longrightarrow Fe + Zn^{2+}$

となり，(オ)とあてはまる。

●CuやAgなどの反応
希 HNO_3…NOが発生
濃 HNO_3…NO_2が発生
熱濃硫酸…SO_2が発生

エクセル 金属と酸との反応
K, Ca, Na…水と反応して水素を発生
Mg, Al, Znなど…酸と反応して水素を発生
Cu, Agなど…硝酸や熱濃硫酸など酸化力のある酸に溶ける

解答
(1) B, C, A　(2) (A) 銅　(B) マグネシウム　(C) 鉄
(3) (ア)

解説
(1) 2枚の金属板のうちイオン化傾向が大きい方が，負極となる。
(3) イオン化傾向の差が大きいほど，起電力が大きくなる。

●イオン化列
Mg＞Fe＞Cu

エクセル イオン化傾向が大きい金属が負極になる。

解答
(1) 亜鉛板
(2) 負極　$Zn \longrightarrow Zn^{2+} + 2e^-$　正極　$2H^+ + 2e^- \longrightarrow H_2$
(3) 分極　(4) 正極で水素が発生するため。

解説
(1) イオン化傾向が大きい金属が負極となる。
(2) 負極では亜鉛は酸化されて亜鉛イオン Zn^{2+} となり，正極では硫酸から生じた水素イオン H^+ が還元されて気体の水素 H_2 となる。

負極：$Zn \longrightarrow Zn^{2+} + 2e^-$ (酸化)

正極：$2H^+ + 2e^- \longrightarrow H_2$ (還元)

(3), (4) 正極で，水素イオン H^+ が還元されて，気体の水素 H_2 になり，銅板に付着する。その結果，溶液中の水素イオンが電子を受け取りづらくなるので，電圧が下がってしまう。この現象を分極という。

エクセル ボルタ電池

(−)Zn | H_2SO_4aq | Cu(+)

分極によって，起電力が約 1.1 V から 0.4 〜 0.5 V に低下

177 解答

(1)　**亜鉛板**

(2)　**負極**　$Zn \longrightarrow Zn^{2+} + 2e^-$

正極　$Cu^{2+} + 2e^- \longrightarrow Cu$　　(3)　SO_4^{2-}

(4)　**0になる**　　(5)　**小さくなる**　　(6)　**大きくなる**

解説

(1)，(2)　銅と亜鉛では，亜鉛の方がイオン化傾向が大きいので，亜鉛が負極となる。負極では亜鉛 Zn が酸化されて亜鉛イオン Zn^{2+}となり，正極では銅イオン Cu^{2+}が還元されて銅 Cu となる。

負極：$Zn \longrightarrow Zn^{2+} + 2e^-$(酸化)

正極：$Cu^{2+} + 2e^- \longrightarrow Cu$(還元)

(3)　亜鉛イオン Zn^{2+}が素焼きの小さい穴を通って硫酸銅(Ⅱ)水溶液の方へ移動し，硫酸イオン SO_4^{2-}は硫酸亜鉛水溶液の方へ移動する。

(4)　素焼き板[1]には小さな穴があいていて，その穴を溶液中のイオンが通り，電子の受け渡しをするので電気が流れる。ガラスにはイオンが通れる穴がないために，溶液中のイオンの移動ができなくなる。

(5)　イオン化傾向の差が大きい金属の組み合わせのときに，より大きな起電力が生じる。ニッケルと銅のイオン化傾向の差は，亜鉛と銅のイオン化傾向の差よりも小さいので，起電力は小さくなる。

(6)　イオン化傾向の差が大きい金属の組み合わせのときに，より大きな起電力が生じる。亜鉛と銀のイオン化傾向の差は，亜鉛と銅のイオン化傾向の差よりも大きいので，起電力は大きくなる。

エクセル ダニエル電池

(−)Zn | $ZnSO_4$aq | $CuSO_4$aq | Cu(+)

負極：$Zn \longrightarrow Zn^{2+} + 2e^-$(酸化反応)

正極：$Cu^{2+} + 2e^- \longrightarrow Cu$(還元反応)

●ダニエル電池の記号

(−)Zn | $ZnSO_4$aq | $CuSO_4$aq | Cu(+)

[1] 素焼き板は両液が混合しないように拡散速度を遅らせているだけで，たえず溶液は染みでている。

178 解答

(1)　(ア)　PbO_2　(イ)　Pb　(ウ)　**希硫酸**　(エ)　**2.1**　(オ)　**二次**

(2)　**正極**　$PbO_2 + 4H^+ + SO_4^{2-} + 2e^- \longrightarrow PbSO_4 + 2H_2O$

負極　$Pb + SO_4^{2-} \longrightarrow PbSO_4 + 2e^-$

(3)　$2PbSO_4 + 2H_2O \longrightarrow Pb + PbO_2 + 2H_2SO_4$

(4)　**減少する**　　(5)　**80 g**

解説

(1), (2) 鉛蓄電池では，正極で二酸化鉛(酸化鉛(Ⅳ)) PbO_2 が還元されて硫酸鉛(Ⅱ) $PbSO_4$ になり，負極で鉛 Pb が酸化されて硫酸鉛(Ⅱ)になる。電解液には希硫酸を用いる。

還元

正極：$\underset{+4}{\underline{Pb}}O_2 + 4H^+ + SO_4^{2-} + 2e^- \longrightarrow \underset{+2}{\underline{Pb}}SO_4 + 2H_2O$ …①

酸化

負極：$\underset{0}{\underline{Pb}} + SO_4^{2-} \longrightarrow \underset{+2}{\underline{Pb}}SO_4 + 2e^-$ …②

(3) 上の①，②式より電子 e^- を消去(①＋②)すると，放電するときの化学反応式が得られる。充電するときは，放電の逆の反応が起こる。

$$PbO_2 + 4H^+ + SO_4^{2-} + 2e^- \longrightarrow PbSO_4 + 2H_2O$$
$$+)\ Pb + SO_4^{2-} \longrightarrow PbSO_4 + 2e^-$$
$$Pb + PbO_2 + 2H_2SO_4 \longrightarrow 2PbSO_4 + 2H_2O \quad (\text{放電})$$

よって，充電するときの化学反応式は

$$2PbSO_4 + 2H_2O \longrightarrow Pb + PbO_2 + 2H_2SO_4$$

(4) 放電するときの化学反応式は

$$Pb + PbO_2 + 2H_2SO_4 \longrightarrow 2PbSO_4 + 2H_2O$$ ❶

上式より，硫酸(分子量＝98)が反応して水(分子量＝18)が生成している。よって，鉛蓄電池の電解液は放電すると密度は減少する。

(5) 正極，負極での反応式は，

式量 239 303

正極：$\underset{1\,mol}{\underline{PbO_2}} + 4H^+ + SO_4^{2-} + \underset{2\,mol}{\underline{2e^-}} \longrightarrow \underset{1\,mol}{\underline{PbSO_4}} + 2H_2O$ …①

式量 207 303

負極：$\underset{1\,mol}{\underline{Pb}} + SO_4^{2-} \longrightarrow \underset{1\,mol}{\underline{PbSO_4}} + \underset{2\,mol}{\underline{2e^-}}$ …②

正極，負極での固体に注目する。

鉛蓄電池において，9.65×10^4 C の電気量を放電させているので，電子 1mol 分が流れたことになる。上の①，②式より，電子 2mol が流れると，正極では，酸化鉛(Ⅳ)1mol が反応して硫酸鉛(Ⅱ)1mol が生成し，負極では鉛 1mol が反応して硫酸鉛(Ⅱ)1mol が生成している。

よって，Pb＝207，$PbSO_4$＝303，PbO_2＝239 より

正極での質量の増加 $= (303 - 239) \times \dfrac{1}{2} = 32\,g$

負極での質量の増加 $= (303 - 207) \times \dfrac{1}{2} = 48\,g$

両極の合計は　$32 + 48 = 80\,g$

●式のつくり方

⊖ $Pb \longrightarrow Pb^{2+} + 2e^-$

両辺に SO_4^{2-} を足し

$Pb + SO_4^{2-} \rightarrow PbSO_4 + 2e^-$

$PbSO_4$ は水に不溶で極板に付着している。

⊕ $\underset{+4}{\underline{Pb}}O_2 \longrightarrow \underset{+2}{\underline{Pb}}{}^{2+}$

PbO_2 の酸化剤としての半反応式をつくる。

$PbO_2 + 4H^+ + 2e^- \longrightarrow Pb^{2+} + 2H_2O$

両辺に SO_4^{2-} を足す。

$PbO_2 + 4H^+ + SO_4^{2-} + 2e^- \longrightarrow PbSO_4 + 2H_2O$

やはり水に不溶な $PbSO_4$ が極板に付着。

❶全体では 2mol の e^- が流れたとき，2mol の H_2SO_4 が消費され，2mol の水が生成する。

●二次電池

充電ができる電池

エクセル 鉛蓄電池　代表的な二次電池

$$Pb + PbO_2 + 2H_2SO_4 \underset{\text{充電}(2e^-)}{\overset{\text{放電}(2e^-)}{\rightleftarrows}} 2PbSO_4 + 2H_2O$$

負極：$Pb + SO_4^{2-} \longrightarrow PbSO_4 + 2e^-$（酸化反応）

正極：$PbO_2 + 4H^+ + SO_4^{2-} + 2e^- \longrightarrow PbSO_4 + 2H_2O$（還元反応）

179 解答

(1)　(ア)　**酸化**　(イ)　**負**　(ウ)　**還元**　(エ)　**正**

(2)　(i)　**2**　(ii)　**2**　(iii)　**4**　(iv)　**4**　(v)　**2**

　(I)　H^+　(II)　H^+　(III)　H_2O

(3)　$2H_2 + O_2 \longrightarrow 2H_2O$

解説

負極では酸化反応が起こる。リン酸形燃料電池では，H_2 が酸化されて H^+ が生じる。

　負極：$H_2 \longrightarrow 2H^+ + 2e^-$　…①

正極では還元反応が起こる。リン酸形燃料電池では，O_2 が還元されて H_2O が生じる。

　正極：$O_2 + 4H^+ + 4e^- \longrightarrow 2H_2O$　…②

電池全体の反応は，①，②式より e^- を消去して

　①×2＋②

　$2H_2 + O_2 \longrightarrow 2H_2O$

エクセル 燃料電池（リン酸形）

負極：$H_2 \longrightarrow 2H^+ + 2e^-$

正極：$O_2 + 4H^+ + 4e^- \longrightarrow 2H_2O$

全体：$2H_2 + O_2 \longrightarrow 2H_2O$

180 解答

(1)　(i)　Zn　(ii)　MnO_2　(iii)　Ag_2O　(iv)　O_2　(v)　H_2

(2)　(ア)　(d)　(イ)　(b)　(ウ)　(a)

(3)　**二次電池**

(4)　$Pb + SO_4^{2-} \longrightarrow PbSO_4 + 2e^-$

解説

酸化銀電池は寿命が長く，電圧が安定しているため，腕時計などの電子機器に利用される。

空気電池は，使用時に底部にあるシールをはがして孔から空気を入れる。正極活物質として空気中の酸素 O_2 を用いる。補聴器などに利用される。

リチウムイオン電池は，起電力が3.6Vと非常に大きい。小型軽量化された二次電池である。最近では，ハイブリッド車や電気自動車などにも利用される。

鉛蓄電池では負極活物質が Pb，正極活物質が PbO_2 である。

　負極：$Pb + SO_4^{2-} \longrightarrow PbSO_4 + 2e^-$

　正極：$PbO_2 + 4H^+ + SO_4^{2-} + 2e^- \longrightarrow PbSO_4 + 2H_2O$

エクセル 一次電池：充電できない電池

二次電池：充電できる電池

解答

① $2Cl^- \longrightarrow Cl_2 + 2e^-$　② $Cu^{2+} + 2e^- \longrightarrow Cu$
③ $2H_2O \longrightarrow O_2 + 4H^+ + 4e^-$　④ $Ag^+ + e^- \longrightarrow Ag$
⑤ $Cu \longrightarrow Cu^{2+} + 2e^-$　⑥ $Cu^{2+} + 2e^- \longrightarrow Cu$

解説

$CuCl_2$ 水溶液を Pt 電極で電気分解すると，陽極では Cl^-が酸化され，陰極では Cu^{2+}が還元される。

陽極：$2Cl^- \longrightarrow Cl_2 + 2e^-$　…①
陰極：$Cu^{2+} + 2e^- \longrightarrow Cu$　…②

$AgNO_3$ 水溶液を C 電極で電気分解すると，陽極では H_2O が酸化され，陰極では Ag^+が還元される。

陽極：$2H_2O \longrightarrow O_2 + 4H^+ + 4e^-$　…③
陰極：$Ag^+ + e^- \longrightarrow Ag$　…④

$CuSO_4$ 水溶液を Cu 電極で電気分解すると，陽極では電極の Cu が酸化され，陰極では Cu^{2+}が還元される。

陽極：$Cu \longrightarrow Cu^{2+} + 2e^-$　…⑤
陰極：$Cu^{2+} + 2e^- \longrightarrow Cu$　…⑥

エクセル　**陽極：酸化反応が起こる**
陰極：還元反応が起こる

解答

(1)　3.2×10^{-1} g　(2)　O_2，5.6×10^{-2} L

解説

硫酸銅(Ⅱ)水溶液を，白金電極を用いて電気分解すると

陽極：$2H_2O \longrightarrow O_2 + 4H^+ + 4e^-$　…①
陰極：$Cu^{2+} + 2e^- \longrightarrow Cu$　…②

(1)　流れた電気量 $= 1.0 \times (16 \times 60 + 5) = 965$ C

よって，電子の物質量は

$$\frac{965}{9.65 \times 10^4} = 1.0 \times 10^{-2} \text{mol}$$

②式より析出した Cu の物質量は

$$1.0 \times 10^{-2} \times \frac{1}{2} = 5.0 \times 10^{-3} \text{mol}$$

Cu の原子量は 63.5 であるので，求める質量は

$63.5 \times 5.0 \times 10^{-3} = 317.5 \times 10^{-3} \fallingdotseq 3.2 \times 10^{-1}$ g

(2)　①式より発生した気体は酸素 O_2 である。

O_2 の物質量は

$$1.0 \times 10^{-2} \times \frac{1}{4} = 2.5 \times 10^{-3} \text{mol}$$

標準状態での O_2 の体積は

$22.4 \times 2.5 \times 10^{-3} = 5.6 \times 10^{-2}$ L

エクセル　$$\text{電子 } e^- \text{ の物質量〔mol〕} = \frac{\text{電気量〔C〕}}{9.65 \times 10^4 \text{ C/mol}}$$

183 解答

(1)　(ア)　**ボーキサイト**　(イ)　**氷晶石**

(2)　陽極：$O^{2-} + C \longrightarrow CO + 2e^-$

　　：$2O^{2-} + C \longrightarrow CO_2 + 4e^-$

陰極：$Al^{3+} + 3e^- \longrightarrow Al$

(3)　**32 kg**

解説

(1)　天然にあるボーキサイトを化学的に処理し不純物を取り除くと，純粋な酸化アルミニウム(アルミナ)が得られる。この酸化アルミニウムを溶融塩電解して，アルミニウムが得られる。純粋な酸化アルミニウムは融点が高いため，融点が低いアルミニウムの塩である氷晶石 Na_3AlF_6 にアルミナを少しずつ溶かしながら，溶融塩電解する。

(2)　陽極では，O^{2-}が酸化されるが，高温であるため電極の炭素 C と反応し，二酸化炭素や一酸化炭素が生成する。
陰極では，Al^{3+}が還元されて Al となり，融解した状態で炉底にたまる。

(3)　流れた電子の物質量は

$$\frac{965\,\text{C/s} \times (100 \times 60 \times 60)\,\text{s}}{9.65 \times 10^4\,\text{C/mol}} = 3.60 \times 10^3\,\text{mol}$$

(2)より，析出するアルミニウムの物質量は電子の$\frac{1}{3}$であるので，アルミニウムの質量は

$$\frac{1}{3} \times 3.60 \times 10^3\,\text{mol} \times 27\,\text{g/mol} = 32.4 \times 10^3\,\text{g}$$

エクセル　アルミニウムの製造

陽極：$O^{2-} + C \longrightarrow CO + 2e^-$

　　$2O^{2-} + C \longrightarrow CO_2 + 4e^-$

陰極：$Al^{3+} + 3e^- \longrightarrow Al$

184 解答

(1)　(ア)　**陽**　(イ)　**陰**　(2)　$Cu^{2+} + 2e^- \longrightarrow Cu$

(3)　**電圧を低くすることによって，粗銅に含まれる金や銀のようにイオンになりにくい金属を沈殿させるため。**

解説

(1)(2)　陽極では粗銅が酸化されイオンになり，陰極では溶液中の銅イオンが還元されて金属の銅が析出する。

(3)　電圧を 0.3 V と低くすることによって，粗銅に含まれているイオンになりにくい金や銀をイオンにしないで沈殿させることができる。陽極の下には沈殿がたまり，これを陽極泥という。この陽極泥から金や銀を取り出すことができる。また，粗銅に含まれている鉄，ニッケル，亜鉛などは酸化されてイオンとなって溶け出すが，この電圧では陰極に析出しない。

エクセル　銅の電解精錬

陽極：$Cu \longrightarrow Cu^{2+} + 2e^-$

陰極：$Cu^{2+} + 2e^- \longrightarrow Cu$

解答

(1) (ア) **塩素** (イ) **水素** (ウ) **水酸化物**
(エ) **ナトリウム** (オ) **塩化物**
(カ) **水酸化ナトリウム**
(2) **0.224L**

解説

(1) 陽極では，Cl^-が酸化されて気体のCl_2が発生。
陽極：$2Cl^- \longrightarrow Cl_2 + 2e^-$
陰極では，H_2Oが還元されて気体のH_2が発生。
陰極：$2H_2O + 2e^- \longrightarrow H_2 + 2OH^-$
(2) 流れた電子e^-の物質量は
$$\frac{1.00 \times 1.93 \times 10^3}{9.65 \times 10^4} = 0.02000\,\mathrm{mol}$$
陰極の反応式の係数より，電子e^-が2mol流れると，H_2が1mol発生するので
$$H_2\text{の物質量} = 0.02000 \times \frac{1}{2} = 0.01000\,\mathrm{mol}$$
よって，標準状態におけるH_2の体積は
$0.01000 \times 22.4 = 0.2240 \fallingdotseq 0.224\,\mathrm{L}$

●塩化ナトリウム水溶液の電気分解

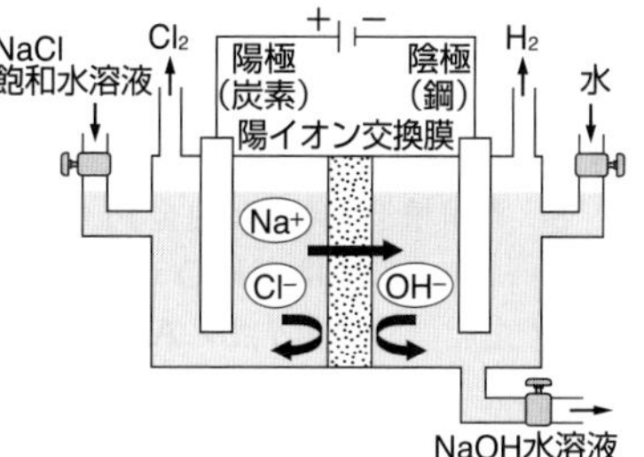

●陽イオン交換膜
陽イオンは通すが，陰イオンは通さない。
・電気量〔C〕
＝電流〔A〕×時間〔秒〕
・電子e^- 1molの電気量
$= 9.65 \times 10^4\,\mathrm{C}$

エクセル 〈水酸化ナトリウムの製法(イオン交換膜法)〉
塩化ナトリウム水溶液を電気分解してつくられる。
陽極：$2Cl^- \longrightarrow Cl_2 + 2e^-$
陰極：$2H_2O + 2e^- \longrightarrow 2OH^- + H_2$
陰極付近ではOH^-が増加する。また，Na^+は陰極に引かれて移動してくる。したがって，陰極付近の水溶液を濃縮するとNaOHが得られる。

解答

(1) (ア) MnO_2 (イ) Zn (ウ) Zn^{2+} (エ) 2
(オ) 1.5 (カ) KOH
(2) **アンモニアNH_3が亜鉛イオンZn^{2+}と結合して錯イオンになるので，亜鉛のイオン化が進みやすいから。**

解説

マンガン乾電池[1]
$(-)\mathrm{Zn} \mid NH_4Cl\mathrm{aq},\ ZnCl_2\mathrm{aq} \mid MnO_2,\ \mathrm{C}(+)$
乾電池については，反応が複雑で反応がすべてわかっているわけではない。亜鉛Znの筒は容器を兼ねた負極で，放電すると亜鉛イオンZn^{2+}が溶け出す。電子e^-は，電池の外部の導線を通って正極の炭素棒に移動し，酸化マンガン(Ⅳ) MnO_2は還元される。
負極：$Zn \longrightarrow Zn^{2+} + 2e^-$
正極：$MnO_2 + NH_4^+ + e^- \longrightarrow MnO(OH) + NH_3$
正極で生じたアンモニアNH_3が，亜鉛イオンZn^{2+}と結合して錯イオンになるので，亜鉛イオンは常に低濃度に保たれ，亜鉛のイオン化が進みやすくなり，起電力の低下を防ぐことができる。
$Zn^{2+} + 4NH_3 \longrightarrow [Zn(NH_3)_4]^{2+}$
酸化マンガン(Ⅳ) MnO_2は酸化剤で電子e^-を受け取り，酸化数が＋3の酸化水酸化マンガン(Ⅲ) MnO(OH)に変化する。

❶電池の内部

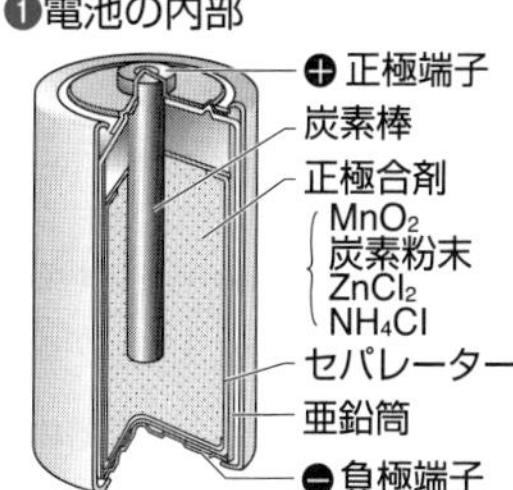

正極の反応は，実際にはいくつかの複雑な反応が同時に進行している。

エクセル マンガン乾電池

$(-)Zn \mid NH_4Claq,\ ZnCl_2aq \mid MnO_2,\ C(+)$

187 解答　(1)　**1.4 g**　(2)　**56 mL**　(3)　**0.10 mol/L**

解説

電解槽Ⅰ　電極は白金 Pt なので電極自身は反応しない。陽極では水 H_2O が酸化されて酸素 O_2 が発生し，陰極では銀イオン Ag^+ が還元されて金属の銀 Ag が析出する。

陽極：$2H_2O \longrightarrow O_2 + 4H^+ + 4e^-$　…①

陰極：$Ag^+ + e^- \longrightarrow Ag$　…②

電解槽Ⅱ　陽極は金属の銅 Cu なので，陽極では電極自身の反応が起こり，銅 Cu が酸化されて銅イオン Cu^{2+} になり電極が溶けていく。陰極では，銅イオン Cu^{2+} が還元されて，金属の銅 Cu になり析出する。

陽極：$Cu \longrightarrow Cu^{2+} + 2e^-$　…③

陰極：$Cu^{2+} + 2e^- \longrightarrow Cu$　…④

(1)　流れた電子の物質量 $= \dfrac{965}{9.65 \times 10^4} = 0.0100\,\text{mol}$

電解槽Ⅰの陰極では銀 Ag が析出する。②式から，電子 e^- 1 mol が流れると銀が 1 mol 析出することがわかる。

析出する銀の物質量 $= 0.0100 \times 1\,\text{mol}$

析出する銀の質量 $= 108 \times 0.0100 = 1.08\,\text{g}$

電解槽Ⅱの陰極では銅 Cu が析出する。④式から，電子 e^- 2 mol が流れると銅が 1 mol 析出することがわかる。

析出する銅の物質量 $= 0.0100 \times \dfrac{1}{2} = 0.00500\,\text{mol}$

析出する銅の質量 $= 63.5 \times 0.00500 = 0.317$

よって，合計 $= 1.08 + 0.317 = 1.397$

$\fallingdotseq 1.4\,\text{g}$

●電解槽：直列

電解槽が直列につながっ
いるので，電解槽Ⅰ，電
槽Ⅱに流れる電気量は等
い。

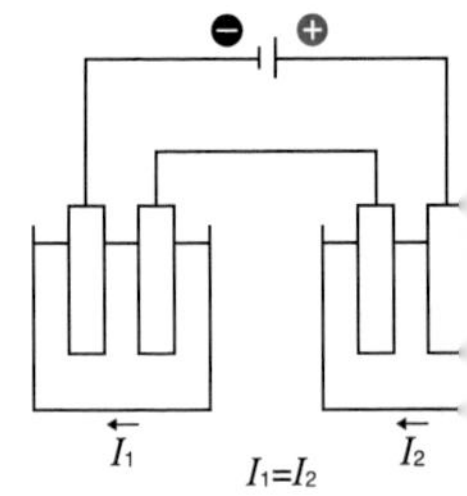

(2)　気体が発生するのは，電解槽Ⅰの陽極である。①式から，電子 e^- 4 mol が流れると酸素が 1 mol 発生する。

発生した酸素の物質量 $= 0.0100 \times \dfrac{1}{4} = 0.00250\,\text{mol}$

発生した酸素の体積 $= 22.4 \times 0.00250 = 0.0560\,\text{L}$

$= 56\,\text{mL}$

(3)　電解槽Ⅱの③，④式より，電子 e^- 2 mol が流れると，陽極では銅(Ⅱ)イオン 1 mol が生成，陰極では銅(Ⅱ)イオン 1 mol が反応しているので，合計の銅(Ⅱ)イオンの物質量の変化はなし。よって，電気分解後の硫酸銅(Ⅱ)の濃度は最初の 0.10 mol/L から変わらない。

エクセル 〈直列接続の電気分解〉

電解槽Ⅰと電解槽Ⅱに流れる電気量は等しい。

解答 (1) **陽極** $Cu \longrightarrow Cu^{2+} + 2e^-$，$Zn \longrightarrow Zn^{2+} + 2e^-$
陰極 $Cu^{2+} + 2e^- \longrightarrow Cu$
(2) 148mL

解説 電解槽Ⅰ　陽極は亜鉛を含んだ粗銅なので，銅 Cu と亜鉛 Zn の酸化が起こる。陰極では，銅イオン Cu^{2+} が還元されて金属の銅 Cu が析出する。

陽極：$Cu \longrightarrow Cu^{2+} + 2e^-$，$Zn \longrightarrow Zn^{2+} + 2e^-$ …①
陰極：$Cu^{2+} + 2e^- \longrightarrow Cu$ …②

電解槽Ⅱ　電極は白金 Pt なので電極自身は反応しない。陽極では，水 H_2O が酸化されて酸素 O_2 が発生する。陰極では水 H_2O が還元されて水素が発生する。

陽極：$2H_2O \longrightarrow O_2 + 4H^+ + 4e^-$ …③
陰極：$2H_2O + 2e^- \longrightarrow H_2 + 2OH^-$ …④

(2) 鉛蓄電池の電極反応
負極：$Pb + SO_4^{2-} \longrightarrow PbSO_4 + 2e^-$
正極：$PbO_2 + 4H^+ + SO_4^{2-} + 2e^- \longrightarrow PbSO_4 + 2H_2O$

負極で電極の鉛が硫酸鉛(Ⅱ)に変化している。その結果，負極の電極の質量が 0.960g 増加したことになる。

式量　207　　　303
$\underline{Pb} + SO_4^{2-} \longrightarrow PbSO_4 + 2e^-$

上式から，電子 e^- が 2mol 流れると，鉛 Pb が 1mol 反応し，硫酸鉛(Ⅱ)が 1mol 生成している。よって，電子が 2mol 流れると，質量が 96g(＝303－207)増加することになる。

よって，流れた電子の物質量 $= 2 \times \dfrac{0.960}{96} = 0.02000\,\text{mol}$

鉛蓄電池から流れた電気量 $= 0.02000 \times 96500 = 1930\,\text{C}$

電解槽Ⅰに流れた電気量は，電気量〔C〕＝電流〔A〕×時間〔s〕より，電解槽Ⅰ $= 0.100 \times (180 \times 60) = 1080\,\text{C}$

(鉛蓄電池から流れた電気量)
＝(電解槽Ⅰの電気量)＋(電解槽Ⅱの電気量)であるので，
電解槽Ⅱの電気量 $= 1930 - 1080 = 850\,\text{C}$

電解槽Ⅱでは③，④式より，電子 e^- が 4mol 流れると，酸素 O_2 が 1mol，水素 H_2 が 2mol 発生する。電解槽Ⅱを流れた電気量は 850C なので，電解槽Ⅱを流れた電子の物質量は $\dfrac{850}{96500}$ mol となる。よって，発生した気体の標準状態での体積は　$22.4 \times \dfrac{850}{96500} \times \dfrac{1+2}{4} = 0.1479 \fallingdotseq 0.148\,\text{L} = 148\,\text{mL}$

●**電解槽：並列**
電解槽Ⅰと Ⅱが並列に接続されている。電源から流れてきた電気量は，電解槽Ⅰ，電解槽Ⅱに流れた電気量の和と等しい。

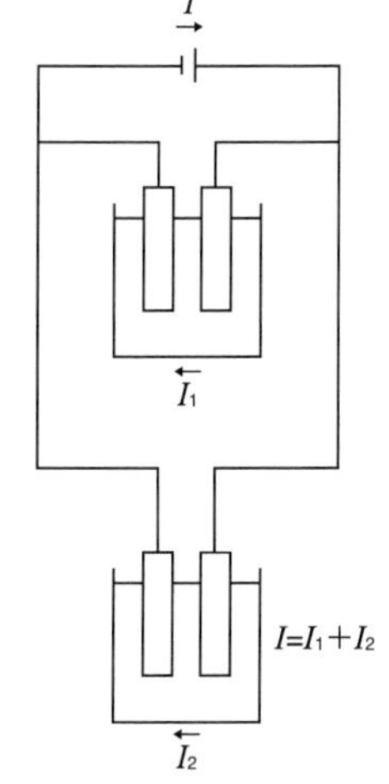

エクセル 〈並列接続の電気分解〉
電源から流れた電気量
＝電解槽Ⅰと電解槽Ⅱに流れた電気量の和

189 解答

(1) **陽極** $Cu \longrightarrow Cu^{2+} + 2e^-$

陰極 $Cu^{2+} + 2e^- \longrightarrow Cu$

(2) **1.80×10^3 C** (3) **9.63×10^4 C/mol**

(4) **陽極 5.93×10^{-1} g 減少**

陰極 5.93×10^{-1} g 増加

解説

(1) 陽極では，電極の Cu が酸化される。

よって，$Cu \longrightarrow Cu^{2+} + 2e^-$

陰極では，電解液中の Cu^{2+} が還元される。

よって，$Cu^{2+} + 2e^- \longrightarrow Cu$

(2) 電気量〔C〕＝電流〔A〕×時間〔s〕より

$$\text{電気量〔C〕} = 1.00\,\text{A} \times (30 \times 60)\,\text{s} = 1.80 \times 10^3\,\text{C}$$

(3) 電子 1mol のもつ電気量の絶対値がファラデー定数であるので

$$\text{ファラデー定数} = 1.60 \times 10^{-19}\,\text{C} \times 6.02 \times 10^{23}/\text{mol} = 9.632 \times 10^4 \fallingdotseq 9.63 \times 10^4\,\text{C/mol}$$

(4) 流れた e^- の物質量は

$$\frac{1.80 \times 10^3\,\text{C}}{9.632 \times 10^4\,\text{C/mol}} = 1.868 \times 10^{-2}\,\text{mol}$$

(1)より，e^- が 2mol 流れると，陽極では Cu 1mol 分の質量が減少し，陰極では 1mol 分の質量が増加する。

よって，Cu の質量は

$$63.5 \times \frac{1.868 \times 10^{-2}}{2} \fallingdotseq 5.93 \times 10^{-1}\,\text{g}$$

エクセル **ファラデー定数　電子 1mol のもつ電気量の絶対値**

190 解答

(1) **電極A：PbO_2**

$PbO_2 + 4H^+ + SO_4^{2-} + 2e^- \longrightarrow PbSO_4 + 2H_2O$

電極B：Pb

$Pb + SO_4^{2-} \longrightarrow PbSO_4 + 2e^-$

(2) $2Cl^- \longrightarrow Cl_2 + 2e^-$ (3) **9.6×10^{-1} g 増加**

解説

(1) 電極Cに銅が析出したので，電極Cは陰極である。

電極C：$Cu^{2+} + 2e^- \longrightarrow Cu$

よって，鉛蓄電池の電極Aは正極，Bは負極となる。

電極Aでは，PbO_2 が還元され，$PbSO_4$ となる。

電極A：$\underset{+4}{\underline{Pb}}O_2 + 4H^+ + SO_4^{2-} + 2e^- \longrightarrow \underset{+2}{\underline{Pb}}SO_4 + 2H_2O$

電極Bでは Pb が酸化され，$PbSO_4$ となる。

電極B：$\underset{0}{\underline{Pb}} + SO_4^{2-} \longrightarrow \underset{+2}{\underline{Pb}}SO_4 + 2e^-$

(2) 白金電極を用いて，$CuCl_2$ 水溶液を電気分解すると，陽極では Cl^- が酸化されて Cl_2 となり，陰極では Cu^{2+} が還元されて Cu となる。

陽極：$2Cl^- \longrightarrow Cl_2 + 2e^-$（電極D）

陰極：$Cu^{2+} + 2e^- \longrightarrow Cu$（電極C）

(3) 電極Cで0.64gの銅が析出したことから，流れた電子e^-の物質量は，$Cu^{2+} + 2e^- \longrightarrow Cu$より

$$\frac{0.64}{64.0} \times 2 = 0.020\,\text{mol}$$

電極Bでの反応は

$$Pb + SO_4^{2-} \longrightarrow PbSO_4 + 2e^-$$

であるので，2molのe^-が流れると1molのPbは1molの$PbSO_4$となる。

今回は，0.020molのe^-が流れているので，$0.020 \times \frac{1}{2}$ molのSO_4分の質量が増加することになる。

SO_4分の式量は96であるので，求める質量は

$$96 \times 0.020 \times \frac{1}{2} = 0.96\,\text{g}$$

エクセル
- 負極　酸化反応が起こる
- 正極　還元反応が起こる
- 陽極　酸化反応が起こる
- 陰極　還元反応が起こる

鉛蓄電池(−)Pb | H_2SO_4aq | PbO_2(+)

負極：$Pb + SO_4^{2-} \longrightarrow PbSO_4 + 2e^-$

正極：$PbO_2 + 4H^+ + SO_4^{2-} + 2e^- \longrightarrow PbSO_4 + 2H_2O$

解答

(1) 正極：$2H^+ + 2e^- \longrightarrow H_2$

負極：$Zn \longrightarrow Zn^{2+} + 2e^-$

(2) **イオン化傾向が大きい亜鉛が溶けて生じた電子が水素イオンと反応するため，鉄が電子を失う酸化反応が起こりにくくなる。**

解説 鉄を金属メッキしたものとして，亜鉛をメッキしたトタンと，スズをメッキしたブリキがある。

鉄よりもイオン化傾向が大きい亜鉛をメッキしたトタンでは，傷がついても亜鉛が先に溶解し，生じた電子が鉄の方に移動されるために，メッキしていない鉄よりもさびにくい。

エクセル イオン化傾向

$Zn > Fe > Sn$

イオン化傾向の大きい金属から反応していく。

●トタンとブリキ

鉄よりもイオン化傾向が小さいスズをメッキしたブリキでは，メッキしていない鉄に比べるとさびにくいが，傷がついて内部の鉄が露出するとメッキしていない鉄よりもさびやすくなる。

正極：$2H^+ + 2e^- \longrightarrow H_2$

負極：$Fe \longrightarrow Fe^{2+} + 2e^-$

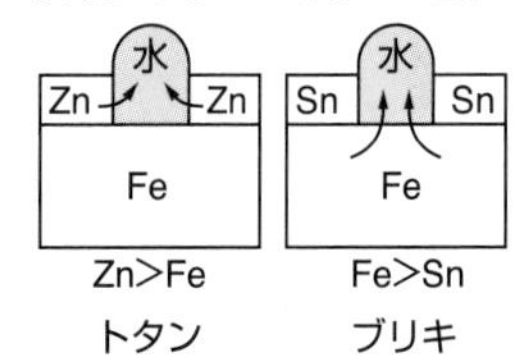

Zn>Fe　トタン　　Fe>Sn　ブリキ

解答

(1) (ア) **共有**　(イ) **ファンデルワールス力(分子間力)**

(ウ) $Li^+ + nC + e^- \longrightarrow LiC_n$　(エ) **6**

(2) $2LiC_n + 2H_2O \longrightarrow 2LiOH + 2nC + H_2$

(3) (オ) $PbSO_4 + 2H_2O \longrightarrow PbO_2 + 4H^+ + SO_4^{2-} + 2e^-$

(カ) $PbSO_4 + 2e^- \longrightarrow Pb + SO_4^{2-}$

(4) (キ) **0.331**　(ク) **10.6**

(5) **92.5%**

解説 (1) (エ)1個のLiは，上下各6個のCに取り込まれている。したがって，1個のLiあたりのCの個数は$\frac{1}{2}\times6\times2=6$個である。

(3) 鉛蓄電池の放電の逆反応の式を書く。リチウム二次電池の負極から出た電子が鉛蓄電池に流れ込み，もとの鉛へ戻している。

(4) リチウム二次電池が放電するとき，負極では(ウ)の逆反応が起こる。

$LiC_n \longrightarrow Li^+ + nC + e^-$

1molのLi(原子量6.94)が反応すると1molのe^-が流れるので，

電子の物質量は　$\frac{2.30\,g}{6.94\,g/mol}\times1=0.3314\fallingdotseq0.331\,mol$

このとき，電極Ⅰでは2molのe^-あたり1molの$PbSO_4$がPbO_2になり64.0g質量が減少するので，その減少量は

$0.3314\times\frac{64.0}{2}=10.60\fallingdotseq10.6\,g$

(5) $\frac{9.80}{10.60}\times100=92.45\fallingdotseq92.5\%$

エクセル　リチウムイオン電池

負極：$Li_xC \longrightarrow C + xLi^+ + xe^-$

正極：$Li_{(1-x)}CoO_2 + xLi^+ + xe^- \longrightarrow LiCoO_2$

193 解答 **質量数12の炭素原子^{12}Cの質量を12とし，他の原子の質量を相対値で表したもの。**

解説 原子はその質量が非常に小さいので，質量を表すのに相対値を用いる。このとき，基準として炭素原子^{12}Cを使う。相対質量は質量を比較したものであり，単位はない。

キーワード
・相対質量

194 解答 **同位体が存在する原子の原子量は，各同位体の相対質量に存在比をかけたものの平均値として求める。ニッケルの原子番号はコバルトよりも大きいが，ニッケルでは，質量数が大きい同位体の存在比が比較的小さいので，コバルトよりも原子量が小さくなる。**

解説 天然のコバルトは^{59}Co 1種類からなる。これに対して，天然のニッケルは^{58}Ni，^{60}Ni，^{61}Ni，^{62}Ni，^{64}Niからなり，このうち^{58}Niが最も多く存在する。その存在比は68.08%であるため，ニッケルの原子量はコバルトよりも小さくなる。

キーワード
・原子量
・相対質量

195 解答 **水に溶けたとき，電離して水酸化物イオンOH^-を生じる物質。**

解説 アレニウスの定義では，水に溶けH$^+$を生じるのが酸，OH^-を生じるのが塩基である。

(例)塩酸は水に溶けてH^+を生じるので酸である。

$HCl \longrightarrow H^+ + Cl^-$

(例)水酸化ナトリウムは水に溶けてOH^-を生じるので塩基である。

$NaOH \longrightarrow Na^+ + OH^-$

キーワード
・酸：H^+
・塩基：OH^-

解答 **水酸化ナトリウムは塩基性で空気中の CO_2 などを吸収する。また，潮解性があるので水分も吸収する。**

解説 水酸化ナトリウムは空気中の CO_2(中和反応)と水分(潮解性)を吸収する。吸収により水酸化ナトリウム水溶液の濃度がずれるため，実験前にシュウ酸標準溶液により，中和滴定をして正確な濃度を調べる必要がある。

$$(COOH)_2 + 2NaOH \longrightarrow (COONa)_2 + 2H_2O$$

キーワード
・潮解性
・中和反応
・中和滴定

解答 **電気陰性度の強さは O＞S＞H の順である。電気陰性度が小さいほど電子対を引きつける力が弱いため，電子を放出しやすくなる。H_2O と H_2S を比較すると O よりも S の方が電子を放出しやすい。よって，H_2S(酸化数 −2)は電子を放出して S(酸化数 0)に酸化される。一方，SO_2 は O により電子対が強く引っぱられているため S の電子が不足している。そのため，SO_2(酸化数 +4)は電子を受け取り S(酸化数 0)に還元される。**

解説 硫黄 S は化合物により酸化数が異なる。酸化数が小さい硫化水素 H_2S(酸化数 −2)は電子が余っているため還元剤としてはたらきやすく，酸化数が大きい二酸化硫黄 SO_2(酸化数 +4)は電子が不足しているため酸化剤としてはたらきやすい。

キーワード
・電気陰性度
・酸化数
・酸化剤
・還元剤

解答 **酸化剤としてはたらく硝酸や還元剤としてはたらく塩酸を用いると，酸化還元反応をしてしまい，正確に測定ができないため。**

解説 硝酸は酸化剤，塩酸(塩化水素の電離によって生成した塩化物イオン)は還元剤として反応する。

硝酸：$HNO_3 + 3e^- + 3H^+ \longrightarrow NO + 2H_2O$

塩酸：$2Cl^- \longrightarrow Cl_2 + 2e^-$

キーワード
・硫酸酸性

解答 **溶液が過マンガン酸イオンの淡桃色になる。**

解説 酸化還元反応の反応式は次のようである。

$$2MnO_4^- + 5H_2O_2 + 6H^+ \longrightarrow 2Mn^{2+} + 5O_2 + 8H_2O$$

溶液中に過酸化水素が存在する間は，加えた過マンガン酸カリウム $KMnO_4$ は反応し，マンガン(Ⅱ)イオンになるため溶液は無色のままである。反応が終了すると，溶液は加えた MnO_4^- により淡桃色になる。

キーワード
・酸化還元反応

解答 **銅は水素よりイオン化傾向が小さいため。**

解説 イオン化傾向が水素より大きい金属は酸化力のない酸に溶けて水素を発生する。

(例：$Zn + 2H^+ \longrightarrow Zn^{2+} + H_2$)

イオン化傾向が水素より小さい金属は酸とは反応しにくいが，Cu，Hg，Ag の金属は硝酸と熱濃硫酸とは反応して溶ける。このとき，これらの金属は水素よりイオン化傾向が小さいため水素は発生しない。

キーワード
・イオン化傾向

201 解答 **鉄に濃硝酸を加えると不動態となり，反応が進行しないため。**

解説 鉄，ニッケル，アルミニウムなどを濃硝酸と反応させると表面にち密な酸化被膜を形成し，不動態となる。不動態は安定であり，これ以上の反応が進行しない。

キーワード
・不動態

202 解答 **反応によって生じる $PbCl_2$ や $PbSO_4$ は水にも酸にも溶けないため。**

解説 鉛は塩酸・硫酸などと反応して次のようになる。

$Pb + 2HCl \longrightarrow PbCl_2 + H_2$　　$Pb + H_2SO_4 \longrightarrow PbSO_4 + H_2$

鉛の表面に反応によって生じた $PbCl_2$ や $PbSO_4$ は塩酸や硫酸に溶けない。このため，イオン化傾向が水素よりも大きいにも関わらず反応しにくい。

キーワード
・イオン化傾向

203 解答 **銅の酸化反応と銀イオンの還元反応が同時に起こり，銀樹が生成する。**

解説 イオン化傾向が小さい金属イオンの水溶液にイオン化傾向の大きな金属を入れると，イオン化傾向の小さい金属が析出する。

酸化：$Cu \longrightarrow Cu^{2+} + 2e^-$

還元：$Ag^+ + e^- \longrightarrow Ag\downarrow$（銀樹）

キーワード
・イオン化傾向

204 解答 **ボルタ電池では銅板付近の溶液中に水素イオンと亜鉛イオンが存在する。イオン化傾向は Zn＞H であるため，水素イオンが還元されて水素が発生する。一方，ダニエル電池では，銅板付近の溶液中に銅(Ⅱ)イオンが存在する。ここでは，銅(Ⅱ)イオンが還元されて銅が生成する。**

解説 電池は負極では酸化反応，正極では還元反応が起こる。正極では，溶液中で最も還元しやすいもの(イオン化傾向が小さい)が還元される。

キーワード
・イオン化傾向
・ボルタ電池
・ダニエル電池

205 解答 **硫酸銅(Ⅱ)$CuSO_4$ 水溶液と硫酸亜鉛 $ZnSO_4$ 水溶液の拡散による混合を防ぎながらイオンの移動を可能にし，極板での反応を進行させるため。**

解説 ダニエル電池では極板で次のような反応が起こる。

正極：$Cu^{2+} + 2e^- \longrightarrow Cu$

負極：$Zn \longrightarrow Zn^{2+} + 2e^-$

2種類の電解質が混合すると，Cu^{2+}が負極(亜鉛板)と反応して析出する。

$Cu^{2+} + Zn \longrightarrow Cu + Zn^{2+}$

また，負極で生じた Zn^{2+}は正極の方に，硫酸イオン SO_4^{2-}は負極の方にスムーズに移動しないと反応が続かない。このため，2種類の電解質溶液の急激な混合を防ぐとともに，イオンの移動をスムーズに進行させるために，素焼き板やセロファンなどの半透性をもった膜などで電解質溶液に仕切りを設ける必要がある。

キーワード
・拡散
・半透膜

解答 **鉛蓄電池を放電すると，反応物の硫酸が減少して生成物の水が増加する。このため，放電後に硫酸の密度は小さくなる。**

キーワード
・鉛蓄電池

解説 鉛蓄電池の両極の反応と全反応を次の①～③に示す。③式より，反応物の硫酸が減少して生成物の水が増加することがわかる。

負極：$Pb + SO_4^{2-} \longrightarrow PbSO_4 + 2e^-$ …①

正極：$PbO_2 + SO_4^{2-} + 4H^+ + 2e^- \longrightarrow PbSO_4 + 2H_2O$ …②

全反応：$Pb + PbO_2 + 2H_2SO_4 \longrightarrow 2PbSO_4 + 2H_2O$ …③

解答 **銅の精錬では，陽極に不純物を含む銅板，陰極に純銅をつなげる。鉛蓄電池の正極 PbO_2 と陽極，負極 Pb と陰極をつなげることで電気分解を行う。**

キーワード
・陽極と陰極
・正極と負極

解説 陽極では酸化反応が起こり，銅(Ⅱ)イオンが生成する。生成した銅(Ⅱ)イオンは，陰極で還元されて銅となる。この反応により，純度の高い銅を得ることができる。

解答 **隔膜で陽極室と陰極室を分けるのは，陽極付近で生成する酸性の物質と陰極付近で生成する水酸化ナトリウムの中和による水酸化ナトリウムの収率の低下を防止するためである。また，隔膜の代わりに陽イオン交換膜を用いると，Na^+だけを通すため，隔膜を用いた場合よりも高い純度の水酸化ナトリウムを製造することができる。**

キーワード
・陽イオン交換膜

解説 隔膜もしくは陽イオン交換膜を用いて塩化ナトリウム水溶液を電気分解すると，次に示した反応が起こる。隔膜を用いないと，陽極で発生した塩素が水に溶けて，酸性の塩酸と次亜塩素酸に変化($Cl_2 + H_2O \rightleftarrows HCl + HClO$)してしまう。

陽極：$2Cl^- \longrightarrow Cl_2 + 2e^-$

陰極：$2H_2O + 2e^- \longrightarrow H_2 + 2OH^-$

全反応：$2NaCl + 2H_2O \longrightarrow 2NaOH + Cl_2 + H_2$

解答 **ブリキは鉄をスズで覆ったものであり，トタンは鉄を亜鉛で覆ったものである。これらの表面に傷がつくと，ブリキではスズよりもイオン化傾向が大きい鉄から酸化され，トタンでは鉄よりもイオン化傾向が大きい亜鉛から酸化される。そのため，傷がついたブリキとトタンではブリキのほうがさびやすい。**

キーワード
・ブリキ
・トタン
・イオン化傾向

解説 傷がついたブリキとトタンの内部構造は次のようになっている。いずれの場合も，イオン化傾向が大きい金属が先に酸化される。

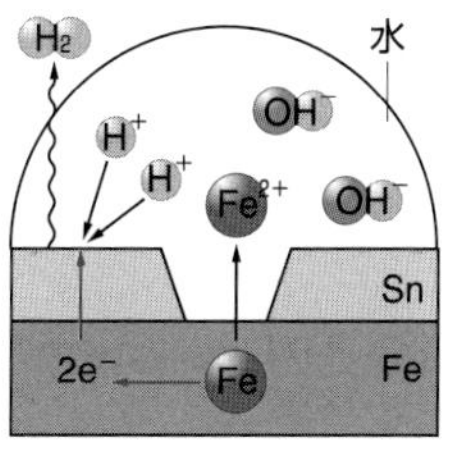

ブリキ：傷がつくと鉄のほうからさびていく

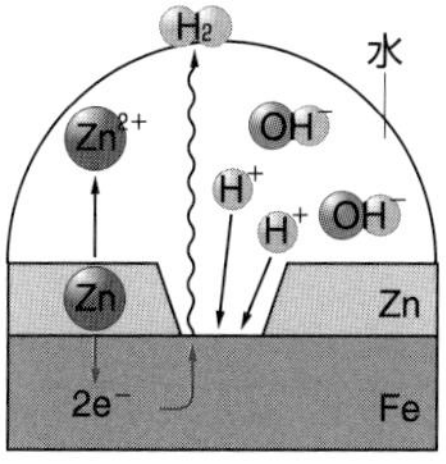

トタン：傷がついても，まず亜鉛が溶けて，鉄はさびない。

●エクササイズ②(p.124)

酸・塩基の電離式

(1) H^+, NO_3^- (2) HCO_3^- (3) CH_3COO^-, H^+ (4) Na^+, OH^-

(5) K^+, OH^- (6) Ca^{2+}, 2, OH^- (7) Ba^{2+}, 2, OH^- (8) NH_4^+, OH^-

中和の化学反応式

(1) HCl, NaOH, NaCl, H_2O

(2) 2, HCl, $Ca(OH)_2$, $CaCl_2$, 2, H_2O

(3) H_2SO_4, 2, NaOH, Na_2SO_4, 2, H_2O

(4) H_2SO_4, $Ca(OH)_2$, $CaSO_4$, 2, H_2O

(5) HCl, NH_3, NH_4Cl

(6) H_2SO_4, 2, NH_3, $(NH_4)_2SO_4$

酸化数

(1) $-1 \rightarrow 0$ (2) $+4 \rightarrow 0$ (3) $-1 \rightarrow -2$

(4) $0 \rightarrow +2$ (5) $-1 \rightarrow 0$

酸化剤 (1) Cl_2 (2) SO_2 (3) H_2O_2 (4) HNO_3 (5) MnO_2

酸化剤・還元剤のはたらき方(半反応式)

(1) 2, H^+, 2, 2 (2) 8, 5, Mn^{2+}, 4 (3) 14, 6, 2, Cr^{3+}, 7

(4) 3, 3, 2 (5) 2, 2, SO_2, 2 (6) O_2, 2, 2 (7) S, 2, 2

(8) Fe^{3+} (9) 2, I_2, 2 (10) 2, SO_4^{2-}, 4, 2

酸化還元反応式

(1) 2, 2, KCl

(2) 2, 3, H_2SO_4, 5, $MnSO_4$, H_2O, O_2

(3) 2, H_2SO_4, I_2, 2

(4) 2, 5, 3, H_2SO_4, $MnSO_4$, H_2O, CO_2, K_2SO_4

(5) SO_2, 2, H_2O, HI, H_2SO_4

(6) 2, H_2S, S, 2, H_2O

(7) 3, 8, $Cu(NO_3)_2$, NO, 4

(8) 4, $Cu(NO_3)_2$, NO_2, 2

(9) 2, $CuSO_4$, 2, SO_2

(10) H_2SO_4, 3, $H_2C_2O_4$, $Cr_2(SO_4)_3$, 7, CO_2, K_2SO_4

化学 3 電気分解

◆1　**電気分解**　電気エネルギーを与えて酸化還元反応を強制的に起こすことを電気分解という。

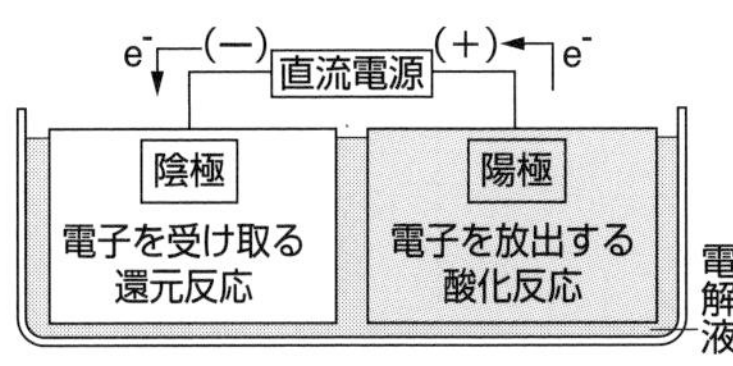

陰極：直流電源の負極に接続した電極。
　　電子 e^- を受け取る反応（還元反応）。
陽極：直流電源の正極に接続した電極。
　　電子 e^- を放出する反応（酸化反応）。

◆2　**水溶液の電気分解**　水溶液の電気分解ではイオンや電極の種類により反応が異なる。

〈電気分解の考え方〉

陰極	○イオン化傾向が小さい金属イオン（Cu～Au）→金属の単体が析出 $Cu^{2+} + 2e^- \rightarrow Cu$，$Ag^+ + e^- \rightarrow Ag$ ○イオン化傾向が大きい金属イオン（Li～Pb）→ H_2 発生 $2H^+ + 2e^- \rightarrow H_2$（酸性），$2H_2O + 2e^- \rightarrow H_2 + 2OH^-$（中性，塩基性）
陽極	○電極が Pt，C のとき ①ハロゲン化物イオン→ハロゲンの単体生成 $2Cl^- \rightarrow Cl_2 + 2e^-$ ②ハロゲン以外のイオン→ O_2 発生 $2H_2O \rightarrow O_2 + 4H^+ + 4e^-$（中性，酸性）， $4OH^- \rightarrow 2H_2O + O_2 + 4e^-$（塩基性） ○電極が Ag または Ag よりイオン化傾向が大きい金属のとき→陽極自身が溶解 $Cu \rightarrow Cu^{2+} + 2e^-$，$Ag \rightarrow Ag^+ + e^-$

◆3　**溶融塩電解**　陰極で陽イオンが還元され，陽極で陰イオンが酸化される。

例　塩化ナトリウムの溶融塩電解（$NaCl \longrightarrow Na^+ + Cl^-$）
陰極（−）：$Na^+ + e^- \longrightarrow Na$（還元）　陽極（＋）：$2Cl^- \longrightarrow Cl_2 + 2e^-$（酸化）

化学 4 電気分解による物質の変化量

◆1　**電気量**　電気量〔C〕＝電流〔A〕×時間〔s〕

◆2　**ファラデー定数**　電子 e^- 1mol あたりの電気量。$F = 9.65 \times 10^4$ C/mol
電気量より電子の物質量は次のようにして求める。

$$電子の物質量 = \frac{電気量〔C〕}{9.65 \times 10^4\,C/mol}$$

◆3　**ファラデーの法則**　電気分解において，陰極や陽極で変化したイオンの物質量と，流れた電気量とは比例する。

WARMING UP／ウォーミングアップ

1 金属の性質

次の金属について，下の(1)〜(3)に答えよ。

Na　Cu　Mg　Zn　Ag

(1) イオン化傾向の大きい順に並べ替えよ。
(2) 常温の水と激しく反応する金属を選べ。
(3) 塩酸中で反応しない金属をすべて選べ。

1
(1) Na，Mg，Zn，Cu，Ag
(2) Na
(3) Cu，Ag

2 ダニエル電池

次の文の(　　)に適する語句を入れよ。

ダニエル電池は，亜鉛板と銅板を，素焼き板で区切った容器に入れた物である。電解液は，亜鉛板側に(ア)水溶液，銅板側に(イ)水溶液を用いる。導線で2つの金属板をつなぐと，亜鉛板は溶けて(ウ)になる。このとき，電子が放出されるので，亜鉛板は(エ)極となる。亜鉛板から放出された電子は導線を通って銅板に流れてくる。銅板の表面では，流れてきた電子を溶液中の(オ)が受け取り，単体の銅として析出する。よって銅板は(カ)極となる。

2
(ア) 硫酸亜鉛
(イ) 硫酸銅(Ⅱ)
(ウ) 亜鉛イオン
(エ) 負
(オ) 銅(Ⅱ)イオン
(カ) 正

化学 3 電気分解

白金電極を用いて，塩化銅(Ⅱ)$CuCl_2$ 水溶液の電気分解を行った。(　　)に適する語句・数値を入れよ。

(1) 次のイオン反応式は陰極での反応である。イオン反応式を完成させよ。　$Cu^{2+} + 2e^- \longrightarrow$(ア)　…①
(2) (1)より，陰極では，酸化数が(イ)の銅イオンが，酸化数が(ウ)の銅に(エ)されている。
(3) 次のイオン反応式は陽極での反応である。イオン反応式を完成させよ。　$2Cl^- \longrightarrow$(オ)$+ 2e^-$　…②
(4) (3)より，陽極では，酸化数が(カ)の塩化物イオンが，酸化数が(キ)の塩素に(ク)されている。
(5) 以上より，全体の反応式は，(①式＋②式より)
$CuCl_2 \longrightarrow$(ケ)＋(コ)

3
(ア) Cu
(イ) ＋2
(ウ) 0
(エ) 還元
(オ) Cl_2
(カ) －1
(キ) 0
(ク) 酸化
(ケ) Cu
(コ) Cl_2

化学 4 電気量

次の文の(　　)に適当な数値を入れよ。

(1) 2.0 A の電流を 30 秒間流した。このとき流れた電気量は(ア)C である。
(2) 銀イオンが電子を受け取って，0.100 mol の銀が析出した。このときに流れた電気量は(イ)C である。ただし，このときに起きた反応は，$Ag^+ + e^- \longrightarrow Ag$ である。

4
(ア) 60
(イ) 9.65×10^3

基本例題 42 ダニエル電池 基本➡177

ダニエル電池は，次のように表される。

(−)Zn｜$ZnSO_4$aq｜$CuSO_4$aq｜Cu(＋)

(1) 両電極で起こる反応について，電子 e^- を含む反応式を記せ。

(2) 負極で起こるのは，酸化反応か還元反応か答えよ。

(3) 亜鉛 0.10g が消費されると何 C の電気量が生じるか。

●エクセル 負極：電子を放出する反応(酸化反応)，正極：電子を受け取る反応(還元反応)

考え方

負極では酸化反応，正極では還元反応が起きている。

電子 e^- 1mol あたりの電気量は 9.65×10^4C/mol

解答

(1) 負極：$Zn \longrightarrow Zn^{2+} + 2e^-$，正極：$Cu^{2+} + 2e^- \longrightarrow Cu$

(2) 亜鉛の酸化数の変化は 0(Zn)$\longrightarrow$＋2(Zn^{2+})

酸化数が増加しているので酸化反応。 **答 酸化反応**

(3) 亜鉛 0.10g の物質量は，$\dfrac{0.10}{65.4} = 1.52\times10^{-3}$mol

負極の反応式より，亜鉛 1mol から電子 e^- が 2mol 放出される。電子 e^- 1mol あたりの電気量は 9.65×10^4 C/mol なので，流れた電気量は，

$$1.52\times10^{-3}\times2\times9.65\times10^4 = 293 \fallingdotseq 2.9\times10^2\,C$$

答 2.9×10^2C

化学 基本例題 43 電気分解の量的関係 基本➡182

白金電極で，硫酸銅(Ⅱ)水溶液を 1.0A の電流で 10 分間電気分解した。このとき，陰極の質量の変化を有効数字 2 桁で求めよ。ただし，Cu の原子量＝63.5，ファラデー定数は，9.65×10^4C/mol とする。

●エクセル 電子 e^- 1mol あたりの電気量は 9.65×10^4C/mol
電気量〔C〕＝電流〔A〕×時間〔s〕

考え方

陰極：

$Cu^{2+} + 2e^- \longrightarrow Cu$

陽極：

$2H_2O \longrightarrow O_2 + 4H^+ + 4e^-$

解答

電気量〔C〕＝電流〔A〕×時間〔s〕より，10 分＝10×60＝600 秒なので，電気量＝1.0×600＝600 C。

流れた電子の物質量は，$\dfrac{600}{9.65\times10^4} = 6.21\times10^{-3}$mol

陰極では電子が 2mol 流れると，銅が 1mol 析出する。析出した銅の物質量は，

$$6.21\times10^{-3}\times\frac{1}{2} = 3.10\times10^{-3}$$

よって，析出した銅の質量は，

$$63.5\times3.10\times10^{-3} = 0.196 \fallingdotseq 0.20\,g$$

答 0.20g 増加

基本問題

173▶イオン化傾向 次の文章の( )に適する語句を，[ ]には化学式を入れよ。

硫酸銅(Ⅱ)水溶液に亜鉛板を入れると，水溶液中の銅イオンが亜鉛から電子を受け取り，亜鉛の表面に(ア)の単体が析出し，水溶液中に亜鉛が，亜鉛イオン[イ]となって溶け出す。このときの変化はイオン反応式で次のように表すことができる。

[ウ]＋$2e^-$ ⟶ Cu …①

Zn ⟶ [エ]＋$2e^-$ …②

反応全体では，①式，②式から電子 e^- を消去すると，①式＋②式より，

[オ]＋Zn ⟶ Cu＋[カ]

次に，硫酸亜鉛水溶液に銅板を入れても，反応は(キ)。

以上の実験から，銅と亜鉛では(ク)の方が陽イオンになりやすい，つまり，イオン化傾向が大きいことがわかる。

174▶金属の推定 次の文章を読み，(1)〜(3)に答えよ。文中の A 〜 E は，鉄，カルシウム，亜鉛，銅，白金のいずれかの単体である。

(ア) A 〜 E をそれぞれ塩酸に入れたところ，A，B，E は溶けたが，C，D は溶けなかった。

(イ) A 〜 E をそれぞれ常温の水に入れたところ，E のみが溶けた。

(ウ) A 〜 E をそれぞれ希硝酸に入れたところ，D 以外は溶けた。

(エ) A，B，C，D をそれぞれ水酸化ナトリウム水溶液に入れたところ，A のみが溶けた。

(オ) B を希硝酸に溶かした水溶液に，A の小片を入れると，その表面に B が析出した。

(1) A 〜 E を元素記号で記せ。

(2) (イ)の下線部の反応を化学反応式で記せ。

(3) 各金属が水溶液中で陽イオンになりやすい順に A 〜 E の記号で記せ。

175▶電池のしくみ 3 種類の金属 A，B，C の間で電圧を測定した。次の(1)〜(3)に答えよ。

(1) 金属板の組み合わせで正極(＋)，負極(－)は，(ア)〜(ウ)のようになった。この結果から，イオン化傾向の大きい順に A，B，C を並べよ。

(ア) 正極：A，負極：B (イ) 正極：A，負極：C (ウ) 正極：C，負極：B

(2) 3 種類の金属がマグネシウム，鉄，銅のどれかであるとき，A，B，C はそれぞれ何か。

(3) (1)の実験結果で，最も大きい電圧を示した組み合わせはどれか。

化学 論述 176▶ボルタ電池　右図のように，亜鉛板と銅板を希硫酸に浸し，ボルタ電池をつくった。この電池について，次の(1)〜(4)に答えよ。

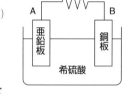

(1)　銅板，亜鉛板のどちらが負極か。

(2)　負極，正極での反応を電子 e^- を含む反応式で表せ。

(3)　このボルタ電池は，すぐに起電力が低下する。この現象を何というか。

(4)　(3)の現象が起こる理由を説明せよ。

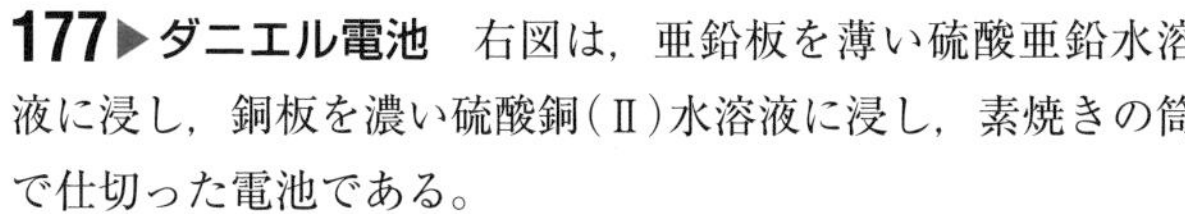

177▶ダニエル電池　右図は，亜鉛板を薄い硫酸亜鉛水溶液に浸し，銅板を濃い硫酸銅(Ⅱ)水溶液に浸し，素焼きの筒で仕切った電池である。

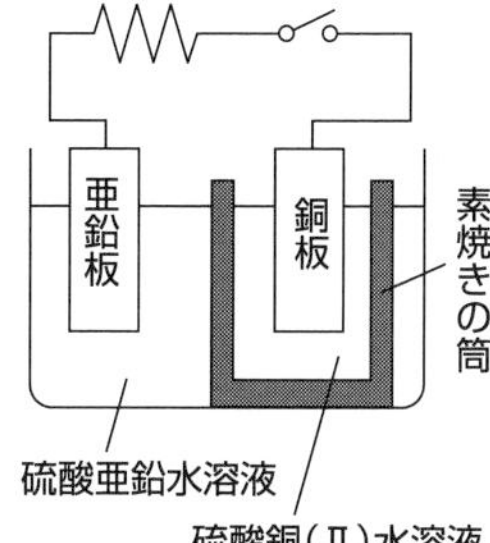

(1)　銅板，亜鉛板のどちらが負極か。

(2)　負極，正極での反応を電子 e^- を含む式で表せ。

(3)　素焼きの筒を通って，硫酸銅(Ⅱ)水溶液から硫酸亜鉛水溶液の方へ移動するイオンは何か。化学式で答えよ。

(4)　素焼き板の筒のかわりに，ガラスの筒を用いた場合，起電力はどうなるか。

(5)　この電池で「亜鉛板を浸した硫酸亜鉛水溶液」を「ニッケル板を浸した硫酸ニッケル水溶液」にすると起電力はどうなるか。

(6)　この電池で「銅板を浸した硫酸銅(Ⅱ)水溶液」を「銀板を浸した硝酸銀水溶液」にすると起電力はどうなるか。

化学 check! 178▶鉛蓄電池　次の文を読んで，下の(1)〜(5)に答えよ。

鉛蓄電池では正極に(　ア　)，負極に(　イ　)，電解液に(　ウ　)が用いられている。その起電力は約(　エ　)V で，充電できるので(　オ　)電池とよばれる。

(1)　上の文において，(ア)，(イ)には化学式，(ウ)〜(オ)には適する語句または数値を入れよ。

(2)　正極，負極での反応を電子 e^- を含む反応式で表せ。

(3)　充電するときの化学反応式を記せ。

(4)　鉛蓄電池の電解液は，放電すると密度は増加するか減少するか。

(5)　鉛蓄電池において，9.65×10^4 C の電気量を放電させると，両極の質量は合計何 g 増加するか。

化学 **179▶燃料電池** 右図は，水素と酸素を用いたリン酸形燃料電池の模式図である。電極A，Bを導線でつなぐと，電極Aでは，次のような（ ア ）反応が起こり，（ イ ）極となる。

$H_2 \longrightarrow$（ i ）[Ⅰ]＋（ ii ）e^-…①式

また，電極Bでは，次のような（ ウ ）反応が起こり，（ エ ）極となる。

O_2＋（iii）[Ⅱ]＋（iv）$e^- \longrightarrow$（ v ）[Ⅲ]…②式

(1) 上の文章の(ア)～(エ)に適当な語句を入れよ。

(2) ①式，②式の(i)～(v)には係数を，[Ⅰ]～[Ⅲ]には適当な化学式を入れよ。

(3) 燃料電池全体の反応の化学反応式を記せ。

180▶実用電池 さまざまな実用電池を下表にまとめた。

名称	負極活物質	電解質	正極活物質	実用例
①マンガン乾電池	（ i ）	$ZnCl_2$	MnO_2	リモコン，懐中電灯
②アルカリマンガン電池	Zn	KOH	（ ii ）	オーディオプレーヤー，デジカメ
③酸化銀電池	Zn	KOH	（iii）	（ ア ）
④空気電池	Zn	NH_4Cl	（iv）	（ イ ）
⑤鉛蓄電池	Pb	H_2SO_4	PbO_2	自動車のバッテリー
⑥ニッケル・カドミウム電池	Cd	KOH	NiO(OH)	電動歯ブラシ
⑦ニッケル・水素電池	（ v ）	KOH	NiO(OH)	電気自動車
⑧リチウムイオン電池	Li_xC	Li 塩	$Li_{(1-x)}CoO_2$	（ ウ ）

(1) 表の(i)～(v)に適する物質の化学式を入れよ。

(2) 実用例の(ア)，(イ)，(ウ)に適するものを次の(a)～(d)から選べ。

(a) ハイブリッド車，電気自動車　(b) 補聴器

(c) 置き時計，懐中電灯　(d) 腕時計，カメラの露出計

(3) ⑤～⑧の電池は外部電源からの充電により繰り返し使用できる。このような電池を何とよぶか。

化学 (4) 鉛蓄電池の負極での反応を化学反応式で書け。

化学 **181▶電気分解の電極** 右表の水溶液を電気分解した。陽極，陰極で起こる反応①～⑥をイオン反応式で表せ。ただし，（　）内は電極を表す。

水溶液	陽極	陰極
$CuCl_2$ 水溶液	(Pt) [①]	(Pt) [②]
$AgNO_3$ 水溶液	(C) [③]	(C) [④]
$CuSO_4$ 水溶液	(Cu) [⑤]	(Cu) [⑥]

化学 **182▶硫酸銅(Ⅱ)の電気分解** 硫酸銅(Ⅱ)水溶液 100 mL に，白金電極を用いて，1.0 A の電流を通じたところ，すべての銅(Ⅱ)イオンが銅として析出するのに，16 分 5 秒かかった。次の(1)，(2)に答えよ。

check!

(1) 陰極で析出した銅の質量を求めよ。

(2) 陽極で発生した気体の化学式を答えよ。また，この発生した気体は標準状態で何 L か。

化学 **183 ▶アルミニウムの溶融塩電解**　アルミニウムは鉱石の(　ア　)からつくられる酸化アルミニウムを(　イ　)とともに溶融塩電解して得られる。電極には炭素を用いる。陽極では二酸化炭素や一酸化炭素が発生し，陰極ではアルミニウムが析出する。

check!

(1)　文中の(ア)，(イ)に適当な語句を入れよ。

(2)　陽極，陰極での反応を電子 e^- を含んだ反応式で表せ。

(3)　この溶融塩電解で 965 A の電流を 100 時間流すと，得られるアルミニウムの質量は理論上いくらか。有効数字 2 桁で答えよ。

化学 論述 **184 ▶銅の電解精錬**　銅の電解精錬では，(　ア　)極に不純物(Au，Ag，Fe，Ni，Zn など)を多く含む粗銅を，(　イ　)極には純銅の薄い板を用いて，硫酸酸性の硫酸銅(Ⅱ)水溶液中で電気分解する。このとき<u>電圧は約 0.3 V にする</u>。電気分解を行うと，粗銅はイオンとなって溶け出し，薄い純銅の板には，純銅が析出し銅板が厚くなる。

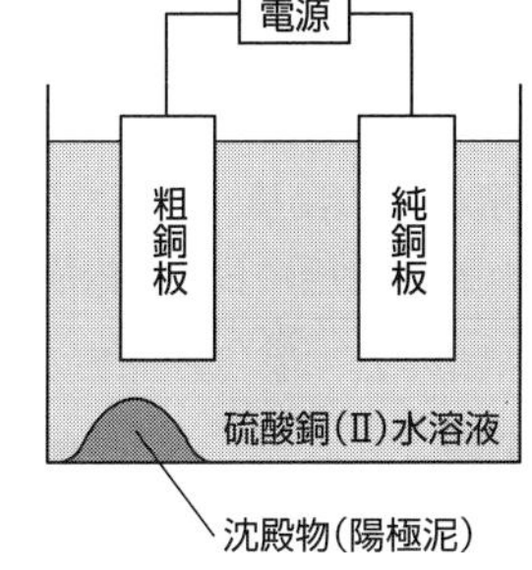

(1)　文中の(ア)，(イ)に適当な語句を入れよ。

(2)　(イ)極での反応を化学反応式で書け。

(3)　下線部のようにする理由を答えよ。

化学 **185 ▶塩化ナトリウム水溶液の電気分解**　右図のように陽イオン交換膜で仕切られた陽極側に飽和塩化ナトリウム水溶液を，陰極側に水を入れ電気分解を行う。陽極では気体として(　ア　)が発生する。陰極では気体として(　イ　)と液中には(　ウ　)イオンが発生する。溶液中の陰極付近では(　ウ　)イオンの濃度が高くなり，また，(　エ　)イオンは陽極から陰極へ陽イオン交換膜を透過できる。一方，(　ウ　)イオンや(　オ　)イオンは陽イオン交換膜を透過できない。したがって，陰極付近では(　ウ　)イオンと(　エ　)イオンの濃度が高くなり，この水溶液を濃縮すると(　カ　)が得られる。

check!

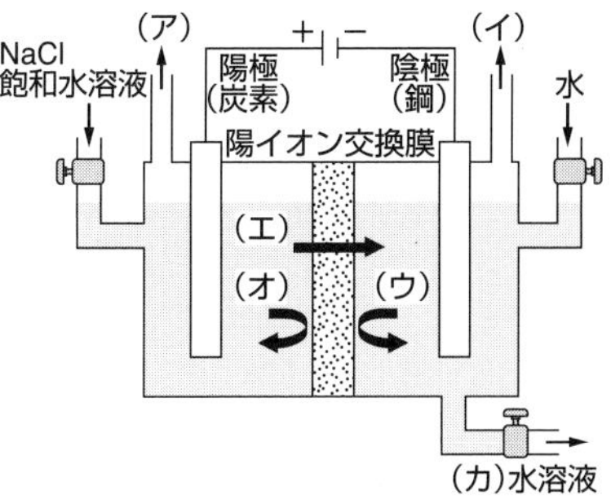

(1)　(ア)～(カ)に適当な語句を入れよ。

(2)　1.00 A の電流を 1.93×10^3 秒間流して電気分解したとき，陰極で発生する気体は標準状態では何 L か。有効数字 3 桁で答えよ。　(鹿児島大　改)

化学 標準例題 44 直列接続の電気分解

標準➡187

check!

右図のように白金電極を用いた2つの電解槽を直列につなぎ，電解槽Aには塩化銅(Ⅱ)水溶液を，電解槽Bには硝酸銀水溶液を入れた。これに電流をある時間通じ電気分解を行うと，電解槽Aの陰極には1.27gの銅が析出した。有効数字3桁で答えよ。

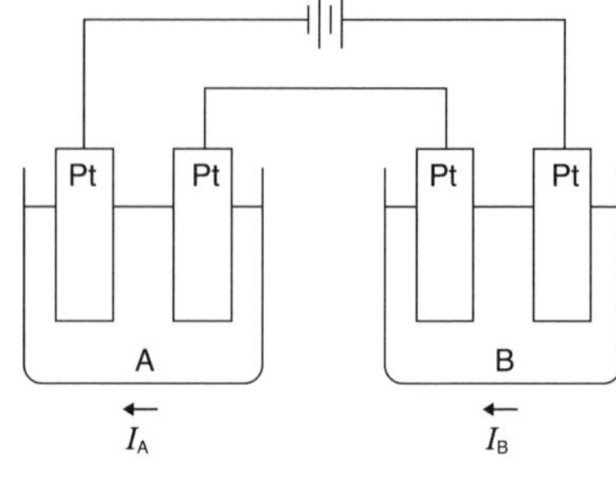

(1) 電解槽Aの陽極での反応を電子 e^- を含んだ反応式で表せ。

(2) 溶液中を通った電気量は何Cか。

(3) 電解槽Bの陽極，陰極で生成する物質は何か。金属の場合はその質量を，気体の場合は標準状態における体積を求めよ。

●エクセル $I_A = I_B$ 直列接続の場合，どの電解槽も流れる電気量は等しい。

考え方

直列接続なので，電解槽A，Bに流れる電流は等しい。電解槽Aの陰極に析出した銅の質量から流れた電気量が求まる。

解答

(1) $2Cl^- \longrightarrow Cl_2 + 2e^-$

(2) 銅1.27gの物質量は，$\dfrac{1.27}{63.5} = 0.02000\,\text{mol}$

$Cu^{2+} + 2e^- \longrightarrow Cu$ より，電子が2mol流れると銅が1mol析出する。よって，流れた電子の物質量は，$0.02000 \times 2 = 0.04000\,\text{mol}$，電子1molの電気量は96500Cなので，求める電気量は，$0.04000 \times 96500 = 3860\,\text{C}$

答 3.86×10^3 C

(3) 陰極：$Ag^+ + e^- \longrightarrow Ag$ 銀が析出。

上式より，陰極では電子1molが流れると，銀が1mol析出する。(2)より電子は0.04000mol流れるので，銀も0.04000mol析出する。銀の質量は $0.04000 \times 108 = 4.32\,\text{g}$

陽極：$2H_2O \longrightarrow O_2 + 4H^+ + 4e^-$ 酸素が発生。

上式より，陽極では電子が4mol流れると，酸素が1mol発生する。電子は(2)より0.04000molなので，酸素は，$\dfrac{0.04000}{4} = 0.01000\,\text{mol}$ 発生することになる。標準状態では1molの気体の体積は22.4Lなので，求める気体の体積は，$22.4 \times 0.01000 = 0.224\,\text{L}$

答 陽極では酸素が0.224L発生し，陰極では銀が4.32g析出する。

標準問題

化学 論述 186▶乾電池　日常用いられているマンガン乾電池とアルカリ乾電池について，次の(1)，(2)に答えよ。

マンガン乾電池は，次のような簡略化した式で表すことができる。

(−)Zn｜NH_4Cl(飽和 aq)，$ZnCl_2$(aq)｜MnO_2，C(＋)

正極では(ア)が還元され，アンモニアを生成する。また，負極における反応は，(イ)⟶(ウ)＋(エ)e^-で表される。乾電池の電圧は，約(オ)V である。一方，アルカリ乾電池は，マンガン乾電池の電解液を(カ)の水溶液に変えたもので，より安定な電圧が得られる。

(1)　(ア)～(カ)に適当な化学式，語句，または数値を入れよ。

(2)　マンガン乾電池の正極で生じたアンモニアは，負極での反応を促進する。その理由を述べよ。　(千葉大)

化学 実験 check! 187▶直列接続の電気分解　右図のような電解装置がある。電解槽Ⅰの電極および電解液には白金および 0.10 mol/L 硝酸銀水溶液 500 mL を用いた。また，電解槽Ⅱの電極および電解液には銅および 0.10 mol/L 硫酸銅(Ⅱ)水溶液 500 mL を用いた。電流効率 100％，ファラデー定数を 9.65×10^4 C/mol として，次の(1)～(3)に答えよ。

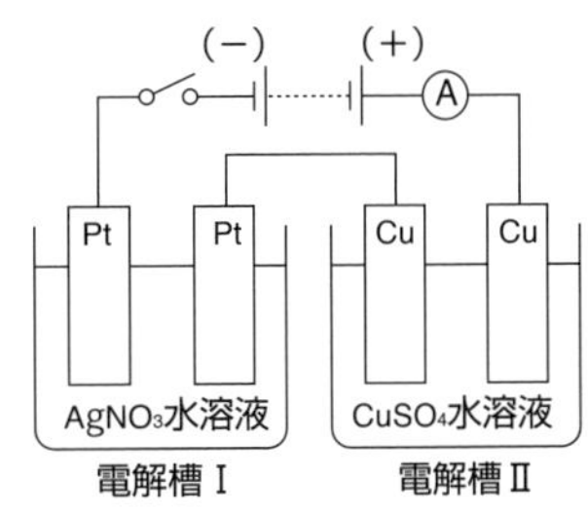

(1)　965 C の電気量を通電すると，各電極で析出する金属は銀，銅合わせて何 g か。有効数字 2 桁で答えよ。

(2)　965 C の電気量を通電したとき，電極で発生する気体をすべて集めると，標準状態で何 mL になるか。整数値で答えよ。

(3)　965 C の電気量を通電したとき，電解槽Ⅱ中の硫酸銅(Ⅱ)の濃度は何 mol/L になるか。　(東海大　改)

化学 check! 188▶並列接続の電気分解　少量の亜鉛と銀を含む粗銅を陽極，純銅を陰極とし，硫酸銅(Ⅱ)水溶液を入れた電解槽Ⅰと，両電極を白金とし，硫酸ナトリウム水溶液を入れてふたをつけた電解槽Ⅱを並列につないだあと，鉛蓄電池を電源として 180 分電気分解したところ，鉛蓄電池の負極の質量が 0.960 g 増加した。また，粗銅の下に銀が析出した。この間，電流計 A は一定値 100 mA を示し，電解槽Ⅱには気体が捕集された。

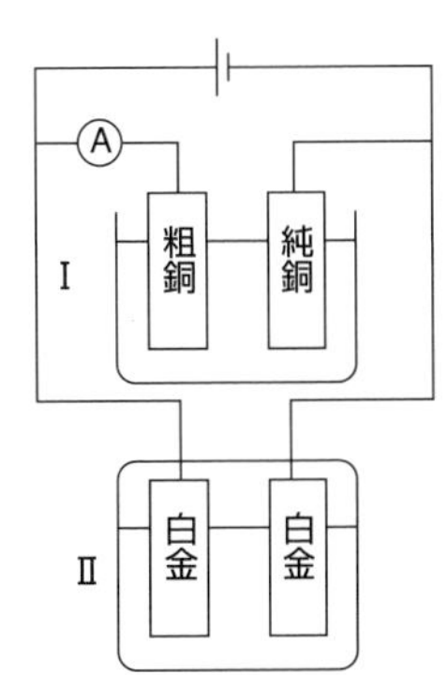

(1)　電解槽Ⅰの両極での反応を e^-を含む式で示せ。

(2)　電解槽Ⅱで発生した気体の体積は，標準状態で何 mL か。有効数字 3 桁で答えよ。　(長崎大　改)

化学 **189▶ファラデー定数** 銅を電極として硫酸銅(Ⅱ)水溶液を電気分解した。その際，1.00 A の電流を 30 分間流した。次の(1)～(4)に答えよ。ただし，アボガドロ定数は 6.02×10^{23}/mol とし，数値はすべて有効数字 3 桁で答えよ。

check!

(1) 陽極，陰極で起こる反応を電子 e^- を用いた式で示せ。

(2) このとき流れた総電気量〔C〕を求めよ。

(3) 電子 1 個の電気量は 1.60×10^{-19} C として，ファラデー定数を求めよ。

(4) 陽極および陰極の質量変化を増減を含めて答えよ。 (福岡教育大 改)

化学 **190▶電池と電気分解** 図のように鉛蓄電池の電極 A，B を白金電極 C，D に接続して，塩化銅(Ⅱ)水溶液を電気分解した。その結果，電極 C に銅が析出した。次の(1)～(3)に答えよ。

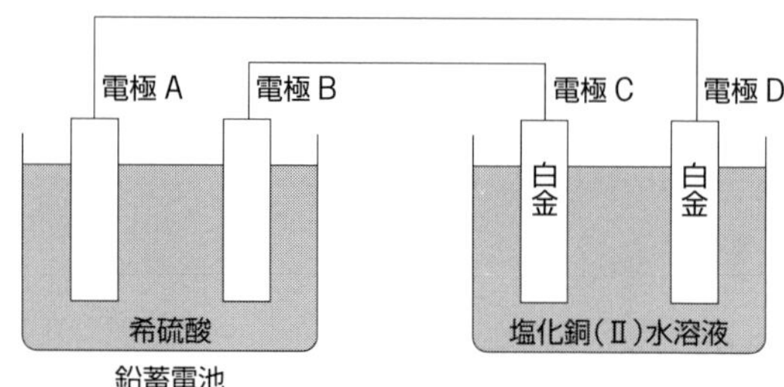

(1) 鉛蓄電池の電極 A，B に用いられている物質を化学式で答えよ。また，電極での反応を，電子 e^- を用いた反応式で示せ。

(2) 電極 D での反応を，電子 e^- を用いた反応式で示せ。

(3) 電気分解の結果，電極 C で 0.64 g の銅が析出した。このとき鉛蓄電池の電極 B での質量の増減は何 g か，有効数字 2 桁で求めよ。ただし，原子量は，O = 16.0，S = 32.0，Cu = 64.0，Pb = 207 とする。

化学 論述 **191▶メッキと腐食** トタンは鉄板に亜鉛をメッキしたものである。トタンには，表面に傷がつき，水滴が付着するとそれに含まれる水素イオンにより電解液が酸性の電池が形成される。このような場合，鉄の腐食が遅くなる。図を参照して次の(1)，(2)に答えよ。

(1) 亜鉛が負極とみなせるが，正極と負極付近で起こる反応をイオン反応式で書け。

(2) トタンの鉄が腐食されにくい理由を化学的に簡潔に説明せよ。

(昭和薬科大 改)

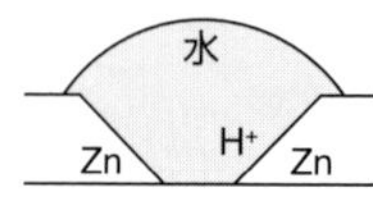

発展問題

化学 新傾向 論述 **192▶リチウムイオン電池** 次の文，(a)，(b)を読んで，(1)～(5)に答えよ。ただし，原子量は Li = 6.94，C = 12.0，O = 16.0，S = 32.0 とする。

(a) 炭素の単体の一つである黒鉛では，図１に示すように炭素原子は他の３個の炭素原子と［ ア ］結合して，巨大な平面状網目構造をつくる。平面網目間(層間)は弱い［ イ ］により結合している。そのため，黒鉛の層間距離は容易に変化するので，多くの原子，分子を挿入させたり，脱離させたりすることができる。この現象を利用しているのがリチウム二次電池である。

リチウム二次電池では適当な有機溶媒中で正極からリチウムイオンが脱離し，負極の黒鉛の層間にリチウムイオンが取り込まれることにより充電反応が生じる。この負極の充電反応を考えてみる。いま，炭素 n〔mol〕に対して，リチウムイオン 1mol が黒鉛中に取り込まれ，①$\underline{LiC_n}$ という化合物ができたとする。この反応式を電子 e^- を含んだ式で表すと，［ ウ ］となる。黒鉛の層間にリチウムがもっとも多く取り込まれた場合，リチウムは，黒鉛のすべての平面状網目構造に対して図２の配置をとり，黒鉛の層間では１層である。したがって，このときの n は［ エ ］となる。

(1) ［ ア ］〜［ エ ］にそれぞれ適切な語句，反応式，数値を入れよ。

(2) 下線部①の LiC_n を大気中に出すと，大気中の水分と反応して分解し，黒鉛層内からリチウムイオンを放出する。このときの反応式を記せ。ただし，LiC_n は金属リチウムと似た性質を示すことが知られている。

(b) 次に図３に示すように配線し，リチウム二次電池を用いて鉛蓄電池を充電してみる。鉛蓄電池を使用する放電反応の逆向きの反応が充電反応であるので，電極Ⅰの充電反応を電子 e^- を含んだ式で表すと，［ オ ］であり，また，同様に電極Ⅱの充電反応は，［ カ ］となる。このとき，リチウム二次電池の負極の質量は 2.30g 減少した。この質量変化から計算すると，リチウム二次電池から鉛蓄電池に流れた電子の物質量は［ キ ］mol である。したがって，理論的には電極Ⅰの質量減少は［ ク ］g となる。しかしながら，実際には電極Ⅰの質量減少は 9.80g であった。

(3) ［ オ ］と［ カ ］にそれぞれ適切な反応式を入れよ。

(4) ［ キ ］と［ ク ］にそれぞれ適切な数値を有効数字３桁で入れよ。

(5) リチウム二次電池が放電したエネルギーの何パーセントが鉛蓄電池の充電に利用されたか。有効数字３桁で求めよ。

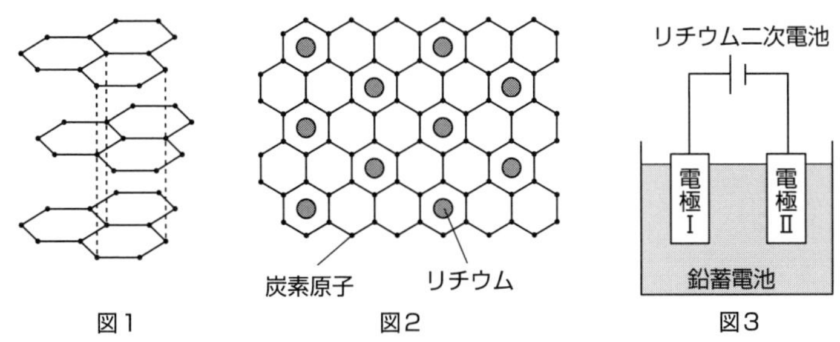

図1　図2　図3

論述問題

193▶相対質量　「相対質量」はどのようにして決められているか。簡潔に説明せよ。
（関西学院大）

194▶原子量　原子番号 27 のコバルトの原子量は 58.93 である。原子番号 28 のニッケルの原子量は 58.69 である。原子番号が増加しているのに，原子量が小さくなるのはなぜか，簡潔に説明せよ。

195▶アレニウスの定義　アレニウスの定義における塩基とは何か。30 字以内で説明せよ。
（10　長崎大）

196▶標準溶液　水酸化ナトリウム水溶液をつくるとき，その濃度を決定するにはシュウ酸水溶液(標準溶液)で中和滴定の実験をしなければならない。これは水酸化ナトリウムのある性質のためである。どのような性質か簡潔に説明せよ。　（防衛大　改）

197▶酸化剤・還元剤　水と二酸化硫黄 SO_2 の反応式は次の通りである。

$$H_2O + SO_2 \longrightarrow H_2SO_3$$

硫化水素 H_2S と二酸化硫黄 SO_2 の反応式は次の通りである。

$$2H_2S + SO_2 \longrightarrow 2H_2O + 3S$$

この反応の違いを酸素と硫黄の電気陰性度の違いから説明せよ。　（10　大阪大　改）

198▶硫酸酸性　酸化還元滴定で酸性条件にするために，塩酸や硝酸ではなく硫酸を用いる。その理由を述べよ。

199▶酸化還元滴定　過酸化水素水の濃度を知るために，溶液を硫酸酸性にしたあと，濃度の分かった過マンガン酸カリウム水溶液で滴定して調べる。滴定の終点はどのように判定できるか。20 字以内で答えよ。　（10　大阪府立大）

200▶金属のイオン化傾向　銅に塩酸や希硫酸を加えても水素が発生せず，溶けない理由を 25 字以内で説明せよ。　（10　愛知工大）

201▶鉄と酸の反応　金属鉄に濃硝酸を加えて，鉄イオンを含んだ溶液をつくるのは困難である。その理由を30字以内で答えよ。（10　首都大）

202▶金属のイオン化傾向　鉛は常温で塩酸や希硫酸にほとんど溶けない。この理由を答えよ。（10　広島市立大）

203▶金属樹　硝酸銀の水溶液に銅板を入れると金属樹が生成する理由を説明せよ。

化学 **204▶ボルタ電池**　ボルタ電池では電流を流すと銅板から気体が発生するが，ダニエル電池では銅板から気体の発生は見られない。この理由を説明せよ。（10　新潟大）

化学 **205▶ダニエル電池**　ダニエル電池では硫酸亜鉛 $ZnSO_4$ と硫酸銅(Ⅱ) $CuSO_4$ の境に素焼き板を設ける。この理由を説明せよ。（10　新潟大）

化学 **206▶鉛蓄電池**　鉛蓄電池を放電すると硫酸水溶液の密度が減少する。この理由を述べよ。（奈良女子大）

化学 **207▶銅の精錬**　銅を精錬するのに，電解槽において純銅板と不純物を含む銅板を硫酸銅(Ⅱ)水溶液に浸した。鉛蓄電池の正極と負極をどのように接続して電気分解を行えばよいか。理由を述べて説明せよ。（10　横浜市立大　改）

化学 **208▶隔膜法・イオン交換膜法**　陽極に炭素，陰極に鉄を用いた右の電解槽は，中央部分の隔膜で陽極室と陰極室に分かれている。この理由を述べよ。また，近年，隔膜の代わりに「陽イオン交換膜」を用いることが主流になった理由を簡潔に述べよ。

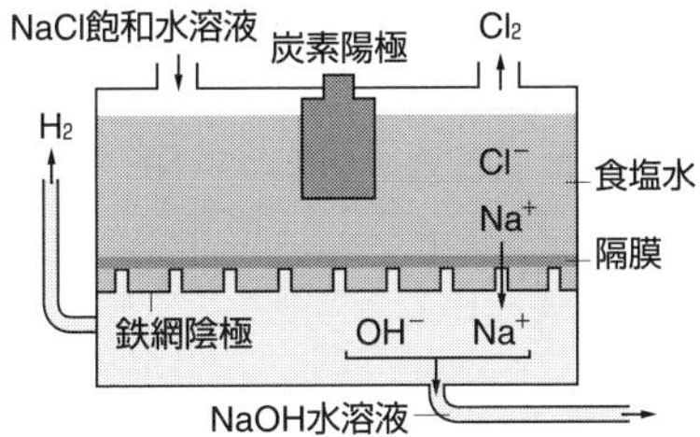

化学 **209▶ブリキとトタンの特徴**　ブリキとトタンの表面に傷がついて内部の鉄が露出するとどちらがさびやすいか。理由とともに簡潔に答えよ。

エクササイズ

◆酸・塩基の電離式

(　　)内に係数，□にイオンの化学式を入れ，次の電離式を完成せよ。

(1)　$HNO_3 \longrightarrow$ □ ＋ □

(2)　$H_2CO_3 \longrightarrow H^+ +$ □

(3)　$CH_3COOH \longrightarrow$ □ ＋ □

(4)　$NaOH \longrightarrow$ □ ＋ □

(5)　$KOH \longrightarrow$ □ ＋ □

(6)　$Ca(OH)_2 \longrightarrow$ □ ＋ (　　)□

(7)　$Ba(OH)_2 \longrightarrow$ □ ＋ (　　)□

(8)　$NH_3 + H_2O \longrightarrow$ □ ＋ □

◆中和の化学反応式

(　　)に係数，□に化学式を入れ，次の酸と塩基が中和したときの化学反応式を完成せよ。

(1)　塩酸 HCl と水酸化ナトリウム NaOH 水溶液

□ ＋ □ ⟶ □ ＋ □

(2)　塩酸 HCl と水酸化カルシウム $Ca(OH)_2$ 水溶液

(　　)□ ＋ □ ⟶ □ ＋ (　　)□

(3)　硫酸 H_2SO_4 と水酸化ナトリウム NaOH 水溶液

□ ＋ (　　)□ ⟶ □ ＋ (　　)□

(4)　硫酸 H_2SO_4 と水酸化カルシウム $Ca(OH)_2$ 水溶液

□ ＋ □ ⟶ □ ＋ (　　)□

(5)　塩酸 HCl とアンモニア NH_3 水溶液

□ ＋ □ ⟶ □

(6)　硫酸 H_2SO_4 とアンモニア NH_3 水溶液

□ ＋ (　　)□ ⟶ □

◆酸化数

次の化学反応において，下線部の原子の酸化数を求めよ。また，酸化剤としてはたらいている物質の化学式を示せ。

(1)　$2K\underline{I} + Cl_2 \longrightarrow 2KCl + \underline{I}_2$

(2)　$\underline{S}O_2 + 2H_2S \longrightarrow 3\underline{S} + 2H_2O$

(3)　$H_2\underline{O}_2 + 2KI + H_2SO_4 \longrightarrow K_2SO_4 + 2H_2\underline{O} + I_2$

(4)　$3\underline{Cu} + 8HNO_3 \longrightarrow 3\underline{Cu}(NO_3)_2 + 4H_2O + 2NO$

(5)　$MnO_2 + 4H\underline{Cl} \longrightarrow MnCl_2 + 2H_2O + \underline{Cl}_2$

◆酸化剤・還元剤のはたらき方(半反応式)

(　　)に係数，［　　］に化学式を入れ，次の酸化剤，還元剤の半反応式を完成せよ。

(1)　H_2O_2 + (　　)［　　］ + (　　)e^- ⟶ (　　)H_2O

(2)　MnO_4^- + (　　)H^+ + (　　)e^- ⟶ ［　　］ + (　　)H_2O

(3)　$Cr_2O_7^{2-}$ + (　　)H^+ + (　　)e^- ⟶ (　　)［　　］ + (　　)H_2O

(4)　HNO_3 + (　　)H^+ + (　　)e^- ⟶ NO + (　　)H_2O

(5)　H_2SO_4 + (　　)H^+ + (　　)e^- ⟶ ［　　］ + (　　)H_2O

(6)　H_2O_2 ⟶ ［　　］ + (　　)H^+ + (　　)e^-

(7)　H_2S ⟶ ［　　］ + (　　)H^+ + (　　)e^-

(8)　Fe^{2+} ⟶ ［　　］ + e^-

(9)　(　　)I^- ⟶ ［　　］ + (　　)e^-

(10)　SO_2 + (　　)H_2O ⟶ ［　　］ + (　　)H^+ + (　　)e^-

◆酸化還元反応式

(　　)に係数，［　　］に化学式を入れ，次の酸化還元反応の化学反応式を完成せよ。

(1)　ヨウ化カリウム KIと塩素 Cl_2　　(　　)KI + Cl_2 ⟶ I_2 + (　　)［　　］

(2)　過マンガン酸カリウム $KMnO_4$ と過酸化水素 H_2O_2(硫酸酸性)

(　　)$KMnO_4$ + (　　)［　　］ + (　　)H_2O_2

⟶ 2［　　］ + 8［　　］ + 5［　　］ + K_2SO_4

(3)　過酸化水素 H_2O_2 とヨウ化カリウム KI(硫酸酸性)

H_2O_2 + (　　)KI + ［　　］ ⟶ ［　　］ + K_2SO_4 + (　　)H_2O

(4)　過マンガン酸カリウム $KMnO_4$ 水溶液とシュウ酸 $H_2C_2O_4$(硫酸酸性)

(　　)$KMnO_4$ + (　　)$H_2C_2O_4$ + (　　)［　　］

⟶ 2［　　］ + 8［　　］ + 10［　　］ + ［　　］

(5)　ヨウ素I_2と二酸化硫黄 SO_2

I_2 + ［　　］ + (　　)［　　］ ⟶ 2［　　］ + ［　　］

(6)　二酸化硫黄 SO_2 と硫化水素 H_2S

SO_2 + (　　)［　　］ ⟶ 3［　　］ + (　　)［　　］

(7)　希硝酸 HNO_3 と銅 Cu

(　　)Cu + (　　)HNO_3 ⟶ 3［　　］ + 2［　　］ + (　　)H_2O

(8)　濃硝酸 HNO_3 と銅 Cu

Cu + (　　)HNO_3 ⟶ ［　　］ + 2［　　］ + (　　)H_2O

(9)　熱濃硫酸 H_2SO_4 と銅 Cu

Cu + (　　)H_2SO_4 ⟶ ［　　］ + (　　)H_2O + ［　　］

(10)　二クロム酸カリウム $K_2Cr_2O_7$ とシュウ酸 $H_2C_2O_4$(硫酸酸性)

$K_2Cr_2O_7$ + 4［　　］ + (　　)［　　］

⟶ ［　　］ + (　　)H_2O + 6［　　］ + ［　　］

入試のポイント・実験問題を攻略する

大学入学共通テストをはじめ，国公立２次・私大入試でも実験に関する問題が増加することが予想される。このような観点から，実験問題の題材を選び，図示した。本書の関連問題を解くときはもとより，実験問題の集中学習の資料としておおいに利用してほしい。

1 蒸留

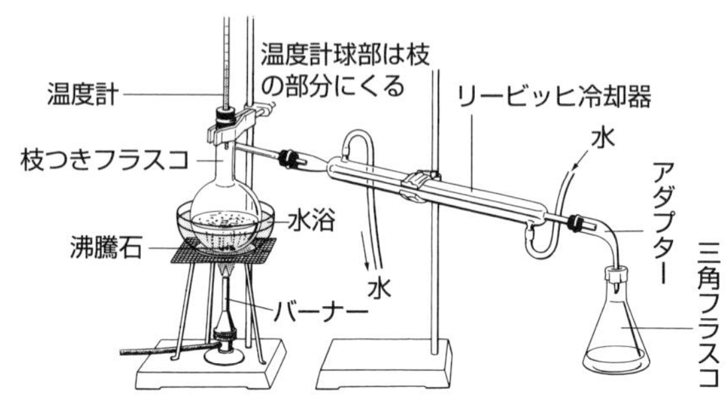
温度計球部は枝
の部分にくる
温度計
リービッヒ冷却器
水
枝つきフラスコ
アダプター
水浴
沸騰石
三角フラスコ
水
バーナー

攻略のポイント！

◆**温度計の位置**……温度は冷却器に送る気体の温度を測るので，温度計の球部の位置が枝付きフラスコの枝の部分にくるようにする。

◆**冷却水の流し方**……冷却水は下から入れる。リービッヒ冷却器に水を上から入れると水がたまらず冷却効果があがらなくなる。

◆**沸騰石の使用の意味**……突然の沸騰(突沸)を防ぐため沸騰石を入れる。

◆**加熱する液体の量**……丸底フラスコの球の部分の半分より少なめがよい。

◆**水浴**……沸点が 100℃ 以下の液体には水浴を用いる。

2 1.00 mol/L 塩化ナトリウム水溶液 100 mL のつくり方

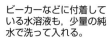

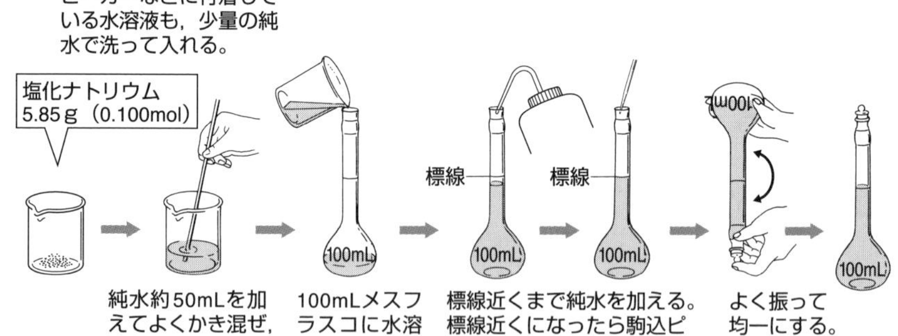
ビーカーなどに付着している水溶液も，少量の純水で洗って入れる。
塩化ナトリウム
5.85 g（0.100mol）
100mL
標線
100mL
標線
100mL
100mL
100mL
純水約50mLを加えてよくかき混ぜ，溶かす。
100mLメスフラスコに水溶液を移す。
標線近くまで純水を加える。標線近くになったら駒込ピペットを使う。
よく振って均一にする。

攻略のポイント！

$$\text{モル濃度〔mol/L〕} = \frac{\text{溶質の物質量〔mol〕}}{\text{溶液の体積〔L〕}}$$

3 水面上の単分子膜の面積からアボガドロ定数を求める

ステアリン酸単分子膜

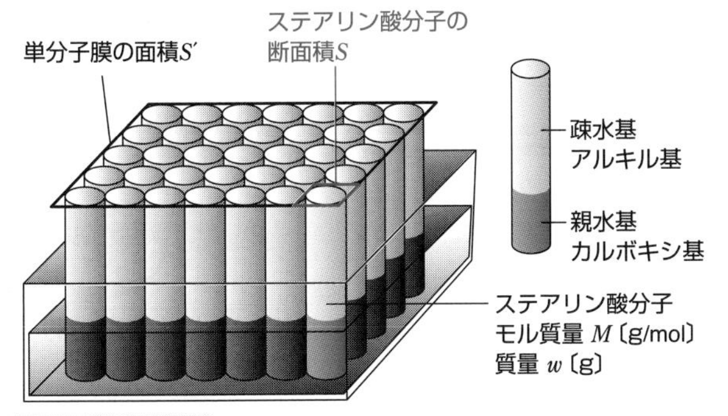

ステアリン酸 $C_{17}H_{35}COOH$（アルキル基 $C_{17}H_{35}-$，カルボキシ基$-COOH$）をベンゼンなどの揮発性の溶媒に溶かし，水面に注いだあとに溶媒を揮発させるとステアリン酸が直立した単分子膜ができる。

攻略のポイント！

◆アボガドロ定数の求め方

$N_A = \dfrac{MS'}{Sw}$〔/mol〕　　N_A：アボガドロ定数

4 中和滴定

1 中和滴定に用いる器具

●加熱乾燥してはいけない。

●純水でぬれていてもかまわない。

三角フラスコ　コニカルビーカー　メスフラスコ　ホールピペット　ビュレット

攻略のポイント！

◆**乾燥の方法**……メスフラスコ，ホールピペット，ビュレットの容積は正確であり，加熱により容積が変化するので，加熱乾燥してはいけない。

◆**洗い方**……ホールピペット，ビュレットは，純水で洗浄し，中に入れる溶液で数回すすいで（共洗いという）から使用する。三角フラスコやコニカルビーカー，メスフラスコは純水で濡れていてもかまわない。

2 滴定曲線と指示薬

中和滴定曲線　中和滴定で加えた酸や塩基の体積と pH の関係を示した図

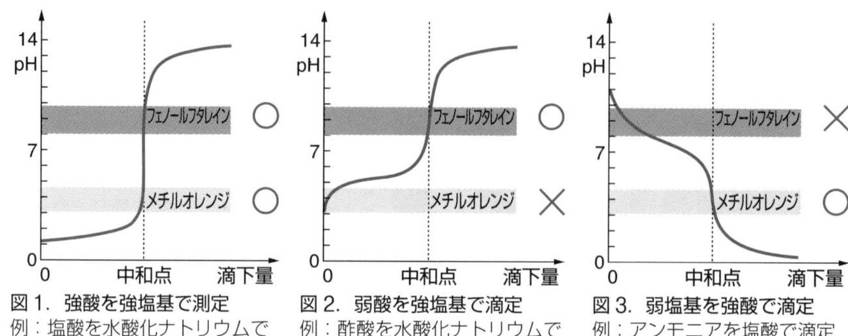

図 1. 強酸を強塩基で測定
例：塩酸を水酸化ナトリウムで滴定

図 2. 弱酸を強塩基で滴定
例：酢酸を水酸化ナトリウムで滴定

図 3. 弱塩基を強酸で滴定
例：アンモニアを塩酸で滴定

◆**指示薬を選ぶ**……指示薬の変色域が，中和点で pH が急激に変化する領域に入る指示薬を選定する。

3 炭酸ナトリウムの中和滴定曲線

●Na_2CO_3 の滴定

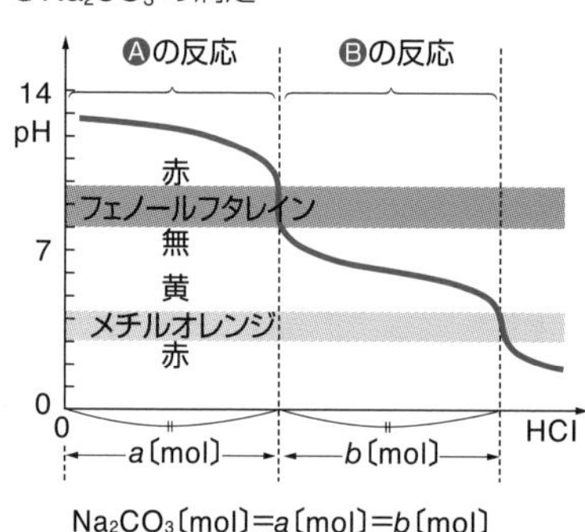

Na_2CO_3〔mol〕＝a〔mol〕＝b〔mol〕

●NaOH と Na_2CO_3 の混合溶液の滴定

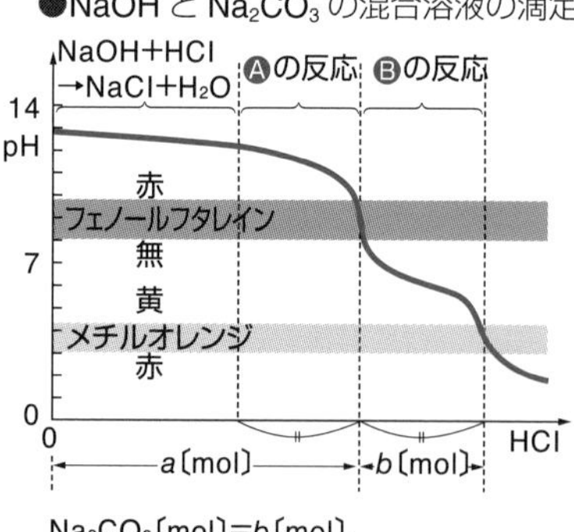

Na_2CO_3〔mol〕＝b〔mol〕，
NaOH〔mol〕＝$(a-b)$〔mol〕

攻略のポイント!

◆**変色域までに起こる反応式**

$Na_2CO_3 + HCl \longrightarrow NaHCO_3 + NaCl$ ……………………………… Ⓐ

$NaHCO_3 + HCl \longrightarrow NaCl + H_2O + CO_2$ ……………………… Ⓑ

論述問題を解くにあたって

1 注意すること

論述問題を解くときは次の①〜⑤に注意する。

①丁寧に読みやすく書く。

・続けて文字を書いたりせず，できれば楷書で書く。
・文章は長くならないように，簡潔に書くようにする。

②字数の制限を守る。

・〜字以内ならば指定された字数の８割以上は書くようにし，字数はオーバーしない。通常，句読点は１文字と考える。
・〜字程度ならば，８割以上から指定字数をわずかに超える程度までにまとめる。

③化学式と数値の扱い

化学式は誤りのないように正確に書く。指定がなければ，アルファベット２文字を１文字に，２つの数値を１文字と考える。

④キーワードを入れるようにする。

キーワードとなる化学用語はできるだけ入れて書くようにする。キーワードを中心に文章を構築するとよい。

⑤誤字脱字に注意する。

化学用語などはとくに注意する。化学用語などは，普段から漢字で書くようにする。
（注意が必要な漢字）
抽出，沈殿，元素，原子，電子殻，周期律，沸騰，滴定，還元，電池，蓄電池，遷移元素，製法，精錬，揮発性，環式，置換，凝固，凝縮，浸透，凝析，緩衝液

例題：イオン化エネルギーが最も大きくなる元素を含む貴ガス原子の電子配置の特徴を25字以内で書け。

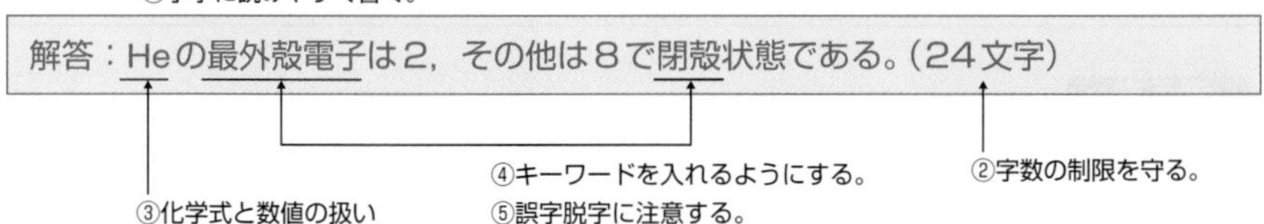
①丁寧に読みやすく書く。
解答：Heの最外殻電子は2，その他は8で閉殻状態である。(24文字)
④キーワードを入れるようにする。
②字数の制限を守る。
③化学式と数値の扱い
⑤誤字脱字に注意する。

2 問題の傾向

1 化学用語の説明

ポイント

①意味や定義を書く。
②具体例をあげる。
③共通することや異なることを書く(性質や構造など)。

例題：プラスチックのリサイクルには，製品をそのまま再利用する「製品リサイクル」のほか，「マテリアルリサイクル」，「ケミカルリサイクル」といった方法がとられる。それぞれのリサイクル方法を説明せよ。

考え方

言葉の定義を示す。それぞれのリサイクルの共通点や違いがわかるようにまとめる。

解答：「マテリアルリサイクル」は使用済みの製品を回収して，粉砕・洗浄・分別などのあとに溶融させて成形するなど，適当な処理を施し，新しい製品の素材や材料として再利用する。
「ケミカルリサイクル」は使用済み製品を化学的に処理し，化学工業の原料として再利用する。ペットボトルを熱分解して，化合物を取り出し，それを原料として製品をつくるなどがある。

2 化学現象の説明

ポイント

①どの内容に対応しているか考える。
②キーワードを入れて，文章をまとめていく。

例題：元素を原子番号の小さい順に並べると，20番目までは性質のよく似た元素が周期的に現れる。この理由を30字～50字で説明せよ。

考え方

電子配置と周期表の内容に対応。キーワードの「価電子」を入れてまとめる。

解答：元素の性質は，原子の価電子数によって決まり，価電子数は原子番号の増加に伴い周期的に変化するから。

3 実験に関しての説明

3-1 化学変化の説明

ポイント

①どの内容に対応しているか考える。

②化学反応式を書いて考える。

例題：石灰水に二酸化炭素を通じ続けるとどのような変化が観察されるか。化学反応式を用いてその変化を説明せよ。

考え方

カルシウムの化合物の内容の問題。化学反応式と変化のようすを対応させてまとめる。

解答：$Ca(OH)_2 + CO_2 \longrightarrow CaCO_3 + H_2O$ ……….①

$CaCO_3 + H_2O + CO_2 \longrightarrow Ca(HCO_3)_2$ ……..②

①の反応により，水に不溶の炭酸カルシウム$CaCO_3$ができ白色沈殿を生じるが，さらに二酸化炭素CO_2を通じると，②で示すように水に可溶の炭酸水素カルシウム$Ca(HCO_3)_2$を生じるので無色透明の溶液になる。

3-2 実験操作の説明

ポイント

①操作の流れを考え，使用する実験器具を決める。

②器具の使い方，試薬の性質を含め，操作で注意することをまとめる。

例題：過酸化水素水に酸化マンガン(Ⅳ)を加えて発生する気体を捕集したい。次の実験器具を用い，適切な実験装置を図示せよ。メスシリンダー，水浴，二また試験管，ガラス管，ゴム管，ゴム栓

考え方

過酸化水素水と酸化マンガン(Ⅳ)を反応させると酸素が発生する。

$2H_2O_2 \rightarrow O_2 + 2H_2O$

酸素は水に溶けにくい，空気より重い気体であるため，酸素を水上置換で捕集する装置を考える。

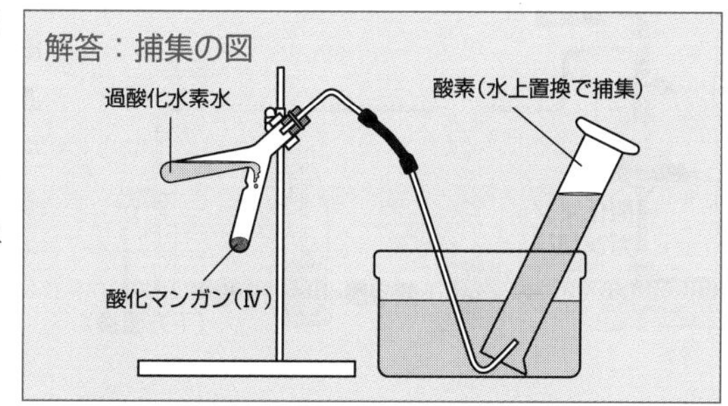

付録1 非金属元素

❶ 水素(1族)と貴ガス(18族)

<table>
<tr><td rowspan="2">単体</td><td>水素 H_2</td><td>酸素と爆発的に反応。$2H_2 + O_2 \longrightarrow 2H_2O$
[製法] 実験室：亜鉛や鉄に希硫酸を加える。
$Zn + H_2SO_4 \longrightarrow ZnSO_4 + H_2$</td></tr>
<tr><td>貴ガス</td><td>安定な電子配置(価電子0)をとり，単原子分子として存在。
放電管に貴ガスを入れて放電すると，特有の色を発色する。</td></tr>
</table>

❷ ハロゲン(17族)

	フッ素 F_2	塩素 Cl_2	臭素 Br_2	ヨウ素 I_2
色	淡黄色	黄緑色	赤褐色	黒紫色
状態	気体	気体	液体	固体
酸化力	大 ←―――――	―――――	―――――	―――――→ 小
水との反応	$2H_2O + 2F_2 \longrightarrow 4HF + O_2$	$H_2O + Cl_2 \rightleftarrows HCl + HClO$	$H_2O + Br_2 \rightleftarrows HBr + HBrO$	反応しにくい
水素との反応	$H_2 + F_2 \longrightarrow 2HF$ (冷暗所でも反応)	$H_2 + Cl_2 \longrightarrow 2HCl$ (光により反応)	$H_2 + Br_2 \longrightarrow 2HBr$ (加熱により反応)	触媒と加熱により反応
性質	[塩素] ①酸化作用・漂白・殺菌作用。 ②ヨウ化カリウムデンプン紙を青くする。 [ヨウ素]①昇華性。②デンプンと反応して青紫色(ヨウ素デンプン反応) ③I^-を含む水溶液に溶ける。			

◆塩素の製法

①実験室：酸化マンガン(Ⅳ)に濃塩酸を加えて加熱。

$MnO_2 + 4HCl \longrightarrow MnCl_2 + 2H_2O + Cl_2$

②高度さらし粉に希塩酸を加える。

$Ca(ClO)_2 \cdot 2H_2O + 4HCl \longrightarrow CaCl_2 + 4H_2O + 2Cl_2$

③工業的：塩化ナトリウム水溶液の電気分解

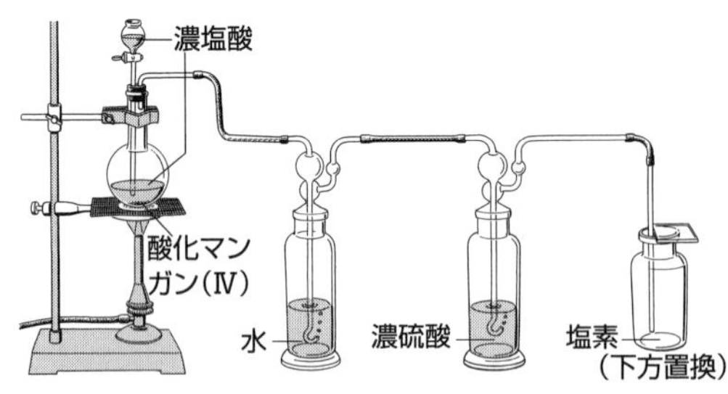

水を通すことにより塩化水素を，濃硫酸により水を除去する。水と濃硫酸を逆にすると，濃硫酸で水を除去しても，塩化水素を除去するための水が塩素に含まれてしまう。

化合物	フッ化水素 HF	無色気体 刺激臭 沸点 20℃	水溶液「フッ化水素酸」弱酸 ガラスを腐食。(ポリエチレン容器に保存) $SiO_2 + 6HF \longrightarrow H_2SiF_6 + 2H_2O$ 水素結合により，沸点が高い。 ［製法］ ホタル石に濃硫酸を加え加熱。 $CaF_2 + H_2SO_4 \longrightarrow CaSO_4 + 2HF$ ポリエチレン製　ガラス製
	塩化水素 HCl	無色気体 刺激臭 沸点 −85℃	水溶液「塩酸」強酸 アンモニアと反応して白煙。 $NH_3 + HCl \longrightarrow NH_4Cl$ ［製法］ 実験室：塩化ナトリウムに濃硫酸を加える。加熱により反応速度をあげることもある。 $NaCl + H_2SO_4 \longrightarrow NaHSO_4 + HCl$ HCl　NH_3をつけたガラス棒
	ハロゲン化銀	ハロゲン化銀は光で分解されて Ag が生成する。(感光性) フッ化銀 AgF：水に可溶 塩化銀 AgCl：白色，水に不溶 臭化銀 AgBr：淡黄色，水に不溶 ヨウ化銀 AgI：黄色，水に不溶	
	オキソ酸	酸の強さ　$HClO_4$（過塩素酸） ＞ $HClO_3$（塩素酸） ＞ $HClO_2$（亜塩素酸） ＞ $HClO$（次亜塩素酸）	
	さらし粉	$CaCl(ClO) \cdot H_2O$　酸化剤・漂白・殺菌作用。 保存しやすい高度さらし粉(主成分 $Ca(ClO)_2$)も利用されている。 ［製法］ 塩素を水酸化カルシウムに吸収させる。 $Cl_2 + Ca(OH)_2 \longrightarrow CaCl(ClO) \cdot H_2O$	

3 酸素(16 族)

単体	同素体	酸素 O_2	無色 気体 無臭	空気中に約 21％含まれる。水に溶けにくい。 多くの物質と酸化物をつくる。 ［製法］ 実験室：過酸化水素の分解 ① $2H_2O_2 \longrightarrow 2H_2O + O_2$($MnO_2$ を触媒) ② $2KClO_3 \longrightarrow 2KCl + 3O_2$($MnO_2$ を触媒) 工業的：液体空気の分留 H_2O_2　MnO_2
		オゾン O_3	淡青色 気体 特異臭	酸化作用。(ヨウ化カリウムデンプン紙を青変) ［製法］ 酸素中での無声放電　$3O_2 \longrightarrow 2O_3$
化合物	酸化物			両性元素(Al，Zn，Sn，Pb)の酸化物⟶両性酸化物 両性元素以外の金属酸化物⟶塩基性酸化物 非金属の酸化物⟶酸性酸化物

4 硫黄(16 族)

単体	硫黄 S		斜方硫黄・単斜硫黄(S_8 分子，黄色結晶) ゴム状硫黄(S_x 暗褐色～黄色)の同素体。 多くの物質と硫化物をつくる。 青い炎をあげて燃える。$S + O_2 \longrightarrow SO_2$
化合物	水素化物	硫化水素 H_2S	無色，腐卵臭，有毒の気体。 還元性が強い。水に溶けて弱酸性。 $H_2S \rightleftarrows 2H^+ + S^{2-}$ 多くの金属イオンと沈殿を生じる。 ［製法］ 硫化鉄(Ⅱ)に希硫酸を加える。 $FeS + H_2SO_4 \longrightarrow FeSO_4 + H_2S$
	酸化物	二酸化硫黄 SO_2	無色，刺激臭，有毒の気体。還元性が強い。 水によく溶けて亜硫酸 H_2SO_3 を生じる。 (酸性雨の一因) $SO_2 + H_2O \rightleftarrows H^+ + HSO_3^-$ ［製法］ ①銅に濃硫酸を加えて加熱する。 $Cu + 2H_2SO_4 \longrightarrow CuSO_4 + 2H_2O + SO_2$ ②亜硫酸水素ナトリウムに希硫酸を加える。 $NaHSO_3 + H_2SO_4 \longrightarrow NaHSO_4 + H_2O + SO_2$
	オキソ酸	硫酸 H_2SO_4	［濃硫酸］ 無色，粘性のある密度の大きな液体(1.83 g/cm^3) ①不揮発性(蒸発しにくい)　②酸化作用(熱濃硫酸は強い酸化剤) ③吸湿性(乾燥剤として利用)　④脱水作用(分子中の水素と酸素を水としてうばう) ⑤水への溶解熱が大きい。(薄めるときは水に濃硫酸を加える) ［希硫酸］ 強酸。多くの金属と反応して水素を発生。硫酸塩は水に溶けるものが多いが $CaSO_4$，$BaSO_4$，$PbSO_4$ は白色沈殿。 ［製法］ 工業的：接触法 ①約 450 度で酸化バナジウム(Ⅴ)V_2O_5 を触媒に用いて SO_2 と O_2 を反応させる。 $2SO_2 + O_2 \longrightarrow 2SO_3$ ②生成した三酸化硫黄を濃硫酸に吸収させて発煙硫酸にする。 $SO_3 + H_2O \longrightarrow H_2SO_4$ ③発煙硫酸を希硫酸に薄めて濃硫酸にする。

5 窒素(15族)

単体		窒素 N_2	気体	空気中に約 78% 存在。水に溶けにくく，常温で安定。 ［製法］ 工業的：液体空気の分留
化合物	水素化物	アンモニア NH_3	気体 刺激臭	水によく溶ける。弱塩基性。 塩化水素と反応して白煙。$NH_3 + HCl \longrightarrow NH_4Cl$ ［製法］①実験室：アンモニウム塩に強塩基を加えて加熱。 $2NH_4Cl + Ca(OH)_2 \longrightarrow CaCl_2 + 2H_2O + 2NH_3$ ②工業的：ハーバー法(ハーバー・ボッシュ法) 適当な温度・圧力のもとで触媒(Fe_3O_4)を使い，窒素と水素を反応させる。$N_2 + 3H_2 \longrightarrow 2NH_3$
	酸化物	一酸化窒素 NO	気体 無色	水に溶けにくい。 酸素と反応して二酸化窒素になる。 $2NO + O_2 \longrightarrow 2NO_2$ ［製法］ 実験室：銅に希硝酸を加える。 $3Cu + 8HNO_3 \longrightarrow 3Cu(NO_3)_2 + 4H_2O + 2NO$
		二酸化窒素 NO_2	気体 赤褐色 刺激臭	有毒。常温では一部が N_2O_4(無色)になっている。 水に溶けて硝酸になる。 $3NO_2 + H_2O \longrightarrow 2HNO_3 + NO$ ［製法］ 実験室：銅に濃硝酸を加える。 $Cu + 4HNO_3 \longrightarrow Cu(NO_3)_2 + 2H_2O + 2NO_2$
	オキソ酸	硝酸 HNO_3	液体 揮発性	強酸。光で分解するため褐色びんに保存する。 酸化力が強い(イオン化傾向の小さい Cu, Hg, Ag も溶かす)。 Al，Fe，Ni は濃硝酸に溶けない。(不動態) ［製法］ 工業的：オストワルト法 ① $4NH_3 + 5O_2 \longrightarrow 4NO + 6H_2O$(白金を触媒) ② $2NO + O_2 \longrightarrow 2NO_2$(空気酸化) ③ $3NO_2 + H_2O \longrightarrow 2HNO_3 + NO$ まとめると(①＋②×3＋③×2)×$\frac{1}{4}$ $NH_3 + 2O_2 \longrightarrow HNO_3 + H_2O$

6 リン(15族)

単体	リン P		同素体［黄リン］ 淡黄色固体。猛毒。自然発火するため水中に保存。 ［赤リン］ 赤褐色固体。無毒。常温では安定。
化合物	十酸化四リン P_4O_{10}	固体 白色	吸湿性が強く，乾燥剤になる。温水と反応してリン酸になる。 $P_4O_{10} + 6H_2O \longrightarrow 4H_3PO_4$ ［製法］ 実験室：リンを燃焼 $4P + 5O_2 \longrightarrow P_4O_{10}$

7 炭素・ケイ素(14族)

単体	炭素 C	同素体　ダイヤモンド・黒鉛・フラーレンなど 燃焼すると CO_2 になる。$C + O_2 \longrightarrow CO_2$
化合物	二酸化炭素 CO_2	水に溶けて弱酸性。 石灰水を白濁させる。$Ca(OH)_2 + CO_2 \longrightarrow CaCO_3 + H_2O$ ［製法］　$CaCO_3 + 2HCl \longrightarrow CaCl_2 + H_2O + CO_2$
	一酸化炭素 CO	有毒。水に溶けにくい。空気中で燃えて CO_2 となる。 ［製法］　ギ酸に濃硫酸を加える。$HCOOH \longrightarrow CO + H_2O$
単体	ケイ素 Si	ダイヤモンド型の結晶構造。 融点・硬度が高い。
化合物	二酸化ケイ素 SiO_2	石英，水晶，ケイ砂として産出。融点が高い。 HF に溶ける。
	ケイ酸ナトリウム Na_2SiO_3	Na^+ と長い鎖状の SiO_3^{2-} からなる。 水と加熱すると水ガラスが得られる。 ［製法］　$SiO_2 + 2NaOH \longrightarrow Na_2SiO_3 + H_2O$
	シリカゲル	水ガラスに酸を加えてケイ酸 $SiO_2 \cdot nH_2O$ とし，加熱すると生成。 乾燥剤。

8 気体の性質の比較と捕集

◆1　捕集法

水上置換：水に溶けにくい気体。

上方置換：水に溶けやすく空気より軽い気体。

下方置換：水に溶けやすく空気より重い気体。

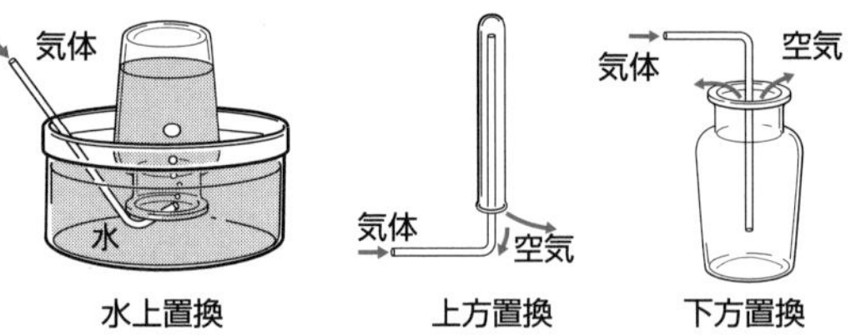

水上置換　上方置換　下方置換

◆2　乾燥剤

A　酸性の乾燥剤：濃硫酸，十酸化四リン

B　中性の乾燥剤：塩化カルシウム　　C　塩基性の乾燥剤：ソーダ石灰，生石灰

＊　酸性の気体と塩基性の乾燥剤，塩基性の気体と酸性の乾燥剤は中和反応する。$CaCl_2$ は NH_3 と反応して $CaCl_2 \cdot 8NH_3$ となるため使用できない。

気体＼性質	H_2	O_2	O_3	N_2	Cl_2	CO	CO_2	NO	NO_2	SO_2	NH_3	HCl	H_2S	CH_4
色をもつ			淡青		黄緑				赤褐					
臭いがある			○		○				○	○	○	○	腐卵臭	
有　毒			○		○	○			○	○	○	○	○	
水溶性	×	×	×	×		×		×			○	○		×
空気中で燃える	○					○							○	○
水溶液の性質					酸性		酸性		酸性	酸性	塩基性	酸性	酸性	
酸化・還元作用	還元	酸化	酸化		酸化	還元		還元	酸化	還元			還元	
捕集法	水上	水上	−	水上	下方	水上	下方	水上	下方	下方	上方	下方	下方	水上
乾燥剤	ABC	ABC	ABC	ABC	AB	ABC	AB	ABC	AB	AB	C	AB	AB	ABC

WARMING UP／ウォーミングアップ

次の文中の(　　)に適当な語句・数値を入れよ。

1 水素

水素 H_2 は，(ア)色(イ)臭で最も(ウ)い気体である。実験室では，(エ)や鉄に(オ)を加えて発生させ，(カ)置換で捕集する。

2 貴ガス

貴ガスは周期表(ア)族に属する元素で，すべて価電子が(イ)個の電子配置をとる(ウ)分子である。

3 ハロゲン

周期表の(ア)族の元素を総称してハロゲンとよぶ。ハロゲン原子は価電子が(イ)個なので電子を1個受け取って(ウ)価の(エ)イオンになりやすい性質をもつ。

4 ハロゲンの単体

ハロゲン単体のうちで，常温・常圧で次の①～⑤に該当するものはどれか。

①　液体　　②　酸化力が最大　　③　黄緑色の気体

④　デンプン水溶液によって青紫色になる。

⑤　高度さらし粉に塩酸を加えると発生する。

5 ハロゲンの単体とイオンの反応

次の反応のうち，実際には起こらない反応はどれか。

(ア)　$F_2 + 2I^- \longrightarrow 2F^- + I_2$

(イ)　$Cl_2 + 2F^- \longrightarrow 2Cl^- + F_2$

(ウ)　$Cl_2 + 2Br^- \longrightarrow 2Cl^- + Br_2$

(エ)　$Cl_2 + 2I^- \longrightarrow 2Cl^- + I_2$

6 ハロゲン化水素

フッ化水素の性質でないものは次のうちのどれか。

①　水に溶けやすい。　　②　強酸　　③　ガラスを溶かす。

④　他のハロゲン化水素に比べ沸点が高い。

1

(ア)　無
(イ)　無
(ウ)　軽
(エ)　亜鉛
(オ)　希硫酸
(カ)　水上

2

(ア)　18
(イ)　0
(ウ)　単原子

3

(ア)　17
(イ)　7
(ウ)　1
(エ)　陰

4

①　臭素
②　フッ素
③　塩素
④　ヨウ素
⑤　塩素

5

(イ)

6

②

7 酸素とオゾン

酸素は周期表の(ア)族に属する元素で，空気中の約(イ)%を占める気体である。多くの元素と結びついて(ウ)をつくる。酸素中で放電させると酸素 O_2 の(エ)であるオゾン O_3 ができる。酸素は無色無臭であるが，オゾンは(オ)色で(カ)臭がある。また，オゾンは(キ)作用が強く，(ク)紙を青変する。

8 硫酸の製造

二酸化硫黄 $\xrightarrow{①}$ 三酸化硫黄 $\xrightarrow{②}$ 濃硫酸

(1) 反応①で使われる触媒は何か。
(2) 反応①の化学反応式を示せ。
(3) 反応②の化学反応式を示せ。
(4) 硫酸の工業的製法であるこの方法は何とよばれているか。

9 濃硫酸の特徴

次の中で濃硫酸の特徴として間違っているものはどれか。

① 不揮発性　② 強酸性
③ 脱水性　④ 酸化性(加熱時)

10 窒素

窒素は地球上の大気の約(ア)%を占める気体で，常温での反応性はきわめて(イ)い。アンモニアは水に溶け(ウ)く空気より軽いため，実験室では(エ)置換で捕集する。工業的には水素と窒素を原料とし，(オ)法でつくられている。窒素の酸化物はいくつか存在し，銅に希硝酸を反応させてつくる(カ)と，銅に濃硝酸を反応させてつくる(キ)があり，そのうち(ク)は赤褐色で刺激臭の気体である。

11 リン

リンの同素体には(ア)と(イ)があり，燃焼すると(ウ)になる。(イ)は有毒であり，空気中で自然発火するので(エ)の中に保存する。

7

(ア) 16
(イ) 21
(ウ) 酸化物
(エ) 同素体
(オ) 淡青
(カ) 特異
(キ) 酸化
(ク) ヨウ化カリウムデンプン

8

(1) 酸化バナジウム(Ⅴ)
(2) $2SO_2 + O_2 \longrightarrow 2SO_3$
(3) $SO_3 + H_2O \longrightarrow H_2SO_4$
(4) 接触法

9

②

10

(ア) 78
(イ) 低
(ウ) やす
(エ) 上方
(オ) ハーバー
(カ) 一酸化窒素
(キ) 二酸化窒素
(ク) 二酸化窒素

11

(ア) 赤リン
(イ) 黄リン
(ウ) 十酸化四リン
(エ) 水

12 硝酸の工業的製法

下の化学反応式は，工業的に硝酸を製造する方法を示したものである。

(①)NH_3 + (②)O_2 ⟶ (③)NO + (④)H_2O

(⑤)NO + O_2 ⟶ (⑥)NO_2

(⑦)NO_2 + H_2O ⟶ (⑧)HNO_3 + NO

この方法を(ア)法という。硝酸は強い(イ)性で，(ウ)作用も強い。そのため濃硝酸はさまざまな金属と反応するが，鉄やアルミニウムとは(エ)をつくり反応しない。

12

(ア) オストワルト
(イ) 酸
(ウ) 酸化
(エ) 不動態
① 4　② 5
③ 4　④ 6
⑤ 2　⑥ 2
⑦ 3　⑧ 2

13 炭素・ケイ素

炭素の同素体には(ア)と黒鉛などがある。(ア)は炭素原子どうしが(イ)結合で結びついており，融点も高く非常にかたい。同じ(ウ)族の元素にケイ素がある。ケイ素の酸化物である二酸化ケイ素は化学式を(エ)と書くが分子としては存在せず，(オ)結合の結晶をつくっている。これを水酸化ナトリウムとともに加熱すると(カ)になり，さらに水を加えて熱すると(キ)とよばれる粘性の大きな液体が生じる。この水溶液に塩酸を加えると白くゼリー状の(ク)の沈殿が生じ，この沈殿を乾燥させたものが(ケ)とよばれ，乾燥剤として利用される。

13

(ア) ダイヤモンド
(イ) 共有
(ウ) 14
(エ) SiO_2
(オ) 共有
(カ) ケイ酸ナトリウム
(キ) 水ガラス
(ク) ケイ酸
(ケ) シリカゲル

14 気体の製法

次の反応で発生する気体を化学式で答えなさい。

① 炭酸カルシウムに希塩酸を加える。
② 硫化鉄(Ⅱ)に希硫酸を加える。
③ 塩化ナトリウムに濃硫酸を加えておだやかに加熱する。
④ 塩化アンモニウムと水酸化カルシウムの混合物を加熱する。
⑤ 亜硫酸水素ナトリウムに希硫酸を加える。

14

① CO_2
② H_2S
③ HCl
④ NH_3
⑤ SO_2

15 気体の性質

次の性質を示す気体を化学式で答えなさい。

① 黄緑色の気体で，酸化作用があり，殺菌・漂白に用いる。
② 無色・刺激臭の気体で，還元作用がある。
③ 無色・刺激臭の気体で，水溶液は弱塩基性を示す。
④ 硫酸銅(Ⅱ)水溶液に通じると，黒色沈殿ができる。

15

① Cl_2
② SO_2
③ NH_3
④ H_2S

付録2 金属元素

1 アルカリ金属(H をのぞく 1 族 Li, Na, K, Rb, Cs, Fr)

単体

銀白色の金属で密度が小さい。比較的やわらかく融点が低い。
1 価の陽イオンになりやすい。
常温の空気中で酸素と速やかに反応する(保存は石油中)。

$4Na + O_2 \longrightarrow 2Na_2O$

水とは激しく反応する(反応性 Li＜Na＜K)。

$2Na + 2H_2O \longrightarrow 2NaOH + H_2$

炎色反応は Li 赤，Na 黄，K 赤紫　[製法]　工業的：溶融塩電解法

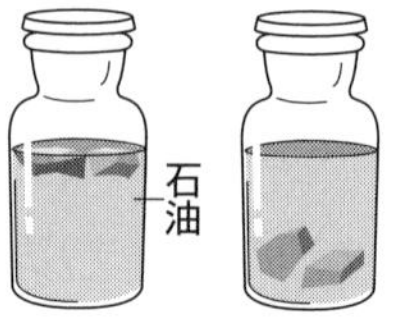

石油
リチウム　ナトリウム

化合物

水酸化物

水溶液は強塩基性。NaOH，KOH は潮解性がある。
CO_2 を吸収する。$2NaOH + CO_2 \longrightarrow Na_2CO_3 + H_2O$
[製法]　工業的：NaOH の製造　イオン交換膜法(塩の電気分解)

炭酸塩

白色固体。水に溶けると加水分解によって塩基性を示す。

$Na_2CO_3 + H_2O \longrightarrow NaHCO_3 + NaOH$

酸と反応して CO_2 を発生する。

$Na_2CO_3 + 2HCl \longrightarrow 2NaCl + H_2O + CO_2$

炭酸ナトリウム十水和物 $Na_2CO_3 \cdot 10H_2O$ は風解性を示す。
[製法]　工業的：Na_2CO_3 の合成　アンモニア・ソーダ法(ソルベー法)

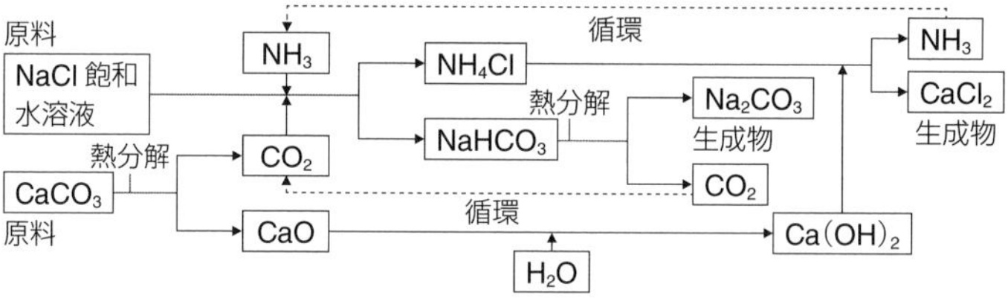

原料 NaCl 飽和水溶液 → NH_3，CO_2 → NH_4Cl，$NaHCO_3$
$NaHCO_3$ → 熱分解 → Na_2CO_3 生成物，CO_2(循環)
原料 $CaCO_3$ → 熱分解 → CO_2，CaO
CaO ＋ H_2O → $Ca(OH)_2$
NH_4Cl ＋ $Ca(OH)_2$ → NH_3(循環)，$CaCl_2$ 生成物

上図をまとめると，$2NaCl + CaCO_3 \longrightarrow Na_2CO_3 + CaCl_2$

炭酸水素塩

白色固体。加熱すると熱分解。

$2NaHCO_3 \longrightarrow Na_2CO_3 + H_2O + CO_2$

水に少し溶けると加水分解により弱塩基性を示す。
酸と反応して CO_2 を発生する。

$NaHCO_3 + HCl \longrightarrow NaCl + H_2O + CO_2$

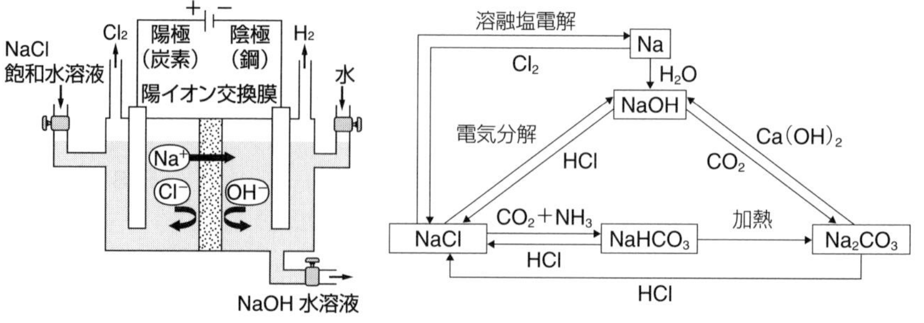

2 アルカリ土類金属[*1]（2 族　Be，Mg，Ca，Sr，Ba，Ra）

単体		銀白色の軽金属。アルカリ金属の単体と比べると，密度がやや大きく融点が高い。 2 価の陽イオンになりやすい。 Mg：常温の水にはほとんど反応しない。熱水とは反応して H_2 を発生。 強熱すると強い光を出して燃える。$2Mg + O_2 \longrightarrow 2MgO$ 炎色反応は示さない。 Ca, Sr, Ba, Ra：常温の水と反応。$Ca + 2H_2O \longrightarrow Ca(OH)_2 + H_2$ 空気中で加熱すると激しく燃焼して酸化物になる。 炎色反応は Ca 橙赤，Sr 深赤，Ba 黄緑
化合物	酸化物	塩基性酸化物。酸と反応する。 MgO：弱塩基　　Ca, Sr, Ba の酸化物：強塩基 $CaO + 2HCl \longrightarrow CaCl_2 + H_2O$ 酸化カルシウム CaO（生石灰） 水と反応して水酸化カルシウムになる。$CaO + H_2O \longrightarrow Ca(OH)_2$ ［製法］　工業的：CaO の製法　石灰石を加熱する。$CaCO_3 \longrightarrow CaO + CO_2$
	水酸化物	水に溶けて塩基性を示す。 $Mg(OH)_2$：水に難溶で弱塩基 Ca, Sr, Ba の水酸化物：水に可溶で強塩基 水酸化カルシウム $Ca(OH)_2$（消石灰）：飽和水溶液を「石灰水」とよぶ。 二酸化炭素を吹き込むと炭酸カルシウムの白色沈殿を生じる。（CO_2 の検出） $Ca(OH)_2 + CO_2 \longrightarrow CaCO_3 + H_2O$
	炭酸塩	白色固体で水に難溶性。 酸と反応して CO_2 を発生する。$CaCO_3 + 2HCl \longrightarrow CaCl_2 + H_2O + CO_2$ 炭酸カルシウム $CaCO_3$（石灰水）：水溶液中で過剰の CO_2 を吹き込むと炭酸水素塩になって水に溶ける。 $CaCO_3 + CO_2 + H_2O \longrightarrow Ca(HCO_3)_2$
	その他の塩	硫酸カルシウム二水和物 $CaSO_4 \cdot 2H_2O$：「セッコウ」，これを焼くと $\frac{1}{2}$ 水和物（焼きセッコウ）になる。建築材料・塑像・ギプスとして用いられる。 硫酸バリウム $BaSO_4$：水や酸に溶けずに X 線をさえぎるので，造影剤として用いられる。 塩化カルシウム $CaCl_2$：潮解性がある。吸湿性が強く乾燥剤として利用。

[*1] Be，Mg をアルカリ土類金属から除く場合がある。

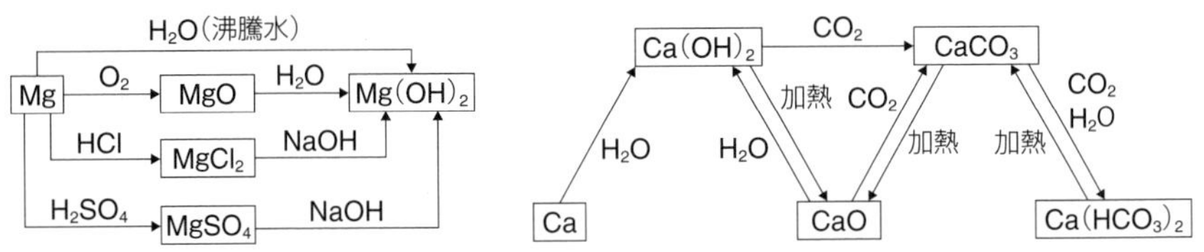

❸ 両性金属(Zn, Al, Sn, Pb)

		Zn	Al
単体		青白色の重金属。 2 価の陽イオンになる。 両性金属で酸とも強塩基とも反応する。 $Zn + 2HCl \longrightarrow ZnCl_2 + H_2$ $Zn + 2NaOH + 2H_2O$ $\longrightarrow Na_2[Zn(OH)_4] + H_2$ テトラヒドロキシド亜鉛(II)酸ナトリウム [合金]Cu + Zn ⟶ 黄銅 (Cu + Sn ⟶ 青銅) [めっき] Zn/Fe → トタン (Sn/Fe → ブリキ)	銀白色の軽金属。熱や電気の良導体。 3 価の陽イオンになる。 濃硝酸には不動態になる。 両性金属で酸とも強塩基とも反応する。 $2Al + 6HCl \longrightarrow 2AlCl_3 + 3H_2$ $2Al + 2NaOH + 6H_2O$ $\longrightarrow 2Na[Al(OH)_4] + 3H_2$ テトラヒドロキシドアルミン酸ナトリウム [合金]Al, Cu, Mg など→ジュラルミン 酸化被膜をつけた製品→アルマイト [製法]工業的:アルミナの溶融塩電解
化合物	酸化物	白色固体で水に難溶。 両性酸化物 →酸とも強塩基とも反応。 $ZnO + 2HCl \longrightarrow ZnCl_2 + H_2O$ $ZnO + 2NaOH + H_2O$ $\longrightarrow Na_2[Zn(OH)_4]$	白色固体(アルミナ)で水に不溶。 両性酸化物 →酸とも強塩基とも反応。 $Al_2O_3 + 6HCl \longrightarrow 2AlCl_3 + 3H_2O$ $Al_2O_3 + 2NaOH + 3H_2O$ $\longrightarrow 2Na[Al(OH)_4]$
	水酸化物	白色ゲル状の沈殿で水に難溶。 両性水酸化物 →酸とも強塩基とも反応。 $Zn(OH)_2 + 2HCl$ $\longrightarrow ZnCl_2 + 2H_2O$ $Zn(OH)_2 + 2NaOH$ $\longrightarrow Na_2[Zn(OH)_4]$ 過剰のアンモニア水に溶ける。 $Zn(OH)_2 + 4NH_3$ $\longrightarrow [Zn(NH_3)_4]^{2+} + 2OH^-$	白色ゲル状の沈殿で水に難溶。 両性水酸化物 →酸とも強塩基とも反応。 $Al(OH)_3 + 3HCl \longrightarrow AlCl_3 + 3H_2O$ $Al(OH)_3 + NaOH \longrightarrow Na[Al(OH)_4]$ アンモニア水には不溶。
	その他	硫化亜鉛 ZnS:白色沈殿。 [中性~塩基性] $Zn^{2+} + S^{2-} \longrightarrow ZnS$	ミョウバン $AlK(SO_4)_2 \cdot 12H_2O$: 無色の結晶。複塩。

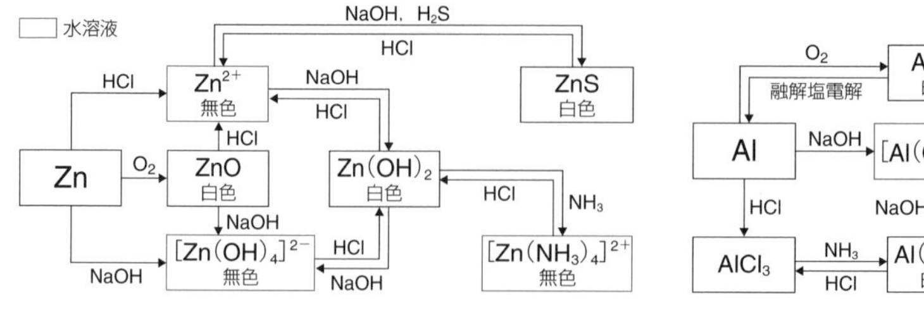

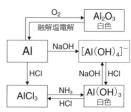

WARMING UP／ウォーミングアップ

次の文中の(　　)に適当な語句・数値・記号・式を入れよ。

1 アルカリ金属

アルカリ金属は，原子が価電子を(ア)個もっている。そのためイオン化エネルギーが(イ)く，1価の(ウ)イオンになりやすい。また常温の水と(エ)反応する。そのため(オ)中に保存する。水と反応させたあとの水溶液は強い(カ)性を示す。

2 アルカリ土類金属

2族の元素は(ア)とよばれている。Ca, Sr, Ba などの単体は，(イ)価の(ウ)イオンになりやすく，常温の水と反応する。その反応性はアルカリ金属ほど大きくないが，原子番号が大きくなるほど(エ)くなる。また水と反応させたあとの水溶液はすべて(オ)性を示す。

3 ナトリウムの化合物

次の(1)～(3)の性質を示すナトリウムの化合物を①～⑤から選べ。

(1)　潮解性がある。

(2)　熱で分解して二酸化炭素を発生する。

(3)　10水和物は風解性がある。

①　NaCl　②　NaOH　③　$NaHCO_3$　④　Na_2CO_3　⑤　$NaSO_4$

4 炭酸ナトリウムの工業的製法

炭酸ナトリウムは工業的に次の①，②のような反応でつくられる。

①　飽和食塩水にアンモニアと二酸化炭素を十分に吹き込む。

②　生成した炭酸水素ナトリウムを加熱する。

(1)　この工業的製法を何というか。

(2)　①，②を化学反応式で書きなさい。

5 カルシウムの化合物

次の(1)～(5)の性質を示すカルシウムの化合物の化学式を書け。

(1)　水を加えると多量の熱を発生して反応する。

(2)　水に少し溶け，水溶液に CO_2 を通じると白濁する。

(3)　二水和物はセッコウとよばれ塑像やギプスに使われる。

(4)　水に溶けにくいが塩酸と反応して気体を発生する。

(5)　潮解性があり，乾燥剤として利用されている。

1

(ア)　1
(イ)　小さ
(ウ)　陽
(エ)　激しく
(オ)　石油
(カ)　塩基

2

(ア)　アルカリ土類金属
(イ)　2
(ウ)　陽
(エ)　激し
(オ)　塩基

3

(1)　②
(2)　③
(3)　④

4

(1)　アンモニア・ソーダ法
(2)　① $NaCl + NH_3 + CO_2 + H_2O \rightarrow NaHCO_3 + NH_4Cl$
② $2NaHCO_3 \rightarrow Na_2CO_3 + CO_2 + H_2O$

5

(1)　CaO
(2)　$Ca(OH)_2$
(3)　$CaSO_4$
(4)　$CaCO_3$
(5)　$CaCl_2$

6 アルミニウム

アルミニウムは(ア)族に属する元素で原子は(イ)個の価電子をもち，(ウ)価の(エ)イオンになりやすい。工業的に単体のアルミニウムを得るには，ボーキサイトから得られる(オ)に(カ)という方法を行う。アルミニウムは，酸とも塩基とも反応して(キ)を発生する(ク)金属である。

7 アルミニウムと酸・塩基の反応

次の化学反応式を書け。

(1) Al と HCl

(2) Al と NaOH

(3) Al_2O_3 と HCl

(4) Al_2O_3 と NaOH

8 亜鉛

亜鉛はアルミニウムと同様に酸とも塩基とも反応する(ア)元素である。亜鉛イオンを含む水溶液にアンモニア水を加えていくと化学式が(イ)で表される水酸化亜鉛の白い沈殿が生じるが，さらに加えると，化学式が(ウ)で表される錯イオンが生じて無色透明の水溶液になる。

9 亜鉛と酸・塩基の反応

次の化学反応式を書け。

(1) Zn と HCl

(2) Zn と NaOH

10 両性金属

両性金属の金属イオン 4 つを化学式で書け。

11 両性金属の化合物

次の化合物や合金を何というか。

(1) 無色透明の結晶で，化学式は $AlK(SO_4)_2 \cdot 12H_2O$。

(2) 鉄に亜鉛 Zn をメッキしたもの。

(3) 鉄にスズ Sn をメッキしたもの。

(4) Al に銅やマグネシウムを加え，強度が高く軽い合金。

(5) 銅に亜鉛を加えた合金で管楽器などに使われている。

(6) 銅にスズを加えた合金で銅像などに使われている。

6

(ア) 13 (イ) 3

(ウ) 3 (エ) 陽

(オ) アルミナ

(カ) 溶融塩電解

(キ) 水素 (ク) 両性

7

(1) $2Al + 6HCl \rightarrow 2AlCl_3 + 3H_2$

(2) $2Al + 2NaOH + 6H_2O \rightarrow 2Na[Al(OH)_4] + 3H_2$

(3) $Al_2O_3 + 6HCl \rightarrow 2AlCl_3 + 3H_2O$

(4) $Al_2O_3 + 2NaOH + 3H_2O \rightarrow 2Na[Al(OH)_4]$

8

(ア) 両性

(イ) $Zn(OH)_2$

(ウ) $[Zn(NH_3)_4]^{2+}$

9

(1) $Zn + 2HCl \rightarrow ZnCl_2 + H_2O$

(2) $Zn + 2NaOH + 2H_2O \rightarrow Na_2[Zn(OH)_4] + H_2$

10

Al^{3+}, Zn^{2+}, Sn^{2+}, Pb^{2+}

11

(1) ミョウバン

(2) トタン

(3) ブリキ

(4) ジュラルミン

(5) 黄銅 (6) 青銅

付録 3 遷移元素(金属元素)

1 遷移元素の特徴

◆1 **周期表上での位置** 3 族～ 12 族の元素

◆2 **電子配置** 最外殻の電子は 2 個または 1 個で，原子番号の増加とともに内側の電子殻の電子が増加していく。

◆3 **特徴**

①周期表上での同族元素だけでなく，横に並んだ元素とも性質が似ている。

②すべて金属元素で単体の融点が高く密度も大。Sc と Ti 以外は重金属とよばれ，密度は 4.0 g/cm³ 以上。

③ 2 価または 3 価の陽イオンになるものが多く，有色のものが多い。

④同じ元素で異なる酸化数をとるものが多い。

⑤触媒として利用されるものが多い。

2 錯イオン

◆1 **錯イオン** 金属イオンに分子や陰イオンが配位結合してできたイオンをいう。金属イオンに結合した分子や陰イオンを配位子，その数を配位数という。

配位子 結合している分子またはイオン → $[Ag(NH_3)_2]^+$ ← **配位数** 結合している数

①配位子

NH_3	H_2O	CN^-	OH^-	CO
アンミン	アクア	シアニド	ヒドロキシド	カルボニル

②配位数

1	2	3	4	5	6
モノ	ジ	トリ	テトラ	ペンタ	ヘキサ

◆2 **錯イオンの名称** 配位子の数→配位子の名称→金属イオン名

錯イオンが陰イオンのときはイオン名のあとに「酸」をつける。

$[Ag(NH_3)_2]^+$	$[Cu(NH_3)_4]^{2+}$	$[Zn(NH_3)_4]^{2+}$	$[Fe(CN)_6]^{3-}$
ジアンミン銀(Ⅰ)イオン	テトラアンミン銅(Ⅱ)イオン	テトラアンミン亜鉛(Ⅱ)イオン	ヘキサシアニド鉄(Ⅲ)酸イオン
直線形(配位数 2)	正方形(配位数 4)	正四面体(配位数 4)	正八面体(配位数 6)

◆3 **錯塩** 錯イオンでできた塩をいう。

3 鉄とその化合物

単体		灰白色の重金属で融点は高い(1535℃)。強い磁性をもつ。 塩酸や希硫酸と反応してH_2を発生する。(濃硝酸には不動態になって反応しない) $Fe + H_2SO_4 \longrightarrow FeSO_4 + H_2$ [製法] 工業的：$Fe_2O_3 + 3CO \longrightarrow 2Fe + 3CO_2$
化合物	酸化物	酸化鉄(Ⅱ)FeO 黒色 酸化鉄(Ⅲ)Fe_2O_3 赤褐色(赤鉄鉱・赤さび) 四酸化三鉄 Fe_3O_4 黒色(磁鉄鉱・黒さび)
	その他	硫酸鉄(Ⅱ)七水和物 $FeSO_4 \cdot 7H_2O$ 淡緑色の結晶(水溶液も淡緑色) 塩化鉄(Ⅲ)六水和物 $FeCl_3 \cdot 6H_2O$ 黄褐色の結晶。潮解性がある。(水溶液も黄褐色) ヘキサシアニド鉄(Ⅱ)酸カリウム $K_4[Fe(CN)_6]$黄色結晶(水溶液は淡黄色) ヘキサシアニド鉄(Ⅲ)酸カリウム $K_3[Fe(CN)_6]$暗赤色結晶(水溶液は黄色)

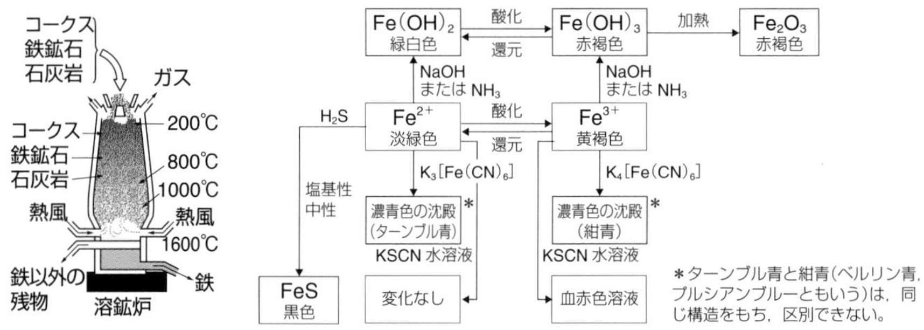

4 銅とその化合物

単体		赤色の光沢をもつ。展性・延性に富み，熱や電気をよく導く。 湿った空気中に放置すると緑青(ろくしょう)が生じる。 塩酸や希硫酸とは反応せず，酸化力のある酸と反応する。 銅と濃硝酸の反応 $Cu + 4HNO_3 \longrightarrow Cu(NO_3)_2 + 2H_2O + 2NO_2$($NO_2$の製法) 銅と希硝酸の反応 $3Cu + 8HNO_3 \longrightarrow 3Cu(NO_3)_2 + 4H_2O + 2NO$(NOの製法) [製法] 工業的：黄銅鉱 $\xrightarrow{\text{空気+加熱}}$ 粗銅 $\xrightarrow{\text{電解精錬}}$ 純銅
化合物	酸化物	酸化銅(Ⅰ)Cu_2O 赤色　　酸化銅(Ⅱ)CuO 黒色
	その他	硫酸銅(Ⅱ)五水和物 $CuSO_4 \cdot 5H_2O$ 青色の結晶。 加熱すると無水物の$CuSO_4$(白色)になる。(水の検出に利用)

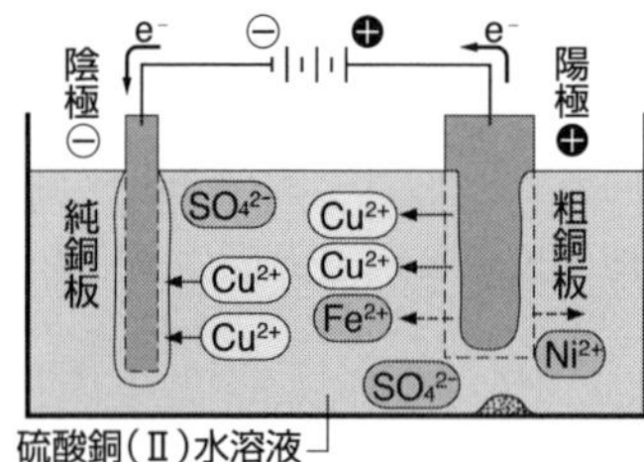

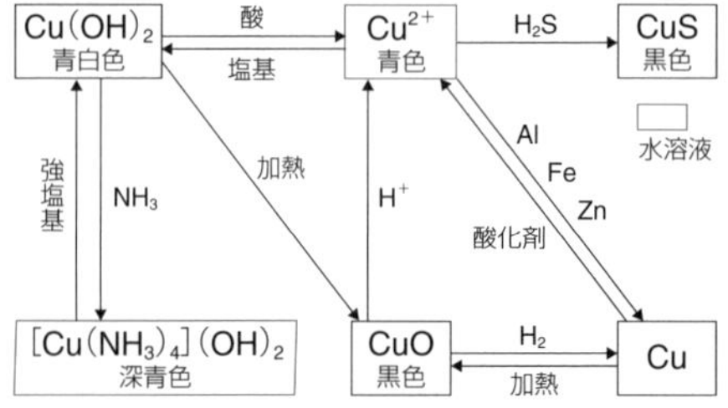

5 銀とその化合物

単体		銀白色で展性・延性に富み，熱や電気をよく導く(電気伝導性は最大　Ag＞Cu＞Au＞Al)。 空気中では安定で酸化されない。 塩酸や希硫酸とは反応せず，酸化力のある酸と反応する。 濃硝酸との反応　$Ag + 2HNO_3 \longrightarrow AgNO_3 + H_2O + NO_2$
化合物	酸化物	酸化銀 Ag_2O：褐色。 光や熱で分解しやすい。$2Ag_2O \longrightarrow 4Ag + O_2$ 硝酸銀水溶液に塩基を加えると生じる。$2Ag^- + 2OH^- \longrightarrow Ag_2O + H_2O$ (生成する AgOH は不安定で，すぐに分解して Ag_2O になる) アンモニア水に溶ける。$Ag_2O + 4NH_3 + H_2O \longrightarrow 2[Ag(NH_3)_2]^+ + 2OH^-$
	その他	硝酸銀 $AgNO_3$：無色結晶。光により分解しやすい(褐色びんに保存)。
		ハロゲン化銀：光により分解しやすい(感光性)。 AgF(水溶性)　AgCl(白色沈殿)　AgBr(淡黄色沈殿)　AgI(黄色沈殿)

6 金

単体	展性・延性に富み，熱や電気をよく導く。 王水に溶ける。

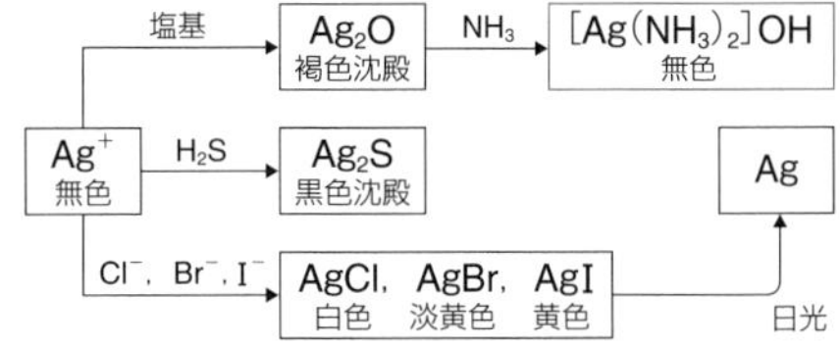

7 クロム，マンガンとその化合物

単体	クロム Cr：空気中でも水中でも酸化されにくい。 マンガン Mn：銀白色。空気中で表面が酸化。
化合物	二クロム酸カリウム $K_2Cr_2O_7$：黄色結晶。酸化剤。 $Cr_2O_7^{2-} + 14H^+ + 6e^- \longrightarrow 2Cr^{3+} + 7H_2O$ 水溶液を塩基性にするとクロム酸イオン CrO_4^{2-}(橙赤色)が生じる。 $Cr_2O_7^{2-} + 2OH^- \longrightarrow 2CrO_4^{2-} + H_2O$　$2CrO_4^{2-} + 2H^+ \longrightarrow Cr_2O_7^{2-} + H_2O$ 過マンガン酸カリウム $KMnO_4$：赤紫色結晶。酸化剤 $MnO_4^- + 8H^+ + 5e^- \longrightarrow Mn^{2+} + 4H_2O$(酸性) $MnO_4^- + 2H_2O + 3e^- \longrightarrow MnO_2 + 4OH^-$(中・塩基性)

WARMING UP／ウォーミングアップ

次の文中の(　　)に適当な語句・数値・記号・式を入れよ。

1 遷移元素

遷移元素は(ア)族から(イ)族に属し，すべて(ウ)元素である。密度が比較的(エ)く，融点も(オ)い。同じ元素でもいくつかの(カ)をとるため，いくつかの価数の(キ)イオンになる。イオンや化合物には(ク)色のものが多い。

2 錯イオン

金属イオンに分子やイオンが(ア)結合してできたイオンを(イ)という。このイオンに結合した分子やイオンは(ウ)といい，その数を(エ)という。

3 錯イオンの構造

次の金属イオンの配位数を答え，形を下から選べ。

① Ag^{+}　② Cu^{2+}　③ Zn^{2+}　④ Fe^{3+}

[形]直線形・正四面体・正方形・正八面体

4 金属の性質

金・銀・銅は，たたくと広がる(ア)性，引っ張るとのびる(イ)性にすぐれている。また，いずれも熱や(ウ)をよく通すが，なかでも(エ)は，この性質が最も優れている。

5 銅

純粋な銅は黄銅鉱から製錬によって(ア)を得たあと，これを陽極，純銅を陰極にして(イ)水溶液を電解液として電気分解して得る。この方法を(ウ)という。

6 銅の化合物

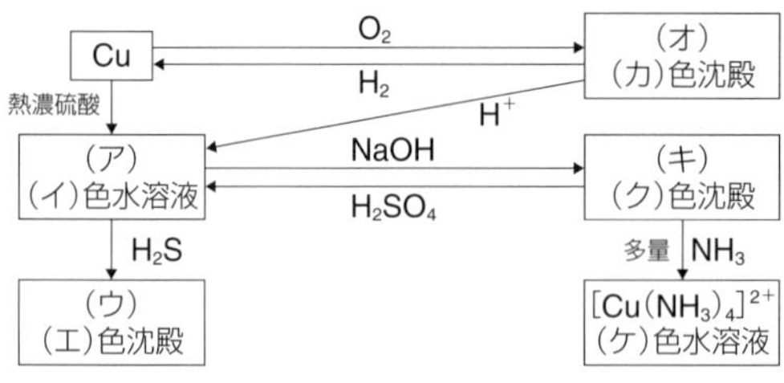

1
(ア) 3　(イ) 12
(ウ) 金属　(エ) 大き
(オ) 高　(カ) 酸化数
(キ) 陽　(ク) 有

2
(ア) 配位
(イ) 錯イオン
(ウ) 配位子
(エ) 配位数

3
① 配位数：2
形：直線形
② 配位数：4
形：正方形
③ 配位数：4
形：正四面体
④ 配位数：6
形：正八面体

4
(ア) 展　(イ) 延
(ウ) 電気　(エ) 銀

5
(ア) 粗銅
(イ) 硫酸銅(Ⅱ)
(ウ) 電解精錬

6
(ア) $CuSO_4$　(イ) 青
(ウ) CuS　(エ) 黒
(オ) CuO　(カ) 黒
(キ) $Cu(OH)_2$
(ク) 青白　(ケ) 深青

7 銀

安定な銀イオンは(ア)価であり，化合物は光により分解する(イ)性を示す化合物が多い。そのため(ウ)びんに入れて保存する。また水に溶けにくい化合物が多く，有色なものもある。例えば，AgCl(エ)色，AgBr(オ)色，AgⅠ(カ)色。

7
(ア) 1
(イ) 感光
(ウ) 褐色
(エ) 白
(オ) 淡黄
(カ) 黄

8 銀の化合物

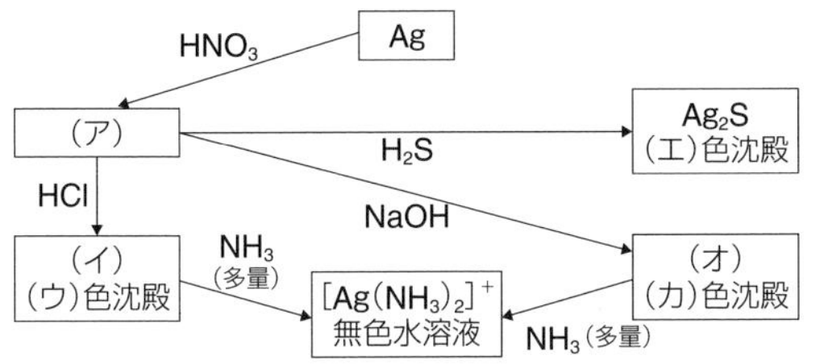

8
(ア) $AgNO_3$
(イ) AgCl
(ウ) 白
(エ) 黒
(オ) Ag_2O
(カ) 褐

9 鉄

鉄の単体は酸の水溶液と反応して(ア)価の陽イオンになって溶け，気体の(イ)が発生する。このイオンは空気中では酸化され，(ウ)価になりやすい。ただし，濃硝酸や濃硫酸には(エ)になって溶けない。

9
(ア) 2 (イ) 水素
(ウ) 3 (エ) 不動態

10 鉄

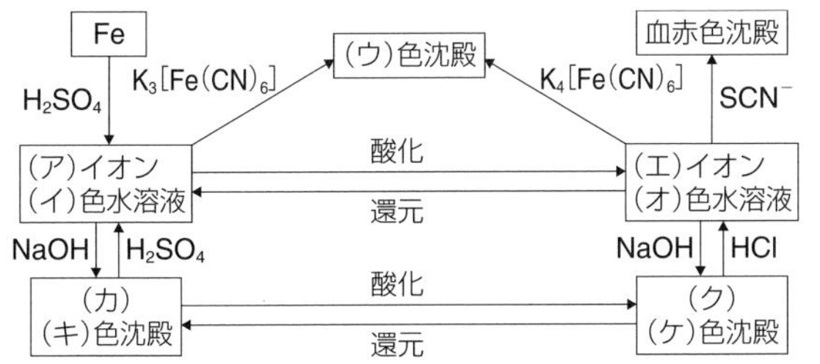

10
(ア) Fe^{2+}
(イ) 淡緑
(ウ) 濃青
(エ) Fe^{3+}
(オ) 黄褐
(カ) $Fe(OH)_2$
(キ) 緑白
(ク) $Fe(OH)_3$
(ケ) 赤褐

11 クロムとマンガン

二クロム酸カリウムは(ア)色の結晶で，水に溶けて(イ)を生じる。酸性水溶液中では強い酸化作用を示して(ウ)に変化して色も(エ)色になる。過マンガン酸カリウムは(オ)色の結晶で，水に溶けて(カ)を生じる。酸性水溶液中では強い酸化作用を示して(キ)に変化する。

11
(ア) 黄
(イ) $Cr_2O_7^{2-}$
(ウ) Cr^{3+}
(エ) 緑
(オ) 赤紫
(カ) MnO_4^-
(キ) Mn^{2+}

付録 4 有機化合物の特徴

1 有機化合物の特徴

◆1 有機化合物とは

・炭素原子を骨格として組み立てられている。

・C，H，O のほかに，N，S，ハロゲンなどを含む。

・無機化合物に比べて融点や沸点が低く，水に溶けにくいものが多い。

・燃焼しやすいものが多く，燃焼で C は CO_2，H は H_2O になる。

◆2 炭化水素

最も簡単な有機化合物は，炭素と水素からなる炭化水素である。単結合のみを含む炭化水素を飽和炭化水素，二重結合や三重結合を含むものを不飽和炭化水素という。

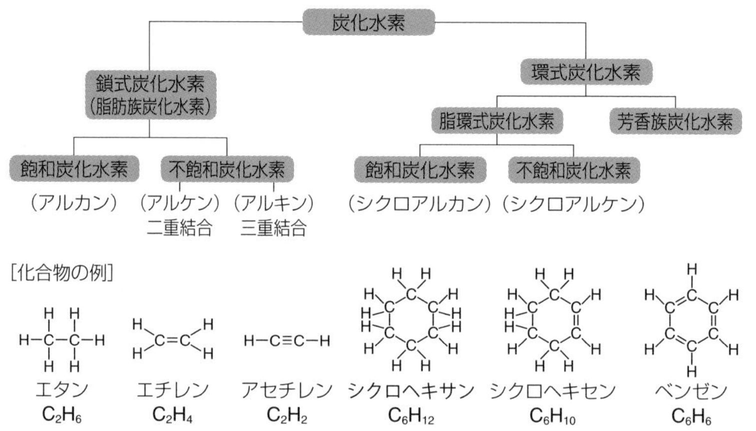

◆3 官能基

有機化合物の性質を決める原子や原子団を官能基という。官能基の種類によって，性質の似た化合物に分類できる。官能基を表示した化学式を示性式という。

官能基の種類		化合物の一般名	化合物の例(示性式)
ヒドロキシ基	—OH	アルコール	メタノール CH_3OH
ホルミル基(アルデヒド基)	—CHO	アルデヒド	アセトアルデヒド CH_3CHO
ケトン基	—CO—	ケトン	アセトン CH_3COCH_3
カルボキシ基	—COOH	カルボン酸	酢酸 CH_3COOH
エーテル結合	—O—	エーテル	ジエチルエーテル $C_2H_5OC_2H_5$
エステル結合	—COO—	エステル	酢酸エチル $CH_3COOC_2H_5$

炭化水素基の種類	
メチル基	CH_3—
エチル基	C_2H_5—
プロピル基	C_3H_7—

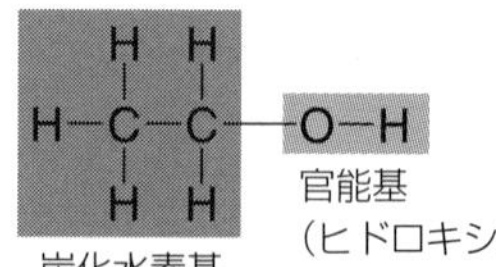

多くの有機化合物は，炭化水素基に官能基がついた構造をしている。

WARMING UP／ウォーミングアップ

1 有機化合物の特徴

有機化合物とは，いずれも(ア)原子を含む化合物で，無機化合物と比較して融点や沸点が(イ)いものが多い。燃焼すると炭素原子は(ウ)に，水素原子は(エ)になる。有機化合物において，炭素原子からなる骨格に結合した化合物の性質を決める原子団を(オ)という。

例えば，メタン CH_4 は室温では(カ)体だが，H の 1 個を(キ)基─OH で置き換えると CH_3─OH，化合物名(ク)になり，水に溶けやすい(ケ)体になる。

2 有機化合物の構造

次の化合物の名称をそれぞれ答えよ。

(ア)
```
    H
    |
H - C - O - H
    |
    H
```

(イ)
```
    H
    |
H - C - C - H
    |   ||
    H   O
```

(ウ)
```
    H
    |
H - C - C - O - H
    |   ||
    H   O
```

(エ)
```
    H   O   H
    |   ||  |
H - C - C - C - H
    |       |
    H       H
```

(オ)
```
    H           H   H
    |           |   |
H - C - C - O - C - C - H
    |   ||      |   |
    H   O       H   H
```

(カ)
```
    H   H       H   H
    |   |       |   |
H - C - C - O - C - C - H
    |   |       |   |
    H   H       H   H
```

3 官能基の名称

2の化合物に含まれる酸素原子を含む官能基の名称をそれぞれ答えよ。

4 有機化合物の表現

次の文中の(　　)に適当な化学式を入れよ。

分子中の原子の数を表したものを分子式，官能基をとくに取り出して記した化学式を示性式という。エタノールの分子式は(ア)，示性式は(イ)である。また，エチレンの分子式は(ウ)，示性式は(エ)である。構造式や示性式で表した方が分子全体の構造がよくわかる。

1

(ア) 炭素　(イ) 低

(ウ) 二酸化炭素

(エ) 水

(オ) 官能基　(カ) 気

(キ) ヒドロキシ

(ク) メタノール

(ケ) 液

2

(ア) メタノール

(イ) アセトアルデヒド

(ウ) 酢酸

(エ) アセトン

(オ) 酢酸エチル

(カ) ジエチルエーテル

3

(ア) ヒドロキシ基

(イ) ホルミル基

(ウ) カルボキシ基

(エ) ケトン基

(オ) エステル結合

(カ) エーテル結合

4

(ア) C_2H_6O

(イ) C_2H_5OH

(ウ) C_2H_4

(エ) $CH_2=CH_2$

付録 5 脂肪族炭化水素

1 アルカン C_nH_{2n+2} 単結合のみでできている鎖式炭化水素の総称である。

◆1 分子の構造

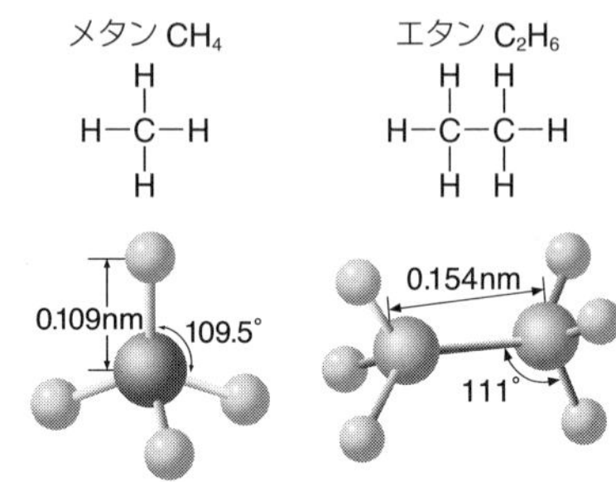

◆2 構造異性体

同じ分子式だが，分子の構造が異なるために性質の異なる化合物を異性体という。とくに原子の結合する順番が異なる異性体を構造異性体という。

$CH_3-CH_2-CH_2-CH_3$
ブタン

$CH_3-CH(CH_3)-CH_3$
2-メチルプロパン

◆3 アルカンの性質と反応

① 炭素数が増加して分子量が大きくなると，融点や沸点が高くなる。

② 天然ガスや石油中に含まれ，燃焼すると二酸化炭素と水になる。

③ 反応性に乏しいが，ハロゲンの存在下で紫外線を照射すると置換反応を起こす。

メタンの置換反応

$$CH_4 \xrightarrow[Cl_2,\ 光]{HCl} CH_3Cl \xrightarrow[Cl_2,\ 光]{HCl} CH_2Cl_2 \xrightarrow[Cl_2,\ 光]{HCl} CHCl_3 \xrightarrow[Cl_2,\ 光]{HCl} CCl_4$$

クロロメタン　ジクロロメタン　トリクロロメタン　テトラクロロメタン

④ メタンの実験室的製法…酢酸ナトリウムと水酸化ナトリウムの混合物を加熱する。$CH_3COONa + NaOH \longrightarrow CH_4 + Na_2CO_3$

◆4 シクロアルカン

環状の構造をもつ飽和炭化水素の総称。

一般式は C_nH_{2n} でアルカンと似た性質をもつ。

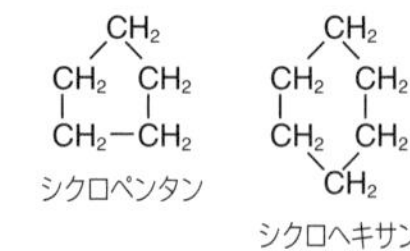

2 アルケン C_nH_{2n} 二重結合を一つもつ鎖式炭化水素の総称である。

◆1 分子の構造

エチレン C_2H_4

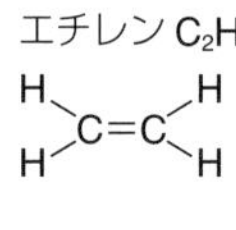

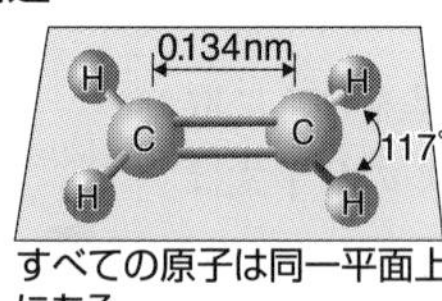

すべての原子は同一平面上にある。

プロペン（プロピレン）C_3H_6

$CH_2=CH-CH_3$

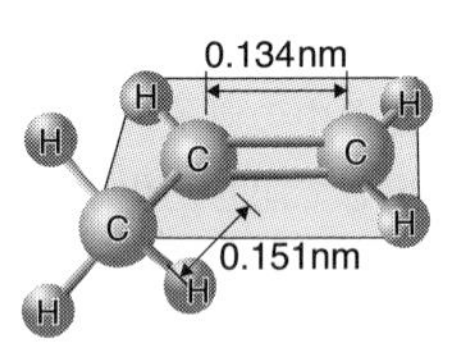

◆2 立体異性体

分子の立体的な構造が異なる異性体を立体異性体という。二重結合についた置換基の位置が異なる立体異性体をシス-トランス異性体とよび，置換基が同じ側にあるものをシス形，反対側にあるものをトランス形という。

例

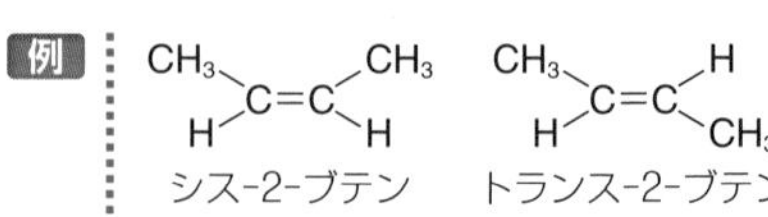

◆3　**アルケンの性質と反応**　①　二重結合をもつため，付加反応しやすい。

②　臭素 Br_2 が付加すると，臭素の赤褐色が消える。⟶ 不飽和結合の確認。

③　付加重合で高分子化合物を生じる。

④　エチレンの実験室的製法…エタノールに濃硫酸を加え，160 ～ 170℃ に加熱する。$C_2H_5OH \longrightarrow CH_2{=}CH_2 + H_2O$

＊ 130℃ ではジエチルエーテル生成。

3　アルキン C_nH_{2n-2}　三重結合を一つもつ鎖式炭化水素の総称である。

◆1　**分子の構造**　三重結合の炭素と，それに結合する両端の原子は直線上に並ぶ。

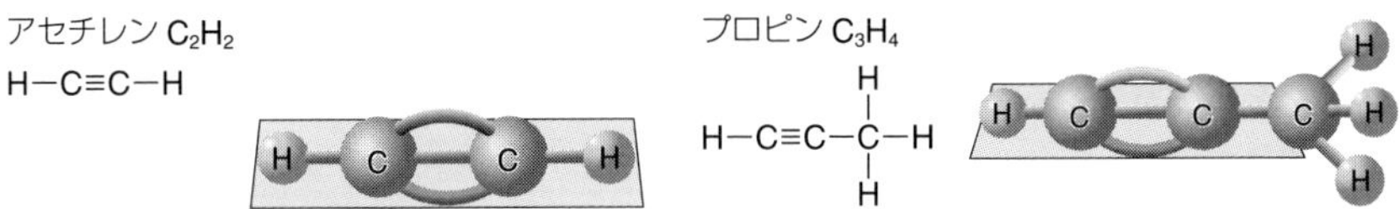

◆2　**アルキンの性質と反応**

①　三重結合をもつため，付加反応しやすい。

②　アセチレンの実験室的製法…炭化カルシウムに水を加える。

$$CaC_2 + 2H_2O \longrightarrow Ca(OH)_2 + C_2H_2$$

4　芳香族炭化水素

◆1　**ベンゼン**

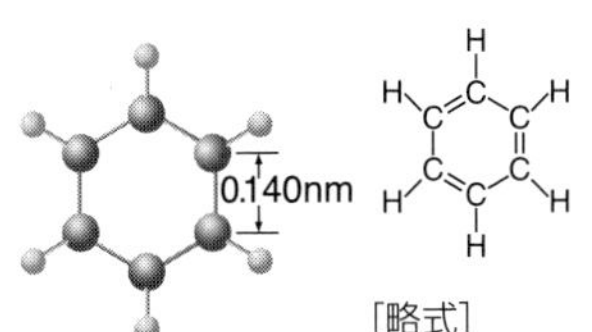

・水よりも軽い。

・引火しやすく，空気中では多量のすすを出して燃える。

・有機化合物をよく溶かす。

◆2　**芳香族炭化水素の反応性**

①　置換反応しやすい。

②　条件により付加反応する。

[置換反応]

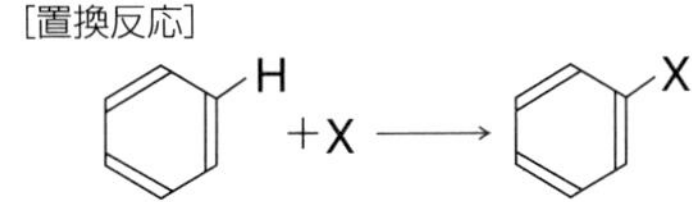

5　炭化水素の反応経路図

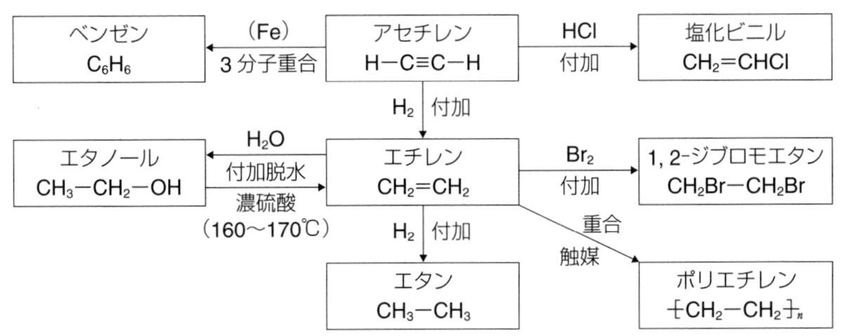

WARMING UP／ウォーミングアップ

次の文中の(　　)に適当な語句・数値・記号・化学式を入れよ。

1 アルカンの反応

アルカンは鎖式炭化水素の総称で，一般式は(ア)で，分子内には(イ)結合のみをもつ。

アルカンは反応性が乏しいが，塩素の存在下で紫外線を照射すると，以下のような(ウ)反応が起きる。

CH_4 ⟶(エ)⟶(オ)⟶(カ)⟶(キ)

メタンを実験室で得る際には，(ク)と水酸化ナトリウムを混合して加熱する。

1

(ア) C_nH_{2n+2}
(イ) 単　(ウ) 置換
(エ) CH_3Cl
(オ) CH_2Cl_2
(カ) $CHCl_3$
(キ) CCl_4
(ク) 酢酸ナトリウム

2 アルケンの反応

アルケンの一般式は(ア)で，分子内には(イ)結合を1個もつ鎖式不飽和炭化水素をいう。

アルケンは(ウ)反応を起こしやすい。そのため，臭素水にアルケンを通じると臭素の(エ)色が消える。

エチレンを特定の反応条件におくとエチレンどうしが連続的に付加反応を起こし，分子量の大きい化合物(オ)になる。このような反応を(カ)という。

2

(ア) C_nH_{2n}
(イ) 二重
(ウ) 付加
(エ) 赤褐
(オ) ポリエチレン
(カ) 付加重合

3 アルキンの反応

アルキンの一般式は(ア)で，分子内には(イ)結合を1個もつ鎖式不飽和炭化水素をいう。

アルキンも(ウ)反応を起こしやすい。例えば，アセチレン C_2H_2 に水素を1分子付加すると(エ)が，(エ)に水素をもう1分子付加すると(オ)になる。

アセチレンに塩化水素が付加すると(カ)になる。また，アセチレンを触媒の存在下で3分子重合すると(キ)が得られる。

アセチレンを実験室で得る際には(ク)に水を加えればよい。

3

(ア) C_nH_{2n-2}
(イ) 三重
(ウ) 付加
(エ) エチレン(C_2H_4)
(オ) エタン(C_2H_6)
(カ) 塩化ビニル
(キ) ベンゼン
(ク) 炭化カルシウム

4 芳香族炭化水素

ベンゼンは分子式(ア)で表され，6個の炭素原子が(イ)の構造をしており，炭素原子と水素原子はすべて同一平面上にある。ベンゼン環をもつ化合物を総称して(ウ)化合物という。ベンゼン環の二重結合はアルケンと異なり(エ)反応しにくいが，水素原子は他の原子や原子団に(オ)されやすい。

4

(ア) C_6H_6
(イ) 正六角形
(ウ) 芳香族
(エ) 付加
(オ) 置換

5 ベンゼンの反応

ベンゼンに鉄を触媒として塩素を作用させると(ア)が，濃硫酸を作用させると(イ)が得られる。また，ベンゼンに濃硫酸を触媒として濃硝酸と反応させると(ウ)が生じる。

それぞれの示性式は(エ)，(オ)，(カ)である。

6 炭化水素の分類

(1) 次の鎖式炭化水素のうち，アルカンをすべて選べ。
(2) 次の鎖式炭化水素のうち，アルケンをすべて選べ。
(3) 次の鎖式炭化水素のうち，アルキンをすべて選べ。

(ア) C_2H_4 (イ) C_2H_2 (ウ) C_2H_6
(エ) C_3H_8 (オ) C_3H_6 (カ) C_3H_4
(キ) C_4H_6 (ク) C_4H_{10} (ケ) C_4H_8

7 異性体

分子式は同じであるが構造が異なるものを異性体という。有機化合物には異性体が多く，分子式では性質を表現しにくいため，構造式や(ア)式をよく利用する。

異性体には，原子の結合する順序の異なる(イ)異性体と，結合する順序は同じだが立体配置の異なる(ウ)異性体に分類される。

次の構造式の中で，構造異性体の関係にあるのは(エ)と(オ)である。

① $CH_3-CH_2-CH_2-CH_3$

②
$$\begin{array}{c} CH_2-CH_2 \\ | \quad\quad | \\ CH_2-CH_2 \end{array}$$

③
$$\begin{array}{l} CH_3-CH-CH_3 \\ \quad\quad\;\; | \\ \quad\quad CH_3 \end{array}$$

④ $HC\equiv C-CH_2-CH_3$

8 異性体

分子式 C_5H_{12} のアルカンの異性体は下にあげる3種類が存在する。これらを互いに(ア)異性体という。これらのうち，最も沸点が高いのは(イ)である。また，いずれの1mol も完全燃焼により二酸化炭素が(ウ)mol 発生する。

$CH_3-CH_2-CH_2-CH_2-CH_3$

$$\begin{array}{c} CH_3 \\ | \\ CH_3-C-CH_3 \\ | \\ CH_3 \end{array}$$

$$\begin{array}{l} CH_3-CH-CH_2-CH_3 \\ \quad\quad\;\; | \\ \quad\quad CH_3 \end{array}$$

5
(ア) クロロベンゼン
(イ) ベンゼンスルホン酸
(ウ) ニトロベンゼン
(エ) C_6H_5Cl
(オ) $C_6H_5SO_3H$
(カ) $C_6H_5NO_2$

6
(1)アルカン C_nH_{2n+2}
(ウ)，(エ)，(ク)
(2)アルケン C_nH_{2n}
(ア)，(オ)，(ケ)
(3)アルキン C_nH_{2n-2}
(イ)，(カ)，(キ)

7
(ア) 示性
(イ) 構造
(ウ) 立体
(エ) ①
(オ) ③

8
(ア) 構造
(イ) *n*-ペンタン
(ウ) 5

付録6 酸素を含む脂肪族化合物

1 アルコール R−OH ヒドロキシ基をもつ脂肪族化合物

◆1 アルコールの分類

① ヒドロキシ基(−OH)についた炭素原子の環境による分類

分類	構造式	例	沸点(℃)
第一級アルコール	$R-CH_2-OH$	$C_3H_7-CH_2-OH$ 1-ブタノール	117
第二級アルコール	$R-CH(R')-OH$	$C_2H_5-CH(CH_3)-OH$ 2-ブタノール	99
第三級アルコール	$R-C(R')(R'')-OH$	$CH_3-C(CH_3)_2-OH$ 2-メチル-2-プロパノール	83

② ヒドロキシ基の数による分類

分類	例
1価アルコール	CH_3-OH メタノール
2価アルコール	$CH_2(OH)-CH_2(OH)$ エチレングリコール(1,2-エタンジオール)
3価アルコール	$CH_2(OH)-CH(OH)-CH_2(OH)$ グリセリン(1, 2, 3-プロパントリオール)

◆2 性質

親水性のヒドロキシ基(−OH)をもつため，炭素数の少ないものは水によく溶け，同じ分子量の炭化水素に比べると，沸点や融点が高い。また，水溶液は中性を示す。

◆3 反応

① 金属ナトリウムと激しく反応して水素を発生する(同じ分子式のエーテルでは反応しない)。

$$2R-OH + 2Na \longrightarrow 2R-ONa + H_2$$

② ニクロム酸カリウムなどの酸化剤と反応する(第一級，第二級アルコール)。

$$\underset{\text{第一級アルコール}}{R-CH_2-OH} \underset{\text{還元}(+2H)}{\overset{\text{酸化}(-2H)}{\rightleftarrows}} \underset{\text{アルデヒド}}{R-\underset{\|}{\overset{}{C}}-H \ (C=O)} \underset{\text{還元}(-O)}{\overset{\text{酸化}(+O)}{\rightleftarrows}} \underset{\text{カルボン酸}}{R-C(=O)-OH}$$

$$\underset{\text{第二級アルコール}}{R-CH(R')-OH} \underset{\text{還元}(+2H)}{\overset{\text{酸化}(-2H)}{\rightleftarrows}} \underset{\text{ケトン}}{R-C(=O)-R'} \overset{\text{酸化}}{\not\longrightarrow} \text{これ以上酸化されない}$$

第三級アルコールは酸化されにくい。

③ 濃硫酸などの脱水剤の存在下で加熱すると脱水する。低温ではエーテル，高温ではアルケンを生じる。

④ カルボン酸と反応してエステルを生じる。

◆4　おもなアルコール

①　メタノール　無色の液体。工業的には一酸化炭素と水素の反応で得られる。

[酸化反応]

$$CH_3-OH \xrightarrow{\text{酸化}} H-\underset{\underset{O}{\|}}{C}-H \xrightarrow{\text{酸化}} H-\underset{\underset{O}{\|}}{C}-OH$$

メタノール　　ホルムアルデヒド　　ギ酸

②　エタノール　無色の液体。工業的にはエチレンと水の付加反応や発酵で得られる。

[酸化反応]

$$CH_3-CH_2-OH \xrightarrow{\text{酸化}} CH_3-\underset{\underset{O}{\|}}{C}-H \xrightarrow{\text{酸化}} CH_3-\underset{\underset{O}{\|}}{C}-OH$$

エタノール　　アセトアルデヒド　　酢酸

[脱水・縮合反応]

$$2CH_3-CH_2-OH \xrightarrow[\text{分子間脱水}]{130\sim140℃} CH_3-CH_2-O-CH_2-CH_3 + H_2O$$

エタノール　　ジエチルエーテル

$$CH_3-CH_2-OH \xrightarrow[\text{分子内脱水}]{160\sim170℃} CH_2=CH_2 + H_2O$$

エタノール　　エチレン

❷ エーテル R─O─R′　エーテル結合(−O−)をもつ。

◆1　**製法と性質**　アルコール2分子の縮合で得られる。アルコールの構造異性体。極性(電荷のかたより)が小さく，同じ分子式のアルコールより融点・沸点が低い。

◆2　**おもなエーテル**　ジエチルエーテル　$CH_3-CH_2-O-CH_2-CH_3$
沸点34℃，引火性が高い。薬品との反応性が乏しいので，溶媒として使われる。

❸ アルデヒド R─CHO　ホルミル基(−CHO)をもつ。

◆1　**製法と性質**　第一級アルコールの酸化で得られる。容易に酸化されてカルボン酸になる。ホルミル基(アルデヒド基)は，酸化されやすく還元性がある。

◆2　おもなアルデヒド

$H-\underset{\underset{O}{\|}}{C}-H$ ホルムアルデヒド	・メタノールを酸化して得る。実験室では，メタノールを銅触媒を用いて酸化する。 ・刺激臭のある気体で，その水溶液はホルマリンとよばれる。
$CH_3-\underset{\underset{O}{\|}}{C}-H$ アセトアルデヒド	・エタノールを二クロム酸カリウム $K_2Cr_2O_7$ などの酸化剤で酸化して得る。 ・刺激臭のある液体である。

◆3　アルデヒドの検出

①　銀鏡反応　アンモニア性硝酸銀水溶液を加えて加熱すると，銀が析出する。

②　フェーリング液の還元　フェーリング液(Cu^{2+}の錯イオンを含んでいる)を還元して，酸化銅(Ⅰ)Cu_2O の赤色沈殿を生じる。

④ ケトン R—CO—R′ カルボニル基(−CO−)をもつ。

◆1 **製法と性質** 第二級アルコールの酸化で得られる。アルデヒドと違い還元性はない。

◆2 **おもなケトン** アセトン $CH_3—CO—CH_3$

2-プロパノールの酸化で生じる。実験室では，酢酸カルシウムの乾留で得る。

$(CH_3COO)_2Ca \longrightarrow CH_3—CO—CH_3 + CaCO_3$

◆3 **検出** ヨードホルム反応

$CH_3-C(=O)-$　　$CH_3-CH(OH)-$

右図のような構造をもつ化合物に，塩基性でヨウ素を作用させると，ヨードホルム CHI_3 の黄色結晶を生じる。

例：アセトン，アセトアルデヒド，エタノール，2-プロパノールなど

⑤ カルボン酸 R—COOH カルボキシ基(−COOH)をもつ。

◆1 **製法と性質** アルデヒドの酸化で得られる。カルボキシ基の数を価数といい，1価のカルボン酸をとくに脂肪酸という。

① 水に溶けやすく，水溶液は弱酸性を示す。$R—COOH \rightleftarrows R—COO^- + H^+$

② 塩基と中和反応する。$R—COOH + NaOH \longrightarrow R—COONa + H_2O$

③ 炭酸水素ナトリウムと反応して二酸化炭素を発生する(カルボン酸の検出)。

$R—COOH + NaHCO_3 \longrightarrow R—COONa + H_2O + CO_2$

◆2 **おもな脂肪酸**

① ギ酸 HCOOH メタノール，ホルムアルデヒドの酸化で得られる。ホルミル基をもつので還元性を示す。

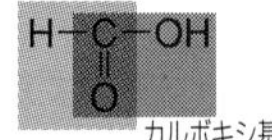

② 酢酸 CH_3COOH

エタノール，アセトアルデヒドの酸化で得られる。冬季は凝固しやすいため，純粋な酢酸を氷酢酸という。

◆3 **鏡像異性体**

4つの異なる原子団が結合している炭素原子をとくに不斉炭素原子という。不斉炭素原子を正四面体の中心において立体的に考えると，互いに重ねあわせることのできない二種類の異性体が存在する。これを鏡像異性体という。

例：乳酸

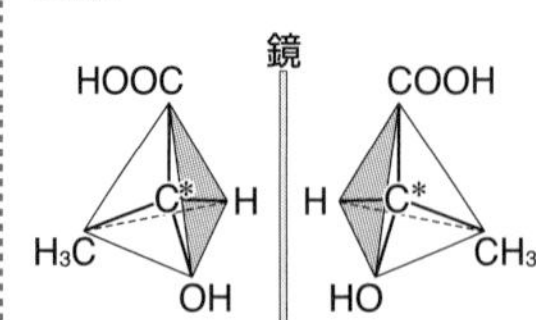

◆4 **その他のカルボン酸**

① **不飽和ジカルボン酸** カルボキシ基を2つもち，二重結合を有する。

$(H)(HOOC)C=C(H)(COOH)$ マレイン酸(シス形)

$(H)(HOOC)C=C(COOH)(H)$ フマル酸(トランス形)

② **酸無水物** 2つのカルボキシ基から水がとれて生じた化合物。

$(CH_3-CO)_2O$ 無水酢酸

無水マレイン酸

6 エステル R−COO−R′ エステル結合(−COO−)をもつ。

◆1 製法と性質

① カルボン酸とアルコールを，濃硫酸を触媒として縮合して得られる化合物。

$$\mathrm{RCOOH + R'{-}OH \longrightarrow RCOOR' + H_2O}$$

② 中性で，水に溶けにくい。独特の芳香がある。

③ 酸や塩基の水溶液を加えて加熱すると加水分解される。塩基による加水分解をとくにけん化という。

$$\mathrm{RCOOR' + H_2O \longrightarrow RCOOH + R'{-}OH} \quad \text{（加水分解）}$$

$$\mathrm{RCOOR' + NaOH \longrightarrow RCOONa + R'{-}OH} \quad \text{（けん化）}$$

◆2 おもなエステル 酢酸エチル 酢酸とエタノールから生じる芳香のある液体。

$$\underset{\text{酢酸}}{\mathrm{CH_3{-}\underset{\|}{\overset{}{C}}{-}OH}} + \underset{\text{エタノール}}{\mathrm{CH_3{-}CH_2{-}OH}} \longrightarrow \underset{\text{酢酸エチル}}{\mathrm{CH_3{-}C({=}O){-}O{-}CH_2{-}CH_3}} + \mathrm{H_2O}$$

(酢酸 $\mathrm{CH_3{-}C({=}O){-}OH}$)

WARMING UP／ウォーミングアップ

次の文中の(　　)に適当な語句，化学式を入れよ。

1 アルコールの分類

分子内に(ア)基をもつ化合物，すなわち R−OH(R は炭化水素基)の構造をもつ化合物をアルコールという。アルコールは，分子間に水素結合がはたらき，分子量が同程度の炭化水素より沸点が(イ)い。アルコールは，(ア)基が結合している炭素原子の場所に注目して，以下のように分類される。

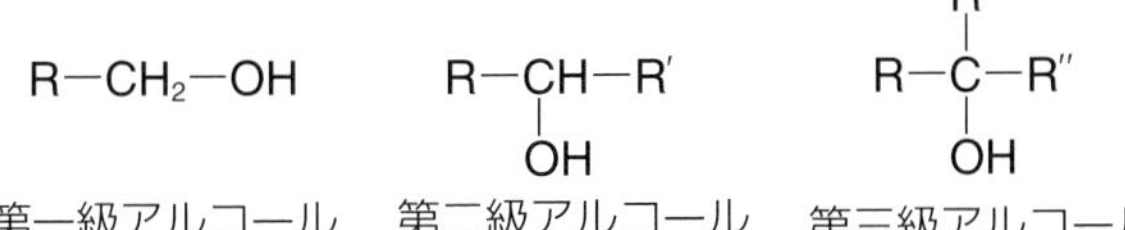

第一級アルコール　第二級アルコール　第三級アルコール

1
(ア) ヒドロキシ
(イ) 高

2 アルコールの酸化

第一級アルコールを酸化すると(ア)が得られる。さらに(ア)を酸化すると(イ)を生じる。例えば，メタノール $\mathrm{CH_3{-}OH}$ を酸化すると示性式(ウ)で表される(エ)となり，さらに酸化すると示性式(オ)で表される(カ)となる。

第二級アルコールを酸化すると(キ)が得られる。例えば，2-プロパノールを酸化すると，示性式(ク)で表される(ケ)となる。第三級アルコールは，通常は酸化されない。

2
(ア) アルデヒド
(イ) カルボン酸
(ウ) HCHO
(エ) ホルムアルデヒド
(オ) HCOOH
(カ) ギ酸
(キ) ケトン
(ク) $\mathrm{CH_3COCH_3}$
(ケ) アセトン

3 エーテル

エーテルは，アルコールの(ア)異性体で，R—O—R′という(イ)結合をもつ。アルコールとエーテルを区別するには，(ウ)と反応させて，水素が発生した方が(エ)である。

4 アルデヒドとケトン

アルデヒドは，第(ア)級アルコールの酸化で得られ，—CHOという(イ)基をもち，(ウ)性を有する。アルデヒドにアンモニア性硝酸銀を加えて加熱すると銀が析出する反応を(エ)反応という。また，フェーリング液を還元し，(オ)色の(カ)を沈殿させる。

ケトンは，第(キ)級アルコールの酸化で得られ，R—CO—R′という構造をもつ。CH_3—CO—という構造をもつケトンに，ヨウ素と水酸化ナトリウム水溶液を加えて加熱すると，(ク)色の(ケ)の沈殿が生じる。

5 カルボン酸の性質

カルボン酸は—COOHという(ア)基をもつ化合物の総称で，例えば，ギ酸は示性式(イ)で，酢酸は示性式(ウ)で表される。

カルボン酸はアルコールを(エ)して得られる。例えば，酢酸は(オ)の酸化で，ギ酸は(カ)の酸化で得られる。また，アルデヒドを酸化しても得られる。

カルボン酸のうち，炭素数の少ないものは水に溶けて(キ)性を示す。したがって，塩基と中和反応し，また，炭酸水素ナトリウムと反応して(ク)を発生する。

カルボン酸を十酸化四リンなどの脱水剤と加熱すると，脱水反応が起き，酸無水物となる。例えば酢酸の場合は(ケ)が得られる。ジカルボン酸であるマレイン酸の場合は(コ)が生じる。

6 エステル

カルボン酸とアルコールの脱水縮合で得られる化合物をエステルといい，合成するときは(ア)を触媒として用いる。酢酸とエタノールの反応で得られる(イ)は，示性式(ウ)で表され，化合物を溶かすための溶剤や，その芳香から，食品添加物として使われる。

エステルをもとのカルボン酸とアルコールに分解する反応を(エ)といい，とくに，塩基を用いる場合を(オ)という。

3

(ア) 構造
(イ) エーテル
(ウ) (金属)ナトリウム
(エ) アルコール

4

(ア) 一
(イ) ホルミル
(ウ) 還元 (エ) 銀鏡
(オ) 赤
(カ) 酸化銅(Ⅰ)
(キ) 二 (ク) 黄
(ケ) ヨードホルム

5

(ア) カルボキシ
(イ) HCOOH
(ウ) CH_3COOH
(エ) 酸化
(オ) エタノール
(カ) メタノール
(キ) 酸
(ク) 二酸化炭素
(ケ) 無水酢酸
(コ) 無水マレイン酸

6

(ア) 濃硫酸
(イ) 酢酸エチル
(ウ) $CH_3COOC_2H_5$
(エ) 加水分解
(オ) けん化

付録 7　原子の電子配置

（　　は遷移元素，その他は典型元素）

原子番号	元素記号	K	L	M	N	O
1	H	1				
2	He	2				
3	Li	2	1			
4	Be	2	2			
5	B	2	3			
6	C	2	4			
7	N	2	5			
8	O	2	6			
9	F	2	7			
10	Ne	2	8			
11	Na	2	8	1		
12	Mg	2	8	2		
13	Al	2	8	3		
14	Si	2	8	4		
15	P	2	8	5		
16	S	3	8	6		
17	Cl	2	8	7		
18	Ar	2	8	8		
19	K	2	8	8	1	
20	Ca	2	8	8	2	
21	Sc	2	8	9	2	
22	Ti	2	8	10	2	
23	V	2	8	11	2	
24	Cr	2	8	13	1	
25	Mn	2	8	13	2	
26	Fe	2	8	14	2	
27	Co	2	8	15	2	
28	Ni	2	8	16	2	
29	Cu	2	8	18	1	
30	Zn	2	8	18	2	
31	Ga	2	8	18	3	
32	Ge	2	8	18	4	
33	As	2	8	18	5	
34	Se	2	8	18	6	
35	Br	2	8	18	7	
36	Kr	2	8	18	8	
37	Rb	2	8	18	8	1
38	Sr	2	8	18	8	2
39	Y	2	8	18	9	2
40	Zr	2	8	18	10	2
41	Nb	2	8	18	12	1
42	Mo	2	8	18	13	1
43	Tc	2	8	18	13	2
44	Ru	2	8	18	15	1
45	Rh	2	8	18	16	1
46	Pd	2	8	18	18	
47	Ag	2	8	18	18	1
48	Cd	2	8	18	18	2
49	In	2	8	18	18	3
50	Sn	2	8	18	18	4
51	Sb	2	8	18	18	5
52	Te	2	8	18	18	6
53	I	2	8	18	18	7
54	Xe	2	8	18	18	8

原子番号	元素記号	K	L	M	N	O	P	Q
55	Cs	2	8	18	18	8	1	
56	Ba	2	8	18	18	8	2	
57	La	2	8	18	18	9	2	
58	Ce	2	8	18	19	9	2	
59	Pr	2	8	18	21	8	2	
60	Nd	2	8	18	22	8	2	
61	Pm	2	8	18	23	8	2	
62	Sm	2	8	18	24	8	2	
63	Eu	2	8	18	25	8	2	
64	Gd	2	8	18	25	9	2	
65	Tb	2	8	18	27	8	2	
66	Dy	2	8	18	28	8	2	
67	Ho	2	8	18	29	8	2	
68	Er	2	8	18	30	8	2	
69	Tm	2	8	18	31	8	2	
70	Yb	2	8	18	32	8	2	
71	Lu	2	8	18	32	9	2	
72	Hf	2	8	18	32	10	2	
73	Ta	2	8	18	32	11	2	
74	W	2	8	18	32	12	2	
75	Re	2	8	18	32	13	2	
76	Os	2	8	18	32	14	2	
77	Ir	2	8	18	32	15	2	
78	Pt	2	8	18	32	17	1	
79	Au	2	8	18	32	18	1	
80	Hg	2	8	18	32	18	2	
81	Tl	2	8	18	32	18	3	
82	Pb	2	8	18	32	18	4	
83	Bi	2	8	18	32	18	5	
84	Po	2	8	18	32	18	6	
85	At	2	8	18	32	18	7	
86	Rn	2	8	18	32	18	8	
87	Fr	2	8	18	32	18	8	1
88	Ra	2	8	18	32	18	8	2
89	Ac	2	8	18	32	18	9	2
90	Th	2	8	18	32	18	10	2
91	Pa	2	8	18	32	20	9	2
92	U	2	8	18	32	21	9	2
93	Np	2	8	18	32	22	9	2
94	Pu	2	8	18	32	24	8	2
95	Am	2	8	18	32	25	8	2
96	Cm	2	8	18	32	25	9	2
97	Bk	2	8	18	32	27	8	2
98	Cf	2	8	18	32	28	8	2
99	Es	2	8	18	32	29	8	2
100	Fm	2	8	18	32	30	8	2
101	Md	2	8	18	32	31	8	2
102	No	2	8	18	32	32	8	2
103	Lr	2	8	18	32	32	9	2
104	Rf	2	8	18	32	32	10	2
105	Db	2	8	18	32	32	11	2
106	Sg	2	8	18	32	32	12	2

付録8 おもな気体の性質と製法

気体	性質	製法(実:実験室的製法 工:工業的製法)	捕集法*
水素 H_2	無色,無臭 最も軽い気体	実:$Zn + H_2SO_4 \longrightarrow ZnSO_4 + H_2\uparrow$ 工:$CH_4 + H_2O \longrightarrow CO + 3H_2\uparrow$	水上
酸素 O_2	無色,無臭 酸化物の生成	実:$2H_2O_2 \longrightarrow 2H_2O + O_2\uparrow$ (触媒:MnO_2) 実:$2KClO_3 \xrightarrow{加熱} 2KCl + 3O_2\uparrow$ (触媒:MnO_2)	水上
オゾン O_3	淡青色,特異臭,有毒 酸化作用	実:$3O_2 \longrightarrow 2O_3$(酸素中の無声放電) (または酸素に紫外線を当てる)	下方
窒素 N_2	無色,無臭 化学的に不活性	実:$NH_4NO_2 \xrightarrow{加熱} 2H_2O + N_2\uparrow$ 工:液体空気の分留(沸点:−196℃)	水上
塩素 Cl_2	黄緑色,刺激臭,有毒 酸化作用	実:$MnO_2 + 4HCl \xrightarrow{加熱} MnCl_2 + 2H_2O + Cl_2\uparrow$ 工:$2Cl^- \longrightarrow Cl_2\uparrow + 2e^-$(食塩水の電気分解の陽極)	下方
一酸化炭素 CO	無色,無臭,有毒 水に不溶,還元作用	実:$HCOOH \xrightarrow{加熱} H_2O + CO\uparrow$ (触媒:濃硫酸)	水上
二酸化炭素 CO_2	無色,無臭 水に溶けて弱酸性	実:$CaCO_3 + 2HCl \longrightarrow CaCl_2 + H_2O + CO_2\uparrow$ 工:$CaCO_3 \xrightarrow{加熱} CaO + CO_2\uparrow$	下方
一酸化窒素 NO	無色,無臭,空気中で酸化されやすい	実:$3Cu + 8HNO_3$(希) $\longrightarrow 3Cu(NO_3)_2 + 4H_2O + 2NO\uparrow$	水上
二酸化窒素 NO_2	赤褐色,刺激臭 有毒	実:$Cu + 4HNO_3$(濃)$\longrightarrow Cu(NO_3)_2 + 2H_2O + 2NO_2\uparrow$	下方
二酸化硫黄 SO_2	無色,刺激臭,有毒 水に溶けて弱酸性	実:$Cu + 2H_2SO_4$(濃)$\xrightarrow{加熱} CuSO_4 + 2H_2O + SO_2\uparrow$ 工:$S + O_2 \longrightarrow SO_2\uparrow$	下方
硫化水素 H_2S	無色,腐卵臭,有毒 水に溶けて弱酸性	実:$FeS + H_2SO_4$(希)$\longrightarrow FeSO_4 + H_2S\uparrow$	下方
アンモニア NH_3	無色,刺激臭,有毒 水に溶けて弱塩基性	実:$2NH_4Cl + Ca(OH)_2 \xrightarrow{加熱} CaCl_2 + 2H_2O + 2NH_3\uparrow$ 工:$N_2 + 3H_2 \rightleftarrows 2NH_3$ (触媒:Fe_3O_4,ハーバー法)	上方
塩化水素 HCl	無色,刺激臭,有毒 水溶液は塩酸	実:$NaCl + H_2SO_4$(濃)$\xrightarrow{加熱} NaHSO_4 + HCl\uparrow$ 工:$H_2 + Cl_2 \longrightarrow 2HCl$	下方
フッ化水素 HF	無色,刺激臭,有毒 水溶液はガラスを溶かす	実:$CaF_2 + H_2SO_4 \xrightarrow{加熱} CaSO_4 + 2HF\uparrow$ (蛍石(ホタル))	下方
メタン CH_4	無色,無臭 天然ガスの主成分	実:$CH_3COONa + NaOH \xrightarrow{加熱} Na_2CO_3 + CH_4\uparrow$	水上
エチレン C_2H_4	無色,付加反応,燃えやすい	実:$C_2H_5OH \xrightarrow[170℃]{加熱} H_2O + C_2H_4\uparrow$ (触媒:濃硫酸)	水上
アセチレン C_2H_2	無色,付加反応,燃えやすい	実:$CaC_2 + 2H_2O \longrightarrow Ca(OH)_2 + C_2H_2\uparrow$	水上

*捕集法:水上;水上置換 上方;上方置換 下方;下方置換

付録 9 有機化合物の命名法

◆1 数を表す接頭語

数	1	2	3	4	5	6	7	8	9	10
数詞	モノ	ジ	トリ	テトラ	ペンタ	ヘキサ	ヘプタ	オクタ	ノナ	デカ

◆2 飽和炭化水素 アルカン C_nH_{2n+2}

(1) **直鎖の飽和炭化水素**　C_1 から C_4 までの慣用名を用い，C_5 以上では炭素数を示すギリシア語の数詞(上表)に接尾語アン ane をつけて命名する。

CH_4	メタン	methane	C_4H_{10}	ブタン	butane
C_2H_6	エタン	ethane	C_5H_{12}	ペンタン	pentane
C_3H_8	プロパン	propane	C_6H_{14}	ヘキサン	hexane

(2) **枝分かれ(側鎖)のある飽和炭化水素**　側鎖の位置は，主鎖の端からつけた位置番号で示し，この位置番号が最小となるように番号をつける。

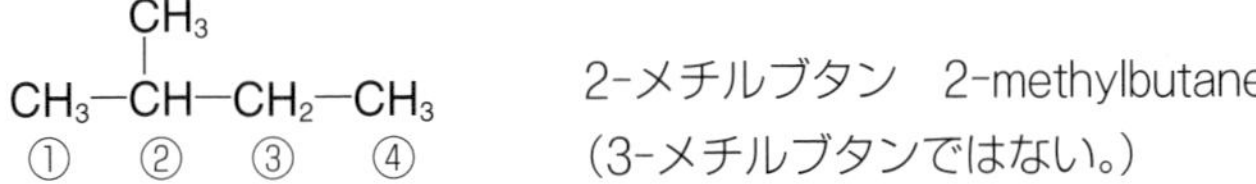

◆3 不飽和炭化水素

(1) **アルケン C_nH_{2n}**　二重結合を含む最も長い炭素鎖を主鎖とし，相当するアルカンの接尾語アン ane をエン ene にかえて命名する。二重結合の位置は最小の位置番号で示す。

$CH_2=CH_2$　エテン　ethene　(慣用名)エチレン

(2) **アルキン C_nH_{2n-2}**　三重結合を含む最も長い炭素鎖を主鎖とし，相当するアルカンの接尾語をイン yne にかえて命名する。三重結合の位置は最小の位置番号で示す。

$CH\equiv CH$　エチン　ethyne　(慣用名)アセチレン

◆4 ハロゲン化合物

(1) **置換名**　置換したハロゲンを接頭語として，炭化水素名につけて命名する。接頭語は，F，Cl，Br，I をそれぞれフルオロ，クロロ，ブロモ，ヨードという。ハロゲンの位置は，位置番号で示す。

(2) **基官能名**　炭化水素基の名称と官能基の名称とを組み立てて命名する。

	(置換名)	(基官能名)
CH_3Cl	クロロメタン	塩化メチル

◆5 アルコール

(1) 炭化水素名の語尾 e をとり，接尾語オール ol をつけて命名する。

(2) 炭化水素基の名称にアルコール alcohol をつけて命名してもよい。

	(置換名)	(基官能名)
CH_3CH_2OH	エタノール	エチルアルコール

◆6　エーテル

(1)　炭化水素を基 RO─(R は炭化水素基)で置換したものとして命名する。基 RO─は基 R の名称に接尾語オキシ oxy をつけて命名する。

(2)　酸素原子に結合している2個の炭化水素基の名称をアルファベット順に並べ，その後にエーテル ether をつけて命名してもよい。

	(置換名)	(基官能名)
$CH_3OCH_2CH_3$	メトキシエタン	エチルメチルエーテル

◆7　アルデヒド

(1)　炭化水素名の語尾 e をとり，接尾語アール al をつけて命名する。

(2)　相当する一塩基酸に慣用名があるときは，酸の英語慣用名の語尾をとり，アルデヒド aldehyde をつけて命名してもよい。

	(置換名)	(慣用名)
HCHO	メタナール	ホルムアルデヒド

◆8　ケトン

(1)　炭化水素名の語尾 e をとり，接尾語オン one をつけて命名する。カルボニル基は，=Oが結合している炭素原子の位置番号で示す。

(2)　カルボニル基に結合している 2 個の炭化水素基の名称をアルファベット順に並べ，その後にケトン ketone をつけて命名してもよい。

	(置換名)	(基官能名)	(慣用名)
CH_3COCH_3	プロパノン	ジメチルケトン	アセトン

◆9　カルボン酸

(1)　炭化水素名の語尾 e をとり，接尾語オイックアシッド oic acid をつけて命名する。

(2)　簡単なカルボン酸は，慣用名を用いるほうが好ましい。

	(置換名)	(慣用名)
HCOOH	メタン酸 methanoic acid	ギ酸

◆10　エステル

(1)　アルコールの炭化水素基名を先に書き，次にカルボン酸の陰イオン名(接尾語アート ate をもつ)を書いて命名する。

(2)　エステルの名称を日本語で書くときには，先に酸の名称，次にアルコールの炭化水素基名を記す慣用名を用いてもよい。

	(基官能名)	(慣用名)
$CH_3COOC_2H_5$	エチルアセタート ethyl acetate	酢酸エチル

解答(計算問題)

1 (1) 3桁 (2) 4桁 (3) 2桁 (4) 2桁
(5) 3桁

2 (1) 22400 mL(2.24×10^4)
(2) 0.00000000524 m(5.24×10^{-9})
(3) 240 mg(2.4×10^2)
(4) 101300 Pa(1.013×10^5)
(5) 0.0042 kJ(4.2×10^{-3})

3 (1) 1.414×10^2 (2) 7.3×10^{-3}
(3) 2.30×10^{-1} (4) 9.65×10^4
(5) 1.0×10^3

4 (1) 7.0×10^5 (2) 1.3×10^{-2} (3) 4.5×10^2
(4) 25(2.5×10) (5) 3.7

5 (1) 112.1 (2) 2.5 (3) 7.06×10^3
(4) −11.4

6 (1) 0.77(7.7×10^{-1}) (2) 30(3.0×10)
(3) 3.1×10^5

7 (1) 1.3 g/cm³ (2) ① 2.6 g ② 2.6 g

8 (1) 3.14 (2) 2.5 cm

23 (キ) 99.76

24 (3) 22920年

37 6.3%

58 (2) (ア) $\frac{1}{8}$ (イ) 1 (ウ) $\frac{1}{2}$
(3) (A) 2個 (B) 4個

68 (1) Na^+の数 4個 Cl^-の数 4個
(2) 2.2×10^{22} (3) NaBr > NaF > NaCl

69 (a) 1 (b) 18 (c) $\sqrt{3}$ (d) 2

88 (ア) 32 (イ) 3 (ウ) 20

90 (1) 28 (2) 2.3×10^{-23} g

91 (1) 63.5 (2) ^{35}Cl 75.0% ^{37}Cl 25.0%

92 (1) 二酸化炭素分子 1.2×10^{23}個
炭素原子 1.2×10^{23}個
酸素原子 2.4×10^{23}個 (2) 2.5 mol

93 (1) 32 (2) 18 (3) 17 (4) 98
(5) 60 (6) 180

94 (1) 74.5 (2) 40 (3) 95 (4) 74
(5) 342

95 (1) 0.40 mol (2) 49 g (3) 68.4 g
(4) 7.1 g

96 (1) 6.00 g (2) 2.4×10^{23}個
(3) Na^+の個数 1.20×10^{23}個,
Cl^-の個数 1.20×10^{23}個

97 (1) 1.6×10^2 g (2) 0.800 g

98 (1) 0.050 mol
(2) Ca^{2+} 3.0×10^{22}個 OH^- 6.0×10^{22}個

99 (1) 8.0 g (2) 22.4 L (3) 1.80×10^{24}個

100 8.4 g

101 (1) 28 (2) 64 (3) 56

102 (4)

103 (1) 1.3 g/L (2) 17 (3) (ア)

104 28.8

105 (1) He (2) 1.2×10^{24} (3) 8.0 (4) 45
(5) N_2 (6) 0.25 (7) 1.5×10^{23} (8) 5.6
(9) Na^+ (10) 0.40 (11) 9.2 (12) CO_2
(13) 0.200 (14) 1.20×10^{23} (15) 8.80

106 10%

107 12%

108 (4)

109 (1) 0.10 mol (2) 80 g (3) 7.6%

110 (1) 1.83×10^3 g (2) 1.78×10^3 g, 18.1 mol
(3) 18.1 mol/L

111 (1) 11.8 mol/L (2) 84.7 mL

112 (1) 91.2 g (2) 31.3%

113 (2) 1.40 kg (3) 160 g

114 (1) 55.4 g (2) 16 g

115 (1) 40.0 g

116 (1) $\frac{A}{N_A}$〔g〕 (2) $\frac{mN_A}{M}$〔個〕 (3) $\frac{vM}{V}$〔g〕

117 $\frac{MV_1S_1}{WV_2S_2}$〔/mol〕

118 (2) 1.67×10^{-24} g (3) 3倍

119 35.2 g

120 (6)

121 (1) 8個 (2) 5.00×10^{22}個 (3) 28.1

122 (1) 4個 (2) $r = \frac{\sqrt{2}}{4}a$
(3) $d = \frac{4M}{a^3N_A}$〔g/cm³〕 (4) 73.8%

123 (1) Na^+ 4個, Cl^- 4個
(2) $a = 2r^+ + 2r^-$ (3) $\frac{4M}{a^3N_A}$

127 (1) 3.0×10^{23}個 (2) 4.8 g

128 (1) 23 g (2) 34 L, 48 g

129 (1) 15 L (2) 30 L

130 (1) 酸素 0.05 mol (2) 8.8 g
131 (1) 一酸化窒素 NO 10 L 酸素 O_2 5 L
(2) 酸素 10 L 二酸化窒素 20 L (3) 5 L
132 (1) 40 mL (2) 0.29 g
134 29%
135 (ア) 150 (イ) 50 (ウ) 20 (エ) 480
(オ) 50 (カ) 20 (キ) 480 (ク) 0
136 (2) 2.24 L (3) 66.7%
137 (2)
138 (2) 5.0 g (3) 1.05 g (4) 1.12 L
139 (ア) 8 (イ) 16 (ウ) 20 (エ) 2
141 (2) 0.01
142 (1) 0.02 mol/L (2) 0.06 mol/L
(3) 2×10^{-13} mol/L (4) 1×10^{-13} mol/L
(5) 0.4 mol/L (6) 1×10^{-14} mol/L
143 (1) pH＝2 (2) pH＝1 (3) pH＝13
(4) pH＝12 (5) pH＝1 (6) pH＝12
(7) pH＝4
145 (1) 0.15 mol (2) 0.08 mol (3) 0.025 mol
(4) 0.01 mol
146 (1) 0.080 mol/L (2) 0.15 mol/L
(3) 80 mL (4) 80 mL
147 (1) 1.0×10^3 mL (2) 2.5×10^3 mL
151 (1) 0.10 mol/L (2) 6.0×10^{-2} mol/L
(3) 1.0×10^{-13} mol/L
152 (a), (c), (d), (b)
153 (5) (A) 6.30 (B) 0.125 (C) 4.50
155 (5) 水酸化ナトリウム 1.00 g
炭酸ナトリウム 2.12 g
156 2.52×10^{-2} mol/L
157 (1) 2.55 mg (2) 10.0%
159 (1) 0 (2) 0 (3) −2 (4) −1
(5) ＋4 (6) ＋6 (7) ＋5 (8) ＋1
(9) −2 (10) ＋5 (11) ＋4 (12) ＋6
167 (2) 2：5
168 (2) 2.2×10^{-2} mol/L
169 8.0×10^{-2} mol/L
170 (4) 0.900 mol/L, 3.06% (5) 0.299 g
171 (2) 1.82×10^{-3} mol/L (3) 3.69 mg/L
172 7.3×10^{-1} mg
178 (5) 80 g
182 (1) 3.2×10^{-1} g (2) O_2, 5.6×10^{-2} L
183 (3) 32 kg
185 (2) 0.224 L
187 (1) 1.4 g (2) 56 mL (3) 0.10 mol/L
188 (2) 148 mL
189 (2) 1.80×10^3 C (3) 9.63×10^4 C/mol
(4) 陽極 5.93×10^{-1} g 減少
陰極 5.93×10^{-1} g 増加
190 (3) 9.6×10^{-1} g 増加
192 (4) (キ) 0.331 (ク) 10.6 (5) 92.5%

表紙デザイン
難波邦夫

エクセル　化学基礎

●編　者——実教出版編修部
●発行者——小田　良次
●印刷所——株式会社太洋社

●発行所——実教出版株式会社
〒102-8377
東京都千代田区五番町 5
電話〈営業〉(03) 3238-7777
〈編修〉(03) 3238-7781
〈総務〉(03) 3238-7700
https://www.jikkyo.co.jp/

002402022　ISBN978-4-407-36053-0

化学基礎の知識のまとめ

1 原子構造

$^{4}_{2}He$

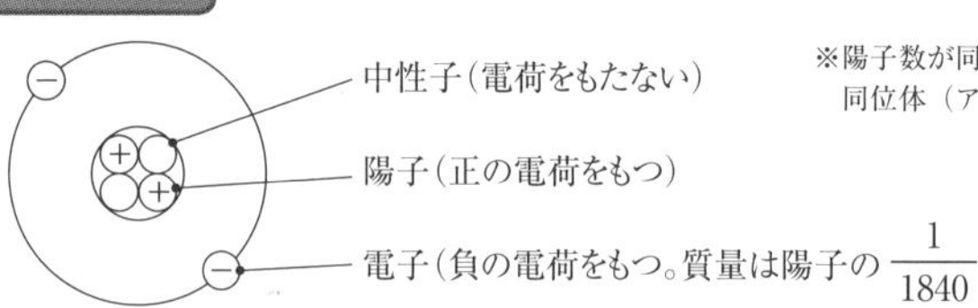

※陽子数が同じで中性子数が異なれば同位体（アイソトープ）

2 電子殻の電子数

$2n^2$（n = 1, 2, 3）
(K)(L)(M)

3 価電子

一番外側にある電子数（貴ガスは0）

4 電子式

価電子を書く

5 周期表

縦が族，横が周期

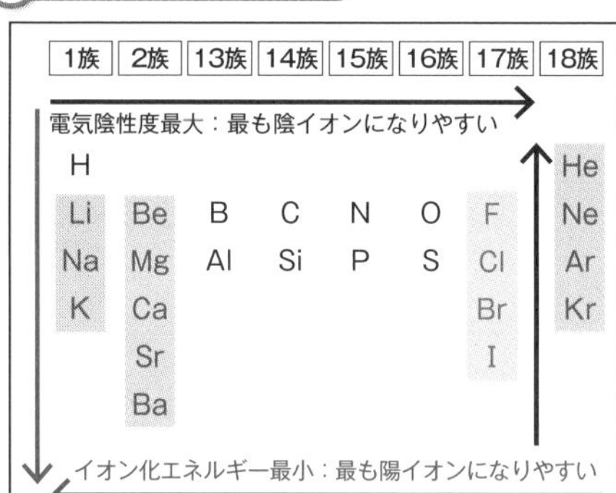

アルカリ金属
常温で水と反応。炎色反応。1価の陽イオン

アルカリ土類金属
2価の陽イオン

ハロゲン
陰イオンになりやすい二原子分子
Cl_2 は常温で気体（黄緑色）
Br_2 は常温で液体（赤褐色）
I_2 は常温で固体（黒紫色）

貴ガス（希ガス）
単原子分子。他の物質とは反応しにくい

6 結合

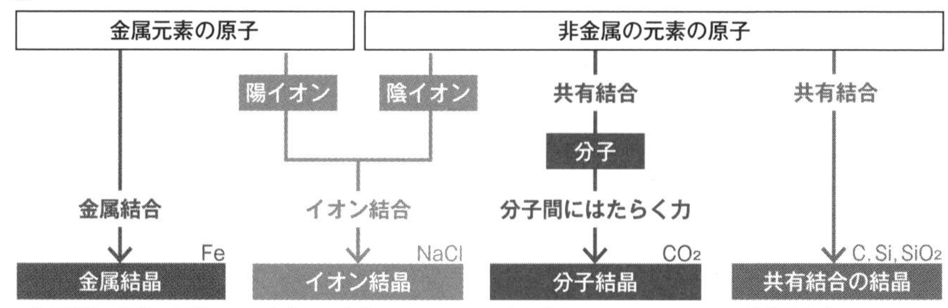

- 金属光沢，延性・展性
- 融点が高いものが多い
- 固体も液体も電気を通す

- かたい，もろい
- 融点が高い
- 液体や水溶液は電気を通す

- やわらかい
- 融点が低い
- 固体も液体も電気を通さない

- 非常にかたい
- 融点が非常に高い
- 固体も液体も電気を通さない